DIE DEUTSCHE PANZERWAFFE 1939–1945

Typen - Technik - Taktik

Alexander Lüdeke

Motor
buch
Verlag

Einbandgestaltung: Frank Zähringer

Bildnachweis: Die zur Illustration dieses Buches verwendeten Aufnahmen stammen – wenn nicht anderes vermerkt ist – vom Verfasser.
Die mit (BA) gekennzeichneten Bilder wurden vom Bundesarchiv unter einer Creative Commons Lizenz (CC by SA 3.0) veröffentlicht. (http://creativecommons.org/licenses/by-sa/3.0/de/)

ISBN: 978-3-613-04182-0

1. Auflage 2019

Sie finden uns im Internet unter www.motorbuch-verlag.de

Lektorat: Joachim Kuch / Sebastian Quillmann / Joachim Köster
Innengestaltung: Jürgen Knopf, Medien und Printprodukte, 74321 Bietigheim-Bissingen
Druck und Bindung: Graspo CZ, 76302 Zlin
Printed in Czech Republic

Inhalt

Vorwort

Panzerwaffe

Einleitung

Als deutsche Kampfwagen in den ersten Jahren des 2. Weltkriegs praktisch ganz Kontinentaleuropa und den westlichen Teil der UdSSR überrollten, erstaunte dies die Welt. Nicht nur die Siege der Wehrmacht verblüfften, sondern auch die Geschwindigkeit, mit der diese errungen wurden. Eine neue Art der motorisierten Kriegsführung war geboren. Dies war umso erstaunlicher, als es wenige Jahre zuvor noch gar keine deutschen Panzerdivisionen gegeben hatte und es so schien, als seien diese aus dem Nichts entstanden. Dies war natürlich nicht so, denn die Grundlagen des erfolgreichen Einsatzes der Panzerwaffe waren nicht erst ab 1935, sondern bereits unmittelbar nach Ende des Ersten Weltkrieges gelegt worden.
Die Propaganda des NS-Staates stilisierte die Panzerwaffe zu einer unbesiegbaren, mit modernstem Gerät aufs beste ausgerüsteten Truppe – ein Bild, dass sich in vielen Köpfen bis heute hält.
Als die aggressive Politik Hitlers im September 1939 schließlich zum Überfall auf Polen und damit in den 2. Weltkrieg führte, waren die Panzerdivisionen jedoch noch weit von ihrer geplanten Ausstattung entfernt. Die überwiegende Mehrzahl der Fahrzeuge war vom Typ PzKpfw. I und II mit nur geringem Kampfwert. Nur eine Handvoll PzKpfw. III und IV waren vorhanden. Hätten der Wehrmacht durch die Besetzung der Tschechoslowakei im März 1939 nicht Hunderte Panzer der Typen 35(t) und einige 38(t) zur Verfügung gestanden, wäre die Ausstattung der Panzerdivisionen noch unzureichender gewesen.
Auch die Mehrzahl der nach Frankreich vordringenden Panzerverbände bestand noch immer aus PzKpfw. II und tschechischen Typen. Bereits zu diesem Zeitpunkt wurden zwei grundlegende Schwächen der PzKpfw. III und IV deutlich: eine nicht ausreichende Panzerung sowie mangelnde Feuerkraft gegenüber schwer gepanzerten Gegnern.
Den Sieg sicherten der Wehrmacht allein ihre überlegene Taktik sowie das Konzept der selbständig operierenden, eng mit der Luftwaffe zusammenarbeitenden Panzerdivisionen, die schnelle, tiefe Vorstöße in das Hinterland des Gegners durchführten.
Großen Anteil an der Überlegenheit der Panzertruppe zu jenem Zeitpunkt hatte neben der Ausrüstung mit Funkgeräten auch die erstklassige Ausbildung der Besatzungen sowie die interne Auslegung der als Hauptstütze vorgesehenen PzKpfw. III und IV mit einer fünf Mann starken Besatzung. Auf diese Art vermochte sich der Kommandant, anders als in den Ein-Mann-Türmen französischer Bauart, voll und ganz auf die Führung des Panzers zu konzentrieren. Gerechterweise muss jedoch darauf hingewiesen werden, dass auch die Türme der PzKpfw. I und II mit jeweils nur einem Mann besetzt waren.
Als regelrechter Schock für die Panzertruppe entpuppte sich dann jedoch die Konfrontation mit den Typen T-34 und KW-1 beim Überfall auf die UdSSR. Diese neuen Panzer deklassierten die PzKpfw. III und IV völlig.
Die sich verschlechternde Kriegslage führte ab 1942/43 zu immer mehr Zwischenlösungen und zahlreichen improvi-

sierten Selbstfahrlafetten. Zudem wurden zwar potentiell leistungsstarke, aber überhastet entwickelte, nicht wirklich frontreife Panzer in den Kampf geworfen. Typen wie »Tiger« und »Panther« setzten Maßstäbe im Panzerbau, litten aber unter etlichen anfänglichen Kinderkrankheiten. An bereits in Produktion befindlichen Fahrzeugen wie den PzKpfw III und IV wurden fortlaufend Verbesserungen und Kampfwertsteigerungen, z.B. die Ausrüstung mit immer leistungsstärkeren Kanonen sowie stärkeren Panzerungen, vorgenommen. Obwohl die Panzertruppe bis zuletzt immer wieder bewies, dass sie in der Lage war, Siege zu erringen, fehlte es ihr ab 1943 doch an den notwendigen Ressourcen, um sich einer erdrückenden Materialüberlegenheit mit Erfolg entgegen stellen zu können. Ein Vergleich der Produktionsziffern alliierter und deutscher Panzer spricht Bände. Vom PzKpfw. IV wurden bis 1945 rund 8500, vom PzKpfw. V »Panther«, etwa 6000 Stück gebaut. Dagegen entstanden sowohl vom M4 »Sherman« als auch vom T-34 jeweils rund 50 000 Exemplare.

Die Industrie produzierte zwischen 1933 und 1945 nicht nur zahlreiche unterschiedliche Ausführungen der in Serie produzierten Panzer, sondern auch eine kaum überschaubare Vielzahl technisch oftmals überaus interessanter Prototypen und Versuchsmodelle, deren Gesamtdarstellung jedoch den Rahmen dieses Bandes sprengen würde.

Die gilt insbesondere auch für die von der Wehrmacht eingesetzten Beutepanzer. Aufgrund der eigenen desolaten Ausrüstungslage wurden praktisch sämtliche während des Krieges in deutsche Hände gefallene verwendungs- oder reparaturfähigen Panzerfahrzeuge von der Wehrmacht in der ein oder anderen Form genutzt. Dies gilt vor allem für die im Westfeldzug erbeuteten Panzer, da man Zugriff auf deren Herstellungswerke besaß.

Dennoch denke ich, dass dieses Buch einen sehr guten Überblick über die von der Wehrmacht zwischen 1935 und 1945 eingesetzten Panzerfahrzeuge und ihre Entwicklung ermöglicht.

Dank

Zahlreiche Personen und Institutionen haben mich bei der Erstellung dieses Buches unterstützt, ihnen allen gebührt mein Dank. Besonders erwähnen möchte ich Vincent Bourguignon, das Deutsche Wehrkunde Archiv (DWA), Michael Fröhlich, Oleg Halin, Jean-Michel Girard, Martin Spurny sowie Marc Romanych von Digital History Archives, der mir den Zugriff auf die Bestände der National Archives and Records Administration (NARA) in den USA ermöglicht.

Nicht zuletzt will ich mich auch beim Team des Motorbuch Verlages, namentlich den Herren Joachim Kuch und Joachim Köster für ihre Geduld bedanken. Nicht unerwähnt bleiben dürfen natürlich meine Frau Martina Pohl-Lüdeke sowie unsere Kinder Thore und Ida.

Die deutsche Panzerwaffe

I. Ursprünge der Panzerwaffe

Als am 22. Juni 1940 mit dem Waffenstillstand von Compiègne der nur gut sechs Wochen zuvor begonnene Westfeldzug beendet wurde, befand sich Adolf Hitler auf dem Höhepunkt seiner Macht. Die deutschen Divisionen hatten, wie zuvor bereits in Polen, Dänemark und Norwegen, den Widerstand der belgischen, niederländischen, französischen und britischen Streitkräfte geradezu hinweggefegt. Die Welt wurde Zeuge einer neuen Art der Kriegsführung, für die im angelsächsischen Sprachraum bald der Begriff »Blitzkrieg« geprägt wurde und deren Speerspitze die Panzerwaffe bildete. Die Erfolge der deutschen Kampfwagen waren umso erstaunlicher, als es wenige Jahre zuvor noch gar keine deutschen Panzerdivisionen gegeben hatte. Um deren Entstehung begreifen zu können, muss man in die Zeit des Ersten Weltkrieges zurückgehen.

Panzer im Ersten Weltkrieg

Als im September 1914 die deutsche Marne-Offensive (und damit der gesamte Schliefen-Plan zur schnellen Niederwerfung Frankreichs) gescheitert war, gruben sich beide Seiten auf dem Schlachtfeld ein. Der Bewegungskrieg an der Westfront wurde zu einen erbittert geführten Grabenkrieg. Von der belgischen Kanalküste bis zur schweizerischen Grenze durchzog ein Netz von Schützengräben, Unterständen und Bunkern die Landschaft. Verließen die Soldaten für einen Angriff ihre Deckung, so gerieten sie sofort in das mörderische Feuer der gegnerischen Maschinengewehre und Artillerie, die das Schlachtfeld beherrschten. Jeder Versuch, den Gegner aus seinen Stellungen zu vertreiben, musste daher mit erheblichen Verlusten erkauft werden und führte dennoch in der Regel zu keinem entscheidenden Durchbruch. Das durch zahllose Granateinschläge völlig zerfurchte Terrain machte zudem den Einsatz der Kavallerie zur Unmöglichkeit. Obwohl aufmerksamen Beobachtern nicht entgangen sein konnte, dass sich diese Entwicklung bereits im russisch-japanischen Krieg von 1904/05 abgezeichnet hatte, waren die Generäle zunächst ratlos und trieben Abertausende junger Männer sinnlos in den Tod – schlicht, weil sie keine Alternative kannten, wie man die Stellungen des Gegners hätte durchbrechen können.
Bald wurde klar, dass die Lösung für dieses Dilemma nur die Technologe bringen konnte. Während die kaiserlichen

▲ *Deutsche Infanterie beim Vormarsch im Westen am 7. August 1914. (NARA)*

▲ *»Little Willie« während der Erprobung ab September 1915. Die großen Räder am Heck sollten die Führbarkeit verbessern.*

Streitkräfte ab 1915 auf den Einsatz von Giftgas setzten, entwickelten die Briten Oberst Ernest Swinton und Oberst Maurice Hankey, letzterer war Mitglied des Committee of Imperial Defence (etwa »Ausschuss für die Verteidigung des Empire«), die Idee, ein bewaffnetes und gepanzertes Fahrzeug zu bauen, das auch schwierigstes Gelände bewältigen, Stacheldrahthindernisse niederwalzen und als MG-Zerstörer dafür sorgen sollte, die zermürbende Situation an der Westfront zu überwinden. Swinton und Hankey führten dabei bereits vorhandene Komponenten zusammen. Den Viertakt-Verbrennungsmotor hatte sich Nikolaus Otto bereits 1876 patentieren lassen und Gleiskettenlaufwerke, welche die notwendige Geländegängigkeit sicherstellten, befanden sich seit Mitte des 19. Jahrhunderts in der Entwicklung, seit 1905 kamen diese schließlich in kommerziellen Fahrzeugen erfolgreich zum Einsatz, z.B. in den Traktoren der Firmen Hornsby und Holt. Gepanzerte Gehäuse und mit Kanonen bestückte Türme waren seit Jahrzehnten aus dem Kriegsschiffbau bekannt, und auch MG sowie Schnellfeuerkanonen waren keine neue Erfindung. Dennoch stieß Swintons und Hankeys Idee zunächst auf Widerstand und wurde als nicht praktikabel abgelehnt. Allerdings begeisterte sich der damalige Erste Lord der Admiralität (Marineminister) Winston Churchill dafür und sah die Möglichkeit zum Bau eines »Landschlachtschiffes«. Mit Churchills Einfluss wurde im Februar 1915 schließlich das »Landship Committee« ins Leben gerufen, welches, nachdem erste Tests mit vorhandenen Fahrzeugen fehlgeschlagen waren, im Juli jenes Jahres den Landmaschinenhersteller William Foster & Co. aus Lincoln mit dem Bau eines Prototypen beauftragte. Das zu jener Zeit als »Number 1 Lincoln Machine« und später als »Little Willie« bezeichnete Fahrzeug wurde ab September 1915 erprobt und führte schließlich zum Mk I, dem ersten einsatzfähigen Kampfpanzer der Welt. Aus Geheimhaltungsgründen wurden die im Bau befindlichen Panzer als Wassertanks für Mesopotamien (Irak) bezeichnet, daher der Name »Tank«.

Um möglichst breite Gräben überwinden zu können, besaß der Mk I eine rhomboide Wanne mit umlaufenden Ketten. Die Bewaffnung war in seitlichen Kasematten lafettiert, da ein Drehturm die Schwerpunktlage negativ beeinflusst hätte. Der erste Einsatz des Mk I erfolgte verfrüht. Am 15. September 1916 traten 49 Tanks während der Schlacht an der Somme nahe dem Ort Flers zum Einsatz an. Nur 32 Mk I erreichten tatsächlich die Front, der Rest fiel vorher durch mechanische Pannen aus. Diese 32 Tanks waren zu wenige, um einen entscheidenden Durchbruch zu erzielen; zudem gelang es den deutschen Truppen nach einem ersten Schock eine ganze Reihe der stählernen Ungetüme durch direkten Artilleriebeschuss oder Handgranaten zu vernichten. Am Ende des Tages waren nur noch 13 Kampffahrzeuge übrig. Da der Einsatz kleiner Gruppen von Tanks keine durchschlagenden Erfolge brachte, planten die Briten am 20. November 1917 bei Cambrai 476 Panzer zum Einsatz zu bringen. Obwohl nur etwas mehr als 350 Tanks tatsächlich einsatzfähig waren, gelang es, die deutschen Linien auf einer Breite von 16 km und in einer Tiefe von fast 10 km zu durchbrechen. Es zeichnete sich nun ab, dass mit den

▲ *Ein britischer Tank des Typs Mk I in »männlicher« (male) Ausführung mit zwei 57-mm-Kanonen als Haupt- und zwei 7,7-mm-MG als Sekundärbewaffnung in den seitlichen Erkern. Daneben existierten auch noch »weibliche« (female) Tanks ohne Kanonen, aber mit vier MG. Dieser frühe Mk I trägt die Bezeichnung C-15 und wurde am 25. September 1916 nahe Thiepval (Frankreich) aufgenommen, wo zu jener Zeit Gefechte im Rahmen der Schlacht an der Somme stattfanden. Man beachte die Drahtkonstruktion an der Oberseite, die verhindern sollte, dass von feindlicher Infanterie geworfene Granaten auf dem nur schwach gepanzerten Dach detonierten. Wie bei »Little Willie« waren die Räder am Heck zur Steuerung gedacht. Spätere Tanks dieses Typs wurden ohne Drahtschutz und ohne Hilfsräder ausgeliefert. (IWM)*

▲ Britische Mk V beim Vormarsch auf die deutsche Hindenburglinie. Die Faschinen auf der Oberseite der Tanks wurde bei Erreichen eines Grabens in diesen hineingeworfen und ermöglichten die Überquerung. Bellicourt, September 1918. (IWM)

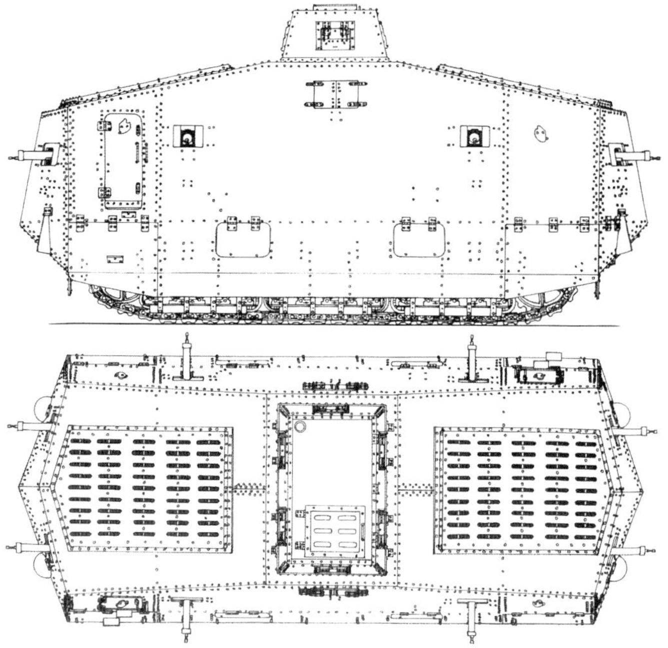

▲ Panzer 501 »Gretchen« war der erste A7V der Serienfertigung und zunächst nur mit MG bewaffnet. Die Umrüstung auf eine 57-mm-Kanone geschah erst im Herbst 1918. (NIMH)

▲ Panzer 563 »Wotan« war der vorletzte von 20 gefertigten A7V und befand sich bei Kriegsende noch bei der Truppe. »Wotan« wurde 1919 durch die Alliierten verschrottet. (NARA)

▲ Als »Überlandwagen« wurde ein ungepanzertes Nachschubfahrzeug mit dem Laufwerk des A7V bezeichnet. Dieses Exemplar wurde 1918 in Ypres aufgenommen. (NARA)

▲ *A7V Nummer 563 »Wotan« mit seiner Besatzung von 16 Mann. (NARA)*

▲ *Ein weiblicher Mk IV als deutscher Beute-Tank. (NARA)*

▲ *Deutsche Soldaten begutachten 1918 einen abgeschossenen britischen Mk IV. (FORTEPAN)*

Tanks eine schlagkräftige Waffe zur Verfügung stand, welche Schlachten entscheiden konnte.

Die Reaktion der deutschen Armeeführung auf den Einsatz zunächst britischer und dann auch französischer Tanks war Anfangs vom Wunsch geprägt, möglichst rasch ebenfalls solche Fahrzeuge besitzen und zum Einsatz bringen zu wollen, wich dann jedoch Ernüchterung. Der anfängliche Schock über die stählernen Kolosse wurde überwunden und als man feststellte, dass diese mechanisch mehr als unzuverlässig und zudem relativ leicht zu zerstören oder bewegungsunfähig zu machen waren (sei es durch Feldgeschütze, spezielle MG-Munition, geballte Ladungen oder schlicht Geländehindernisse wie breitere Gräben), wurde der Entwicklung eigener Tanks keine hohe Priorität mehr zugemessen. Die Kriegswirtschaft war zudem mehr als ausgelastet. Hätte die kaiserliche Armee nun im großen Stil gepanzerte Kampffahrzeuge in Auftrag gegeben, hätten die dafür benötigte Ressourcen an anderen Stelle, z.B. dem Bau von U-Booten, gefehlt. Da man sich jedoch erhoffte, dass die U-Boot-Waffe in der Lage sein würde, Großbritannien auszuhungern und so in die Knie zu zwingen, erhielt deren Bau Vorrang.

Dementsprechend beauftragte die Oberste Heeresleitung (OHL) Mitte November 1916 die Abteilung 7 Verkehrswesen (A7V) im Preußischen Kriegsministerium, die Entwicklung eines eigenen Kampfwagens in die Wege zu leiten. Bereits sechs Wochen später hatte das Ingenieurbüro Vollmer die Pläne fertiggestellt und ein erster Prototyp konnte im Januar 1917 vorgeführt werden. Der in Anlehnung an die für den Entwurf verantwortliche Abteilung A7V genannte Panzer verwendete das Fahrgestell eines Holt-Traktors und besaß einen großen, kastenartigen Aufbau, an dessen Front eine aus belgischen Beutebeständen stammende 5,7-cm-Kanone installiert war. Der A7V besaß auf befestigten Wegen ordentliche Fahreigenschaften, konnte jedoch im Gelände nicht voll überzeugen. Die wesentlichen Gründe dafür waren der hohe Schwerpunkt, die mangelnde Triebwerksleistung sowie das kurze Holt-Fahrwerk, welches im Zusammenspiel mit der vorn und hinten überhängenden Wanne dazu führte, dass sich der Wagen schnell festfuhr. Dennoch orderte das Kriegsministerium Ende Januar 1917 zunächst 10 gepanzerte Kampfwagen sowie 90 ungepanzerte, als »Überlandwagen« bezeichnete Nachschubfahrzeuge. Kurz darauf wurde der Auftrag jedoch auf 20 Panzer erhöht. Der erste A7V konnte Ende Oktober 1917 fertiggestellt werden, und die mit den ersten fünf A7V ausgestattete Sturmpanzer-Kraftwagen-Abteilung 1 erlebte am 21. März 1918 ihre Feuertaufe. Bald darauf waren auch die Abteilungen 2 und 3 einsatzbereit, fünf A7V verblieben in der Reserve. Weitere Kampfwagen dieses Typs wurden aus den bereits genannten Gründen nicht gefertigt, allerdings stellte die OHL sogenannte »Beute-Tank-Abteilungen« auf, die zumeist mit

▲ *Der LK I wurde nicht in Serie gefertigt und blieb ein Prototyp. (US Army)*

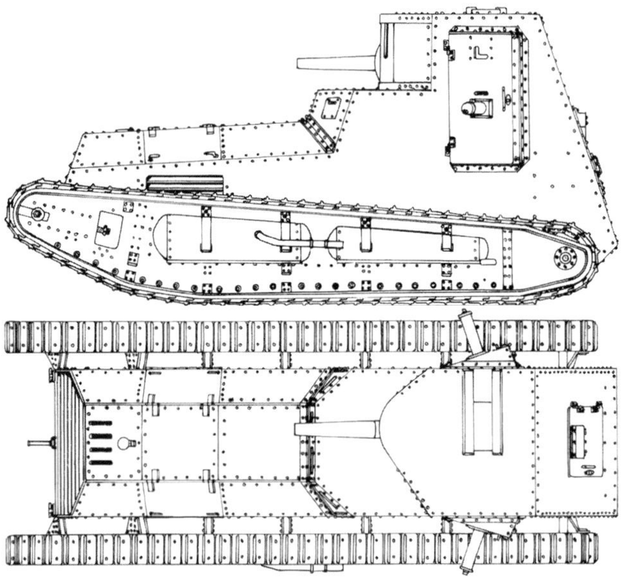

▲ *Der LK II wies gegenüber dem LK I eine verbesserte Panzerung und stärkere Bewaffnung auf, kam für den Einsatz jedoch zu spät.*

▲ *Vom A7V-U mit umlaufendem Laufwerk entstand nur ein einziger Prototyp. (NARA)*

erbeuteten britischen Tanks des Typs Mk IV ausgerüstet waren. Zudem wurde mit dem »Bayrischen Armee Kraftwagenpark« in Charleroi (Belgien) eine Anlaufstelle für die Überholung und Wartung eigener und erbeuteter Fahrzeuge eingerichtet. Insgesamt sollen bis Oktober 1918 über 170 britische Tanks erbeutet worden sein, von denen aber nur 35 als wieder einsatzfähig gemeldet wurden. Über die Verwendung französischer Kampfwagen ist nichts Konkretes bekannt.

Diese kleine Zahl an eigenen und erbeuteten Kampfwagen reichte natürlich bei weitem nicht, um entscheidende Erfolge zu erzielen. Trotz der Zurückhaltung der deutschen Führung gegenüber der neuen Waffe entstanden vor November 1918 weitere Kampfwagenentwürfe, von denen der leichte LK I und dessen Weiterentwicklung LK II am weitesten gediehen. Diese ebenfalls von Vollmer konstruierten Fahrzeuge basierten auf PKW-Fahrgestellen, sodass der Motor vorn und der Kampfraum hinten lagen. Ihre Auslegung lehnte sich damit an jene des britischen Medium Tank Mk A oder auch »Whippet« an. Ein erster Prototyp des LK I wurde Anfang 1918 vorgeführt und war mit einem Drehturm für ein 7,92-mm-MG ausgerüstet. Da dieses Versuchsmodell jedoch vom Kriegsministerium abgelehnt wurde, modifizierte Vollmer den Entwurf, der nun mit einer 3,7- oder 5,7-cm-Kanone in einem festen Heckaufbau bewaffnet sein sollte. Das Kriegsministerium hatte im Juni 1918 zwar zunächst 580 und dann 800 LK II bestellt, bis Kriegsende wurden jedoch nur noch wenige Exemplare komplettiert, die alle nicht mehr zur Auslieferung kamen. Zehn zum Teil nur halbfertige LK II wurden ab Sommer 1921 an den Alliierten vorbei in Einzelteilen nach Schweden verkauft, weitere 14 sollen bereits 1920 an Ungarn gegangen sein.

Obwohl im September 1918 noch 20 A7V-U (U für ein umlaufendes Kettenlaufwerk ähnlich wie bei den britischen Tanks) in Auftrag gegeben worden waren, wurde hiervon bis zum Waffenstillstand nur noch ein Prototyp fertiggestellt. Vom bereits 1917 begonnenen K-Wagen, einem Giganten mit 120 t Gewicht und vier 7,7-cm-Kanonen, wurde vor November 1918 noch nicht mal ein fahrtüchtiger Prototyp komplettiert. Alle anderen deutschen Kampfwagenentwürfe jener Zeit verließen nie das Reißbrett.

Bis zum Waffenstillstand am 11. November 1918 verfügte das kaiserlich Heer damit nur über 20 A7V sowie etwa 35 einsatzfähige Beutepanzer. Briten und Franzosen hingegen produzierten bis zu diesem Datum rund 6500 Tanks. Der Einsatz Hunderter alliierter Tanks während der entscheidenden Schlachten des Jahres 1918 ermöglichte es, deutsche Offensiven abzuwehren und zugleich die gegnerischen Linien zu durchbrechen, denn nun konnte offenes Gelände, bis dahin im tödlichen Griff der Maschinengewehre und Artillerie, wieder überwunden werden. Obwohl Tanks den Ersten Weltkrieg nicht entschieden und noch mit vielen

Problemen zu kämpfen hatten, halfen sie doch, den Krieg zu verkürzen.
In der unmittelbaren Nachkriegszeit kamen neben einigen britischen Beute-Tanks mindestens zwei mit einem kastenartigen Aufbau versehene »Überlandwagen«, die ja auch das A7V-Fahrgestell nutzten, bei Freikorps zum Einsatz, unter anderem bei der Niederwerfung der Unruhen in Berlin. Ob der Aufbau dieser mit vier 7,92-mm-MG bewaffneten Fahrzeuge aus Panzerstahl bestand, ist jedoch nicht bekannt. Mitunter ist zu lesen, dass von den Franzosen erbeutete A7V an Polen weitergegeben und im Polnisch-Sowjetischen-Krieg eingesetzt worden seien. Fotografien oder Dokumente dazu sind jedoch nicht bekannt. Da zudem der Verbleib aller 20 A7V geklärt ist, darf man davon ausgehen, dass polnische A7V wohl nur ein Mythos sind.

▲ *Beute-Tank des britischen Modells Mk IV beim Einsatz in Berlin im Jahre 1919.*

Typ	Schwerer Panzerkampfwagen
Hersteller	Daimler-Motoren-Gesellschaft, Büssing
Gefechtsgewicht	30.000 kg
Länge	7350 mm
Breite	3060 mm
Höhe	3350 mm
Motor	2 x Daimler 165 204, 4-Zylinder-Benzinmotor
Hubraum	2 x 17.000 ccm
Leistung kW/PS	2 x 74/100
Leistungsgewicht	6,6 PS/t
Höchstgeschwindigkeit	16 km/h (Straße), 6 km/h (Gelände)
Kraftstoffvorrat	2 x 250 l
Fahrbereich	70 km (Straße), 35 km (Gelände)
Besatzung	16 – 18 (max. 26)
Bewaffnung	1 x 57-mm-Kanone L/26,3; 6 x 7,92-mm-MG 08, 1 x 7,92-mm-IMG 08/15
Kampfsatz	180 (später bis zu 300) x 57 mm, 18.000 x7,92 mm
Panzerung	6 - 30 mm
Furttiefe	0,8 m

Daten für A7V

Typ	Schwerer Panzerkampfwagen
Hersteller	Daimler-Motoren-Gesellschaft, Büssing
Gefechtsgewicht	39.000 kg
Länge	8380 mm
Breite	4690 mm
Höhe	3140 mm
Motor	2 x Daimler 165 204, 4-Zylinder-Benzinmotor
Hubraum	2 x 17.000 ccm
Leistung kW/PS	2 x 74/100
Leistungsgewicht	5,13 PS/t
Höchstgeschwindigkeit	12 km/h (Straße), 5 km/h (Gelände)
Kraftstoffvorrat	2 x 250 l
Fahrbereich	35 km (Straße)
Besatzung	7
Bewaffnung	2 x 57-mm-Kanone L/26,3; 3 - 4 x 7,92-mm-MG 08
Kampfsatz	k.A
Panzerung	6 - 9 mm
Furttiefe	k.A

Daten für A7V-U

Typ	Leichter Panzerkampfwagen
Hersteller	Daimler-Motoren-Gesellschaft, Steffen & Heymann
Gefechtsgewicht	8500 kg
Länge	5080 mm
Breite	1950 mm
Höhe	2675 mm
Motor	Daimler, 4-Zylinder-Benzinmotor
Hubraum	k.A
Leistung kW/PS	40/55
Leistungsgewicht	6,47 PS/t
Höchstgeschwindigkeit	14 km/h (Straße), 7 km/h (Gelände)
Kraftstoffvorrat	k.A
Fahrbereich	70 km (Straße)
Besatzung	3
Bewaffnung	1 x 57-mm-Kanone L/26,3 oder 1 x 37-mm-Kanone L/21,5 und 1 x 7,92-mm-IMG 08/15
Kampfsatz	k.A
Panzerung	3 - 14 mm
Furttiefe	0,8 m

Daten für LK II

II. Die Nachkriegszeit 1919-1933

Theorie ...

Der Versailler Friedensvertrag von Juni 1919 verbot dem Deutschen Reich in Artikel 171 ausdrücklich die Herstellung oder den Import von Tanks (»Desgleichen ist die Herstellung von Panzerwagen, Tanks, oder irgendwelchen anderen ähnlichen Vorrichtungen, die Kriegszwecken dienen können, in Deutschland verboten, ebenso deren Einfuhr nach Deutschland.«) Nichtsdestotrotz beschäftigte sich die auf eine Stärke von 100.000 Mann ohne schwere Waffen beschränkte Reichswehr schon bald mit dem Einsatz von motorisierten Verbänden und Panzern – letzteres zunächst allerdings nur auf dem Papier.

Als eigentlicher »Vater« der späteren Panzerwaffe muss daher Generalmajor Hans von Seeckt, seit Oktober 1919 Chef des Truppenamtes (Tarnbezeichnung des laut Statuten des Versailler Vertrages verbotenen Generalstabes) und seit März 1920 Chef der Heeresleitung, bezeichnet werden. Von Seeckt reorganisierte die Reste der kaiserlichen Streitkräfte und formte daraus eine straff geführte Kadertruppe. Nach seinem Ausscheiden aus der Heeresleitung äußerte sich von Seeckt im Jahre 1927 wie folgt: »Das Kraftfahrzeug hat zwei militärische Hauptaufgaben. Eine neue, eigene Waffe zu liefern und (ferner) als Transportmittel für Menschen, Geschütze und Heeresbedürfnisse zu dienen. Die Kampfwagen wachsen sich dabei zu einer besonderen Truppe neben Infanterie, Kavallerie und Artillerie ... aus.« Von Seeckt war davon überzeugt, dass ein zukünftiger Krieg ein bis dahin unbekanntes Maß an Mobilität erfordern und ein Erfolg nur durch den Einsatz kleiner, aber äußerst schlagkräftiger sowie beweglicher »Teilarmeen« möglich sein werde, die zudem über massive Luftunterstützung verfügen müssten. Dementsprechend hatte von Seeckt schon in den Jahren zuvor Ideen gefördert,, die sich mit der Entwicklung motorisierter Verbände und gepanzerter Kampffahrzeuge befassten. So fanden bereits 1921 Manöver mit motorisierten Einheiten statt, und die am 1. September jenes Jahres erlassene Richtlinie »Führung und Gefecht der verbundenen Waffen« beschrieb richtungsweisend das Zusammenspiel der unterschiedlichen Waffengattungen sowie die Notwendigkeit selbständigen Handelns seitens der Offiziere. Schon Winter 1923/24 wurde die Möglichkeit des Zusammenwirkens der Bodentruppen mit Flugzeugen untersucht, und während seiner Zeit an der Spitze der Reichswehr legte von Seeckt großen Wert auf die technische Ausbildung des Offizierskorps sowie dessen Studium ausländischer militärischer Schriften. Mehr noch, Offiziere wurden ins Ausland entsandt, um sich dort zu informieren und neue Ideen kennenzulernen. In Bezug auf den Einsatz von Panzern richtete sich der Blick dabei naturgemäß auf die Siegermächte

◀ *Generalmajor Hans von Seeckt (1866–1936) war 1920 bis 1926 Chef der Heeresleitung der Reichswehr.*

▲ *Oberst Heinz Guderian (hier links im Bild, 1888-1954) während seines Aufenthaltes bei der schwedischen Panzertruppe im Jahre 1929. (Armeemuseum Stockholm)*

Frankreich und Großbritannien. Während die Franzosen zu jener Zeit jedoch an der Vorstellung, dass Tanks vor allem der unmittelbaren Unterstützung der Infanterie zu dienen hätten, festhielten, entwickelten Militärs jenseits des Kanals weitergehende Vorstellungen. Generalmajor John Frederick Charles Fuller und Hauptmann Basil Liddell Hart waren der Ansicht, dass gepanzerte Kampffahrzeuge losgelöst von der langsamen Infanterie operieren und in eigenständigen Verbänden zusammengefasst werden sollten. Basierend auf diesen Ideen veröffentlichte Leutnant Ernst Volckheim bereits ab 1923 eine Reihe von Schriften, die sich mit dem Einsatz und der Entwicklung von Panzern befassten. Volckheim, der im April 1918 als Leutnant mit seinem A7V am ersten Panzergefecht der Geschichte in Villers-Bretonneux teilgenommen hatte, wurde 1919 in die Reichswehr übernommen und begann sich bereits früh mit Theorien zur Panzerkriegsführung zu beschäftigen. 1927 folgten Major Ludwig Ritter von Radlmaier zu jener Zeit Referent der Inspektion der Kraftfahrtruppe (In6), sowie Oberst Werner von Fritsch, Chef der Operationsabteilung im Truppenamt des Reichswehrministeriums, die beide für die Schaffung selbstständiger und unabhängig von der Infanterie operierender Panzerverbände eintraten. Zwei Jahre später legte von Radlmaier dann seine Überlegungen für die Gliederung einer solchen Panzereinheit vor.

Der spätere Generaloberst Heinz Guderian war 1927 noch Major und im Truppenamt für Heerestransport tätig. Er war damit zwar unmittelbar an den Überlegungen bezüglich der Mechanisierung der Reichswehr beteiligt, tat sich zu jener Zeit jedoch nicht mit eigenen Ideen hervor. In seiner Eigenschaft als Ausbilder für Taktik motorisierter Transportverbände lehrte Guderian aber ab 1928 Panzertaktik am Kraftfahrlehrstab in Berlin und hospitierte in dieser Eigenschaft 1929 vier Wochen lang bei der schwedischen Panzertruppe. In dieser Zeit fuhr Guderian auch das erste Mal in einem Kampfpanzer mit, ironischerweise einem Strv m/21, der ja eigentlich ein 1918 in Deutschland konstruierter LK II war. (siehe S. 10).

Bereits 1922 hatte Guderian erstmals mit Oswald Lutz zusammengearbeitet, der, als er im April 1931 zum Inspekteur der Kraftfahrtruppen der Reichswehr ernannt wurde, Guderian zu seinem Stabschef machte. Lutz und Guderian sollten nun erheblichen Einfluss auf die Entstehung der Panzerwaffe ausüben.

Guderian verfasste ab diesem Zeitpunkt eine Reihe militärtheoretischer Schriften, die sich mit dem Einsatz motorisierter Truppen und Panzerverbände beschäftigen. 1937 schließlich erschien Guderians Hauptwerk »Achtung – Panzer!«, in dem er seine Vorstellungen über den konzertierten Einsatz von Panzern, Infanterie, Flugzeugen und Artillerie darlegte. Dabei fasste er die Ideen zahlreicher anderer Militärs zusammen und entwickelte sie weiter. Während Gude-

▲ *Schwedische Panzer des Typs Strv m/21 werden gewartet. (Armeemuseum Stockholm)*

◀ *Oswald Lutz (1876–1944) gilt als Lehrmeister Guderians und eigentlicher Schöpfer der Panzertruppe.*

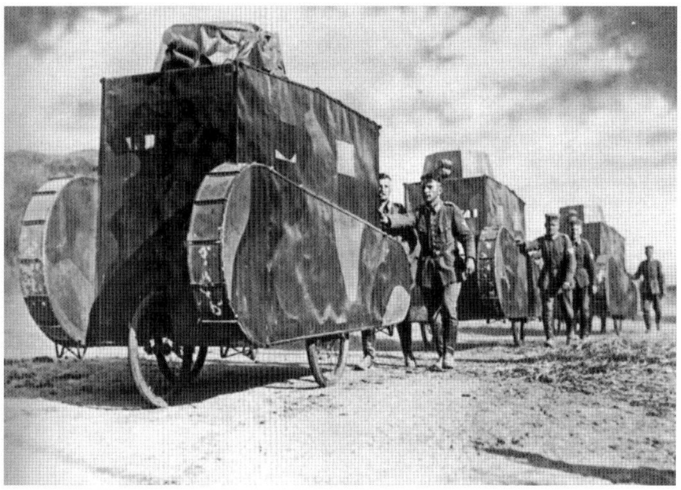
▲ *Tankattrappen der Reichswehr im Jahre 1925. (BA)*

▲ *Panzerattrappen auf Basis des 3/15 PS BMW Dixi der Reichswehr während einer Übung im Februar 1933. (BA)*

▲ *Zeitgenössisches Modell des Rheinmetall-Großtraktors im Maßstab 1:5.*

▲ *Dieser Großtraktor der Firma Krupp endete als Ausstellungsstück auf dem Gelände des Panzer-Regiments 5 in Wünsdorf nahe Berlin.*

rians Buch großen Einfluss erlangte, ist der österreichische General Ludwig Ritter von Eimannsberger und sein 1934 veröffentlichtes Werk »Der Kampfwagenkrieg«, welches viele Ideen Guderians vorwegnahm, weitgehend in Vergessenheit geraten und erst in jüngster Zeit wiederentdeckt worden.
Die theoretischen Grundlagen für eine vollständig neue Art der Kriegführung waren somit gelegt. Die Praxis hingen gestaltete sich weitaus schwieriger.

... und Praxis. Panzertruppenschule Kama

Um die Bestimmungen des Versailler Vertrages zu umgehen, kooperierte das Deutsche Reich mit der außenpolitisch ebenfalls isolierten UdSSR und schloss daher im Oktober 1926 einen Vertrag über die Einrichtung einer militärischen Schul- und Erprobungsstätte für Panzer und Personal auf deren Staatsgebiet. Ähnliche Einrichtungen für Flugzeuge und Kampfstoffe entstanden in Lipezk bzw. in Tomka.
Die deutsche Panzertruppenschule war in der Nähe der Stadt Kasan (rund 800 km östlich von Moskau) angesiedelt. Ihr Name »Kama« setzt sich angeblich aus den jeweils ersten beiden Buchstaben des Ortes Kasan sowie des mit der Einrichtung beauftragten und zugleich ersten Leiters Wilhelm Malbrandt zusammen. Als Tarnbezeichnung war dies jedoch nicht besonders glücklich gewählt, da nicht allzu weit entfernt ein Fluss mit dem tatsächlichen Namen Kama lag. Ende 1926 enthüllte die britische Presse das Vorhaben, was dazu führte, dass die Arbeiten an der Panzertruppenschule zwar nicht vollständig eingestellt, aber zunächst von deutscher Seite nur sehr vorsichtig betrieben wurden. Daher verzögerte sich die Inbetriebnahme der Einrichtung bis ins Jahr 1929, die ersten Kurse liefen im Herbst jenes Jahres an. Neben der Erprobung geheimer Kampfwagenprototypen wie dem »Großtraktor« und dem »Leichttraktor« (siehe Seiten 14 bis 16) wurde in Kama auch der Einbau und die Verwendung von Funkgeräten in Panzern untersucht. Die an den Lehrgängen teilnehmenden Reichswehrangehörigen wurden für die Dauer ihres Aufenthaltes in der UdSSR aus den deutschen Streitkräften entlassen und weilten offiziell als Privatpersonen dort. Dies galt auch für die Leiter der Einrichtung Wilhelm Malbrandt, den bereits erwähnten Ludwig Ritter von Radlmaier und Josef Harpe sowie Dozenten wie den ebenfalls bereits erwähnten Ernst Volckheim. Neben deutschen Soldaten wurden auch Angehörige der Roten Armee theoretisch und praktisch in Kama geschult – allerdings wurden viele dieser Kursteilnehmer in den späten 1930er Jahren Opfer der stalinistischen Säuberungen. Obwohl in Kama wichtige Erkenntnisse bezüglich der Technik, des Einsatzes sowie der Ausbildung gewonnen werden konnten und dort geschulte Offiziere wie Wilhelm Ritter von Thoma oder Wolfgang Thomale später

wichtige Rollen in der Panzertruppe spielten, machten die große Entfernung sowie die notwendige Diskretion die gesamte Angelegenheit sehr mühsam und kostspielig. Dies sowie die politischen Veränderungen, die ab 1933 eintraten, führten zur Schließung der Panzertruppenschule Kama zum 15. September 1933.

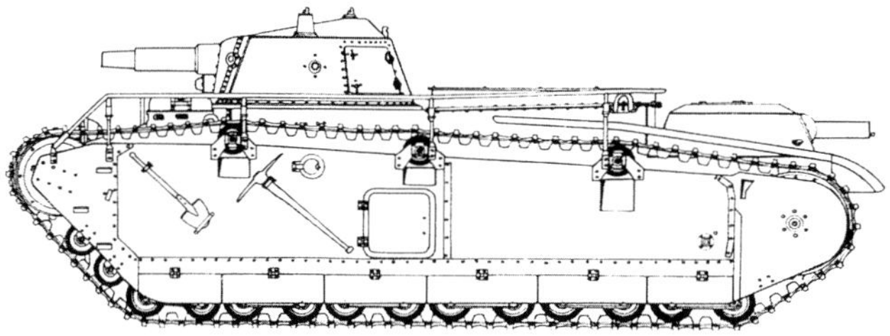

▲ *Seitenansicht des Rheinmetall-Großtraktors, wie er sich 1932 darstellte.*

Praktische Übungen der Reichswehr

Obwohl die Entwicklung der geheimen Kampfwagenprototypen »Großtraktor« und »Leichttraktor« bereits angelaufen war, bevor die alliierte Kontrollkomission 1927 das Land verließ, wagte die Reichswehr es zunächst noch nicht, offen gegen den Versailler Vertrag zu verstoßen. Bei Manövern im Reich kamen daher ab 1925 zunächst aus Stahlrohr, Holz und Segeltuch bestehende Wagen zum Einsatz. Diese waren nicht motorisiert, sondern mussten von darin stehenden Soldaten geschoben werden. Diese Lösung erwies sich aber bald als zu primitiv, weshalb zum Teil Lkw, meist jedoch Pkw wie 2/10 PS Hanomag oder 3/15 PS BMW Dixi mit entsprechenden Aufbauattrappen zum Einsatz kamen. Selbst nach 1935 wurde diese Praxis noch fortgeführt, als Basis dienten dann zunächst Opel P4 und ab 1941 VW Typ 82 Kübelwagen. Hinzu kamen ab 1930 Blech-Attrappen gepanzerter Radfahrzeuge auf Basis des Adler Standard 6.

▲ *Ein Krupp-Großtraktor bei einer Vorführung im Sommer 1935.*

Geheime Panzerentwicklungen

Neben all diesen theoretischen Überlegungen suchte die Reichswehr jedoch auch Wege, um praktische Erfahrungen sammeln zu können. Ab 1925 wurden daher zwei Reihen von Panzern entwickelt, die aus Geheimhaltungsgründen

▲ *Krupp-Leichttraktor im Bauzustand des Frühjahres 1931. Die Krupp-Ausführung wog 8,7 t und war auf der Straße 37 km/h schnell. Die Länge betrug 4,35 m, die Höhe 2,35 m und die Breite 2,37 m. Die Panzerung betrug 13 mm.*

▲ *Diese Aufnahme des Rheinmetall-Leichttraktors entstand am 14. Mai 1930.*

▲ *Diese Aufnahme der Panzerjägerausführung des Rheinmetall-Leichttraktors wurde am 11. September 1930 gemacht. Wie die fehlende Rahmenantenne zeigt, hatte dieses Modell keine Funkanlage.*

◀ *General Walter Nehring (1892–1983) war seit 1926 in der Operationsabteilung des Truppenamtes mit dem Einsatz motorisierten Truppen betraut. 1932 wurde er (damals noch Major) Generalstabsoffizier unter Guderian.*

die Tarnbezeichnung »Traktoren« erhielten. Als »Großtraktor« wurde ein Kampffahrzeug der 16-t-Klasse bezeichnet, das in je zwei Exemplaren von den Firmen Krupp, Daimler-Benz und Rheinmetall gebaut wurde. Die ersten beiden Unternehmen fertigten nur Einzelteile, aus denen dann im Rheinmetallwerk in Unterlüß bei Celle komplette Fahrzeuge montiert wurden. Obwohl alle drei Firmen eigenständige Entwürfe anfertigten, glichen sich diese in ihrer Konzeption sehr. Sie sollten schwimmfähig sein, waren mit einer 7,5-cm-Waffe und einem 7,92-mm-MG 13 in einem um 360° drehbaren Turm sowie zwei weiteren 7,92-mm-MG 13 im Bug und einem Turm am Wannenheck ausgerüstet. Den Antrieb übernahm ein BMW- oder DB-Flugzeugmotor von je rund 250 PS Leistung, der eine beachtliche Geschwindigkeit von bis zu 40 km/h auf der Straße ermöglichen sollte. Da sie nur für Erprobungszwecke gedacht waren, wurden die 1928 (Krupp und Rheinmetall) bzw. 1929 (Krupp) fertiggestellten Panzer in Weichstahl ausgeführt.
1928 beauftragte das Heereswaffenamt Rheinmetall, Krupp und Daimler-Benz mit der Entwicklung und dem Bau eines als »Leichttraktor« bzw. VK31 bezeichneten Kampffahrzeuges, das zugleich auch als Basis für ein gepanzertes Nachschubfahrzeug sowie eine Panzerjägerselbstfahrlafette dienen sollte. Zudem war angedacht, das Fahrgestell auch für einen militärischen und zivilen Schlepper zu nutzen. Nachdem Daimler-Benz diesen Auftrag zurückwies, entstanden je zwei »Leichttraktoren« bei Rheinmetall und Krupp. Beide Entwürfe besaßen einen vorn liegenden DB-Ottomotor M36 mit 100 PS, der auf ein im Heck liegendes Getriebe wirkte. Als Bewaffnung führte sowohl die Krupp- als auch die Rheinmetall-Konstruktion eine 3,7-cm-Kanone L/45 mit koaxialem 7,92-mm-MG 13 in einem um 360° drehbaren Turm auf dem Wannenheck. Neben einer unterschiedlichen Wannengestaltung fielen besonders Unterschiede bei den Laufwerken ins Auge. Während bei Krupp neun größere Laufrollen verwendet wurden, waren dies bei Rheinmetall zwölf Laufräder mit geringerem Durchmesser, die zudem zum Teil durch Kettenblenden verdeckt waren. Beide Typen waren mit Funkgeräten ausgerüstet und sollten durch die Anbringung von Auftriebskörpern schwimmfähig gemacht werden können.

Lutz beeinflusste auch die Entwicklung und Beschaffung der ersten deutschen Serien-Panzerwagen nach dem Weltkrieg, wobei ihn der Chef des Heereswaffenamtes General d. Inf. Alfred v. Vollard-Bockelberg unterstützte. So erreichte Lutz 1932 den Bau eines »landwirtschaftlichen Schleppers« (LaS) durch Krupp, das heißt eines Leichtpanzers mit zwei MG, und 1933 den Bau des stärkeren LaS 100 durch die MAN mit einer 2 cm-Maschinenkanone und MG - den späteren PzKpfw. I und II (siehe S. 24 und 34).

▲Junkers Ju 87 der Luftwaffe unterstützen den Vormarsch deutscher Panzer. Raum Kielce, Polen, September 1939. (DWA)

III. Taktik und Einsatzgrundsätze

Die grundsätzlichen Ideen des Panzereinsatzes der Wehrmacht wurden bereits Ende 1932 vom späteren General Walter Nehring, damals Major im Generalstab unter Führung Heinz Guderians, in der Studie »Die Panzerbrigade im Rahmen des Kavalleriekorps« beschrieben.

Nehring betonte, dass die Hauptaufgabe eines Panzerverbandes der Einsatz gegen die Flanken und im Rücken eines Gegners sei und zwar ohne Rücksicht auf langsamere Einheiten. Zwar könne, so Nehring, der Panzer auch im Rahmen eines frontalen Durchbruchs eine wichtige Rolle spielen, dies sei jedoch nicht seine Hauptaufgabe. Zwar sei eine dem zurückweichenden Gegner nachsetzende Panzereinheit in der Lage, dessen vollständige Auflösung zu bewirken, zugleich hätten Panzer jedoch Schwierigkeiten, erobertes Gelände dauerhaft zu besetzten. Dazu sei

▲ General Rommel bei der 15. Panzer-Division zwischen Tobruk und Sidi Omar (Libyen) am 24. November 1941.(NARA)

◀ *General Ludwig Beck (1880–1944) im Jahre 1936. Beck sprach sich bereits 1938 gegen Hitlers Kriegspläne aus und gilt als eine der zentralen Figuren des gescheiterten Putschversuches vom 20. Juli 1944. Am 21. Juli 1944 festgenommen, versuchte Beck noch Selbstmord zu verüben, scheiterte jedoch und wurde schließlich schwer verletzt erschossen. (BA)*

▶ *»Achtung – Panzer!« erschien 1937 und befasste sich mit der Entwicklung der Panzerwaffe, ihrer Kampftaktik und ihren operativen Möglichkeiten.*

die Kooperation mit motorisierter Infanterie und Artillerie vonnöten. Tanks, so postulierte Nehring, seien nicht für langandauernde Kämpfe geeignet. Daher müsse sich der Panzereinsatz innerhalb enger zeitlicher und räumlicher Grenzen abspielen und mit klar definierten Aufträgen einhergehen.

Anders als die Streitkräfte anderer Nationen fasste die Wehrmacht Panzer zu Großverbänden zusammen, in denen zusätzlich motorisierte (später sogar gepanzerte) Infanterie- und Artillerieeinheiten zu finden waren. Hinzu kamen weitere Kampfunterstützungsverbände wie Pionier- , Nachrichten-, Aufklärungs- und Nachschubverbände, die einen organischen Bestandteil einer Panzerdivision darstellten. All diese Einheiten bildeten zusammen einen selbständigen Kampfverband, beinahe eine kleine Armee, die nur noch Unterstützung aus der Luft anfordern musste. Dazu kooperierten die Panzerdivisionen eng mit den Nahaufklärern der Luftwaffe und besaßen mittels sogenannter Fliegerverbindungsoffiziere (Flivo) unmittelbaren Kontakt zu den entsprechenden Stellen.

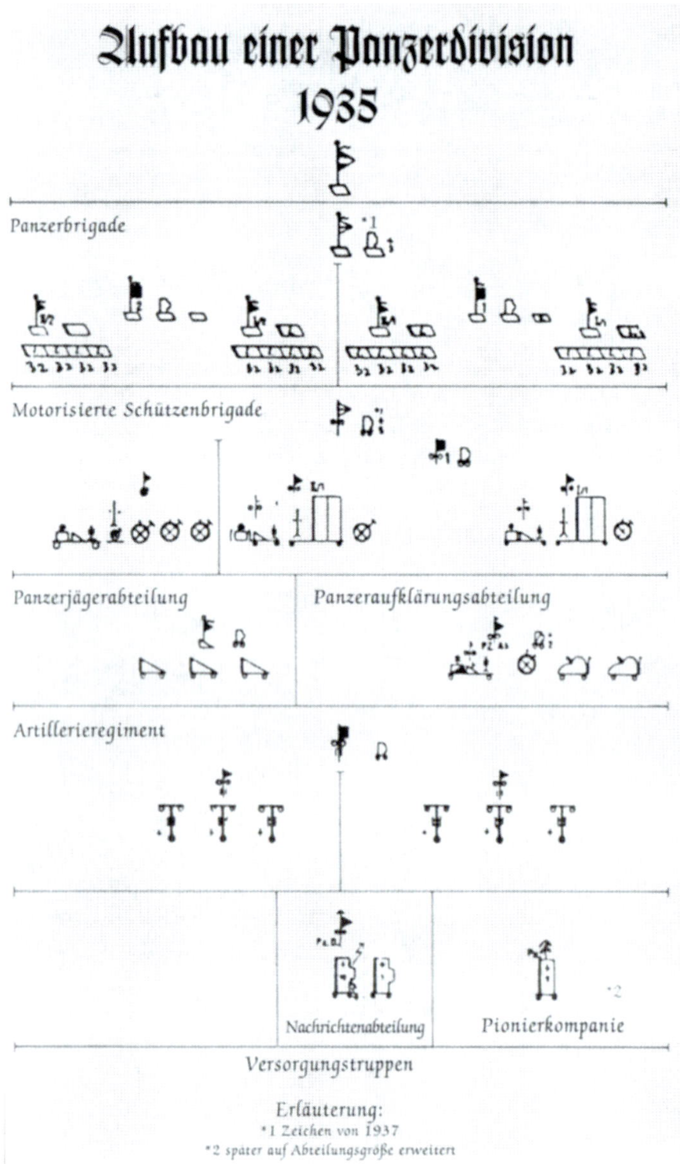

▲ *Organisation einer Panzerdivision, 1935.*

Dieses Konzept der Mobilität und des Zusammenwirkens unterschiedlicher Waffengattungen (»Gefecht der verbundenen Waffen«) ermöglichte es, Schwerpunkte an den schwächsten Stellen der gegnerischen Linien zu bilden, diese zu durchbrechen, in das vom Gegner gehaltene Territorium vorzustoßen und so rasch wichtiges Gelände oder Schlüsselpositionen wie Brücken und Verkehrsknotenpunkte zu erobern. Zudem sollte der Gegner durch einen tiefen Vorstoß von seinem Nachschub und seinen Kommandostellen abgeschnitten und eingekesselt werden – was ihm

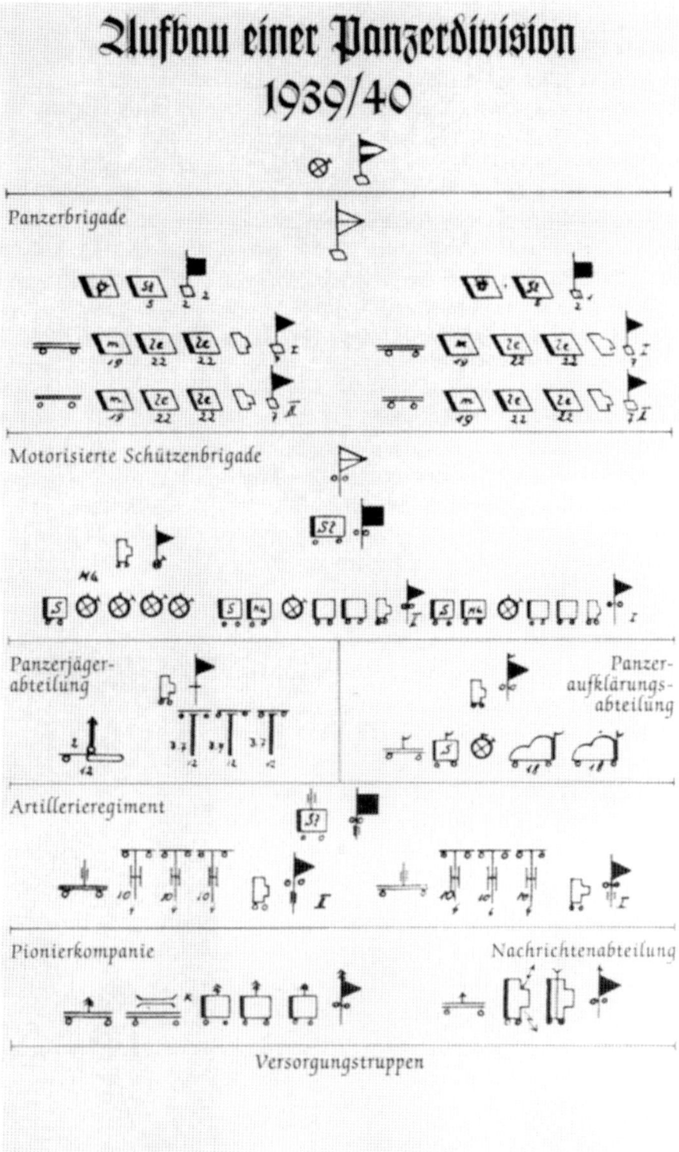

▲ *Organisation einer Panzerdivision, 1939/40.*

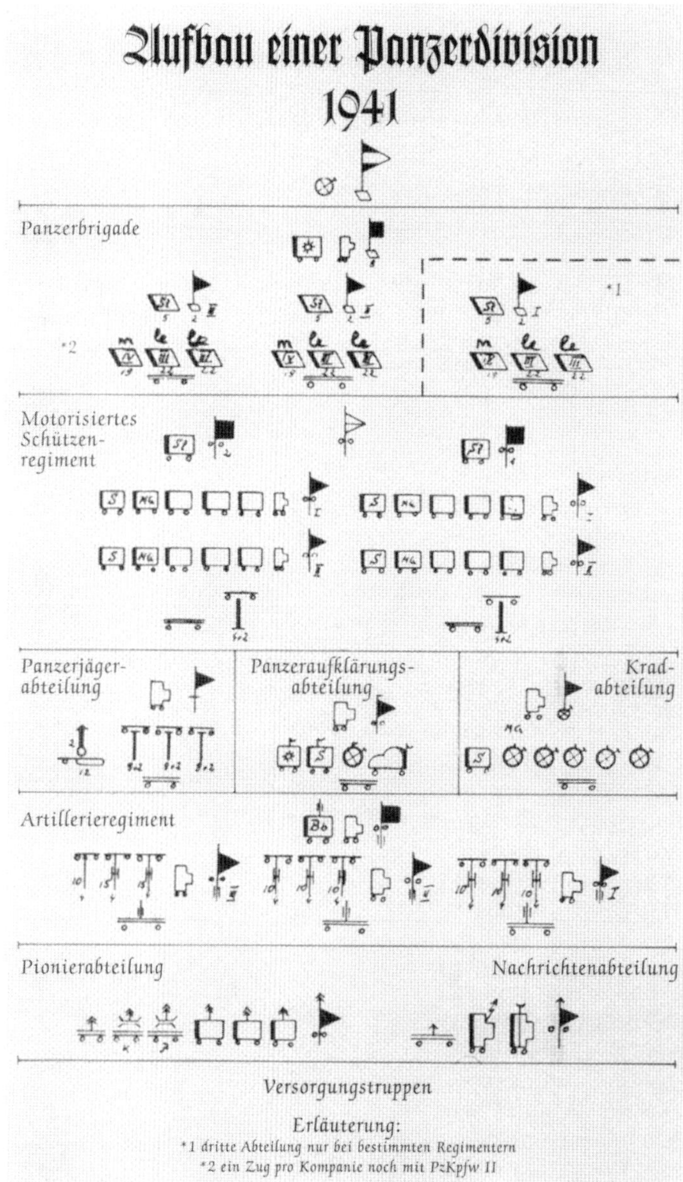

▲ *Organisation einer Panzerdivision, 1941.*

nur die Wahl zwischen Kapitulation oder Vernichtung ließ. Um diesen Ansatz in die Praxis umzusetzen, musste die Führung der eigenen Truppen eine hohe Flexibilität aufweisen, um unerwartet auftretenden Schwierigkeiten rasch begegnen zu können. Bereits die preußische Armee pflegte daher die sogenannte Auftragstaktik. Dabei teilt die obere Führungsebene den nachgeordneten Kommandanten allein mit, welches Ziel zu welchem Zeitpunkt und mit welchen Mitteln zu erreichen ist. Wie dieser Auftrag im Detail durchgeführt wird, liegt im Ermessen des befehlshabenden Offiziers vor Ort. Diese Art der Führung setzt eine entsprechende Ausbildung auch nachrangiger Soldaten voraus, damit diese selbständig und eigenverantwortlich zu handeln in der Lage sind.

Die großzügige Ausstattung der Truppe mit Funkgeräten bis hin zum einzelnen Kampffahrzeug verlieh dieser Art der Führung zusätzliche Flexibilität. Hinzu kam das Konzept der »Führung von vorne«, welches bedeutet, dass der Befehlshaber nicht aus einem sicheren, weit hinter der Front gelegenen Gefechtsstand führte, wie es in der Regel im Ersten

Weltkrieg der Fall war, sondern sich mit seinem mobilen Gefechtsstand (in der Regel entsprechend mit Kommunikationsmitteln ausgestattete Kampffahrzeuge) in unmittelbarer Frontnähe befand und von dort aus Anweisungen gab. Auf diese Art vermochte der Befehlshaber das Kampfgeschehen unmittelbar selbst zu überblicken und war in der Lage, seine Entscheidungen verzögerungsfrei zu treffen und mitzuteilen. Beste Beispiele für diese Art der Führung waren Guderian und Rommel im Westfeldzug 1940. Obwohl die Anwesenheit hoher Truppenführer in Frontnähe zudem motivierend wirkte, barg dieses Konzept jedoch selbstverständlich auch Risiken. So konnten der Befehlshaber und sein Stab vom Rest der Truppe abgeschnitten oder gar Teil des Gefechts werden – mit eventuell fatalen Konsequenzen.

Die vom Oberkommando des Heeres (OKH) am 1. März 1939 veröffentlichte »Ausbildungsanweisung für die leichte und mittlere Panzerkompanie 1939 im Gefecht« umfasste unter anderem folgende Punkte:
- Die Hauptgefechtsart der Panzerkompanie sei der Angriff; dieser müsse durch ständigen Wechsel von Feuer und Bewegung erfolgen.
- Während der Fahrt sollten die Panzer aufgrund der mangelnden Treffsicherheit aber möglichst nicht schießen.
- Die einzelnen Panzer hatten stets Sicht- und Funkkontakt mit ihrem Zugführer zu halten.
- Der Panzerangriff sollte durch Artillerie, Pioniere und motorisierte Infanterie unterstützt werden.
- Die Führung des Panzerverbands hatte von vorn zu erfolgen, und besonders in unvorhergesehenen Gefechtssituationen wurde von den Einheits- und Verbandsführern selbstständiges Handeln gefordert.

Aufgrund dieser Maximen und der Ergebnisse intensiver Manöver und Planspiele forderte die Wehrmachtsführung im Frühsommer 1939 zudem den »rücksichtslosen Vorstoß der schnellen Kräfte in operativ günstige Richtung zur Auflösung des feindlichen Widerstands«. Die Sicherung der Flanken und der Verbindung in den rückwärtigen Raum sollten die nachrückenden Verbände übernehmen.
Diese Konzepte und Grundsätze, oftmals unter dem Begriff »Blitzkrieg« zusammengefasst, ermöglichten die Erfolge der ersten Kriegsjahre. Sie gelten in weiten Teilen noch heute und haben weltweit Anerkennung und Nachahmung gefunden. Allerdings war die Panzerwaffe in der zweiten Kriegshälfte immer weniger in der Lage, großangelegte und weiträumige Operationen durchzuführen. Der Mangel an Material, Treibstoff und gut ausgebildeten Soldaten führte ironischerweise dazu, dass Kampffahrzeuge ab jener Zeit häufig nur noch in kleinen Gruppen zur Unterstützung der Infanterie eingesetzt werden konnten.

IV. Aufbau der Panzerwaffe

Schon bald nach der der Machtübernahme der Nationalsozialisten Ende Januar 1933 begann die Wiederaufrüstung des Deutschen Reiches, wobei man sich dabei zunächst Planungen bediente, die bereits in der Weimarer Republik ausgearbeitet worden waren.
Mit Generalleutnant Ludwig Beck wurde im Oktober 1933 ein Unterstützter der Panzerwaffe Chef des Truppenamtes der Reichswehr und aufgrund der Initiative des Inspekteurs der Kraftfahrtruppen Generalleutnant Oswald Lutz entstand im November jenes Jahres der erste Panzerverband der Reichswehr. Dieser als »Kraftfahrlehrkommando Zossen« bezeichneten Einheit wurden nun viele der Offiziere zugeteilt, die in den Jahren zuvor in der Panzetruppenschule Kama in der UdSSR ausgebildet worden waren. Das Kraftfahrlehrkommando verfügte zunächst nur über vier Panzer des Typs »Großtraktor« und zehn Versuchsfahrzeuge leichterer Art.
Allerdings folgten bereits Anfang 1934 die ersten von 150 Schulausführungen des später als Pzkpfw. I bezeichneten Kampffahrzeugs. Im Oktober jenes Jahres wurde das Kraftfahrlehrkommando Zossen in ein Panzerregiment mit zwei Abteilungen ausgebaut, während in Ohrdruft ein weiteres Kraftfahrlehrkommando gebildet wurde, welches gleichfalls zwei Abteilungen aufwies.
1934 tauchten auch konkrete Vorschläge für den Aufbau von Panzerdivisionen auf. So forderte Oberstleutnant von Faber du Maur in eine solche Einheit eigene Infanterie- und Artillerie- sowie Kradschützen-, Panzerabwehr- und Pionierverbände zu integrieren.

Die von Generalleutnant Lutz geführte Inspektion der Kraftfahrtruppen wurde unter seiner Gesamtleitung im Juni 1934 in zwei Bereiche aufgegliedert: die Inspektion für Heeresmotorisierung sowie das Kommando der Kraftfahrkampftruppen. Der Stab dieses Kommandos wurde von Oberst Heinz Guderian geführt. Generalleutnant Lutz regte Anfang 1935 schließlich an, bis zum Oktober jenes Jahres drei Panzerdivisionen mit jeweils zwei Panzerregimentern zu schaffen. Dies wurde nun offiziell möglich, da Hitler am 16. März 1935 nicht nur die allgemeine Wehrpflicht einführte und die Reichswehr in Wehrmacht umbenannte, sodass die bis dato mehr oder weniger im Verborgenen stattfindende Wiederaufrüstung offiziell gemacht wurde. So war es möglich, dass eine Versuchs-Division bereits im September 1935 auf dem Truppenübungsplatz Munster Manöver durchführte. Dabei bestätigten sich die zuvor aufgestellten Forderungen nach enger Zusammenarbeit mit der Fliegertruppe, der Ausrüstung mit Funkgeräten sowie die Notwendigkeit entsprechend ausgestatteter Befehlsfahrzeuge. Zeitgleich erfolgte die Umbenennung des Kommandos der

Kraftfahrkampftruppen in Kommando der Panzertruppen. Dessen Inspekteur blieb Generalleutnant Lutz. Guderian führte weiterhin den Stab – jedoch nicht lang. Denn bereits am 15. Oktober übernahm Guderian das Kommando der neuen 2. Panzerdivision in Würzburg. Die 1. Panzerdivision wurde in Weimar, die 3. Panzerdivision in Berlin aufgestellt.

Aufgrund der Prominenz Guderians gerät neben Lutz häufig noch ein weiterer wichtiger Befürworter der neuen Panzertruppe in Vergessenheit: der bereits erwähnte Chef des Truppenamtes bzw. Generalstabes des Heeres, General Ludwig Beck. Bereits Ende 1935 hatte sich Beck für eine starke Panzertruppe sowie die Umschichtung der Ressourcen in diese Richtung ausgesprochen und forderte, dass alle Panzer mit 3,7-cm-Kanonen bewaffnet und damit in der Lage sein sollten, gegnerische Kampfwagen zu bekämpfen. Zudem sprach Beck sich für eigenständige Panzerdivisionen aus, die nicht der Infanterie angegliedert waren. Eine Ansicht, die zu jenem Zeitpunkt bei weitem nicht von allen maßgeblichen Offizieren geteilt wurde und auch im Allgemeinen Heeresamt auf Widerstand stieß. Dieses vertrat nämlich zu jener Zeit noch den Standpunkt, Panzer sollten zwar in großer Zahl und überraschend zum Einsatz kommen, ihre Hauptaufgabe sei jedoch die Bekämpfung der Infanterie, weshalb Panzerverbände Infanteriedivisionen unterstellt sein sollten.
Erst Guderians 1937 veröffentlichtes und zu jener Zeit in militärischen Kreisen viel beachtetes Buch »Achtung – Panzer!« machte ihn zum bekanntesten Befürworter des Panzergedankens. Nachdem Hitler Anfang 1938 zwei Kritiker seines aggressiven Kurses, die Generäle Blomberg und Fritsch, entlassen hatte, fanden innerhalb der Wehrmacht erhebliche personelle Veränderungen statt, von denen Guderian profitierte. So beerbte Guderian seinen Mentor Lutz beim Kommando der Panzertruppen und wurde im November 1938 zum General der Panzertruppe sowie zum Chef der »Schnellen Truppen« ernannt.

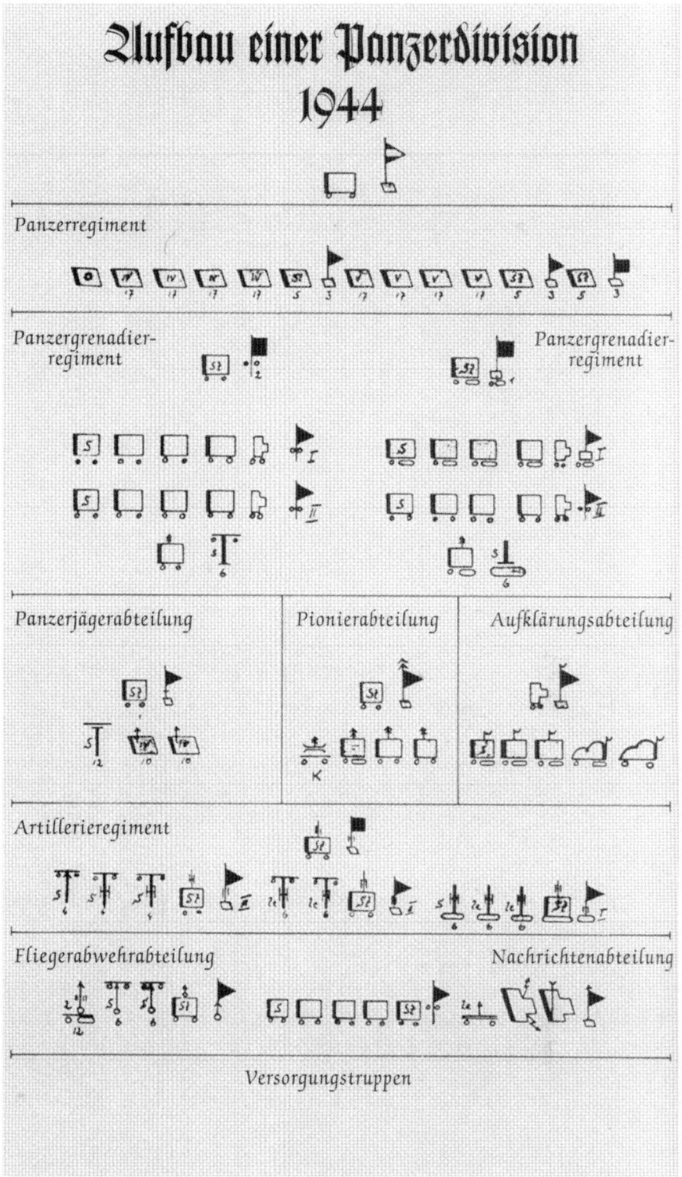

▲ *Organisation einer Panzerdivision, 1944.*

V. Struktur und Gliederung der Panzerwaffe

Jede der drei neuen im Oktober 1935 aufgestellten Divisionen bestand aus einer Panzer- und motorisierten Schützenbrigade sowie einer Panzerjäger-, Panzeraufklärungs- und Nachrichtenabteilung, einem Artillerieregiment sowie einer Pionierkompanie und Versorgungstruppen. Die eigentliche Panzerbrigade umfasste zwei Regimenter, die aus je zwei Abteilungen bestanden. Jede Abteilung setzte sich aus vier Kompanien zusammen, wobei jede Kompanie 32 PzKpfw. I und II besaß - inklusive aller Befehlsfahrzeuge verfügte eine Panzerbrigade des Typs 1935 damit über 561 Panzer. Die motorisierte Schützenbrigade bestand aus zwei mit Lkw ausgerüsteten Abteilungen sowie einer Kradschützenabteilung, während das Artillerieregiment über 24 10,5-cm-Feldhaubitzen verfügte

und die Panzerjäger mit gezogenen 3,7-cm-Pak ausgestattet waren.
1938 folgten die 4. und 5. Panzerdivision mit Standort in Würzburg bzw. Oppeln und im April 1939 die 10. in Prag – nur wenige Wochen nach dem Einmarsch deutscher Truppen in diese Stadt. Da Manöver zeigten, dass die Schützenbrigade verstärkt werden musste, kam eine weitere Abteilung hinzu.
Neben den genannten »normalen« Panzerdivisionen wurden zudem vier leichte Panzerdivisionen (die 1., 2., 3. und 4. leichte Division) gegründet, mit denen die Kavallerie umstrukturiert wurde. »Leicht« bedeutete hier jedoch nicht, dass nur leichte Panzer zur Ausstattung gehört hätten, sondern dass die Anzahl der Kampfwagen auf rund 90 beschränkt war, während das Schützenregiment von Anfang an vier Abteilungen umfasste. Die restlichen Verbände glichen denen der Panzerdivisionen. Nach Ende des Polenfeldzuges wurden diese Verbände zur 6., 7., 8. und 9. Panzerdivision, wobei sie zur Verstärkung ihrer Schlagkraft zusätzlich ein Regiment mit drei Panzerabteilungen erhielten.
Bereits kurz vor Beginn des Krieges hatte sich die Struktur der ursprünglichen vier Panzerdivisionen verändert. Die vierte Panzerabteilung jeder Panzerbrigade wurde zu einer Depot- und Verstärkungseinheit, während man aus den verblieben drei eine mittlere und zwei leichte Abteilungen formte.
Die spektakulären Erfolge der Panzertruppe zu Beginn des Krieges führte dazu, dass sie als entscheidende Waffe des Landkrieges galten. Daher sollte die Anzahl der Panzerdivisionen ab Juli 1940 verdoppelt werden. Da jedoch nicht genügend Kampffahrzeuge zur Verfügung standen, verringerte sich die Zahl der Panzer pro Division, während der Infanterieanteil stieg. Im Allgemeinen verfügten sie nur noch über ein Panzerregiment mit zwei Abteilungen mit insgesamt rund 200 Kampfwagen.
Die Ausstattung der Panzerdivisionen in Bezug auf Anzahl und Typ der verwendeten Panzer variierte jedoch recht stark. Da mittlerweile die leichten PzKpfw. I und II zunehmend durch die schwereren PzKpfw. III bzw. 38 (t) und IV ersetzt wurden, sank die Feuerkraft jedoch nicht, sondern stieg sogar eher an.
Die Schützenbrigade bestand nun aus zwei Regimentern mit je zwei Abteilungen plus einer Kradabteilung. Auch die Unterstützungseinheiten waren kleineren Modifikationen unterworfen.
Basierend auf dieser Struktur wurden nach Beginn des Ostfeldzuges von August bis November 1941 vier weitere Verbände ins Leben gerufen, die 21. - 24. Panzerdivision, denen 1942 die 25., 26., und 27. Panzerdivision folgten. Zwar wurden im Laufe des Krieges noch 17 andere Divisionen aufgestellt, jedoch ohne fortlaufende Nummerierung.

▲ *Glossar: Organisation einer Panzerdivision*

1942 kam es zudem zu weiteren Veränderungen in der Struktur. So wurde die Kradabteilung in die Aufklärungsabteilung eingegliedert und die nunmehr Panzergrenadiere genannten Schützen verloren ihren Stab. Die vier Panzerabteilungen erhielten je eine vierte Panzerkompanie. Eine Kompanie bestand nun planmäßig aus 22 Kampfwagen. Zudem wurden die Aufklärungstruppen der Kompanien aufgelöst und auf die Abteilungs- oder Regimentsebene verlegt. Die planmäßige Ausstattung eines Panzerregiments betrug nun nur noch 164 Kampffahrzeuge.
Der ab Spätsommer 1942 produzierte neue PzKpfw. VI Tiger ging nicht an die bestehenden Panzereinheiten, son-

dern wurde in speziellen schweren Panzerabteilungen der Wehrmacht und SS zusammengefasst und sollte der Schwerpunktbildung dienen.
Im Sommer 1944 kam es erneut zu Veränderungen in der Struktur der Panzerdivisionen. Die planmäßige Stärke einer Kompanie lag nun bei 17 Kampfwagen. Ab März 1945 wurde die Ausstattung einer Panzerdivision auf nur ein Regiment mit einer Panzerabteilung bestehend aus vier Kompanien zu je 10 Kampfpanzern verringert. Die zweite Abteilung des Regiments sollte nun offiziell nur aus Sturmgeschützen bestehen.
So verringerte sich die Zahl der Kampfwagen einer Kompanie von 32 vor dem Krieg auf 10 bei Kriegsende – wobei die Kampf- und Feuerkraft eines PzKpfw. II natürlich in keinster Weise mit jener eines PzKpfw. V Panther zu vergleichen war.
Panzerkampfwagen fanden sich nicht nur in den bisher beschriebenen Verbänden, sondern waren auch integraler Bestandteil von Panzergrenadierdivisionen. Diese verfügten über je eine Panzerabteilung mit sehr ähnlicher Gliederung wie jene der Panzerdivisionen, im Laufe des Krieges kamen hier jedoch zum Teil auch Sturmgeschütze zum Einsatz.
Neben den bereits erwähnten schweren Panzerabteilungen mit einer nominellen Ausstattung von je 45 Tiger-Panzern befehligten die Korps zudem selbständige Flammpanzerkompanien. Hinzu kamen Panzerjägerabteilungen, deren Ausrüstung von leichten Fahrzeugen des Typs Marder II über Sturmgeschütze bis hin zum mächtigen, jedoch schwerfälligen Jagdpanzer Ferdinand/Elefant reichte.

Die Panzerdivisionen waren Teil von Panzerkorps, die vorherrschend aus Panzer- und Panzergrenadierdivisionen gebildet wurden. Zwei bis sieben Panzerkorps wurden zu Panzerarmeen zusammen gefasst. Insgesamt verfügte die Wehrmacht über fünf Panzerarmeen sowie bis Mai 1943 über die Panzerarmee Afrika. Hinzu kam eine Panzerarmee der SS.

SS-Panzerdivisionen

Obwohl die Einheiten der SS streng genommen nicht zur Wehrmacht gehörten, glich ihre Gliederung dennoch in weiten Teilen jener der Wehrmachts-Panzerdivisionen. Allerdings wiesen ihre Panzergrenadierregimenter eine dritte Abteilung auf, was darin begründet liegen mag, dass alle sieben SS-Panzerdivisionen (1., 2., 3., 5., 9. 10., 12.) zunächst als Panzergrenadiereinheiten aufgestellt worden waren und erst im Oktober 1943 endgültig alle zu Panzerdivisionen umstrukturiert wurden. Die Ausstattung der Waffen-SS-Verbände mit Personal und Material war in der Regel besser als jene vergleichbarer Wehrmachtseinheiten.

▲ *PzKpfw. VI »Tiger« der 4./SS-Panzer-Regiment 1, 1. SS-Pz-Gren.-Div. »Leibstandarte Adolf Hitler«, Ostfront, Sommer 1943. (NARA)*

Leichte Panzerkampfwagen

Panzerkampfwagen I Ausf. A, Sd.Kfz. 101

Die Ursprünge des Panzerkampfwagen I (PzKpfw. I) gehen auf das Jahr 1930 zurück, als das Heereswaffenamt (HWA) die Entwicklung eines »Kleintraktors« anregte, der rund 3 t wiegen und als Erkundungsfahrzeug, Waffenträger und Zugmaschine dienen sollte. Zwar wurde der mögliche Einbau einer vollautomatischen 2-cm-Kanone für den Einsatz als »Tankjäger« gefordert, eine Eignung als Kampfwagen jedoch bezweifelt. Um Entwicklungszeit zu sparen, wurde vorgeschlagen, einen britischen Kleinpanzer des Typs Carden-Loyd zu erwerben und sich an dessen Fahrwerk zu orientieren. Krupp entwarf daraufhin ein 3,5 t schweres Fahrzeug mit zwei Mann Besatzung, vorn liegendem Motor, hinten installiertem Getriebe sowie einem Drehturm mit 2-cm-Waffe. Allerdings wurden von diesem Entwurf nur Zeichnungen und Holzmodelle fertiggestellt, zum Bau eines eigentlichen Prototypen kam es nicht. Stattdessen forderte das Heereswaffenamt von Krupp im Herbst 1931 einen Kleintraktor mit hinten liegendem Motor, der auf ein vorn befindliches Getriebe wirken und über ein überarbeitetes, nahe an den neusten Carden-Loyd-Entwürfen orientiertes Laufwerk verfügen sollte. Das erste Kleintraktor-Fahrgestell (ohne Panzeraufbau oder Turm) wurde am 29. Juli 1932 vorgestellt und im Oktober jenes Jahres erhielt Krupp den Auftrag für fünf weitere Kleintraktoren, die nun allerdings mit MG-Türmen versehen sein sollten. Die im Juli und August 1933 ausgelieferten Fahrzeuge waren jedoch weder mit einem Panzeraufbau, noch mit Drehtürmen ausgerüstet, sondern waren mit Gewichten versehen, um deren Masse zu simulieren. Anfang Juli 1933 wurde die Tarnbezeichnung in »Landwirtschaftlicher Schlepper« (LaS) geändert und Krupp mit der Lieferung von 150 Fahrzeugen ab Ende 1933 beauftragt. Diese 1934 gebauten LaS wurden erneut ohne Panzeraufbau oder Drehtürme ausgeliefert und dienten als Schulfahrzeuge. Nur 20 Fahrgestelle dieser ersten Serie wurden nachträglich mit improvisierten Aufbauten und Türmen versehen. Erst im zweiten Baulos fanden die von Daimler-Benz entwickelten Aufbauten und Türme mit zwei 7,92-mm-MG 13 Verwendung. Die Panzerung war leicht (max. 13 mm) und schützte nur gegen Geschosse des Kalibers 7,92 mm. Die zweiköpfige Besatzung verständigte sich über Sprechrohre.

Typ	leichter Panzerkampfwagen
Hersteller	Krupp, Henschel, MAN
Gefechtsgewicht	5400 kg
Länge	4020 mm
Breite	2060 mm
Höhe	1720 mm
Motor	Krupp M305 4-Zylinder-Benzinmotor
Hubraum	3460 ccm
Leistung kW/PS	44/60
Leistungsgewicht	11,1 PS/t
Höchstgeschwindigkeit	40 km/h (Straße)
Kraftstoffvorrat	146 l
Fahrbereich	145 km (Straße), 100 km (Gelände)
Besatzung	2
Bewaffnung	2 x 7,92-mm-MG 13
Kampfsatz	1525 x 7,92 mm
Panzerung	6 - 13 mm
Furttiefe	0,58 m

Die offizielle Bezeichnung des während des Reichsparteitages vom 10.–16. September 1935 erstmals der Öffentlichkeit vorgestellten Fahrzeugs lautete zunächst M.G. Panzerwagen und/oder Versuchskraftfahrzeug (Vskfz.) 617. Erst 1938 wurde der Typ in Panzerkampfwagen I (Sd.Kfz. 101) umbenannt. Obwohl bereits vor der Serienfertigung deutlich wurde, dass der 60 PS starke Motor aus dem Hause Krupp überfordert war, wurden bis 1936 818 Exemplaren des PzKpfw. I Ausf. A gebaut. Als Umbau aus vorhandenen Panzern entstanden zudem 51 Munitionsschlepper, einige wenige Flammpanzer, sowie 24 Flakpanzer. Bei diesen war der Turm entfernt und eine 2-cm-Flak 38 aufgesetzt worden. Offenbar als Feldmodifikation durch die Truppe wurden einige Ausf. A in Nordafrika zu Flammpanzern umgebaut, indem eines der Turm-MG durch einen tragbaren Flammenwerfer der Infanterie ersetzt wurde.

▲ *PzKpfw. I Ausf. A während einer Parade in der Vorkriegszeit. (DWA)*

▲ *Ein PzKfw. I Ausf. A ohne Panzeraufbau und Turm als Fahrschulfahrzeug. (DWA)*

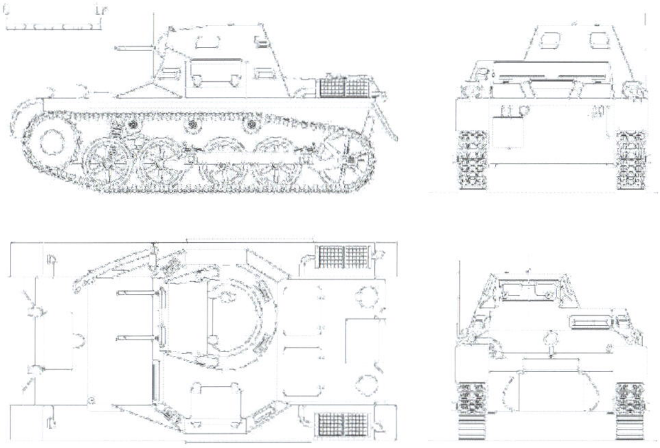

▲ *Vier-Seiten-Ansicht eines PzKpfw. I Ausf. A (spike 78, cc by sa 4.0)*

▲ *Panzer I Ausf. A der spanischen Nationalisten, die ab Oktober 1936 insgesamt 122 Stück erhielten. Als diese auf die von den Republikanern eingesetzten Tanks T-26 oder BT-5 trafen, zeigte sich schon zu diesem Zeitpunkt deutlich, wie gering der Kampfwert dieses Typs im Vergleich zu den sowjetischen Panzern war, die mit leistungsstarken 45-mm-Kanonen bewaffnet waren.*

▲ *Turmlose PzKfw. Ausf. A wie dieses in Frankreich aufgenommene Exemplar wurden bei den Panzerpionieren oder als Nachschubfahrzeuge verwendet.*

▲ *PzKfw. I Ausf. A, Pz.Rgt.5, Lybien 1941. (Grzegorz Jackowski)*

Panzerkampfwagen I Ausf. B, Sd.Kfz. 101

Da sich recht rasch herausgestellt hatte, dass der 60 PS leistende Krupp-Motor für den 5,4 t schweren LaS bzw. die spätere Ausf. A des PzKpfw. I zu schwach war, wurde ab August 1935 eine verbesserte Version mit einem 100 PS starken Maybach-Motor gebaut. Aufgrund des größeren Motors erhielt diese Version eine um 40 cm verlängerte Wanne und ein um ein Laufrollenpaar verlängertes Fahrwerk. Zudem lag das Leitrad nun nicht mehr am Boden. Der stärkere Motor machte zudem ein verändertes Getriebe und damit auch einen modifizierten Wannenbug nötig. Die sonstige Ausstattung und Bewaffnung blieb jedoch unverändert. Diese Version trug ab 1938 die Bezeichnung PzKpfw. I Ausf. B, während die erste Version als Ausf. A bezeichnet wurde. Insgesamt wurden bis Juni 1937 675 PzKpfw I Ausf. B gebaut. Auf Basis der Ausf. B entstanden zudem bis November 1938 164 Instandsetzungskraftwagen I ohne Aufbau. Auch als Ladungsleger, Minenräumer und Fahrschulpanzer wurde die Ausf. B eingesetzt.

Der PzKpfw. I war eigentlich nie als Kampfpanzer geplant, er sollte als rasch herzustellende Zwischenlösung vor allem zur Ausbildung eingesetzt werden und der Industrie ermöglichen Erfahrungen im Bau von Kampffahrzeugen zu sammeln. Da jedoch niemals genug Exemplare der leistungsfähigeren PzKpfw. III und IV produziert wurden, musste der Typ in Dienst bleiben. Bei Kriegsbeginn im September bildeten PzKpfw. I die Masse der verfügbaren Panzer und selbst beim Angriff auf Frankreich im Mai 1940 stellte das Muster mit 523 Exemplaren in Fronteinheiten noch rund 1/5 aller verfügbaren Panzer. Aufgrund ihrer Verwundbarkeit und mangelnden Feuerkraft wurden diese jedoch vor allem als Erkundungsfahrzeuge oder zur Unterstützung der Infanterie eingesetzt. Aufgaben, die PzKpfw. I auch noch 1941 beim Angriff auf die Sowjetunion und in Nordafrika ausfüllen mussten. 1943 erging schließlich die Anweisung, alle noch vorhandenen PzKpfw. I zu Munitionsschleppern umzubauen.

Bereits 1942 erhielt Ungarn acht Panzer I Ausf. B sowie sechs Panzerbefehlswagen I für den Kampf an der Ostfront.

Typ	leichter Panzerkampfwagen
Hersteller	Henschel, MAN, Wegmann
Gefechtsgewicht	6000 kg
Länge	4420 mm
Breite	2060 mm
Höhe	1720 mm
Motor	Maybach NL 38 TR, 6-Zylinder-Benzinmotor
Hubraum	3790 ccm
Leistung kw/PS	73/100
Leistungsgewicht	16,7 PS/t
Höchstgeschwindigkeit	40 km/h (Straße)
Kraftstoffvorrat	146 l
Fahrbereich	180 km (Straße), 130 km (Gelände)
Besatzung	2
Bewaffnung	2 x 7,92-mm-MG 13
Kampfsatz	2250 x 7,92 mm
Panzerung	6 - 13 mm
Furttiefe	0,58 m

▲ *Dieser fabrikneue PzKpfw. I Ausf. B zeigt aufgrund des neuen Motors die verlängerte Wanne und die zusätzliche Laufrolle am Fahrwerk. Das hinten liegende Leitrad berührt nun nicht mehr den Boden.*

◀ *PzKpfw. I Ausf B als Ladungsleger. Mittels eines Schwenkauslegers vermochte diese Version eine Sprengladung abzulegen, sich dann zurückzuziehen und diese fernzuzünden.*

▲ *PzKpfw. I Ausf. B, Ostfront, Sommer 1941, Stab des Pz.Rgt.36. (Gregorz Jackowski)*

▲ *PzKpfw. I Ausf. A der Pz.Abt z.b.V 40, aufgenommen am 16. September 1941 in Sohjana, Karelien, Ostfront. (SA-Kuva)*

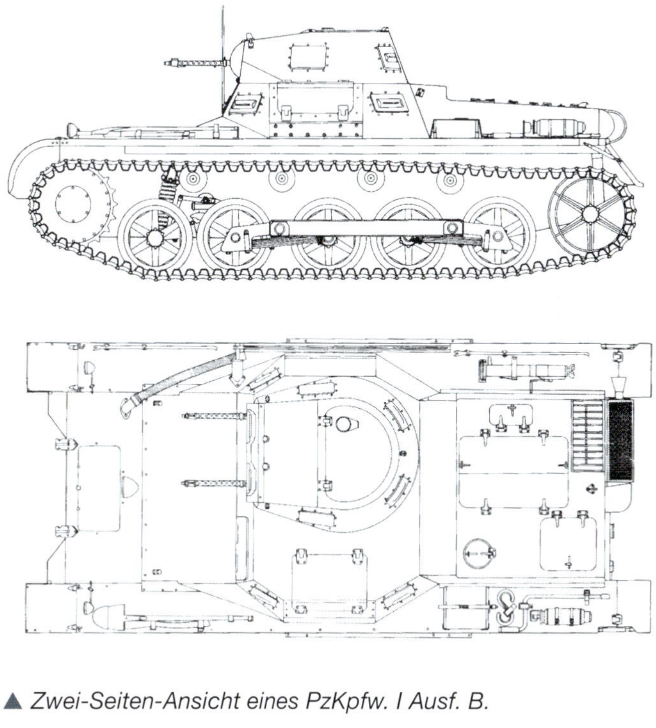

▲ *Zwei-Seiten-Ansicht eines PzKpfw. I Ausf. B.*

Kleiner Panzerbefehlswagen Sd.Kfz. 265

Auf Basis des PzKpfw. I Ausf. B entstanden zwischen 1935 und 1937 184 kleine Panzerbefehlswagen in drei leicht unterschiedlichen Versionen. Zusätzlich wurden sechs Wagen dieser Art aus Fahrgestellen der Ausf. A umgebaut. Um Platz für eine leistungsfähigere Funkanlage (FuG 2 und FuG 6) sowie ein Kartenbrett zu schaffen, entfiel der Drehturm. Stattdessen wurde ein großer, kastenförmiger Aufbau auf die Wanne gesetzt, in dessen Vorderteil sich ein 7,92-mm-MG in einer Kugelblende befand. Die Panzerung wurde durch zusätzliche Platten um 17 mm an der Aufbaufront und 10 mm am Bug verstärkt. Einige Fahrzeuge verfügten über einen kleinen, rechteckigen Turm. Die Besatzung wurde auf drei Mann erhöht. Der kleine Panzerbefehlswagen blieb bis 1942 im Dienst. Nach dem Polenfeldzug wurden einige Panzerbefehlswagen zu Sanitätspanzern (Sanitätskraftwagen I) umgebaut, zudem gab es eine kleine Anzahl von Wagen, die dazu umgerüstet wurden, die Fernsteuerung des Minenräumwagens B I und B II zu übernehmen. Neben der Wehrmacht nutzten auch die ungarischen Streitkräfte ab 1942 sechs Panzerbefehlswagen I.

▲ *Einer der wenigen kleinen Kleinen Panzerbefehlswagen auf Basis der Ausf. A, zu erkennen am Leitrad, das Bodenkontakt hat. (DWA)*

Typ	Panzerbefehlswagen
Hersteller	Daimler-Benz
Gefechtsgewicht	5900 kg
Länge	4420 mm
Breite	2060 mm
Höhe	1990 mm
Motor	Maybach NL 38 TR, 6-Zylinder-Benzinmotor
Hubraum	3790 ccm
Leistung kw/PS	73/100
Leistungsgewicht	16,9 PS/t
Höchstgeschwindigkeit	40 km/h (Straße)
Kraftstoffvorrat	146 l
Fahrbereich	180 km (Straße), 130 km(Gelände))
Besatzung	2
Bewaffnung	1 x 7,92-mm MG 34
Kampfatz	900 x 7,92 mm
Panzerung	6 - 30 mm
Furttiefe	0,58 m

▲ Dieser Panzerbefehlswagen I wurde in Nordafrika von britischen Truppen erbeutet und untersucht. Man beachte die weit offen stehenden seitlichen Luken. (NARA)

▲ Kleiner Panzerbefehlswagen der 11. Pz.Div., Tula, Ende Oktober, Anfang November 1941. (Grzegorz Jackowski)

▲ Auf Basis des Panzerbefehlswagen I entstand nach Ende des Polenfeldzuges eine Reihe von Sanitätspanzern. Das MG in Kugelblende im vorderen Aufbau entfiel, die Öffnung wurde mit einer Metallplatte verschlossen.

Panzerkampfwagen I Ausf. C (VK 601), Sd.Kfz. 101

Im Oktober 1937 liefen bei Krauss-Maffei unter der Bezeichnung VK 3 t die Arbeiten an einem leichten Vollketten-Kampfwagen an, der nur 3 t wiegen und bis zu 80 km/h erreichen sollte. Im Laufe des Jahres 1938 stieg das geplante Gewicht jedoch zunächst auf 5 t und ein Jahr später auf 6 t an, sodass die Bezeichnung in VK 5 t, bzw. in VK 6 t geändert wurde. Basierend auf dem VK 6 t vergab das Heereswaffenamt im September 1939 den Auftrag zur Entwicklung eines leichten Aufklärungs- und Luftlandepanzers. Für das Fahrgestell des nun VK 601 (bzw. später PzKpfw. I Ausf. C) genannten Projektes zeichnete Krauss-Maffei, für den Panzeraufbau und den Turm Daimler-Benz verantwortlich. Außer der Bezeichnung hatte die Ausf. C jedoch kaum noch etwas mit den Ausf. A oder B gemein. Das Laufwerk bestand aus fünf großen Laufrädern in Schachtelanordnung mit Drehstabfederung, ähnlich wie bei den Halbkettenzugmaschinen der Wehrmacht. Ein Maybach HL 45P Motor von 150 PS verlieh dem Fahrzeug eine Geschwindigkeit von 65 km/h. Auch die Wanne wurde umgestaltet und stärker gepanzert. Der zweiköpfigen Besatzung stand eine EW 141 Kaliber 7,92 mm sowie ein 7,92-mm-MG im Dreh-

Typ	leichter Aufklärungs- und Luftlandepanzer
Hersteller	Krauss-Maffei, Daimler-Benz
Gefechtsgewicht	8000 kg
Länge	4190 mm
Breite	1920 mm
Höhe	1940 mm
Motor	Maybach HL 45P, 6-Zylinder-Benzinmotor
Hubraum	4678 ccm
Leistung kw/PS	110/150
Leistungsgewicht	18,8 PS/t
Höchstgeschwindigkeit	65 km/h (Straße)
Kraftstoffvorrat	k.A
Fahrbereich	300 km (Straße)
Besatzung	2
Bewaffnung	1 x 7,92-mm-EW 141, 1 x 7,92-mm-MG 34
Kampfsatz	k.A.
Panzerung	10 - 30 mm
Furttiefe	0,8 m

▲ *Diese Halbfrontansicht des PzKpfw. I Ausf. C zeigt deutlich die Länge der EW 141 gegenüber dem MG 34. Man beachte zudem die Nebelwurfanlage auf der Kettenabdeckung.*

▲ *Der PzKpfw. I Ausf. C wurde nur in geringen Stückzahlen gebaut und hatte mit den vorhergehenden Versionen nur noch den Namen gemein.*

turm zur Verfügung. Die EW 141 (EW - Einbauwaffe) war ein halbautomatisches, auf Einzelfeuer ausgelegtes Gewehr, das die Munition der Panzerbüchse 39 in Kaliber 7,92x94 benutzte und damit eine Mündungsgeschwindigkeit von 1170 m/s erreichte. Dies reichte auf eine Entfernung von 300 m aus, um 25 mm starke Panzerplatten zu durchschlagen. Neben sechs Prototypen VK 601 wurden ab Juli 1942 40 Vorserienexemplare produziert, zu einem Serienbau kam es jedoch nicht. Zwei Fahrzeuge wurden bei der 1. Panzerdivision in Russland erprobt, der Rest wurde in die Reserve des LVIII. Panzerkorps eingegliedert und ging 1944 in der Normandie verloren. Der PzKpfw. I Ausf. D (VK 602) war eine nur als Prototyp gebaute verbesserte Version der Ausf. C mit 180 PS Motor und stärkerer Panzerung.

▲ *Obwohl sehr beweglich, fehlte dem PzKpfw. I Ausf. C die notwendige Bewaffnung, um sich auf dem Gefechtsfeld behaupten zu können.*

Panzerkampfwagen I Ausf. F (VK 1801) Sd.Kfz. 101

Die Ausf. F des PzKpfw. I war eine stark gepanzerte Fortentwicklung, die vor allem der Infanterieunterstützung dienen sollte. Das HWA vergab am 22. Dezember 1939 einen Auftrag über 30 Exemplare, wobei Krauss-Maffei für die Entwicklung des Laufwerks und der Wanne, Daimler-Benz für den Panzeraufbau sowie den Turm verantwortlich waren. Der erste Prototyp des als PzKpfw. I n.A. (neuer Art) oder VK 1801 bezeichneten Modells wurde im Juni 1940 vorgestellt, von Mitte bis Ende 1942 folgte eine Vorserie von 30 Stück. Das Schachtellaufwerk mit Drehstabfederung erinnerte an das der Ausf. C, besaß jedoch aufgrund des wesentlich höheren Gewichtes (21 000 kg) auf 54 cm verbreiterte Ketten. Die Bewaffnung bestand jedoch weiterhin nur aus zwei 7,92-mm-MG im Turm und die Geschwindigkeit lag bei nur 25 km/h, da der gleiche Maybach-Motor verwendet wurde wie bei der Ausf. C. Obwohl die Panzerung des Typs überzeugen konnte, war er aufgrund seiner viel zu schwachen Bewaffnung und geringen Beweglichkeit für den Einsatz an der Front nicht geeignet. Einige Fahrzeuge (wohl acht) wurden dennoch ab 1943 bei der 1. und 12. Panzerdivision erprobt, bis August 1944 waren sämtliche dieser Panzer verloren gegangen. Mindestens zehn VK 1801 sind bei der Ordnungspolizei nachzuweisen und fanden im Rahmen der Bekämpfung von Partisanen im Osten und auf dem Balkan Verwendung.

Typ	leichter Infanteriepanzer
Hersteller	Krauss-Maffei
Gefechtsgewicht	21 000 kg
Länge	4380 mm
Breite	2640 mm
Höhe	2050 mm
Motor	Maybach HL 45P, 6-Zylinder-Benzinmotor
Hubraum	4678 ccm
Leistung kw/PS	110/150
Leistungsgewicht	7,1 PS/t
Höchstgeschwindigkeit	25 km/h (Straße)
Kraftstoffvorrat	k.A.
Fahrbereich	150 km (Straße)
Besatzung	2
Bewaffnung	2 x 7,92-mm-MG 34
Kampfsatz	5100 x 7,92 mm
Panzerung	25–80 mm
Furttiefe	0,8 m

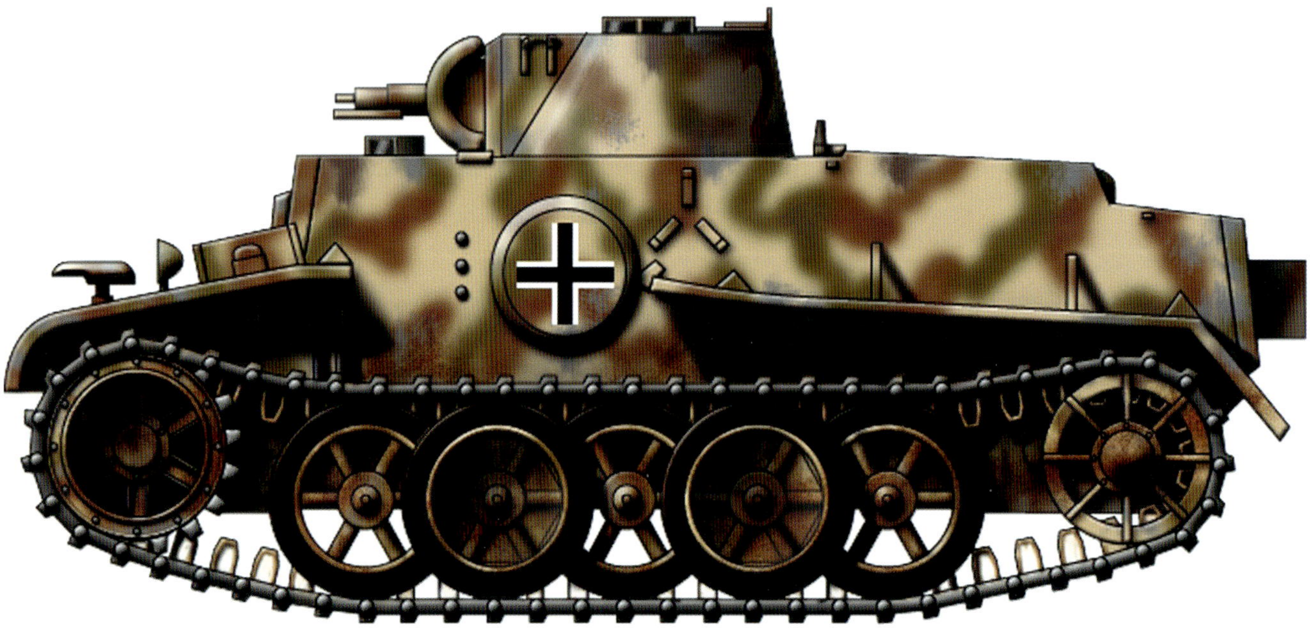

▲ *Vom stark gepanzerten PzKpfw. I Ausf. F wurden nur 30 Exemplare gebaut. (Vincent Bourguignon)*

▲ ▶ *Werksaufnahmen eines fabrikneuen PzKpfw. I Ausf. F. Man beachte die seitliche Ein- und Ausstiegsluke.*

Panzerkampfwagen II Ausf. a und b, Sd.Kfz. 121

Ähnlich wie der PzKpfw. I war auch der PzKpfw. II als Zwischenlösung bis zum Erscheinen der als Standard-Typen geplanten Panzer III und IV gedacht. Krupp, Henschel und MAN entwickelten im Auftrag des HWA ab 1934 jeweils Vorschläge für einen 10-t-Panzer, der mit einer 2-cm-Waffe bestückt und damit auch zum Kampf gegen andere Panzer befähigt sein sollte. Aus Geheimhaltungsgründen wurde zu jener Zeit noch die Tarnbezeichnung »Landwirtschaftlicher Schlepper 100« oder LaS 100 verwendet. Nachdem im Februar 1935 die ersten Prototypen fertiggestellt worden waren, entschied sich das Heereswaffenamt für das MAN-Modell, wobei Daimler-Benz für die Konstruktion des Panzerkastenoberteils und des Turms verantwortlich zeichnete. Als Ende 1935 die ersten Einheiten ausgeliefert wurden, lautete die offizielle Bezeichnung des Typs noch M.G. Panzerwagen (2 cm) und/oder Versuchskraftfahrzeug (Vskfz.) 622. Erst später 1938 erfolgte die Umbenennung in Panzerkampfwagen II (Sd.Kfz. 121).

Die ersten 75 PzKpfw. II waren Vorserienmodelle der Ausf. a/1, a/2 und a/3, die alle von einem 130 PS HL 57 TR Motor angetrieben wurden. Jede dieser Versionen wies kleine Verbesserungen gegenüber ihren Vorgängern auf. Von Februar bis März 1937 bauten MAN und Daimler-Benz 25 Exemplare der Ausf. b, die zwar im Grunde das gleiche Laufwerk wie die Ausf. a aufwies (sechs kleine Laufrollen an einem Tragbalken), das jedoch in Details verbessert worden war. Zudem erhielt dieses Modell einen stärkeren (140 PS), aber insgesamt kompakteren Maybach Hl 62 TR Motor, sowie ein geändertes Getriebe und ein überarbeitetes Kühl- und Abgassystem.

Bewaffnet war das Muster mit einer 2-cm-KwK 30 L/55, einer aus der 2-cm-Flak 30 entwickelten automatischen Waffe, die mit 10-Schuss-Magazinen geladen wurde, sowie einem koaxialen 7,92-mm-MG 34 im Turm. Die Besatzung bestand aus drei Mann: dem Fahrer, der vorn links in der Wanne seinen Platz fand und das Getriebe rechts neben sich hatte, dem Kommandanten, der zugleich auch Richt- und Ladeschütze war und sich allein im Turm befand, sowie dem Funker/Ladeschützen. Dieser saß auf dem Wannenboden hinter dem Fahrer und blickte nach hinten.

Obwohl nur Vorserienmodelle, kamen auch die Ausf. a und b in der ersten Phase des 2. Weltkriegs zum Einsatz und nahmen sogar am Überfall auf die UdSSR teil.

Typ	leichter Panzerkampfwagen
Hersteller	MAN, Daimler-Benz
Gefechtsgewicht	7600 kg
Länge	4755 mm
Breite	2140 mm
Höhe	1960 mm
Motor	Maybach HL 62 TRM, 6-Zylinder-Benzinmotor
Hubraum	6191 ccm
Leistung kw/PS	103/140
Leistungsgewicht	18,42 PS/t
Höchstgeschwindigkeit	40 km/h (Straße), Gelände 20 km/h
Kraftstoffvorrat	170 l
Fahrbereich	190 km (Straße), 125 km (Gelände)
Besatzung	3
Bewaffnung	1 x 2-cm-KwK 30 L/55, 1 x 7,92-mm-MG 34
Kampfsatz	180 x 2 cm, 1425 x 7,92 mm
Panzerung	5 – 13 mm (Turmblende bis 15 mm)
Furttiefe	0,89 m

Daten für PzKpfw. II Ausf. b

▲ *Werksaufnahme des zweiten MAN-Prototyps im Jahre 1935.*

▲ *Pz.Kpfw. II Ausf. b der »Leibstandarte SS Adolf Hitler«, Ukraine, Sommer 1941. (Grzegorz Jackowski)*

▲ *Pz.Kpfw. II Ausf. b der 10. Pz.Div., Frankreich, Mai 1940. (Grzegorz Jackowski)*

▲ *PzKpfw. II Ausf. a2 des Pz.Rgt. 6 im September 1938. (DWA)*

Panzerkampfwagen II Ausf. c, Sd.Kfz. 121

Im März 1937 erschien ein weiteres Vorserienmodell des PzKpfw. II, die Ausf. c, von der 75 Stück gebaut wurden. Diese Version erhielt ein gegenüber den Vorgängermodellen verändertes Laufwerk aus fünf mittelgroßen Laufrollen und vier Stützrollen. Die Ausf. c besaß modifizierte Ketten, Trieb- und Leiträder. Zudem waren die Kettenabdeckungen breiter, das Motorkühlsystem verbessert und die Panzerung leicht verstärkt worden. Die bei der Ausf. c eingeführten Veränderungen wurden zum Standard der folgenden Hauptserienvarianten Ausf. A, B und C. Wie diese Serienversionen wurde auch die Ausf. c 1939/40 eine Reihe von Modifikationen unterzogen (siehe dort).

Typ	leichter Panzerkampfwagen
Hersteller	MAN, Daimler-Benz
Gefechtsgewicht	8900 kg
Länge	4810 mm
Breite	2223 mm
Höhe	1990 mm
Motor	Maybach HL 62 TRM, 6-Zylinder-Benzinmotor
Hubraum	6191 ccm
Leistung kw/PS	103/140
Leistungsgewicht	15,73 PS/t
Höchstgeschwindigkeit	40 km/h (Straße), Gelände 20 km/h
Kraftstoffvorrat	170 l
Fahrbereich	190 km (Straße), 125 km (Gelände)
Besatzung	3
Bewaffnung	1 x 2-cm-KwK 30 L/55, 1 x 7,92-mm-MG 34
Kampfsatz	180 x 2 cm, 1425 x 7,92 mm
Panzerung	5 – 15 mm (Turmblende bis 16 mm)
Furttiefe	0,92 m

▲ *Die Ausf. c des PzKpfw. II wurde mit einem neuen Laufwerk mit fünf einzeln aufgehängten Laufrollen pro Laufwerksseite ausgerüstet und unterschied sich äußerlich kaum von den Serienversionen. (NARA)*

▲ *PzKpfw. II Ausf. c der 12. Pz.Div. Die Schiene auf der Kettenabdeckung diente zur Ablage der Antenne, wenn diese beigeklappt war. (DWA).*

◀ *Ein PzKpfw. II Ausf. c des 25. Pz.Reg der 7. Pz.Div. während einer Übung im Frühjahr 1940 im Westen. Im Hintergrund ein PzKpfw. I. (NIMH)*

Panzerkampfwagen II Ausf. A - C, Sd.Kfz. 121

Ab Juli 1937 wurde die Ausf. A als erste Serienvariante des PzKpfw. II gebaut. Sie unterschied von der Ausf. c vor allem durch ein neues Getriebe und veränderte Sehklappen, deren Sehschlitze nun über Panzerglas verfügten. Ansonsten sind beide Versionen kaum zu unterscheiden. Gleiches gilt für die folgenden Ausf. B (ab Dezember 1937) und die Ausf. C (ab Juni 1938), die nur Detailmodifikationen aufwiesen und sich u. a. durch veränderte Sehklappen (nun mit 50 mm statt 12 mm Panzerglas) unterschieden. Bis April 1940 wurden insgesamt 1038 PzKpfw. II der Ausf. A, B und C produziert. Damit war dieser Typ zu Beginn des 2. Weltkrieges das Hauptmodell der Panzerdivisionen. Während des Polenfeldzuges stellte sich rasch heraus, dass die Panzerung des PzKpfw. II selbst von Panzerbüchsen problemlos durchschlagen werden konnte. Bis Mai 1940 waren daher mehr als 2/3 aller Fahrzeuge mit einer 20 mm starken Zusatzpanzerung an Bug und Turmfront versehen worden, welche die Wanne vorn kantiger erscheinen ließ. Bis zum Beginn der Krieges gegen die UdSSR im Juni 1941 waren alle verbleibenden Panzer II ebenfalls mit dieser Zusatzpanzerung ausgerüstet worden. Da die Truppe nach dem Frankreichfeldzug die mangelnde Sicht aus dem Turm beklagt hatte, wurde in der Folge bei der Mehrzahl der Panzer anstelle der bisher verwendeten zweiteiligen Luke eine Kommandantenkuppel installiert.

Mit 955 Fahrzeugen stellten PzKpfw. II zu Beginn des Feldzuges im Westen die Mehrzahl aller verfügbaren Kampfwagen. Bis zum Juni des Folgejahres hatte sich die Zahl der einsatzfähigen Panzer II sogar auf über 1100 Stück erhöht. Doch hatte sich bereits während des Polen- und Frankreichfeldzuges gezeigt, dass weder die Bewaffnung noch die Panzerung des Typs den Ansprüchen als Kampfpanzer genügten, weshalb PzKpfw. II ab 1941 vor allem als Erkundungsfahrzeuge oder für andere sekundäre Aufgaben zum Einsatz kamen. Ab Anfang 1943 verschwand der Typ aus den Fronteinheiten, blieb aber für sekundäre Aufgaben wie Partisanenbekämpfung, als Munitionsschlepper oder Pionierpanzer in Dienst.

1940 wurden für die geplante Invasion Großbritanniens 52 PzKpfw. II mit seitlichen Auftriebskörpern schwimmfähig gemacht und als Umbauten der Ausf. B entstanden rund 200 Panzerbeobachtungswagen (Pz.Beob.Wg) mit starrem Turm und zusätzlicher Funkausrüstung sowie Rahmenantenne auf dem Heck.

Typ	leichter Panzerkampfwagen
Hersteller	MAN, Wegmann, Famo, Daimler-Benz, Alkett, MIAG
Gefechtsgewicht	8900 kg ohne, 9500 kg mit Zusatzpanzerung
Länge	4810 mm
Breite	2280 mm
Höhe	2020 mm
Motor	Maybach HL 62 TRM, 6-Zylinder-Benzinmotor
Hubraum	6191 ccm
Leistung kw/PS	103/140
Leistungsgewicht	15,73 PS/t bzw. 14,74 PS/t
Höchstgeschwindigkeit	40 km/h (Straße), Gelände 19 km/h
Kraftstoffvorrat	170 l
Fahrbereich	190 km (Straße), 100 km (Gelände)
Besatzung	3
Bewaffnung	1 x 2-cm-KwK 30, 1 x 7,92-mm-MG 34
Kampfsatz	180 x 2 cm, 1425 x 7,92 mm in 19 x 75-Schuss-Magazinen oder bei Gurtzuführung 2100 x 7,92 mm
Panzerung	5 – 14,5 mm (Blende bis 16 mm), später Wannen- und Turmfront + 20 mm Zusatzpanzerung
Furttiefe	0,92 m

▲ *Eine fabrikneue frühe Ausf. A des PzKpfw. II.*

▲ *Laufwechsel der 2-cm-KwK 30 bei einem PzKpfw. II Ausf. B. Dieser Panzer ist bereits mit einer Zusatzpanzerung und einer Kommandantenkuppel ausgerüstet. (SA-Kuva)*

▲ *PzKpfw. II Ausf. C der 7.Pz.Div. (Grzegorz Jackowski)*

▲ *Dieser PzKpfw. II Ausf.C zeigt zwar bereits den eckigen Bug mit Zusatzpanzerung, hat jedoch noch keine Kommandantenkuppel erhalten. (DWA)*

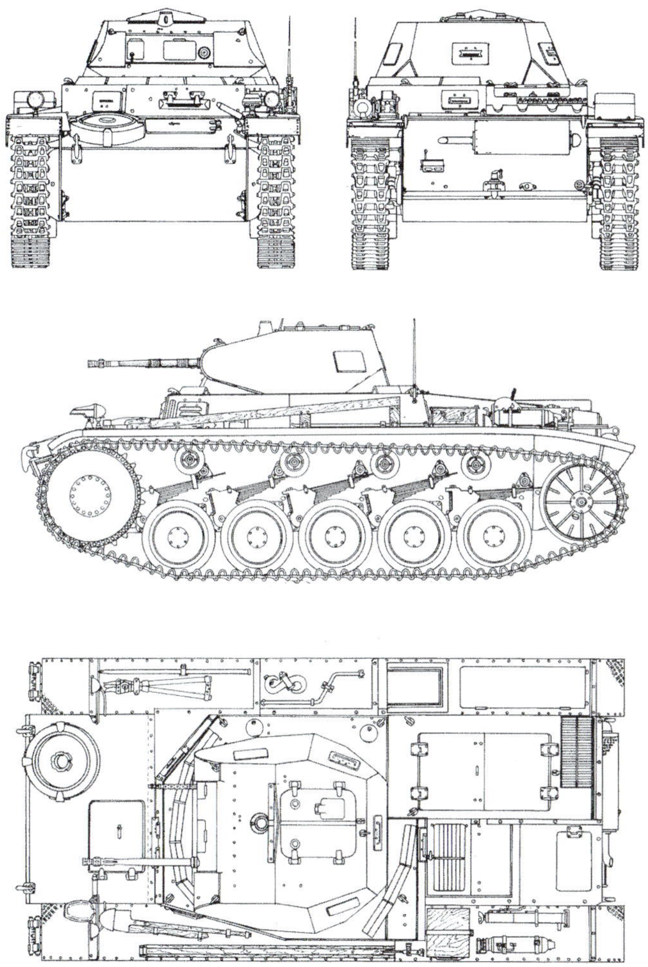

▶ *Vier-Seiten-Ansicht eines PzKpfw. II Ausf. B mit Zusatzpanzerung an Wannen- und Turmfront, jedoch ohne Kommandantenkuppel.*

Panzerkampfwagen II Ausf. D und E, Sd.Kfz. 121

MAN baute ab Mai 1938 eine als »Schnellkampfwagen« gedachte Version des PzKpfw. II. Dieses Ausf. D genannte Modell besaß zwar noch den gleichen Turm und die gleiche Bewaffnung wie die Ausf. A, B, und C, war ansonsten jedoch praktisch neu entworfen worden. Das Laufwerk bestand aus vier großen Laufrollen, die durch Torsionsstäbe gefedert wurden. Trotz des gleichen Motors und des gestiegenen Gewichtes erbrachte das neue Laufwerk in Kombination mit einem neuen Getriebe eine Straßengeschwindigkeit von 55 km/h. Allerdings litt die Geländegängigkeit gegenüber den bisherigen Ausführungen deutlich. Die Panzerbesatzung erhöhte sich auf vier Mann. Der Funker saß nun vorn neben dem Fahrer, während im Turm Kommandant und Richtschütze ihren Platz hatten. Es wurden jeweils 180 Schuss für die 2-cm-KwK 30 und 1425 Patronen für das MG 34 mitgeführt. Die Ausf. E wurde nur als Versuchsfahrzeug in sieben Exemplaren gebaut. Sie verfügte über eine geschmierte Gleiskette und unterschied sich ansonsten nur in Details von der Ausf. D.

Typ	leichter Panzerkampfwagen
Hersteller	Daimler-Benz, MAN
Gefechtsgewicht	10.000 kg
Länge	4650 mm
Breite	2300 mm
Höhe	2060 mm
Motor	Maybach HL 62 TRM, 6-Zylinder-Benzinmotor
Hubraum	6191 ccm
Leistung kw/PS	103/140
Leistungsgewicht	14 PS/t
Höchstgeschwindigkeit	55 km/h (Straße), Gelände 19 km/h
Kraftstoffvorrat	200 l
Fahrbereich	200 km (Straße), 130 km (Gelände)
Besatzung	4
Bewaffnung	1 x 2-cm-KwK 30 L/55, 1 x 7,92-mm-MG 34
Panzerung	5 – 30 mm
Furttiefe	0,92 m

Insgesamt wurden 243 Panzer II Ausf. D hergestellt und bei den leichten Divisionen eingesetzt, bewährten sich jedoch nicht. Ihren einzigen Fronteinsatz erlebten die Fahrzeuge während des Polenfeldzuges, bereits im März 1940 wurde der Typ wieder ausgemustert.

▲ *PzKpfw. II Ausf. D der 3.le.Div. (Grzegorz Jackowski)*

▲ *PzKpfw. II Ausf. D während einer Übung im Sommer 1939. (NARA)*

◀ *PzKpfw. II Ausf. D auf Faun L 900 LkW während einer Parade in Berlin 1938. (TM)*

Panzerkampfwagen II (F), Sd.Kfz. 122

Unter Verwendung der Fahrgestelle umgebauter PzKpfw. II Ausf. D und E entstanden bei Wegmann in Kassel ab Mai 1940 ein Prototyp und 89 Serienfahrzeuge. Diese PzKpfw. II (F) oder (Fl) genannten Fahrzeuge besaßen zwei kleine Türme mit Flammenwerfern auf den vorderen Kettenabdeckungen sowie einen neuen, kleinen Ein-Mann-Turm mit einem 7,92-mm-MG 34. Für die Flammenwerfer standen je 160 l Flammöl zur Verfügung, was für bis zu 40 Feuerstöße von zwei bis drei Sekunden pro Werfer und bis zu 35 m Entfernung ausreichte. Der dazu notwendige Druck wurde durch komprimierten Stickstoff erzeugt, der im Fahrzeuginneren mitgeführt wurde, das Flammöl hingegen war in gepanzerten Kästen auf den Kettenabdeckungen untergebracht. Der Flammpanzer II wurde in zwei Versionen gebaut. Die Ausf. A basierte auf umgebauten PzKpfw. II der Ausf. D und E. Die meisten Panzer dieser Version besaßen Treibräder mit elf Speichen.

Ab August 1941 wurde eine zweite Serie von Fahrgestellen der Ausf. D des PzKpfw. II bei MAN gefertigt, die bei Wegmann zu PzKpfw. II (F) Ausf. B umgebaut wurden. Die »neuen« Fahrgestelle erhielten neue Treib- und Leiträder sowie neue Ketten und wurden daher als D2, die ursprünglichen, 1938-39 gebauten, als D1 bezeichnet. Insgesamt wurden bis März 1942 52 PzKpfw. II (F) Ausf. B gebaut, die jedoch nicht mehr an der Front zum Einsatz kamen.

Flammpanzer II sollten eng mit Infanterie zusammenarbeiten und diese unterstützen. Fast alle Fahrzeuge wurden an der Ostfront eingesetzt, bewährten sich allerdings nicht. So wurden die noch vorhandenen Exemplare spätestens bis Ende 1942 von der Front abgezogen und ihre Chassis zumeist in »Marder II« Selbstfahrlafetten umgebaut. Die Flammenwerfertürme wurden in Befestigungsanlagen integriert.

Typ	leichter Flammpanzer
Hersteller	Umbau durch Wegmann
Gefechtsgewicht	10.500 kg
Länge	4650 mm
Breite	2300 mm
Höhe	1850 mm
Motor	Maybach HL 62 TRM, 6-Zylinder-Benzinmotor
Hubraum	6191 ccm
Leistung kw/PS	103/140
Leistungsgewicht	13,3 PS/t
Höchstgeschwindigkeit	55 km/h (Straße), Gelände 19 km/h
Kraftstoffvorrat 200 l	
Fahrbereich	200 km (Straße), 130 km (Gelände)
Besatzung	3
Bewaffnung	2 x Flammenwerfer, 1 x 7,92-mm-MG 34
Panzerung	5 – 30 mm
Furttiefe	0,92 m

▲ *PzKpfw. II (Fl) Ausf. A der Pz.Abt. (F) 101, Ostfront, Herbst 1941. Man beachte die Nebelwurfanlage auf der hinteren Kettenabdeckung. Der für diesen Typ häufig zu lesende Name »Flamingo« findet sich in zeitgenössischen Dokumenten an keiner Stelle. (Vincent Bourguignon)*

▲ PzKpfw. II (Fl) Ausf. A der Pz.Abt. (F) 100, Zaamslag, Niederlande im September 1940. Der Panzer zieht einen Anhänger, der ursprünglich zu einem französischen Renault UE »Chenilette« Schlepper gehört hat. Obwohl das taktische Zeichen an der Seite des Panzers an die »Wolfsangel« der 19. Inf. Div. (später 19. Pz.Div.) erinnert, ist es tatsächlich ein stilisiertes »Z«, das für den Kommandeur dieser Einheit »von Zeschwitz« steht. (NIMH)

▲ Nahaufnahme der beiden Flammenwerfertürme des PzKpfw. II (Fl). Diese konnten um 90° nach außen und um 30° nach innen geschwenkt sowie in der Höhe +20° und -10° gerichtet werden. Der linke wurde vom Funker, der rechte Turm vom Kommandanten bedient. Die geringe Reichweite von nur 35 m führte dazu, dass der Panzer sehr nah an sein Ziel heranfahren musste. Dazu war jedoch die Panzerung von nur 30 mm eigentlich nicht stark genug.

▲ PzKpfw. II (Fl) Ausf. B., man beachte die Treibräder mit elf Speichen. (NARA)

Panzerkampfwagen II Ausf. F, Sd.Kfz. 121

Obwohl die Mängel des PzKpfw. II, insbesondere die zu leichte Bewaffnung und Panzerung, bereits während der Polen- und Frankreichfeldzüge deutlich zu Tage getreten waren, wurde im März 1941 eine weitere Version, die Ausf. F, bei der Truppe eingeführt. Dieses Modell besaß die KwK 38 mit höherer Schussfolge, jedoch noch immer nur im Kaliber 2 cm. Die Panzerung war soweit verstärkt worden, wie es der Grundentwurf zuließ, dennoch blieb der Schutz des Fahrzeugs unzureichend. Zudem zeigte die Ausf. F Detailverbesserungen am Wannenbug, der Fahrerfront (nun gerade und nicht mehr abgewinkelt), der Blende sowie dem Fahrgestell und der Kommandantenkuppel. Die Ausf. F wurde meist nicht mehr als Kampfpanzer, sondern als Aufklärungsfahrzeug verwendet. Bis Dezember 1942 entstanden 524 PzKpfw. II Ausf. F. Ab 1943 wurden sämtliche noch vorhandenen PzKpfw. II aus den Fronteinheiten abgezogen.

Typ	leichter Panzerkampfwagen
Hersteller	MAN, Wegmann, Famo, MIAG
Gefechtsgewicht9500 kg	
Länge	4810 mm
Breite	2280 mm
Höhe	2150 mm
Motor	Maybach HL 62 TRM, 6-Zylinder-Benzinmotor
Hubraum	6191 ccm
Leistung kw/PS	103/140
Leistungsgewicht	14,7 PS/t
Höchstgeschwindigkeit	40 km/h (Straße), Gelände 19 km/h
Kraftstoffvorrat	170 l
Fahrbereich	200 km (Straße), 100 km (Gelände)
Besatzung	3
Bewaffnung	1 x 2-cm-KwK 38, 1 x 7,92-mm-MG 34
Panzerung	5 – 35 mm
Furttiefe	0,92 m

◀ Ein im Mai 1943 von britischen Truppen in Tunesien erbeuteter PzKpfw. II Ausf. F des Stabes des Pz.Reg.7 der 10. Pz.Div. Dieses Fahrzeug wurde im Mai 1942 gebaut und kam Ende jenes Jahres nach Nordafrika. Heute befindet er sich im Tank Museum Bovington, Großbritannien. Man beachte die für die Ausf. F typische gerade Fahrerfront sowie das ebenso typische Leitrad. (TM)

▲ PzKpfw. II Ausf. F der 1. SS-Panzergrenadier-Division »Leibstandarte SS Adolf Hitler«, Charkow, Februar-März 1943. (Grzegorz Jackowski)

Panzerkampfwagen II Ausf. G (VK 901) und Ausf. H/M (VK 903)

Am 18. Juni 1938 beauftragte das Heereswaffenamt MAN mit der Entwicklung einer neuen Version des PzKpfw. II, die eine möglichst hohe Geschwindigkeit erzielen sollte. Daimler-Benz sollte die Konstruktion des Turms und des Panzerkastenoberteils des als VK 901 und später als PzKpfw. II Ausf. G bezeichneten leichten Panzers übernehmen. Wie der PzKpfw. I Ausf. C besaß der VK 901 ein Schachtellaufwerk und ähnelte auch sonst diesem Typ sehr. Der VK 901 war jedoch schwerer und größer und seine Besatzung bestand aus drei Mann: Fahrer und Funker vorn im Bug, der Kommandant (zugleich Richt- und Ladeschütze) im Turm. Erste Prototypen waren für Ende 1939 geplant, im Oktober 1940 sollte eine Vorserie von 75 Fahrzeugen anlaufen. Die Entwicklung des VK 901 war komplex und verlief nur sehr schleppend. Zum einen weil der Panzer mit unerprobter Technik wie z.B. einem Vorwählgetriebe, einem neuartigen Lenkgetriebe sowie einem einachsigen Stabilisator für die Hauptwaffe ausgerüstet werden sollte, zum anderen auch weil das HWA mehrfach die Vorgaben änderte. Mehrere Getriebe wurden erprobt und diverse Triebwerke vorgeschlagen. Bis Ende 1942 waren je nach Quelle nur 45 oder 46 Wannen fertig, dann wurde die Fertigung endgültig beendet. Wie viele von diesen mit Panzeraufbauten und Türmen versehen wurden, ist unklar, evtl. nur 12. Von diesen kamen tatsächlich einige im Osten zum Einsatz, vor allem beim Kampf gegen Partisanen. Der Rest wurde in Schulen und bei Versuchen aufgebraucht.

Unter der Bezeichnung Panzerselbstfahrlafette Ic (Pz.Sfl.Ic) baute Alkett unter Verwendung des VK 901 Fahrgestells im Herbst 1941 zwei Fahrzeuge mit einem starren Aufbau, die mit einer 5-cm-Pak 38 L/60 bewaffnet waren und als Panzerjäger dienen sollten.

Schließlich konstruierten MAN und Daimler-Benz ab Juni 1940 ein der VK 901 sehr ähnliches Fahrzeug mit etwas stärkerer Seiten- und Heckpanzerung (20 mm statt 14,5 mm) sowie einem 200 PS leistenden HL 66 P Motor, das als VK 903 firmierte. Neben einem leichten Panzer mit Ein-Mann-Turm (PzKpfw. II Ausf. H) war auch ein spezialisiertes Spähfahrzeug (PzKpfw. II Ausf. M) mit Zwei-Mann-Turm in Planung. Am 27. März 1942 wurde die Entwicklung der VK 903 nach dem Bau einiger weniger Versuchsfahrzeuge abgebrochen.

Typ	leichter Kampf- und Aufklärungspanzer
Hersteller	MAN, Daimler-Benz
Gefechtsgewicht	10.500 kg
Länge	4240 mm
Breite	2390 mm
Höhe	2050 mm
Motor	Maybach HL 62 TRM, 6-Zylinder-Benzinmotor
Hubraum	6191 ccm
Leistung kw/PS	103/140
Leistungsgewicht	13,3 PS/t
Höchstgeschwindigkeit	65 km/h (Straße)
Kraftstoffvorrat	k.A.
Fahrbereich	200 km (Straße), 125 km (Gelände)
Besatzung	3
Bewaffnung	1 x 2-cm-KwK 38, 1 x 7,92-mm-MG 34
Kampfsatz	200 x 2 cm, 2100 x 7,92 mm
Panzerung	10 – 30 mm
Furttiefe	0,9 m

Daten für PzKpfw. II Ausf. G (VK 901)

▲ *Einer der beiden Prototypen der Pz.Sfl. Ic. Obwohl auch dieser Entwurf nicht über das Versuchsstadium hinauskam, kamen beide Versuchsfahrzeuge bei der 559. Panzerjäger-Abteilung an der Ostfront zum Einsatz.*

▲ *Ein PzKpfw. II Ausf. G der Vorserie, aufgenommen 1941. Das Fahrzeug scheint einen zweifarbigen Tarnanstrich zu tragen.*

Panzerkampfwagen II Ausf. J (VK 1601)

Aufgrund der Erfahrungen im Polenfeldzug beauftragte das HWS am 15. November 1939 MAN und Daimler-Benz mit der Entwicklung eines leichten Panzers, der eine möglichst starke Panzerung besitzen sollte. Der erste Prototyp des zunächst als VK 1601 und ab 1942 als PzKpfw. II Ausf. J bezeichneten Typs wurde im Juni 1940 vorgestellt, die ersten Vorserienfahrzeuge im Herbst 1941. Der PzKpfw. II Ausf. J erinnerte stark an den PzKpfw. I Ausf. F und besaß im Grunde die gleiche, nur etwas größere Wanne mit den markanten Ein- und Ausstiegsluken an der Seite. Auch die Panzerung von frontal 80 mm und seitlich 50 mm war identisch. Turm und Laufwerk wiesen ebenfalls große Ähnlichkeit auf. Allerdings hatte der PzKpfw. II Ausf. J eine drei Mann starke Besatzung, da neben dem Fahrer und dem allein im Turm sitzenden Kommandanten noch ein neben dem Fahrer befindlicher Funker hinzu kam. Trotz seiner starken Panzerung war der Typ weiterhin mit einer 2 cm KwK 38 und einem koaxialen MG 34 bewaffnet.
Am 1. Juli 1942 wurde der Auftrag zur Serienfertigung storniert, sodass bis Jahresende nur 22 Exemplare fertiggestellt wurden.
Nachdem die Pz.Abt. z.b.V. 66 im Frühjahr 1942 zunächst fünf PzKpfw. II Ausf. J für die nie stattgefundene Invasion Maltas erhalten hatte, war diese Einheit ab Sommer 1942 mit sieben dieser Panzer im Raum Leningrad im Einsatz und erhielt Ende jenes Jahres zehn weitere zur Auffrischung. Im Juli 1943 wurde der Typ jedoch von der Front abgezogen und an Einheiten wie die 13. (verstärkte) Polizei-Panzer-Kompanie abgegeben und gegen Partisanen auf dem Balkan und in der UdSSR eingesetzt. Ein turmloses, aber mit einem improvisierten Kran versehenes Fahrzeug wurde im Sommer 1944 in Frankreich von den Alliierten erobert.

Typ	leichter Kampf- und Aufklärungspanzer
Hersteller	MAN, Daimler-Benz
Gefechtsgewicht	17.400 kg
Länge	k.A.
Breite	k.A.
Höhe	k.A.
Motor	Maybach HL 45P, 6-Zylinder-Benzinmotor
Hubraum	4678 ccm
Leistung kw/PS	110/150
Leistungsgewicht	8,62 PS/t
Höchstgeschwindigkeit	28 km/h (Straße)
Kraftstoffvorrat	k.A.
Fahrbereich	175 km (Straße)
Besatzung	3
Bewaffnung	1 x 2cm-KwK 38, 1 x 7,92-mm-MG 34
Kampfsatz	200 x 2 cm, 2100 x 7,92 mm
Panzerung	25 - 80 mm
Furttiefe	0,8 m

▲ *Dieser VK 1601, ein Prototyp des späteren PzKpfw. II Ausf. J, zeigt noch einen etwas anderen Turm als die späteren Vorserienpanzer.*

▲ *PzKpfw. II Ausf. J im Einsatz im Osten.*

Panzerkampfwagen II Ausführung L, Sd.Kfz. 123 »Luchs«

Typ	leichter Aufklärungspanzer
Hersteller	MAN, Daimler-Benz
Gefechtsgewicht	11.800 kg
Länge	4630 mm
Breite	2480 mm
Höhe	2210 mm
Motor	Maybach HL 66 P, 6-Zylinder-Benzinmotor
Hubraum	6754 ccm
Leistung kw/PS	132/180
Leistungsgewicht	15,25 PS/t
Höchstgeschwindigkeit	60 km/h (Straße), Gelände 42 km/h
Kraftstoffvorrat	236 l
Fahrbereich	290 km (Straße), 175 km (Gelände)
Besatzung	3
Bewaffnung	1 x 2-cm-KwK 38 L/65, 1 x 7,92-mm-MG 34
Kampfsatz	320 x 2 cm, 2280 x 7,92 mm
Panzerung	10 – 30 mm
Furttiefe	1,4 m

Bereits 1939 erhielten MAN (Laufwerk, Wanne) und Daimler-Benz (Turm, Panzerkastenoberteil) vom HWA den Auftrag zur Entwicklung eines Einheits-Aufklärungsfahrzeuges, das die bis dahin verwendeten Spähfahrzeuge ersetzen und über ein Vollkettenlaufwerk verfügen sollte. Die bis dahin in Deutschland entwickelten leichten Panzer besaßen stets nur Ein-Mann-Türme – eine Auslegung, die jedoch für Aufklärungszwecke als ungeeignet betrachtet wurde, weshalb der als VK 1301 bezeichnete Typ einen Zwei-Mann-Turm erhalten sollte. Die Vorgaben des HWA verlangten zudem eine Höchstgeschwindigkeit von 70 km/h, eine Panzerung von 30 mm an der Front und 20 mm an den Seiten. MAN griff bei der Konstruktion des VK 1301 auf das Schachtel-Laufwerk, den Motor sowie das Getriebe des VK 901 zurück. Der Prototyp wurde im Juli 1941 fertiggestellt, erfüllte jedoch die Erwartungen bezüglich seiner Beweglichkeit nicht. Ein Auftrag über 15 Vorserienexemplare wurde storniert. Über eine als VK 1302 bezeichnete Version ist kaum etwas bekannt. Der Prototyp VK 1303 lehnte sich an den VK 903 an, war jedoch aufgrund seines Zwei-Mann-Turms insgesamt größer und schwerer. Eine erste Versuchswanne stellte MAN Anfang 1942 fertig. Da das HWA die vorgegebene Geschwindigkeit auf 60 km/h reduziert hatte, erfüllte der VK 1303 die Erwartungen und wurde während seiner Erprobung sogar für seine Mobilität gelobt. Die Bewaffnung bestand zwar nach wie vor aus einer 2-cm-KwK 38, doch hatte diese ein längeres Rohr (L/65) erhalten, sodass die Mündungsgeschwindigkeit und damit die Durchschlagsleistung stiegen. Das HWA orderte bei MAN zunächst 250, dann 800 und schließlich 3600 der nun PzKpfw. II Ausf. L genannten Konstruktion. Nach den ersten 100 Fahrzeugen sollte zudem ein neuer Zwei-Mann-Turm mit einer 5-cm-KwK 39 L/60 in Topfblende zum Einbau kommen. Tatsächlich erging im Mai 1943 Weisung, die Fertigung nach dem ersten Los einzustellen. Die Produktion erfolgte aufgrund der Auslastung der MAN-Kapazitäten durch den Panther ohnehin nur schleppend, die letzten sieben Fahrzeuge wurden erst im Januar 1944 an die Truppe ausgeliefert. Neben der Bezeichnung PzKpfw. II Ausf. L wurde der Typ auch einfach Panzerspähwagen II genannt und erhielt zudem den Suggestivnamen »Luchs«. Der Typ kam sowohl im Osten als auch im Westen zum Einsatz, wo er sich aufgrund seiner hohen Mobilität als Erkundungsfahrzeug gut bewährte.

▲ *Ein später »Luchs« der 1. Kompanie der 9. Aufkl.Abt. der 9. Pz.Div., der von den Alliierten in Frankreich erbeutet und erprobt wurde. Seitlich am Turm befinden sich Halterungen für Treibstoffkanister. (TM)*

▲ Seitensicht eines späten PzKpfw. II Ausf. L ohne Nebelwurfbecher am Turm. Obwohl ein nützliches und bewegliches Aufklärungsfahrzeug, wurden nur 100 Pzkpfw. II Ausf. L gebaut – vor allem, weil es keine Fertigungskapazitäten gab. (Vincent Bourguignon)

▲ Ein früher PzKpfw. II Ausf. L (erkennbar an der Nebelwurfanlage seitlich am Turm sowie den beiden Frontscheinwerfern) der zur 4. Pz.Div. gehörenden Aufklärungs-Abt. 4. Oberhalb der Fahrer- und Funkersehklappe ist eine Zusatzpanzerung angebracht, die nur bei Fahrzeugen der 4.Pz.Div. zu finden war.

Gefechtsaufklärer VK 1602 »Leopard«

Bereits im Sommer 1941 erhielt MAN den Auftrag, einen gut geschützten Aufklärungspanzer zu entwickeln und fünf Versuchsfahrgestelle des Typs VK 1602 zu produzieren. Die im November jenes Jahres vorgestellten Pläne zeigten ein Fahrzeug, das an den späteren PzKpfw. V Panther gemahnte, über 26 t wog und eine 80 mm starke Front- sowie 60 mm starke Seitenpanzerung aufweisen sollte. Als Bewaffnung war eine 5-cm-KwK 39 L/60 mit koaxialem MG 42 in einer Topf- oder Saukopfblende vorgesehen, die in einem von Daimler-Benz konstruierten Drehturm lafettiert war. Da die Konstruktionsabteilung bei MAN überlastet war, wurde das Projekt im Januar 1942 der MIAG in Hannover übertragen. Neben der bereits erwähnten Version konstruierte MIAG eine leichtere Ausführung mit nur rund 18 t Gewicht und auf 50 mm an der Front sowie 30 mm an den Seiten reduzierter Panzerung, entsprechende Pläne wurden Ende Juli 1942 vorstellt.

Das Heereswaffenamt plante im September 1942 die Serienfertigung der schweren, von Hitler favorisierten Version des VK 1602 für April 1943 und ab Oktober jenes Jahres 20 Panzer pro Monat produzieren zu lassen. Die leichte Ausführung hingegen sollte gestrichen werden. Während einer Besprechung mit Reichsminister Albert Speer am 13. Oktober informierte dieser Hitler darüber, dass die Truppe ein leichteres Aufklärungsfahrzeug bevorzuge und die schwere Variante des VK 1602 gegenüber dem PzKpfw. V »Panther« kaum Vorteile bot und zudem mit der geplanten 5-cm-KwK für sein Gewicht zu schwach bewaffnet sei. Hitler stimmt daraufhin der Fertigung der leichteren Version zu und verlangte zugleich, dass »Panther« als schwere Aufklärungsfahrzeuge verwendet werden sollten.

Die finale Version des VK 1602 besaß schließlich ein auf 21,9 t angestiegenes Gesamtgewicht und sollte die 66 cm breiten Ketten des »Panther« erhalten und Gewässer bis zu 5 m Tiefe durchwaten könnten. Am 3. Januar 1943 entschied Hitler jedoch, dass sämtliche Arbeiten am VK 1602 eingestellt werden sollten, da Bewaffnung und Schutz des Fahrzeugs den Anforderungen des Jahres 1944 nicht gerecht würden.

Der für den VK 1602 »Leopard« entworfene Drehturm kam jedoch später in abgeänderter Form (u.a. leichtere Panzerung und etwas geringere Dimensionen) beim 8-Rad-Spähwagen Sd.Kfz. 234/2 »Puma« zum Einbau.

Hersteller	MIAG, Daimler-Benz
Gefechtsgewicht	21.900 kg
Länge	4740 mm
Breite	3100 mm
Höhe	2600 mm
Motor	Maybach HL 157, 6-Zylinder-Ottomotor
Hubraum	15.580ccm
Leistung kW/PS	410/550
Leistungsgewicht	25,1 PS/t
Höchstgeschwindigkeit	60 km/h (Straße)
Kraftstoffvorrat	560 l
Fahrbereich	500 km (Straße), 300 km (Gelände)
Besatzung	4
Bewaffnung	1 x 5-cm-KwK 39/1 L/60, 1 x 7,92-mm-MG 42
Kampfsatz	50 x 5 cm, 2400 x 7,92 mm
Panzerung	20 – 50 mm (Blende 80 mm)
Furttiefe	tauchfähig bis zu 5 m mit Schnorchel

▲ *Zeichnerische Darstellung wie der Aufklärungspanzer »Leopard« ausgesehen haben könnte. Dieses Projekt wurde noch vor Bau eines Prototypen abgebrochen. (Vincent Bourguignon)*

Panzerkampfwagen 35(t)

Obwohl der PzKpfw.35(t) per definitionem ein Beutepanzer ist, ist seine Einsatz doch so sehr mit der ersten Kriegsphase verbunden, dass er hier Erwähnung finden muss.

Ende 1934 veröffentlichte die tschechoslowakische Armee eine Ausschreibung für einen leichten Kavallerie-Panzer, die Škoda mit dem Entwurf S-II-a gewann. Der folgende Auftrag umfasste 298 Panzer, die bis April 1938 zu gleichen Teilen bei Škoda und ČKD produziert wurden. Damit wurde das offiziell LT vz. 35 (»Lehký Tank vzor 35« oder Leichter Panzer Modell 35) genannte Modell zum wichtigsten Kampfpanzer der tschechoslowakischen Armee vor 1939. Zusätzlich wurden 1938 für Rumänien 126 leicht modifizierte Fahrzeuge (Bezeichnung R-2) gebaut und Bulgarien erwarb 1940 zehn LT vz. 35 mit einer verbesserten 3,7-cm-Kanone A8, sodass insgesamt 434 Panzer dieses Typs gebaut wurden. Auch Großbritannien und die Sowjetunion waren an einer Lizenzproduktion interessiert, zu der es jedoch nicht mehr kam.

Der LT vz. 35 war ein für seine Zeit innovativer Entwurf, so waren die Fahrzeuge mit Funk ausgerüstet und besaßen ein pneumatisch betätigtes Getriebe und ein Lenk- und Bremssystem, das die Aufgaben des Fahrers wesentlich erleichterte. Motor und Getriebe befanden sich im Heck, der Kampfraum blieb so frei von Antriebselementen. Die Besatzung bestand aus drei Mann: Fahrer, Bug-MG-Schütze/Funker und Kommandant/Schütze. Die Hauptbewaffnung basierte auf der leistungsfähigen 3,7-cm-Škoda-Pak und vermochte auf 500 m (Auftreffwinkel 30°) eine 30 mm starke Panzerung zu durchschlagen.

Allerdings war der LT vz. 35 zunächst von massiven Kinderkrankheiten geplagt, die erst durch grundlegende Modifikationen beseitigt werden konnten. Obwohl das Fahrzeug dennoch sehr wartungsintensiv blieb, galt es als ein moderner und leistungsfähiger Panzer. Dies spiegelt sich auch darin wider, dass die Wehrmacht nach der Zerschlagung der Tschechoslowakei im März 1939 alle verfügbaren LT vz. 35 übernahm (244 Stück). 52 weitere Exemplare gingen an die Slowakei und zwei an Ungarn. Zu den vorgenommenen Veränderungen zählten der Einbau deutscher Lichtmaschinen, Anlasser, Bordsprechanlagen, Funkgeräte und Beleuchtungsanlagen sowie ein panzergrauer Anstrich. Die wichtigste Modifikation war die Hinzufügung eines Ladeschützen im Turm, der den Kommandanten entlastete. Um Platz im Turm zu schaffen, wurde die Munitionsausstattung verringert und nur noch 72 3,7-cm-Granaten und 1800 Schuss MG-Munition mitgeführt. Am 1. September 1939 verfügte die Wehrmacht über insgesamt 202 Panzer dieses Typs (davon 164 in Fronteinheiten), die restlichen befanden sich noch zur Überholung und Umrüstung im Werk. Zu jener Zeit wurden die Fahrzeuge bei der Wehrmacht noch »L.T.M 35« genannt, die Bezeichnung »Panzerkampfwagen 35(t)« wurde offiziell erst am 16. Januar 1940 eingeführt. Obwohl eigentlich ein leichter Panzer, wurde der PzKpfw.35(t) anstelle des PzKpfw.III geführt, da er wie dieser über eine 3,7-cm-Kanone verfügte. Allerdings war der Škoda-Entwurf kein vollwertiger Ersatz für das fast doppelt so schwere deutsche Fahrzeug. Zwar verfügten beide Panzer über eine ähnlich starke Frontpanzerung (35(t): 25 mm, Panzer III: 30 mm), doch war die seitliche Panzerung des deutschen Fahrzeugs mit 30 mm doppelt so stark wie die des Panzers 35(t). Zudem besaß der PzKpfw.III eine drei Mann starke Turmbesatzung, die es dem Kommandanten erlaubte sich voll und ganz auf die Führung des Panzers zu konzentrieren, während er im PzKpfw.35(t) zugleich als Richtschütze fungieren musste. Besonders bei Zug- oder Kompanieführungspanzern sollte sich dies als Problem erweisen. Dennoch leistete das tschechische Fahrzeug einen

Typ	leichter Panzerkampfwagen
Hersteller	Škoda und ČKD
Gefechtsgewicht	10.500 kg
Länge	4650 mm
Breite	2250 mm
Höhe	2350 mm
Motor	Škoda T 2, 4-Zylinder-Benzinmotor
Hubraum	8620 ccm
Leistung kW/PS	88/120
Leistungsgewicht	11,4 PS/t
Höchstgeschwindigkeit	34 km/h (Straße)
Kraftstoffvorrat	218 l
Fahrbereich	190 km (Straße), 120 km (Gelände)
Besatzung	4
Bewaffnung	1 x 3,7-cm-KwK 34(t) L/40 (Škoda A3), 2 x 7,92-mm-MG 37(t)
Kampfsatz	72 x 3,7 cm, 1800 x 7,92 mm
Panzerung	8 – 25 mm
Furttiefe	0,77 m

▲ *Panzer 35(t) der Pz.Abt.65 der 6. Pz.Div, Nordabschnitt der Ostfront, August 1941. (Grzegorz Jackowski)*

entscheidenden Beitrag zur Ausrüstung der Panzerdivisionen vor Kriegsbeginn und nahm erfolgreich an den Feldzügen in Polen und im Westen teil. Schließlich wurden die letzten PzKpfw.35(t) Ende 1941 von der Front abgezogen, vor allem weil ihre schwache Panzerung und Bewaffnung ihnen gegenüber dem T-34 keine Chance ließ. Zudem erwies sich das komplexe pneumatische Getriebe bzw. Lenk- und Bremssystem den Temperaturen des russischen Winters als nicht gewachsen, sodass viele Fahrzeuge auf eine mechanische Anlage umgerüstet wurden. Die noch vorhandenen Exemplare wurden 1942 zumeist an Rumänien und Bulgarien verkauft, wo sie noch mehrere Jahre in Dienst blieben.
Zudem rüstete Škoda 49 PzKpf. 35 (t) zu unbewaffneten und turmlosen Artilleriezugmaschinen (Mörserzugmittel 35(t)) um, 37 davon 1942 und 12 im Jahre 1943. Eine unbekannte Anzahl von PzKpfw.35(t) soll zudem als Abschleppfahrzeuge in Instandsetzungseinheiten Verwendung gefunden haben (Zugkraftwagen 35(t)). Die durch den Umbau überzählig gewordenen Türme wurden Teil des Atlantikwalls.

▲ *Der PzKpfw. 35(t) war der erste Beutepanzer, der in größeren Zahlen bei der Wehrmacht zum Einsatz kam. In den Jahren 1939 und 1940 stellte er eine wichtige Verstärkung der Panzertruppe dar. Dieses Fahrzeug gehörte Anfang 1940 zur 6. Pz.Div. (TM)*

▲ *Spätestens im Herbst 1941 zeigte sich, dass der PzKpfw. 35(t) für die Verhältnisse an der Ostfront nicht geschaffen war. Besaß die 6. Pz.Div. am 21. Juni noch 160 Stück davon, so war die Zahl bis zum 31. Oktober auf 34 einsatzfähige und 41 reparaturbedürftige Kampfwagen gefallen. Am 30. November verfügte die Division über keinen einzigen einsatzfähigen PzKpfw. 35(t) mehr. (BA)*

▲ *Der PzKpfw. 35(t) kam an der Ostfront nicht nur bei der Wehrmacht, sondern wie hier zu sehen auch bei den rumänischen Streitkräften zum Einsatz. (NARA)*

▲ *Pzkpfw. 35(t) der 1. le. Div. während des Polenfeldzuges im September 1939. (Grzegorz Jackowski)*

▲ *Pzkpfw. 35(t) der 6. Pz. Div., Frankreich, Mai/Juni 1940. (Grzegorz Jackowski)*

Panzerkampfwagen 38(t) Ausf. A bis D und S

Der zweite tschechische Panzer, den die Wehrmacht übernahm, basierte auf dem von der Firma ČKD ab 1935 vor allem für den Export entwickelten Typ TNH. ČKD bot dieses Modell in unterschiedlichen Ausstattungen an und sicherte sich vor 1939 Aufträge aus dem Iran, Peru, der Schweiz und Lettland (wobei letzterer jedoch nie verwirklicht wurde). Als die tschechoslowakischen Streitkräfte aufgrund der angespannten internationalen Lage einen neuen Panzer suchten, entschieden sie sich im August jenes Jahres für eine modifizierte Ausführung des TNH und orderten unter der Bezeichnung LT vz. 38 (»Lehký Tank vzor 38« oder Leichter Panzer Modell 38) 150 Exemplare. Bis zum 15. März 1939, dem Tag der deutschen Besetzung, wurde jedoch keines dieser Fahrzeuge ausgeliefert, nur zehn fertiggestellte LT vz. 38 befanden sich noch auf dem ČKD-Werksgelände in Prag, während sich die restlichen 140 Fahrzuge in unterschiedlichen Baustufen befanden.

Als der Typ im Mai 1939 einer Delegation des HWA vorgeführt wurde, zeigten sich die Heeresoffiziere beeindruckt und befürworteten eine Einführung bei der Panzertruppe. Obwohl in die Gewichtsklasse des PzKpfw. II gehörend und ursprünglich als leichter Panzer konstruiert, füllte der Typ aufgrund seiner 3,7-cm-KwK die Lücke aus, welche wegen des mangelnden Zulaufes des mittleren PzKpf. III entstanden war.

Der in deutschen Diensten zunächst als LTM 38 bezeichnete Panzer verfügte über vier große Laufräder pro Seite, deren Schwingarme paarweise durch Blattfedern abgefedert wurden. Fahrer und Funker/Bug-MG-Schütze saßen im Bug, während der Kommandant/Ladeschütze sowie der Richtschütze im Turm untergebracht waren. Seine Hauptbewaffnung bestand aus einer 3,7-cm-Kanone L/48 Škoda A7, welche auf 500 m bis zu 35 mm Panzerung durchschlug und damit etwas besser als die deutsche KwK L/45 früher PzKpfw. III war. Das 7,92-mm-Turm-MG besaß eine eigene Kugelblende und konnte entweder separat von der Hauptwaffe oder koaxial mit dieser gerichtet werden. Der 125-PS-Motor lag im Heck und wirkte auf ein vorn liegendes Getriebe. Die Panzerung war mit max. 25 mm an der Front nur unwesentlich schwächer als jene früher PzKpfw. III, war jedoch nicht geschweißt, sondern vernietet, was bei Treffern dazu führte, dass Nieten im Fahrzeuginneren abplatzten und zu gefährlichen Geschossen wurden. Die Konstruktion war aber insgesamt wohl durchdacht und robust. Sie sollte sich als sehr zuverlässig und vielseitig erweisen.

ČKD, mittlerweile in »Böhmisch-Mährische-Maschinenfabrik« (BMM) umbenannt und mit deutschem Managment, lieferte bis Kriegsbeginn 98 Fahrzeuge aus, bis November 1939 waren alle 150 Panzer des ursprünglichen tschechoslowakischen Auftrages für die Wehrmacht fertiggestellt worden. Diese Fahrzeuge erhielten Anfang 1940 schließlich die offizielle Bezeichnung Panzer 38(t) Ausf. A.

Bereits im Juli 1939 hatte BMM einen Auftrag über 325 weitere Panzer erhalten, in deren Bau nun zunehmend deutsche Ausrüstungs- und Zubehörteile einflossen. Im Januar 1940 lief die Fertigung von 110 PzKpfw. 38(t) Ausf. B an, die im Mai jenes Jahres von der Ausf. C (110 Exemplare) abgelöst wurden. Ab September 1940 folgten 105 Ausf. D. Die Versionen A bis D unterschieden sich nur in Details, auffälligster Unterschied war der Wegfall des zylindrischen Antennenfußes vorn links am Panzerkastenoberteil der Ausf. D.

Kurz vor der deutschen Besetzung im März 1939 hatte Schweden bei ČKD 50 TNH-Sv (Sv – Sverige/Schweden) geordert, deren Bau jedoch durch die Ereignisse verhindert wurde. Im März 1940 schließlich schloss Schweden (nun mit BMM) einen Vertrag über die Lieferung von 90 Panzern und stellte dafür Rohmaterial und Ausrüstung zur Verfügung. Der Bau dieser Fahrzeuge lief im Juni 1940 an, bereits Mitte Juli 1940 beschlagnahmten die deutschen Behörden diese jedoch und stellten sie unter der Bezeichnung PzKpfw. 38(t) Ausführung S bei der Wehrmacht in Dienst. Die Ausf. S besaß eine auf 50 mm verstärkte Frontpanzerung, die Seiten waren jedoch nach wie vor nur 15 mm stark. Hinzu kamen diverse Detailänderungen gegenüber den zuvor gefertigten Kampffahrzeugen. Schweden erhielt stattdessen im Dezember 1942 die Rechte zur Lizenzfertigung.

1940 und 1941 machten PzKpfw. 38(t) einen nicht unbeträchtlichen Teil der Ausrüstung der Panzerdivisionen der Wehrmacht aus und verstärkten deren Schlagkraft erheblich. So waren im Juni 1940 238 PzKpfw. 38(t) bei der 7. und 8. Pz.Div. im Einsatz und stellten damit rund die Hälfte aller deutschen Panzer mit 3,7-cm-Bewaffnung.

▲ *Bei diesem in einer Kaserne aufgenommenen frühen PzKpf. 38(t) fällt die fehlende MG-Bewaffnung und die mit einer Staubschutzhülle versehene Hauptwaffe ins Auge. Auch die genietete Panzerung des Typs ist gut zu erkennen. Der Fahrer saß auf der rechten, nicht wie bei deutschen Modellen üblich auf der linken Wannenseite. (DWA)*

Typ	leichter/mittlerer Panzerkampfwagen
Hersteller	BMM
Gefechtsgewicht	9700 kg
Länge	4610 mm
Breite	2140 mm
Höhe	2400 mm
Motor	Praga EPA TZJ, 6-Zylinder-Benzinmotor
Hubraum	7754 ccm
Leistung kW/PS	92/125
Leistungsgewicht	12,9 PS/t
Höchstgeschwindigkeit	42 km/h (Straße), 15 km/h (Gelände)
Kraftstoffvorrat	220 l
Fahrbereich	240 km (Straße), 160 km (Gelände)
Besatzung	4
Bewaffnung	1 x 3,7-cm-KwK 38(t) L/47,8, 2 x 7,92-mm-MG 37(t)
Kampfsatz	90 x 3,7 cm, 2700 x 7,92 mm
Panzerung	8 – 25 mm
Furttiefe	0,9 m

Daten für PzKpfw. 38(t) Ausf. A–D

▲ *Ein unbewaffneter PzKpfw. 38(t) Ausf. A als Fahrschulfahrzeug der PzErs. Abt. 11. (DWA)*

▲ *PzKpfw. 38(t) während einer Übung im Jahre 1940.(DWA)*

▲ *Die slowakische Marionettenregierung erhielt 1940 37 PzKpf. 38(t) Ausf. A, die dort wiederum Lt vz. 38 genannt wurden und später an der Seite der Wehrmacht im Osten zum Einsatz kamen. 1942/43 folgten weitere PzKpfw. 38(t). (Martin Spurny)*

Panzerkampfwagen 38(t) Ausf. E - G

Obwohl der PzKpfw. 38(t) sich aufgrund seiner Zuverlässigkeit und Mobilität bestens bewährte, gab seine schwache Panzerung doch bereits während des Polenfeldzuges Anlass zur Kritik. Die von November 1940 bis Mai 1941 gebauten 275 Fahrzeuge der Ausf. E erhielten daher eine 25 mm starke Zusatzpanzerung an der Wannen- und Turmfront sowie 15 mm dicke Bleche an den oberen Wannenseiten. Um das gestiegene Gewicht zu kompensieren, wurde das Fahrwerk verstärkt. Zudem wurde die untere Bugplatte umgestaltet. Nur in Details unterschied sich die Ausf. F, von der im Zeitraum Mai – Oktober 1941 250 Exemplare entstanden. Bei der letzten, von Oktober 1941 bis Juni 1942 gebauten Ausführung G (316 Stück) ging BMM teilweise dazu über, die Fahrzeuge zu schweißen. Zudem wurden nun nicht mehr die aufgenietete Zusatzpanzerung, sondern homogene 50 mm, bzw. 30 mm starke Bleche verwendet.
Bei Beginn des Angriffes auf die UdSSR am 22. Juni 1941 verfügte die Panzertruppe über 660 einsatzfähige PzKpfw. 38(t), die in fünf Panzerdivisionen zu finden waren. Obwohl sich der PzKpfw. 38(t) in der Anfangsphase des Krieges im Osten durchaus bewährte und Panzern wie den sowjetischen T-26 oder der BT-Reihe gewachsen, wenn nicht sogar überlegen war, wurde der Typ durch den T-34 oder KW-1 vollkommen deklassiert. Ab Mitte 1942 war der Kampfwert der Fahrzeuge daher sehr beschränkt und sie wurden zunehmend nicht mehr als Kampfpanzer, sondern für die Aufklärung oder Partisanenbekämpfung eingesetzt. Zudem wurden die Fahrzeuge zur Schulung verwendet oder an Verbündete wie Ungarn (102 Stück), Rumänien (50), Bulgarien (10) oder die Slowakei (69) abgegeben. Zudem bildete das Fahrgestell des PzKpfw. 38(t) die Basis für eine ganze Reihe von Selbstfahrlafetten, sodass die Fertigung auch nach der Fertigstellung des letzten von 1406 Kampfpanzern im Juni 1942 weiterlief.

Typ	leichter/mittlerer Panzerkampfwagen
Hersteller	BMM
Gefechtsgewicht	9850 kg
Länge	4610 mm
Breite	2140 mm
Höhe	2400 mm
Motor	Praga EPA TZJ, 6-Zylinder-Benzinmotor
Hubraum	7754 ccm
Leistung kW/PS	92/125
Leistungsgewicht	12,7 PS/t
Höchstgeschwindigkeit	42 km/h (Straße), 15 km/h (Gelände)
Kraftstoffvorrat	220 l
Fahrbereich	240 km (Straße), 160 km (Gelände)
Besatzung	4
Bewaffnung	1 x 3,7-cm-KwK 38(t) L/48, 2 x 7,92-mm-MG 37(t)
Kampfsatz	90 x 3,7 cm, 2700 x 7,92 mm
Panzerung	8 – 50 mm
Furttiefe	0,9 m

▲ *Ein fabrikneuer PzKpfw. 38(t) der Ausf. F. (NARA)*

▲ *PzKpfw. 38(t) an der Ostfront im Jahre 1942. (DWA)*

▲ PzKpfw. 38(t) Ausf. E der 8.Pz.Div., im Sommer 1941 an der Ostfront. (Grzegorz Jackowski)

▲ PzKpf. 38(t) Ausf. G im BMM-Werk im Mai 1942. (NARA)

▲ Seitenansicht eines fabrikneuen PzKpfw. 38(t) Ausf. G. (DWA)

Panzerkampfwagen 38(t) neuer Ausführung (n.A)

Bereits 1939 begannen bei BMM Arbeiten an einer leistungsgesteigerten Version des PzKpfw. 38(t). Da aber eine Bewaffnung mit einer 3,7-cm-KwK für einen Kampfpanzer nicht mehr ausreichte, bestand kaum Aussicht auf eine Serienproduktion. Allerdings suchte das HWA ab Mitte 1940 ein neues Vollkettenaufklärungsfahrzeug, weshalb BMM die Konstruktion entsprechend abänderte. Das Fahrzeug, teils als TNH n.A, PzKpfw. 38(t) n.A oder gar PzSpWg II Ausf. BMM bezeichnet, wurde von einem 220 PS starken Praga-Ottomotor angetrieben, der im Verbund mit einem modifizierten Getriebe für eine Höchstgeschwindigkeit von 52,5 km/h sorgte. Als Bewaffnung war eine verbesserte 3,7-cm-KwK des Modells Škoda A19 verbaut, eine Umrüstung auf den von Daimler-Benz für den VK1303 konstruierten Turm mit 5-cm-KwK 39 L/60 war bereits vorgesehen. Das Laufwerk erhielt breitere Ketten sowie größere Laufrollen mit 825 mm anstelle von 775 mm Durchmesser und besaß nur noch eine Stützrolle. Turm und Wanne wiesen ebenfalls erhebliche Veränderungen auf. Der erste von fünf Prototypn wurde im April 1942 fertiggestellt und gegen den MAN-Entwurf VK 1303 (siehe S. 47) sowie den Škoda AT-15 erprobt, konnte sich jedoch nicht durchsetzen. Das modifizierte Laufwerk des PzKpfw. 38(t) n.A fand jedoch später beim Jagdpanzer 38(t) Verwendung.

Typ	Aufklärungspanzer
Hersteller	BMM
Gefechtsgewicht	10.600 kg
Länge	4700 mm
Breite	2885 mm
Höhe	2215 mm
Motor	Praga NR, 8-Zylinder-Benzinmotor
Hubraum	14.450 ccm
Leistung kW/PS	162/220
Leistungsgewicht	20,75 PS/t
Höchstgeschwindigkeit	52,5 km/h (Straße)
Kraftstoffvorrat	270 l
Fahrbereich	k.A.
Besatzung	4
Bewaffnung	1 x 3,7-cm-KwK Škoda A19 L/48 , 1 x 7,92-mm-MG 34
Kampfsatz	60 x 3,7 cm, 2100 x 7,92 mm
Panzerung	8 – 30 mm, Turmblende bis 50 mm
Furttiefe	k.A

▲ *Obwohl robust, wurde der PzKpfw. 38(t) n.A nur in fünf Exemplaren gebaut, da er sich nicht gegen den späteren PzKpfw. II Ausf. L »Luchs« durchsetzen konnte.*
Moniert wurden u.A. die geringere Reichweite sowie der enge Innenraum des Panzers.

▲ *Man beachte den gegenüber den vorherigen Varianten veränderten Turm- und Frontbereich sowie den weitgehenden Verzicht auf Nieten.*

Aufklärungspanzer 38(t) mit 2 cm KwK 38

Aufgrund der Tatsache, dass der Pzkpfw. II Ausf. L »Luchs« nur in geringen Stückzahlen gebaut werden konnte, ein Vollkettenaufklärungsfahrzeug ob des widrigen Geländes an der Ostfront jedoch dringend benötigt wurde, forderte das HWA 1943 BMM auf, ein entsprechendes Fahrzeug auf Basis des bewährten Fahrgestells des PzKpfw. 38(t) zu bauen. BMM fertigte zwischen Februar und März 1944 insgesamt 68 »Aufklärungspanzer 38(t) mit 2 cm KwK 38«. Fahrwerk und untere Wanne wurden dabei unverändert übernommen. Auf das modifizierte Panzerkastenoberteil wurde der auch im Halbkettenfahrzeug Sd.Kfz. 250/9 Ausf. B sowie im schweren Panzerspähwagen Sd.Kfz.234/1 verwendete oben offene Drehturm mit der 2-cm-Hängelafette 38 gesetzt. Mittels dieser Lafette konnten sowohl Boden- als auch Luftziele beschossen werden, da ihr Richtbereich -4° bis +70° betrug. Die Sekundärbewaffnung bestand aus einem koaxialen 7,92-mm-MG 42. Der Großteil dieser Aufklärungspanzer ging ab April 1944 an die Panzergrenadierdivision »Großdeutschland« (34 Stück) sowie die 3. Panzer-Division (31 Stück). Zwei Exemplare wurden zudem versuchsweise mit einer 7,5-cm-KwK L/24 in einem festen, oben offenen Aufbau versehen.

Hersteller	BMM
Gefechtsgewicht	9750 kg
Länge	4610 mm
Breite	2140 mm
Höhe	2170 mm
Motor	Praga EPA 2 TZJ, 6-Zylinder-Ottomotor
Hubraum	7754 ccm
Leistung kW/PS	103/140
Leistungsgewicht	14, 36 PS/t
Höchstgeschwindigkeit	42 km/h (Straße), 15 km/h (Gelände)
Kraftstoffvorrat	220 l
Fahrbereich	240 km (Straße), 160 km (Gelände)
Besatzung	4
Bewaffnung	1 x 2-cm-KwK 38 L/55, 1 x 7,92-mm-MG 42
Kampfsatz	180 x 2 cm, 1100 x 7,92 mm
Panzerung	8 – 50 mm
Furttiefe	0,9 m

▲ *1944 wurden 68 Aufklärungspanzer 38(t) produziert, die sowohl auf generalüberholten als auch neugebauten Fahrgestellen basierten.*

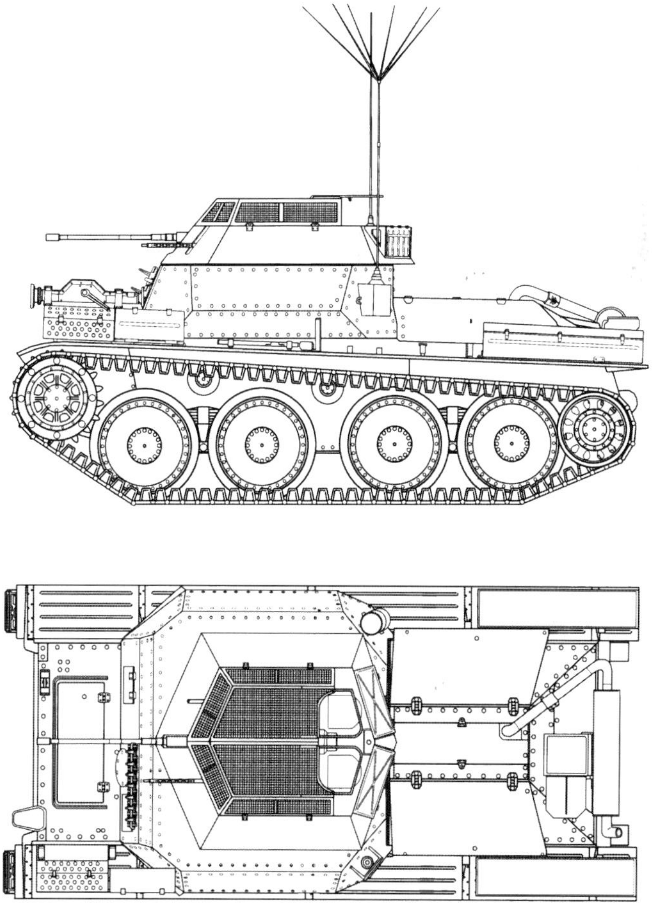

▶ *Zwei-Seiten-Ansicht des Aufklärungspanzers 38(t).*

Mittlere Kampfpanzer

Panzerkampfwagen III Ausf. A bis D, Sd.Kfz. 141

1935 vergab das Heereswaffenamt unter dem Tarnnamen »Zugführerwagen« an MAN, Daimler-Benz, Rheinmetall und Krupp Entwicklungsaufträge für einen mittelschweren Panzer, der zum Standardfahrzeug der Wehrmacht werden sollte. Daimler-Benz ging 1936 als Sieger aus der Ausschreibung hervor und lieferte noch im selben Jahr die ersten zehn Exemplare aus, die gut an ihren fünf mittelgroßen Laufrollen mit Schraubenfedern zu erkennen sind und zunächst noch als 1/ZW oder VS. Kfz. 619 bezeichnet wurden. Die Panzerung rundum betrug 14,5 mm und aus logistischen Gründen (die Infanterie nutzte bereits eine 3,7-cm-Pak) kam eine 3,7-cm-KwK zum Einbau, obschon führende Generäle wie Guderian eine 5-cm-Waffe bevorzugten. Daher wurden Vorkehrungen getroffen, dass später ohne Probleme auch diese Waffe verbaut werden konnte. Zwei koaxiale 7,92-mm-MG im Turm und eines in der Wannenfront dienten als Sekundärbewaffnung. Den Antrieb übernahm ein 250 PS starker Maybach-Motor im Heck, der auf ein vorn liegendes Getriebe wirkte. Die Besatzung bestand aus fünf Mann: dem Fahrer (vorn links) und Funker/Bug-MG-Schützen (vorn rechts) in der Wanne sowie dem Kommandanten (Mitte), Richtschützen (links) und Ladeschützen (rechts) im Turm. Diese Besatzungsanordnung sollte vorbildlich werden und erlaubte eine gleichmäßige Verteilung der Aufgaben unter den Besatzungsmitgliedern. Vor allem vermochte der Kommandant sich so auf seine eigentlichen Aufgaben zu konzentrieren und das Fahrzeug zu führen. Zudem erlaubte ihm seine Kuppel, das Geschehen außerhalb des Fahrzeugs zu überblicken.

Typ	mittlerer Panzerkampfwagen
Hersteller	Daimler-Benz
Gefechtsgewicht	15.400 kg
Länge	5800 mm
Breite	2810 mm
Höhe	2335 mm
Motor	Maybach HL 108 TR, 12-Zylinder-Benzinmotor
Hubraum	10.838 ccm
Leistung kW/PS	184/250
Leistungsgewicht	16,23 PS/t
Höchstgeschwindigkeit	32 km/h (Straße), 12 km/h (Gelände)
Kraftstoffvorrat	300 l
Fahrbereich	165 km (Straße), 95 km (Gelände)
Besatzung	5
Bewaffnung	1 x 3,7-cm-KwK 35/36 L/45, 3 x 7,92-mm-MG 34
Kampfsatz	120 x 3,7 cm, 4425 x 7,92 mm
Panzerung	5 – 14,5 mm, Turmfront bis 16 mm
Furttiefe	0,8 m

Daten für PzKpfw. III Ausf. A

▲ *Die Ausf. A des PzKpfw. III ist gut an ihren fünf mittelgroßen Laufrollen zu erkennen, die jedoch nicht an Torsionsstäben, sondern an Schraubenfedern aufgehängt sind. Ebenfalls typisch für die Ausf. A sind die beiden Stützrollen, später kamen drei zum Einbau. Dieses Fahrzeug gehörte 1937 zum 5. Pz.Reg. der 3. Pz.Div.*

Die ebenfalls nur in geringen Stückzahlen produzierten Vorserienmodelle Ausf. B (zehn Panzer + fünf Wannen für die Entwicklung des Stug III), C (15) und D (25) besaßen sämtlich Laufwerke mit acht kleinen Laufrollen und Blattfedern, die sich jedoch in Details unterschieden. Die 1938 gebaute Ausf. D war zudem mit einem 300-PS-Triebwerk, einem neuen Getriebe und einer bis zu 30 mm starken Panzerung ausgerüstet, wodurch das Gewicht auf 19,8 t anstieg. Als Ersatz für die fünf Wannen der Ausf. B wurden 1940 zudem noch einmal fünf Ausf. D gefertigt, die jedoch die bereits zuvor produzierten Türme und Panzeraufbauten des Typs Ausf. B erhielten.

▲ *PzKpfw. III Ausf. D der Pz.Abt. z.b.V 40, nahe dem Dorf Jeletozero, Karelien, UdSSR, 5. Mai 1942. Dieser Panzer gehört zu den fünf Ausf. D, die im Oktober 1940 mit Türmen der Ausf. B komplettiert wurden. (SA-Kuva)*

▲ *Panzerbefehlswagen III Ausf. D in Frankreich 1940. Man beachte die Rahmenantenne auf dem Heck. (OBZWAR, cc by sa 3.0)*

▲ *Pzkpfw. III Ausf. A des 1. Pz.Reg. der 1. Pz.Div. in Polen, September 1939. (NARA)*

Die Vorserienpanzer der Ausf. A bis D kamen sämtlich im Polenfeldzug zum Einsatz, wurden dann jedoch bis auf die Ausf. D aus den Fronteinheiten abgezogen. Panzer der Ausf. D kamen noch in Frankreich, Norwegen und sogar Finnland während des Krieges gegen die UdSSR zum Einsatz.

Typ	mittlerer Panzerkampfwagen
Hersteller	Daimler-Benz
Gefechtsgewicht	16.000 kg
Länge	5920 mm
Breite	2820 mm
Höhe	2415 mm
Motor	Maybach HL 108 TR, 12-Zylinder-Benzinmotor
Hubraum	10.838 ccm
Leistung kW/PS	184/250
Leistungsgewicht	15,63 PS/t
Höchstgeschwindigkeit	35 km/h (Straße), 12 km/h (Gelände)
Kraftstoffvorrat	300 l
Fahrbereich	165 km (Straße), 100 km (Gelände)
Besatzung	5
Bewaffnung	1 x 3,7-cm-KwK 35/36 L/45, 3 x 7,92-mm-MG 34
Kampfsatz	120 x 3,7 cm, 4425 x 7,92 mm
Panzerung	5 – 14,5 mm (Turmfront bis 16 mm, Kuppel bis zu 30 mm)
Furttiefe	0,8 m

Daten für PzKpfw. III Ausf. D

Panzerkampfwagen III Ausf. E und F, Sd.Kfz. 141

Das erste in größerer Serie gebaute Modell des PzKpfw. III war die ab Ende 1938 gebaute Ausf. E, die nun über ein Fahrwerk mit sechs mittelgroßen Laufrollen an Drehstäben verfügte. Dieses Laufwerk bewährte sich so gut, dass auch alle nachfolgenden Versionen es beibehielten. Die Ausf. E führte zahlreiche Modifikationen ein. So wurde ein 300 PS starker Motor verbaut, der nun mit einem Maybach Variorex-Vorwählgetriebe verbunden war. Der stärkere Motor und das neue Laufwerk machten eine Verstärkung der Panzerung auf bis zu 30 mm möglich. In die unteren Wannenseiten wurden Notausstiegsluken integriert und die seitlichen Turmluken waren nun zweiteilig. Im Laufe der Fertigung erhielt der Funker zudem eine veränderte Sichtklappe an der Wannenseite. Werksmäßig waren alle Ausf. E mit einer 3,7-cm-KwK und zwei 7,92-mm-MG im Turm ausgerüstet, die über eine innen liegende Blende verfügten. Insgesamt wurden von Dezember 1938 bis Oktober 1939 96 Ausf. E gebaut.

Die Ausf. F wurde ab September 1939 gebaut und unterscheidet sich extern kaum von der Ausf. F, allerdings wurden nach nur wenigen Exemplaren auf der oberen Bugplatte Lüftungshutzen für die Lenkbremsen installiert. Größter interner Unterschied war, dass der nun verbaute Maybach HL 120 TRM Motor ein modifiziertes Zündsystem aufwies.

Als im April 1941 die Fertigung dieses Modells auslief, waren 435 Panzer gebaut worden. Die letzten, nach Juli 1940 gebauten, rund 100 PzKpfw. III Ausf. F waren ab Werk mit einer 5-cm-KwK L/42 bewaffnet, deren Blende nun außerhalb des Turms lag. Die Zahl der koaxialen MG reduzierte sich nun auf eines.

Von August 1940 bis 1942 wurde jedoch eine Reihe von Panzern sowohl der Ausf. E als auch F auf die 5-cm-KwK L/42 mit Außenblende nachgerüstet und erhielt zusätzliche 30-mm-Panzerplatten im Frontbereich. Die neue 5-cm-Kanone durchschlug mit der Panzergranate 39 auf 100 m Entfernung 53 mm und auf 500 m Entfernung noch 43 mm Panzerstahl. Kam die Panzergranate 40 mit Wolframkern zum Einsatz, wurden auf 100 m bis 94 mm durchschlagen, auf 500 m jedoch nur noch 55 mm.

Typ	mittlerer Panzerkampfwagen
Hersteller	Daimler-Benz, MAN, Henschel, Alkett, MIAG
Gefechtsgewicht	19.500 kg
Länge	5380 mm
Breite	2910 mm
Höhe	2500 mm
Motor	Maybach HL 120 TR, 12-Zylinder-Benzinmotor
Hubraum	11.870 ccm
Leistung kW/PS	221/300
Leistungsgewicht	15,63 PS/t
Höchstgeschwindigkeit	40 km/h (Straße), 19 km/h (Gelände)
Kraftstoffvorrat	310 l
Fahrbereich	165 km (Straße), 100 km (Gelände)
Besatzung	5
Bewaffnung	1 x 3,7-cm-KwK 35/36 L/45 oder 1 x 5-cm-KwK 38 L/42, 3 x 7,92-mm-MG 34
Kampfsatz	125 x 3,7 cm oder 99 x 5 cm, 4500 x 7,92 mm
Panzerung	10 - 30 mm
Furttiefe	0,8 m

Daten für PzKpfw. III Ausf. E und F

▲ *Eines der ersten Exemplare des PzKpfw. III Ausf. E., man beachte die fehlende MG-Bewaffnung. (TM)*

▲ *Ein PzKpfw. III Ausf. E der 9. Pz.Div. in den Niederlanden, Mai 1940. Links am Straßenrand steht ein Pkw einer motorisierten Artillerieeinheit. Das zivile Kennzeichen der »Provinz Westphalen« (IX) weist darauf hin, dass dieses Fahrzeug für den Dienst bei der Wehrmacht eingezogen wurde. (NIMH)*

▲ *PzKpfw. III Ausf. E in Frankreich oder Belgien, Mai oder Juni 1940. (DWA)*

▲ *PzKpfw. III Ausf F des 15. Panzer-Regiments der 11. Panzer-Division, Jugoslawien, April 1941. (BA)*

Panzerkampfwagen III Ausf. G und H, Sd.Kfz. 141

Die Ausf. G wurde ab April 1940 produziert, wobei die ersten (rund 150) noch die 3,7-cm-KwK mit innen liegender Blende führten, der Rest erhielt die 5-cm-KwK. Nach August 1940 wurden Fahrzeuge mit der 3,7-cm-Bewaffnung auf die 5-cm-Kanone nachgerüstet. Zudem wurde die Heckpanzerung verstärkt und der Fahrer erhielt eine neue Sehklappe. Die Fertigung dieser Version lief im Februar 1941 nach 600 Exemplaren aus.

Bereits im Oktober 1940 erschien die Ausf. H, die mit zahlreichen Neuerungen ausgerüstet war. Neben einem neu gestalteten Turm mit einem Gepäckkasten am Turmheck (»Rommelkiste«) besaß dieses Modell neue Leit- und Antriebsräder, ein neues Getriebe sowie eine (durch aufgeschraubte 30-mm-Zusatzplatten im Frontbereich) auf 60 mm verstärkte Panzerung. Aufgrund des gestiegenen Gewichtes wurden die Breite der Gleisketten von 360 mm auf 400 mm erhöht, um den Bodendruck zu verringern, sowie die Torsionsstäbe verstärkt. Die Bewaffnung bestand zunächst aus der 5-cm-KwK 38 L/42, ab 1942 fanden jedoch Umrüstungen auf die 5-cm-KwK 39 L/60 statt.

Die Fertigung der Ausf. H endete im April 1941 nach 308 Panzern. Im Sommer und Herbst 1940 wurden 168 PzKpfw. III der Ausf. F, G und H für die geplante Invasion Großbritanniens zu tauchfähigen Panzern umgerüstet. Das Unternehmen »Seelöwe« fand jedoch niemals statt. Stattdessen kamen diese Fahrzeuge beim Überfall auf die UdSSR zum Einsatz und durchfuhren am Morgen des 22.Juni 1941 den Fluss Bug.

Die mit der 5-cm-KwK 39 bestückten Versionen des PzKpfw. III waren zum Zeitpunkt ihres Erscheinens hervorragende Kampfpanzer. Obgleich es Panzer gab, die auf dem Papier überlegen schienen, wies der Panzer III doch Qualitäten auf, die zwar nicht sofort ins Auge sprangen, aber dennoch entscheidend seinen Kampfwert beeinflussten. Seine Fünf-Mann-Besatzung sorgte dafür, dass keines der Besatzungsmitglieder überlastet war und sich der Kommandant auf seine eigentliche Aufgabe, nämlich den Panzer (oder einen ganzen Zug) zu führen, die Umgebung im Auge zu behalten und Ziele zu suchen, konzentrieren konnte. Dabei half ihm die Ausstattung des PzKpfw. III mit einer Panzerkuppel, die ihm auch bei geschlossenen Luken einen Blick auf die Umgebung ermöglichte sowie eine Funk- und Bordsprechanlage, welche die Koordination mit anderen Fahrzeugen sowie der Besatzung untereinander erlaubte und so die Effektivität der Einheit und des Panzers als solchem erhöhte. Zudem besaß der Pzkpfw. III erstklassige Zieloptiken, welche die Chance eines Treffers erheblich erhöhten. Nicht zuletzt war der PzKpfw. III ein für seine Zeit zuverlässiges und technisch ausgereiftes Fahrzeug, das es erlaubte, fünf Mann so ergonomisch Raum zu bieten, dass sie ihre Aufgaben problemlos auch über längere Zeit erfüllen konnten.

Typ	Mittlerer Kampfpanzer
Hersteller	Daimler-Benz, MAN, Henschel, Alkett, MIAG
Gefechtsgewicht	21.800 kg
Länge	5380 mm
Breite	2950 mm
Höhe	2440 mm
Motor	Maybach HL 120 TRM, 12-Zylinder-Benzinmotor
Hubraum	11.870 ccm
Leistung kW/PS	221/300
Leistungsgewicht	13,8 PS/t
Höchstgeschwindigkeit	42 km/h (Straße), 19 km/h (Gelände)
Kraftstoffvorrat	320 l
Fahrbereich	160 km (Straße), 100 km (Gelände)
Besatzung	5
Bewaffnung	1 x 5-cm-KwK 38 L/42, 2 x 7,92-mm-MG 34
Kampfsatz	99 x 5 cm, 3750 x 7,92 mm
Panzerung	10 – 30 mm (+ 30 mm Zusatzpanzerung)
Furttiefe	0,8 m

▲ *PzKpfw. III. Ausf. G an der Ostfront im Winter 1941/42. (DWA)*

▲ *PzKpfw. III Ausf. H, des Pz.Rgt.33, Ukraine, Juli 1941. (Grzegorz Jackowski)*

▲ *Ein PzKpfw. III Ausf. H der 15. Pz.Div. in Nordafrika im Jahr 1942. Man beachte die Treibstoffkanister auf der Kettenabdeckung. (BA, cc by sa 3.0)*

▲ *PzKpfw. III Ausf. H der Pz.Abt. z.b.V 40, Karelien, 1. Juli 1941. Da kein unmittelbarer Feindkontakt erwartet wird, sind die Luken geöffnet und der Ladeschütze (hier links im Bild), der Kommandant (Mitte) und der Richtschütze (hier rechts) erfreuen sich am nordischen Sommer. Ein finnischer Soldat sitzt auf dem Turm. (SA-Kuva)*

Panzerbefehlswagen III (Sd.Kfz. 266, 267 und 268)

Auf Basis unterschiedlicher Modelle des PzKpfw. III entstand eine Reihe von Befehlsfahrzeugen, die über eine große Rahmenantenne auf dem Heck und einen 9 m hohen ausfahrbaren Antennenmast verfügten. Um im Inneren Platz für Kartentische und Funkgeräte zu schaffen, war der Turm starr und die KwK wurde durch eine Attrappe ersetzt, auch das Bug-MG entfiel. Einzige Waffe war ein 7,92-mm-MG 34 in einer Kugelblende an der Turmfront. Neben einigen Befehlswagen auf Basis der Ausf. D wurden 45 der Ausf. E und 145 der Ausf. H produziert. Die Zuweisung der Sd.Kfz.-Nummer geschah nach der jeweiligen Funkanlage. Das Sd.Kfz. 266 besaß Geräte des Typs FuG 2 und 6, das Sd.Kfz. 267 des Typs FuG 6 und 8 und das Sd.Kfz. 268 die Modelle FuG 6 und 7. Spätere Panzerbefehlswagen auf Basis der Ausf. J (185) und L (50, z. T. auch Ausf. K genannt) wiesen einen Drehturm mit vollständiger Bewaffnung auf.

Typ	Panzerbefehlswagen
Hersteller	Daimler-Benz, MAN, Henschel, Alkett, MIAG
Gefechtsgewicht	21.800 kg
Länge	5380 mm
Breite	2950 mm
Höhe	2440 mm
Motor	Maybach HL 120 TRM, 12-Zylinder-Benzinmotor
Hubraum	11.870 ccm
Leistung kW/PS	221/300
Leistungsgewicht	13,8 PS/t
Höchstgeschwindigkeit	40 km/h (Straße), 19 km/h (Gelände)
Kraftstoffvorrat	320 l
Fahrbereich	160 km (Straße), 100 km (Gelände)
Besatzung	5
Bewaffnung	1 x 7,92-mm-MG 34
Kampfsatz	k.A
Panzerung	10 – 30 mm (+ 30 mm Zusatzpanzerung)
Furttiefe	0,8 m

▲ *Panzerbefehlswagen Ausf. H der Pz.Abt. z.b.V. 40, Karelien, 16. Mai 1942. Man beachte die Rahmenantenne über dem Motorraum. (SA-Kuva)*

Panzerkampfwagen III Ausf. J und M, Sd.Kfz. 141/1

Die Ausf. J wurde ab März 1941 produziert und trug zunächst noch die kurze 5-cm-KwK. Der Schutz war durch eine bis zu 50 mm starke Grundpanzerung, eine neue Fahrersichtklappe und eine neue Kugelblende für das MG in der Wanne weiter angehoben worden. Ab Dezember 1941 kam aufgrund der Kampferfahrungen an der Ostfront die wirkungsvollere 5-cm-KwK 39 L/60 zum Einbau, mit der erstmals auch der T-34 wirkungsvoll bekämpft werden konnte. Mit der neuen Bewaffnung änderte sich die Bezeichnung dann zu Sd.Kfz. 141/1 und der Munitionsvorrat verringerte sich von 99 auf 84 Schuss. Ab April 1942 wurde eine 20 mm starke Schottpanzerung vor der Fahrer- und der Turmfront angebracht, die auch bei der Ausf. L beibehalten wurde. Die Ausf. L unterschied sich nur in Details sowie aufgrund einer erneut verstärkten Panzerung von der Ausf. J.

Die Ausf. M ging im Oktober 1942 in Serie. Äußerlich erkennbar war diese Version durch die erstmals an den Turmseiten angebrachten Nebelkerzenwerfer und eine neue Auspuffanlage, welche die maximale Furttiefe auf 1,3 m anhob. Im Verlauf der Serienfertigung erhielten die Fahrzeuge zudem zum Schutz gegen sowjetische Panzerbüchsen 5 mm starke Schürzen an den Wannen und 8 mm starke Schürzen an den Turmseiten. Ansonsten unterschied sich die Ausf. M kaum von der Ausf. L.

1943 orderte die Türkei 56 PzKpfw. III Ausf. M, erhielt jedoch nur 22 Fahrzeuge.

Insgesamt hatte der PzKpfw. III zu diesem Zeitpunkt seinen Höhepunkt jedoch überschritten. War er zwei Jahre zuvor noch ein hervorragendes Kampffahrzeug, so hatte ihn die rasante Entwicklung nun überholt.

Bis Juli 1942 wurden 1549 Panzer der Ausf. J und von Juni bis Dezember 1942 insgesamt 653 Fahrzeuge der Ausf. L gebaut. Von Oktober 1942 bis Februar 1943 entstanden zudem 250 Exemplare der Ausf. M.

Obwohl der Panzer III von Daimler-Benz entworfen worden war, waren an der Serienproduktion später auch Alkett, Famo, MIAG, MNH, Henschel und Wegmann beteiligt.

▲ *PzKpfw. III Ausf. J (mit der kurzen 5cm-KwK L/42) des Pz.Rgt. 24 der 24. Pz.Div, Raum Stalingrad, Ende 1942. (Grzegorz Jackowski)*

Typ	mittlerer Panzerkampfwagen	mittlerer Panzerkampfwagen
Hersteller	Alkett, Famo, MIAG, MNH, Henschel und Wegmann	Alkett, Famo, MIAG, MNH, Henschel und Wegmann
Gefechtsgewicht	21.500 kg	21.300 kg
Länge	5560 mm (6412 mm mit Rohr der KwK 39 L/60)	5560 mm (6412 mm (mit Rohr)
Breite	2950 mm	2950 mm
Höhe	2500 mm	2500 mm
Motor	Maybach HL 120 TRM, 12-Zylinder-Benzinmotor	Maybach HL 120 TRM, 12-Zylinder-Benzinmotor
Hubraum	11.870 ccm	11.870 ccm
Leistung kW/PS	221/300	221/300
Leistungsgewicht	13,95 PS/t	14,1 PS/t
Höchstgeschwindigkeit	40 km/h (Straße), 19 km/h (Gelände)	40 km/h (Straße), 19 km/h (Gelände)
Kraftstoffvorrat	320 l	320 l
Fahrbereich	150 km (Straße), 90 km (Gelände)	150 km (Straße), 100 km (Gelände)
Besatzung	5	5
Bewaffnung	1 x 5-cm-KwK 38 L/42 oder 5-cm-KwK 39 L/60, 2 x 7,92-mm-MG 34	1 x 5-cm-KwK 39 L/60, 2 x 7,92-mm-MG 34
Kampfsatz	99 x 5 cm (L/42) oder 84 x 5 cm (L/60), 3750 x 7,92 mm	84 x 5 cm, 2700 x 7,92 mm
Panzerung	10 – 57 mm (teils + 20 mm)	10 – 57 mm (teils + 20 mm)
Furttiefe	0,8 m	0,8 m

Daten für PzKpfw. III Ausf. J

Daten für PzKpfw. III Ausf. L

◀ *PzKpfw.III Ausf. J (kurz), Pz.Rgt.36 der 14. Pz.Div., Stalingrad, September 1942. (Grzegorz Jackowski)*

▶ *PzKpfw. III Ausf. Ausf. J (kurz), Pz.Abt. 190 der 90. leichte Afrika-Division, Tunesien Ende 1942. (Grzegorz Jackowski)*

▲ PzKpfw. III Ausf. J (kurz) der Pz.Abt z.b.V. 40, Karelien, 1. Juli 1941. (SA-Kuva)

▲ PzKpfw. III Ausf. L mit der langen 5 cm-KwK 39 L/60. Man beachte den Vorpanzer an der Turm- und Fahrerfront.

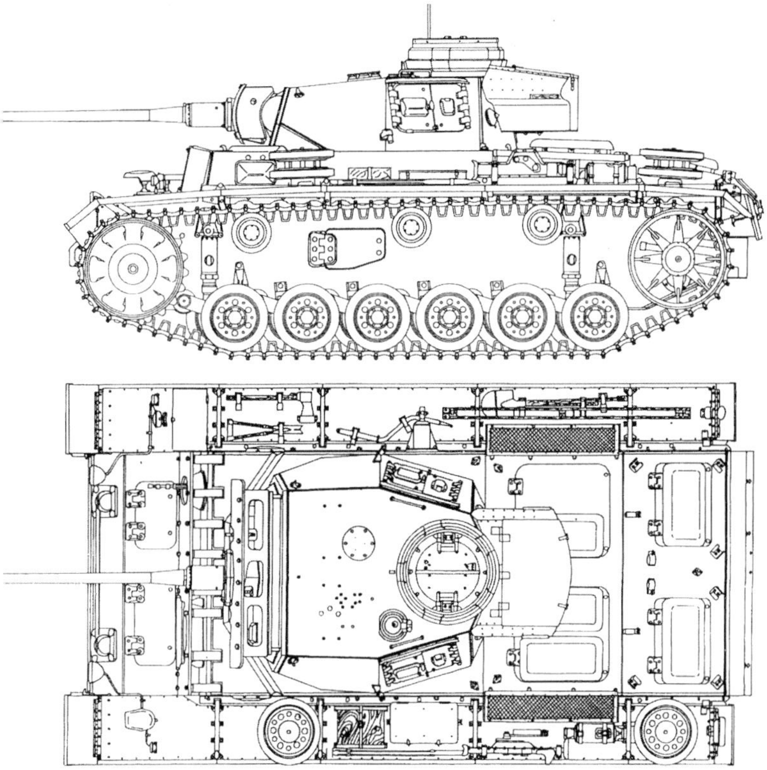

▲ Zwei-Seiten-Ansicht eines PzKpf. III Ausf. J.

▲ Ein später PzKpfw. III Ausf. J mit der langen 5-cm-KwK L/60 sowie der Zusatzpanzerung (Vorpanzer) an Turm- und Fahrerfront. Dieses Fahrzeug lief 1942 beim Pz.Rgt. der SS-Panzergrenadier Division Wiking. (Grzegorz Jackowski)

▲ Vom Panzerbefehlswagen Ausf. K auf Basis des PzKpfw. III Ausf. L wurden zwischen Dezember 1942 und Februar 1943 nur 50 Exemplare produziert. (TM)

Panzerkampfwagen III (Fl) Ausf. M, Sd.Kfz. 141/3

Von Februar bis April 1943 rüstete Wegmann 100 PzKpfw. III der Ausf. M zu Flammpanzern um. Dazu wurde die 5-cm-KwK entfernt und durch ein 1500 mm langes Flammrohr mit 14 mm Durchmesser mit Schutzhülle ersetzt. Das koaxiale Turm-MG blieb jedoch erhalten. Im Wagen wurden in zwei Tanks 1000 l Flammöl mitgeführt, die für rund 125 kurze Feuerstöße reichten. Der notwendige Druck wurde mithilfe eines DKW-Zweitaktmotors erzeugt. Die maximale Reichweite der Feuerstöße betrug 60 m. Die Besatzung verringerte sich auf drei Mann: Fahrer, Funker und Kommandant, der allein im Turm saß. Um nahe an mögliche Ziele herankommen zu können, wurde die 50 mm starke Bugpanzerung mit zusätzlichen 30-mm-Platten verstärkt.

Typ	Flammpanzer
Hersteller	Umbau durch Wegmann
Gefechtsgewicht	23.000 kg
Länge	5650 mm
Breite	3410 mm (mit Schürzen)
Höhe	2510 mm
Motor	Maybach HL 120 TRM, 12-Zylinder-Benzinmotor
Hubraum	11.870 ccm
Leistung kW/PS	221/300
Leistungsgewicht	13 PS/t
Höchstgeschwindigkeit	40 km/h (Straße), 19 km/h (Gelände)
Kraftstoffvorrat	320 l
Fahrbereich	150 km (Straße), 90 km (Gelände)
Besatzung	5
Bewaffnung	1 x Flammenwerfer, 2 x 7,92-mm-MG 34
Panzerung	10 – 80 mm (+ Schürzen)
Furttiefe	1,3 m

▲ *PzKpfw. (F1) Ausf. M einer unbekannten Einheit, Westfront 1944/45. (Vincent Bourguignon)*

▲ *Obwohl die theoretische Reichweite des Flammenwerfers bei bis zu 60 m lag, wurde in der Realität nur gut die Hälfte erreicht. (NARA)*

◀ *Wegmann aus Kassel baute 100 bei MIAG in Braunschweig gefertigte PzKpfw. III Ausf. M zu Flammpanzern um, die sich im Einsatz jedoch nicht bewährten. (NARA)*

Panzerkampfwagen III Ausf. N, Sd.Kfz. 141/2 (Sturmpanzer III)

Die letzte Variante des PzKpfw. III, die Ausf. N, wurde ab Juni 1942 vor allem auf Basis der Ausf. L und M, in wenigen Exemplaren auch der Ausf. J, produziert, was zu Detailunterschieden innerhalb der Ausf. N führt. Der Hauptunterschied gegenüber den vorherigen Modellen lag in der Bewaffnung, die bei der Ausf. N aus einer kurzen 7,5-cm-KwK 37 L/24 im Drehturm bestand, wie sie auch von frühen PzKpfw. IV geführt wurde. Ab März 1943 hergestellte Fahrzeuge trugen Zusatzpanzerungen an Wannenseiten (5 mm stark) und Turm (8 mm stark), sogenannte »Schürzen«. Zusätzlich wurde bei vielen dieser Panzer ein Zimmerit genannter Antimagnetischer-Schutzanstrich gegen Hafthohlladungen angebracht. Im August 1943 endete die Produktion des PzKpfw. III Uasf. Ausf. N nach 663 Exemplaren. Hinzu kamen 37 Fahrzeuge, die aus vorhandenen Panzern umgebaut wurden. Insgesamt rund 5700 PzKpfw. III aller Versionen, darunter entstand eine ganze Reihe von Befehlswagen. Panzer III wurden nach Mitte 1943 zudem oft zu Beobachtungs-, Pionier-, Berge- und Munitionstransportpanzern umgerüstet. Das Fahrgestell selbst jedoch blieb für das StuG III bis Kriegsende in der Produktion.
1944 erhielt Rumänien eine unbekannte Anzahl an Panzer III, und weitere 24 PzKpfw. III Ausf. N wurden an Kroatien abgegeben. Nach Kriegsende nutzte Norwegen eine Reihe von PzKpfw. III, welche von der Panzer-Brigade Norwegen dort zurückgelassen worden waren, bis in die frühen 1950er Jahre hinein.

Typ	mittlerer Panzerkampfwagen
Hersteller	Daimler-Benz
Gefechtsgewicht	21.500 kg (basierend auf Ausf. L
	21.300 kg (basierend auf Ausf. M)
Länge	5560 mm (basierend auf Ausf. L)
	5650 mm (basierend auf Ausf. M)
Breite	3410 mm (mit Schürzen)
Höhe	2510 mm
Motor	Maybach HL 120 TRM, 12-Zylinder-Benzinmotor
Hubraum	11.870 ccm
Leistung kW/PS	221/300
Leistungsgewicht	13,95 PS/t bzw. 14,1 PS/t
Höchstgeschwindigkeit	40 km/h (Straße), 19 km/h (Gelände)
Kraftstoffvorrat	320 l
Fahrbereich	150 km (Straße), 90 km (Gelände)
Besatzung	5
Bewaffnung	1 x 7,5-cm-KwK 37 L/24, 2 x 7,92-mm-MG 34
Kampfsatz	64 x 7,5 cm, 3450 x 7,92 mm
Panzerung	10 – 57 mm (+ Schürzen)
Furttiefe	1,3 m

▲ PzKpfw. III Ausf. N des Pz.Rgt. der SS-Panzergrenadierdivision Totenkopf, Kursk, Juli 1943. Man beachte die seitliche Zusatzpanzerung an Turm und Wanne. Diese sogenannten »Schürzen« waren entwickelt worden, um die Geschosse sowjetischer Panzerbüchsen abzuwehren. Diese Waffen im Kaliber 14,5 mm durchschlugen auf 100 m Panzerplatten von bis zu 40 mm Stärke. (Grzegorz Jackowski)

◀ PzKpfw. III Ausf. N der Panzer-Brigade Norwegen ergeben sich im Mai 1945 kampflos britischen Truppen. Zu jener Zeit war der PzKpfw. III als Kampfpanzer vollständig überholt und nur noch auf Nebenkriegsschauplätzen einsetzbar.

Panzerkampfwagen IV Ausf. A und B, Sd.Kfz. 161

Ursprünglich war der PzKpfw. IV als Unterstützungsfahrzeug für den PzKpfw. III gedacht, im Laufe des Krieges wurde er jedoch zum Rückgrat der Panzertruppe. Seine Entwicklung begann 1934 noch unter der Tarnbezeichnung »Begleitwagen«. Nachdem der Krupp-Entwurf sich gegen Vorschläge von Rheinmetall, MAN und Daimler-Benz durchgesetzt hatte, wurde 1935 ein Auftrag zum Bau von 35 »7,5 cm Geschütz-Panzerwagen« oder »Vs. Kfz. 622« vergeben. Die ersten 35 Exemplare der später als PzKpfw. IV Ausf. A bezeichneten ersten Version mit 7,5-cm-KwK 37 L/24, zwei 7,92-mm-MG 34 und einer Panzerung von 14,5 mm rundum, wurden durch Krupp von Oktober 1937 bis 1938 ausgeliefert.

Der PzKpfw. IV besaß eine klassische Auslegung deutscher Panzer jener Zeit, d.h der hinten liegende Motor wirkte auf ein vorn befindliches Getriebe, der Drei-Man-Turm war mittig aufgesetzt und vorn in der Wanne saßen Fahrer (links) und Bug-MG-Schütze/Funker (rechts). Das Laufwerk bestand pro Seite aus acht verhältnismäßig kleinen Laufrollen mit Gummibandagen, die in vier Rollenwagen zusammengefasst und mit Blattfedern gefedert waren.

Die Ausf. B besaß eine auf 30 mm verstärkte Panzerung im Frontbereich von Wanne und Turm. Allerdings fehlte diesem Modell das Kugelblenden-MG in der Fahrerfront. Stattdessen befand sich vor dem Funker eine verschließbare Öffnung, durch welche dieser mit einer Maschinenpistole schießen konnte. Ein stärkerer Motor (Maybach HL 120 TR) sowie ein neues Getriebe (ZF SSG 76) erhöhten die Geschwindigkeit von 32 km/h auf 42 km/h. Eine neu entwickelte Kommandantenkuppel erlaubte eine bessere Rundumsicht und das Tankvolumen stieg auf insgesamt 470 Liter. Insgesamt 42 Panzer IV Ausf. B verließen zwischen September 1938 und Oktober 1938 die Werkshallen von Krupp.

Während die Ausf. A bereits Anfang 1941 aus Fronteinheiten abgezogen wurden, waren die letzten Ausf. B noch bis 1943 dort zu finden. Um ihre Kampfkraft zu erhöhen, erhielten einige Ausf. B 1940 zudem eine Zusatzpanzerung an Wannenfront und -seiten.

Typ	mittlerer Panzerkampfwagen
Hersteller:	Krupp
Gefechtsgewicht	18.000/18.500 kg
Länge	5920 mm
Breite	2830 mm
Höhe	2680 mm
Motor	Maybach HL 108 bzw. 120 TR, 12-Zylinder-Benzinmotor
Hubraum	10.838 ccm/11.870 ccm
Leistung kW/PS	184/250 bzw. 221/300
Leistungsgewicht	13,89 PS/t bzw. 16,2 PS/t
Höchstgeschwindigkeit	32 km/h (Straße), 12 km/h (Gelände) bzw. 42 km/h (Straße), 20 km/h (Gelände)
Kraftstoffvorrat	470 l
Fahrbereich	210 km (Straße), 130 km (Gelände) bzw. 230 km (Straße), 160 km (Gelände)
Besatzung	5
Bewaffnung	1 x 7,5-cm-KwK 37 L/24, 1 x 7,92-mm-MG 34
Kampfsatz	122 x 7,5 cm/80 x 7,5 cm, 3000 x 7,92 mm
Panzerung	8 – 14,5 mm bzw. 8 - 30 mm
Furttiefe	0,8 m

Daten für Ausf. A/Ausf. B

▲ *Ein PzKpfw. IV Ausf. B nach Ende des Polenfeldzuges. Man beachte das fehlende Bug-MG. (DWA)*

▲ *Ein PzKpfw. IV Ausf. A der 6. Pz.Div. in den Niederlanden, Mai 1940. (NIMH)*

Panzerkampfwagen IV Ausf. C und D, Sd.Kfz. 161

Die Ausf. C wurde von September 1938 bis August 1939 gefertigt und war die erste in großen Stückzahlen (134) gebaute Version des Panzer IV. Dieses Modell wies eine Reihe von Detailänderungen auf, u. a. einen Notausstieg im Wannenboden sowie einen gepanzerten Mantel für den Lauf des koaxialen MG. Im Laufe der Fertigung kam zudem anstelle des HL 120 TR der 120 TRM mit geänderter Zündanlage zum Einbau. Dieser Motor sollte bis zum Ende der Fertigung sämtliche weiteren Varianten antreiben.

Ab September 1939 begann der Bau der Ausf. D. mit verstärkter Panzerung der Wannenseiten (20 mm anstelle von 14,5 mm) und des Hecks. Zudem wurde die Blende der KwK nun außerhalb des Turmes verlegt, verstärkt und erhielt eine Panzerung für das koaxiale MG. Die Panzerplatte vor dem Funker war nicht mehr gerade, sondern wie bei der Ausf. A abgewinkelt und erhielt wieder eine Kugelblende mit einem MG 34. Bis August 1940 wurden insgesamt 250 PzKpfw. IV Ausf. D gebaut, die oft eine 20 mm starke Zusatzpanzerung vor der Fahrerfront erhielten. Auf Basis der Ausf. C und D entstanden zudem in geringer Zahl Brückenleger, Tauchpanzer und Munitionsschlepper für den 60-cm-Mörser »Karl«. 1943 wurden einige Panzer der Ausf. D auf die längere 7,5-cm-KwK 40 umgerüstet.

Daten für PzKpfw. IV Ausf. D	
Typ	mittlerer Panzerkampfwagen
Hersteller:	Krupp
Gefechtsgewicht	20.000 kg
Länge	5920 mm
Breite	2840 mm
Höhe	2680 mm
Motor	Maybach HL 120 TRM, 12-Zylinder-Benzinmotor
Hubraum	11.870 ccm
Leistung kW/PS	221/300
Leistungsgewicht	15 PS/t
Höchstgeschwindigkeit	42 km/h (Straße), 20 km/h (Gelände)
Kraftstoffvorrat	470 l
Fahrbereich	200 km (Straße), 140 km (Gelände)
Besatzung	5
Bewaffnung	1 x 7,5-cm-KwK 37 L/24, 2 x 7,92-mm-MG 34
Kampfsatz	80 x 7,5 cm, 2700 x 7,92 mm
Panzerung	10 – 30 mm (z.T + 30 mm)
Furttiefe	0,8 m

▲ *Ein PzKpfw. IV Ausf. D der Pz.Ers.Abt. 11 in Paderborn. Man beachte die nun außen liegende Blende der KwK sowie das wieder eingeführte Bug-MG. (DWA)*

◀ *PzKpfw. IV Ausf. D der ungarischen 1. Pz.Div., Dongebiet, Russland, Sommer 1942. Ungarn erhielt 1942 32 Panzer IV, die alle an der Ostfront zum Einsatz kamen. (Grzegorz Jackowski)*

▲ *PzKpfw. IV Ausf. D der 65. Pz.Abt., 6.Pz.Div., Sommer 1941 an der Ostfront. (NARA)*

▲ *Bei diesem PzKpfw. IV Ausf. D ist sehr gut die an der Wannenfront (30 mm) und den oberen Seiten (20 mm) aufgeschraubte Zusatzpanzerung zu erkennen. (DWA)*

◀ *PzKpfw. IV Ausf. C durchbrechen während eines Manövers kamerawirksam eine Mauer. (DWA)*

Panzerkampfwagen IV Ausf. E und F, Sd.Kfz. 161

Von September 1940 bis April 1941 entstanden bei Krupp-Gruson in Magdeburg 223 PzKpfw. IV der Ausf. E, die über eine neue, stärker gepanzerte Kommandantenkuppel, neue Treibräder sowie eine neue Fahrersehklappe und eine 50 mm starke Panzerung der Stirnwand vor dem Fahrer verfügte sowie weitere Detailmodifikationen aufwies. Die Produktion der Ausf. F lief im April 1941 an und dauerte bis März 1942. In dieser Zeit verließen 462 Panzer die Werkshallen. Um die Fertigung zu beschleunigen, wurden neben Krupp-Gruson auch Vomag (Plauen) und die Nibelungenwerke in St. Valentin (Österreich) in die Produktion eingeschaltet. Die Ausf. F wies eine verstärkte Panzerung auf (Bug- und Turmfront nun 50 mm), die u. a. neue Sehklappen, Pistolenöffnungen und Kugelblenden nötig machte. Aufgrund des gestiegenen Gewichts kamen zudem breitere Ketten zum Einbau und auf der Bugplatte finden sich nun Lüftungshutzen für die Lenkbremsen. Zudem wurde bei diesem Modell wieder eine gerade durchgehende Fahrerfrontplatte eingeführt. Im Laufe der Fertigung der Ausf. F wurde beschlossen, die leistungsstärkere 7,5-cm-KwK 40 L/43 einzubauen, sodass von den 462 produzierten Ausf. F 437 Exemplare mit der bisherigen kurzen 7,5-cm-Waffe und die letzten 25 Fahrzeugen bereits mit der längeren 7,5-cm-KwK ausgerüstet waren. Letztere wurden später als Ausf. F2 bezeichnet.

Typ	mittlerer Panzerkampfwagen
Hersteller:	Krupp, Vomag, Nibelungenwerk
Gefechtsgewicht	22.300 kg
Länge	5920 mm
Breite	2840 mm
Höhe	2680 mm
Motor	Maybach HL 120 TRM, 12-Zylinder-Benzinmotor
Hubraum	11.870 ccm
Leistung kW/PS	221/300
Leistungsgewicht	13,45 PS/t
Höchstgeschwindigkeit	42 km/h (Straße), 20 km/h (Gelände)
Kraftstoffvorrat	470 l
Fahrbereich	200 km (Straße), 140 km (Gelände)
Besatzung	5
Bewaffnung	1 x 7,5-cm-KwK 37 L/24, 2 x 7,92-mm-MG 34
Kampfsatz	80 x 7,5 cm, 3000 x 7,92 mm
Panzerung	10 – 50 mm
Furttiefe	0,8 m

Daten für PzKpfw. IV Ausf. F

▲ *PzKpfw. IV Ausf. E einer unbekannten Einheit. Ostfront, 1941. (Grzegorz Jackowski)*

◀ *PzKpfw. IV Ausf. E des Pz.Rgt. 5, Tobruk, Libyen, Herbst 1941. (Grzegorz Jackowski)*

▲ *Die Ausf. F (später F1) erhielt eine auf 50 mm verstärkte Frontpanzerung und besaß daher die neue Fahrersehklappe 50 sowie die Kugelblende 50 für das Bug-MG.*

▲ *Ein PzKpfw. IV Ausf. E in einem Kornfeld in der UdSSR. Man beachte auch hier die Zusatzpanzerung an Wannenfront- und -seiten. (DWA)*

◀ *PzKpfw. IV Ausf. F der 5. Pz.Div. während der Schlacht um Moskau, November 1941. Man beachte den improvisierten Wintertarnanstrich. (BA)*

Panzerkampfwagen IV Ausf. F2 und G, Sd.Kfz. 161/1

Die Leistung der 7,5-cm-KwK L/24 früher Modelle des PzKpfw. IV hatte bereits während des Frankreichfeldzuges Kritik erfahren, bei der Begegnung mit sowjetischen Panzern der Modelle T-34 und KW-1 erwies sich die Waffe aber endgültig als unzureichend. Nachdem zunächst der Einbau der 5-cm-KwK 39 L/60 angedacht worden war, ordnete das HWA im November 1941 schließlich an, dass die Ausf. G des PzKpfw. IV mit der leistungsstärkeren 7,5-cm-KwK 40 L/43 ausgerüstet werden sollte. Um die Umrüstung zu beschleunigen wurde jedoch bereits ab März 1942 die lange 7,5-cm-Waffe in der laufenden Serie (Ausf. F) verbaut, neben 25 ansonsten unveränderten Panzern des Modells F folgten bis Juli 1942 175 Kampfwagen, an denen eine Reihe von Detailmodifikationen vorgenommen wurden. Beide Versionen erhielten unterschiedslos zunächst die Bezeichnung Ausf. F2, jene mit der kurzen 7,5-cm-Kanone die Bezeichnung F1. Falls möglich, wurden auch frühe Fahrzeuge der Ausf. F1 mit der leistungsstärkeren Waffe nachgerüstet. Später wurden alle Panzer IV der Ausf. F mit der langen 7,5-cm-KwK in Ausf. G umbenannt.

Bereits ab Mai 1942 folgte die Ausf. G., bei der die 50 mm starke Frontpanzerung zusätzlich mit Panzerplatten von 30 mm Stärke versehen sowie die Wannenseiten besser gepanzert wurden. Zudem erhielt die KwK eine neue Mündungsbremse und die Sehklappen an den vorderen Turmseiten fielen weg. Im Laufe der Produktion wurden 5 mm starke Seiten- und 8 mm starke Turmschürzen, Nebelwurfbecher und die Option für sogenannte »Ostketten« eingeführt. Bei den letzten 412 Panzern der bis Juni 1943 gebauten Ausf. G kam bereits die längere KwK 40 L/48 zum Einbau. Insgesamt entstanden 1687 Panzer IV der Ausf. G.

Typ	mittlerer Panzerkampfwagen
Hersteller:	Krupp, Vomag, Nibelungenwerke
Gefechtsgewicht	23.600 kg
Länge	6630 mm (mit Rohr)
Breite	2880 mm (3350 mm mit Schürzen)
Höhe	2680 mm
Motor	Maybach HL 120 TRM, 12-Zylinder-Benzinmotor
Hubraum	11 870 ccm
Leistung kW/PS	221/300
Leistungsgewicht	12,7 PS/t
Höchstgeschwindigkeit	38 km/h (Straße), 16 km/h (Gelände)
Kraftstoffvorrat	320 l
Fahrbereich	190 km (Straße), 130 km (Gelände)
Besatzung	5
Bewaffnung	1 x 7,5-cm-KwK 40 L/43, 2 x 7,92-mm-MG 34
Kampfsatz	87 x 7,5 cm,3000 x 7,92 mm
Panzerung	10 – 50 mm (+ 30 mm)
Furttiefe	0,8 m

Daten für PzKpfw. IV Ausf. G

Durch den Einbau der 7,5-cm-KwK 40 L/43 erhielt der PzKpfw. IV eine Bewaffnung, die Mitte 1942 allen alliierten Panzern weit überlegen war und bis Kriegsende wirkungsvoll blieb. Mit der Pz.Gr. 39 (Mündungsgeschwindigkeit 740 m/s) konnten auf 1000 m Entfernung und einem Auftreffwinkel von 30° noch 82 mm Panzerstahl durchschlagen werden, auf 2000 m noch immer 63 mm.

◀ *PzKpfw. IV Ausf. G der SS-Panzerdivision »Das Reich« beim Einmarsch in Toulouse im zuvor noch unbesetzten Vichy-Frankreich, welches als Reaktion auf die alliierte Landung in Nordafrika im November 1942 von deutschen Truppen in Besitz genommen wurde. (NARA)*

▲ *PzKpfw. IV Ausf. G fahren über eine Behelfsbrücke, Ostfront, 1943. (DWA)*

▲ *PzKpfw. IV Ausf. G, Pz.Rgt. 7, Tunesien, 1943. (Grzegorz Jackowski)*

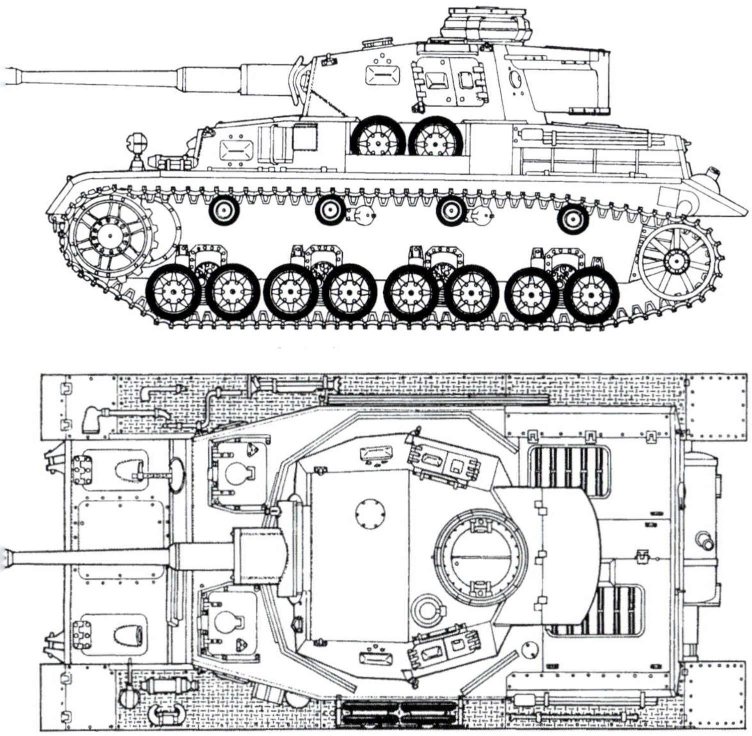

▲ *Zwei-Seiten-Ansicht eines PzKpfw. IV Ausf. G.*

▲ *Dieser PzKpfw. IV Ausf. F2 (erkennbar an der kugelförmigen Mündungsbremse der 7,5-cm-Kanone) wurde in Nordafrika von den Briten erbeutet. Unter dem Lauf der Kanone führt dieser Panzer noch den Antennenabweiser der frühen Ausführungen des PzKpfw. IV. (TM)*

Panzerkampfwagen IV Ausf. H und J, Sd.Kfz. 161/2

Die ab Mai 1943 gebaute Ausf. H erhielt ein stärker gepanzertes Turmdach (bis 25 mm) und eine homogene Frontpanzerung von 80 mm Stärke sowie die etwas leistungsstärkere 7,5-cm-KwK 40 L/48, welche mit der Pz.Gr. 39 (Mündungsgeschwindigkeit 790 m/s) auf 1000 m 85 mm starke Panzerungen bezwang. 5 mm starke Schürzen an den Wannenseiten sowie eine 8 mm starke Zusatzpanzerung rund um den Turm zum Schutz gegen Panzerbüchsengeschosse des Kalibers 14,5 mm und die Option, breitere Ost-Ketten für den Einsatz in Schnee und Schlamm aufzuziehen, wurden zum Standard. Aufgrund des erhöhten Gewichts von nun 25 t kam ein neues Getriebe zum Einbau und während der Fertigung wurden zahlreiche Detailveränderungen eingeführt. Ab September 1943 erhielten die Panzer zum Schutz gegen magnetische Hafthohlladungen eine Zimmerit-Schicht und auf der Kommandantenkuppel konnte ein Fla-MG befestigt werden (Fliegerbeschussgerät). Zudem wurden u. a. Ganzstahlstützrollen, eine modifizierte Kommandantenkuppel mit einteiliger Luke und ein verändertes Leitrad eingeführt, während die seitlichen Sehklappen für den Fahrer und den Funker entfielen.

Obwohl der PzKpfw. IV Ausf. H aufgrund seiner exzellenten Bewaffnung noch immer ein gefährlicher Gegner war und sich als zuverlässig und ausgereift erwies, stieß die bewährte Grundkonstruktion aufgrund des immer weiter gestiegenen Gewichtes nun an ihre Grenzen. Hatte die Ausf. A noch gut 18 t auf die Waage gebracht, so war die Ausf. H 25 t schwer – eine Gewichtszunahme von mehr als einem Drittel, die zur Überlastung von Fahrwerk und Antriebsstrang führte.

Bis Juli 1944 entstanden insgesamt 3774 PzKpfw. IV. Ausf. H, was dieses Modell zur meistgebauten Variante machte.

▲ *PzKpfw. IV Ausf. H, 29. Pz.Rgt., 12. Pz.Div., Ostfront, Juli 1944. (NARA)*

Bei der Ausf. J, von der zwischen Juni 1944 und April 1945 1758 Stück allein im Nibelungenwerk in Österreich produziert wurden, handelt es sich um eine konsequent auf Massenfertigung unter Kriegsbedingungen entfeinerte Version der Ausf. H. Äußerlich sind beide Fahrzeugmodelle kaum von einander zu unterscheiden. Da das elektrische Turmschwenkwerk und der dazugehörige 10-PS-Hilfsmotor entfielen, fehlte aber dessen Auspuffanlage am Heck. Stattdessen erhielten die Fahrzeuge einen zusätzlichen Treibstofftank, der Fahrbereich stieg so auf 260 km. Im Laufe der Fertigung entfielen zudem Pistolenöffnungen am Turmheck und die Sehklappen an den seitlichen Turmluken. Zudem kamen Laufrollen ohne Gummibandagen zum Einsatz und die Zahl der Stützrollen wurde auf drei verringert. Ab September 1944 wurden aus Gewichtsgründen zum Teil Schürzen aus Drahtgeflecht (Thoma-Schilde) angebracht.

Obwohl für die letzten Wochen vor Kriegsende keine exakten Zahlen mehr vorliegen, dürften insgesamt über 8550 PzKpfw. IV (inklusive Befehls-, Beobachtungs- und Bergepanzer) aller Varianten produziert worden sein. Der Panzer IV war damit der zahlenmäßig wichtigste Kampfpanzer der Wehrmacht und eines der wenigen Kampffahrzeuge, dass den gesamten Krieg über in Produktion blieb. Obwohl dies zum Teil der Tatsache geschuldet ist, dass die Wehrmacht keine andere Alternative hatte, zeigt es doch, wie wandelbar und anpassungsfähig der Grundentwurf war.

Neben der Wehrmacht und Waffen-SS nutzten auch die Streitkräfte Bulgariens, Finnlands, Kroatiens, Ungarns, Rumäniens, Spaniens, Italiens und der Türkei PzKpfw. IV unterschiedlicher Ausführungen, meist jedoch der späten

▲ *Pontedera (Nähe Pisa,Italien) 18. Juli 1944: Zwei aufgegebene PzKpfw. IV Ausf. H der 26. Pz.Div. werden von US-Soldaten untersucht. Man beachte den ungewöhnlichen Zimmerit-Auftrag am Turm. (NARA)*

Versionen G, H, und J. Insgesamt sollen vor Kriegsende rund 300 PzKpfw. IV exportiert worden sein.
Nach 1945 setzte auch die Tschechoslowakei PzKpfw. IV ein, die dort die Bezeichnung T40/75 erhielten. Mitte der 1950er Jahre wurden diese an die syrischen Streitkräfte weitergegeben. Syrien beschaffte in 1950er Jahren eine unbekannte Anzahl (wohl rund 120 - 130) von Panzer IV, nicht nur aus der Tschechoslowakei, sondern auch aus Frankreich sowie Spanien und nutzte diese sogar noch im Sechs-Tage-Krieg von 1967.

Typ	mittlerer Panzerkampfwagen
Hersteller:	Krupp, Vomag, Nibelungenwerke
Gefechtsgewicht	25.000 kg
Länge	7030 mm (mit Rohr)
Breite	3350 mm (mit Schürzen)
Höhe	2680 mm
Motor	Maybach HL 120 TRM, 12-Zylinder-Benzinmotor
Hubraum	11 870 ccm
Leistung kW/PS	221/300
Leistungsgewicht	12 PS/t
Höchstgeschwindigkeit	38 km/h (Straße), 19 km/h (Gelände)
Kraftstoffvorrat	470 l
Fahrbereich	180 km (Straße), 120 km (Gelände)
Besatzung	5
Bewaffnung	1 x 7,5-cm-KwK 40 L/48, 2 x 7,92-mm-MG 34
Kampfsatz	87 x 7,5 cm, 3150 x 7,92 mm
Panzerung	10 – 80 mm (+ Schürzen)
Furttiefe	0,8 m

Daten für PzKpw. IV Ausf. H

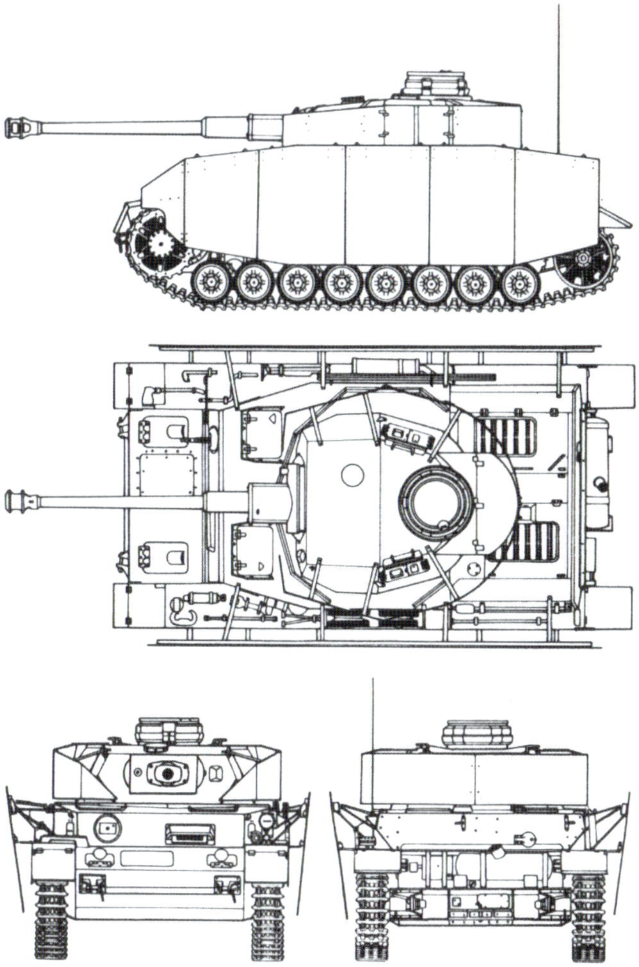

▲ *Vier-Seiten-Ansicht eines PzKpfw. IV Ausf. H.*

▲ *PzKpfw.IV Ausf.H, Pz.Rgt.2 der SS-Pz.Div. »Das Reich«, Ungarn, Frühjahr 1945. (Grzegorz Jackowski)*

▲ *PzKpfw.IV Ausf.H, Pz.Rgt.21, 20. Pz.Div., Ostfront 1944. (Grzegorz Jackowski)*

VK 3002 (DB)

Die Konfrontation mit dem T-34 war für die Wehrmacht ein regelrechter Schock. Das Heereswaffenamt ließ daher erbeutete T-34 untersuchen und vergab Ende November 1941 an MAN und Daimler-Benz Aufträge zur Entwicklung eines neuen mittleren Kampfpanzers. Der als VK 3002 bezeichnete Daimler-Benz-Entwurf wies erstaunliche Ähnlichkeiten zum T-34 auf. Wie bei seinem Vorbild saß der Turm sehr weit vorn auf der Wanne und als Antrieb war ein Dieselmotor mit Kraftübertragung auf die hinten liegenden Treibräder vorgesehen. Diese Auslegung war zugleich jedoch auch die Schwachstelle des Entwurfes, da die lange 7,5-cm-KwK 42 L/70 auf diese Weise einen viel zu weiten Überhang erhalten hätte und der DB-Dieselmotor sich noch in Entwicklung befand, weshalb der Prototyp mit einem Maybach HL 210 ausgerüstet wurde. Aufgrund der starken Neigung der Panzerflächen war der Kampfraum sehr beengt und der Turmdrehkranz kleiner als beim MAN-Entwurf. Zudem war der Drehturm des DB-Entwurfes noch nicht durchkonstruiert, sodass sich hier eine weitere Verzögerung ergeben hätte. Da der neue Panzer jedoch möglichst bald in Produktion gehen sollte, wurde im Mai 1942 der MAN-Entwurf ausgewählt, da er eine raschere Serienreife versprach.

Typ	mittlerer Panzerkampfwagen
Hersteller:	Daimler-Benz
Gefechtsgewicht	34.000 kg
Länge	6000 mm
Breite	3200 mm
Höhe	2690 mm
Motor	Maybach HL 210 P 45 TRM, 12-Zylinder-Benzinmotor
Hubraum	21.350 cm³ ccm
Leistung kW/PS	478/650
Leistungsgewicht	19,1 PS/t
Höchstgeschwindigkeit	56 km/h (Straße)
Kraftstoffvorrat	k.A
Fahrbereich	200 km (Straße)
Besatzung	5
Bewaffnung	1 x 7,5-cm-KwK 42 L/70, 2 x 7,92-mm-MG 34
Kampfsatz	k.A
Panzerung	10 – 80 mm
Furttiefe	k.A

▲ *Der VK 3002 von Daimler-Benz in der Seitenansicht. Das Schachtellaufwerk verfügte nicht wie beim späteren Panther über Drehstäbe, sondern über Blattfedern. Da der weit vorn befindliche Drehturm den Einbau von Luken auf dem Wannendach für Fahrer und Funker unmöglich machte, befanden sich deren kreisrunde Einstiege seitlich an der Wanne. (Vincent Bourguignon)*

Panzerkampfwagen V Ausf. D, Sd.Kfz. 171, »Panther«

Nachdem der MAN-Entwurf im Mai 1942 ausgewählt worden war, lieferte MAN im Herbst jenes Jahres die ersten beiden Prototypen aus und ab Januar 1943 begann die Produktion des (erstaunlicherweise) Ausf. D genannten ersten Serienmodells. Der »Panther« wies wie der T-34 stark geneigte Flächen zur Geschossablenkung auf, verfügte jedoch über einen Benzinmotor sowie die im deutschen Panzerbau damals übliche Kraftübertragung auf vorn liegende Treibräder und war wesentlich größer und schwerer als sein Gegner geraten. Allerdings war der PzKpfw. V (zumindest frontal) auch besser geschützt und schlug härter zu. Die 80 mm starke, um 55° zur Vertikalen geneigte Wannenfrontpanzerung war von Panzerabwehrwaffen jener Zeit praktisch nicht zu durchschlagen und die Leistungsfähigkeit der 7,5-cm-KwK 42 L/70 1943 unerreicht. Mit der Pz.Gr. 39/42 überwand die Waffe auf 1000 m und einem senkrechten Auftreffwinkel 149 mm, bei einem Auftreffwinkel von 30° noch 112 mm Panzerstahl. Mit der (jedoch nur selten verfügbaren) Pz.Gr. 40/42 mit Wolframkern sogar 199 mm bzw. 149 mm. Frontberichte sprechen von Abschüssen feindlicher Kampfpanzer auf 2000 m, ja 3000 m Entfernung – ein bis dahin unerreichter Wert. Das Schachtellaufwerk mit Torsionsstabfederung und breiten Ketten sorgte für hohe Geländegängigkeit und einen ruhigen Lauf, war aber recht komplex und neigte in Schlamm und Schnee zum Blockieren.

Die Ausf. D besaß in der Wannenfrontplatte eine klappbare Sichtluke für den Fahrer, jedoch keine Kugelblende für das Bug-MG. Es feuerte durch einen bei Bedarf zu öffnenden senkrechten Schlitz.

Wiesen die ersten 250 Fahrzeuge noch den Maybach HL 210 Motor mit 650 PS Leistung auf, so kam danach der HL 230 mit 700 PS zum Einbau, der zwar die Höchstgeschwindigkeit nicht verbesserte, jedoch für eine bessere Beschleunigung sorgte.

Dem Debüt des »Panther« bei Kursk im Juli 1943 war kein Erfolg beschieden, denn die ersten Fahrzeuge steckten aufgrund der überhasteten Entwicklung noch voller Kinderkrankheiten. Getriebe, Motorkühlung und Laufwerk versagten, viele Panther brachen schon auf dem Weg zur Front zusammen oder gerieten gar in Brand. Bis September 1943 wurden insgesamt 850 »Panther« Ausf. D gebaut.

Typ	mittlerer Panzerkampfwagen
Hersteller:	Daimler-Benz, Henschel, MAN, MNH
Gefechtsgewicht	44.000 kg
Länge	8650 mm (mit Rohr)
Breite	3270 mm
Höhe	2950 mm
Motor	Maybach HL 230 P 30, 12-Zylinder-Benzinmotor
Hubraum	23.880 ccm
Leistung kW/PS	512/700
Leistungsgewicht	15,9 PS/t
Höchstgeschwindigkeit	55 km/h (Straße), 24 km/h (Gelände)
Kraftstoffvorrat	720 l
Fahrbereich	160 km (Straße), 100 km (Gelände)
Besatzung	5
Bewaffnung	1 x 7,5-cm-KwK 42 L/70, 2 x 7,92-mm-MG 34
Kampfsatz	79 x 7,5 cm, 4200 x 7,92 mm
Panzerung	16 – 100 mm
Furttiefe	1,7 m

▲ *Dieser fabrikneue frühe PzKpfw. V Ausf. D zeigt alle typischen Merkmale dieses Modells. Man beachte die geöffnete Fahrersichtluke und die schlitzartige Öffnung für das Bug-MG sowie die tonnenförmige Kommandantenkuppel. An der Turmseite befindet sich eine runde Luke zur Aufmunitionierung sowie Kommunikation nach außen. Davor ist der Stopfen einer MPi-Öffnung zu erkennen. Weitere MPi-Öffnungen befanden sich am Turmheck. Luke und MPi-Öffnung verschwanden bei späteren Versionen. (BA)*

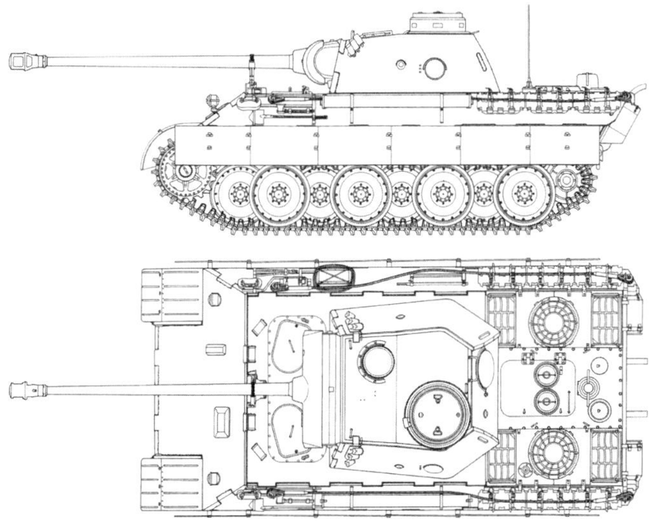

▲ *Zwei-Seiten-Ansicht eines frühen PzKpfw. V Ausf. D.*

▲ Panzer V Ausf. D (früh oder auch D1) des Pz.Rgt. 2 der SS-Pz. Div. »Das Reich«, Frankreich, 1944. (Grzegorz Jackowski)

◀ PzKpf. V Ausf. D (späte Version, die Luke in der Turmseitenwand fehlt) des Pz.Rgt. 9 der SS-Pz.Div »Hohenstaufen«, Normandie, Sommer 1944. (Grzegorz Jackowski)

▲ Zwei liegengebliebene PzKpfw. V Ausf. D (früh) der Pz.Abt. 51 oder 52 der Pz.Brigade 10, Raum Kursk, Juli 1943. Der geöffnete Motorraum sowie die Abschleppstangen am Bug deuten darauf hin, dass das Fahrzeug einen Motorschaden erlitt und die Besatzung einen Bergungsversuch unternahm, der scheiterte.

◀ *Frühe PzKpfw. V Ausf. D »Panther« werden im Juni 1943 für den Transport zur Front auf Eisenbahnwagen verladen. Zu diesem Zeitpunkt sind die Fahrzeuge komplett dunkelgelb lackiert und werden erst von ihren Einheiten entsprechend den lokalen Gegebenheiten getarnt. (BA)*

▲ *Pz.Bef.Wg. »Panther« Ausf.D (spät) auf dem Gelände des Herstellers MAN im August oder September 1943. Man beachte die Sternantenne auf dem Heck sowie die Zimmerit-Schicht zum Schutz vor Hafthohlladungen. Die große Luke am Turmheck diente zum Ein- und Ausstieg der Turmbesatzung. Links daneben ist der Stopfen einer weiteren MPi-Öffnung zu erkennen. Am Heck des Fahrzeuges sind die beiden großen Gepäckkästen neben den zentral gelegenen Rohren der Auspuffanlage gut zu erkennen. (BA)*

Panzerkampfwagen V Ausf. A, Sd.Kfz. 171, »Panther«

Die seltsamerweise als Ausf. A bezeichnete Nachfolgevariante der Ausf. D ging ab August 1943 in Serienfertigung und erhielt aufgrund der Erfahrungen mit der Ausf. D eine ganze Reiche von Modifikationen. So wurden Motorkühlung und Getriebe, bzw. Kraftübertragung, verbessert und das Fahrwerk verstärkt. Ab November 1943 wurde die Drehzahl des Motors auf 2500 U/min begrenzt. Zwar verringerte sich so die Höchstgeschwindigkeit von 55 km/h auf 46 km/h, zugleich verbesserte sich jedoch die Lebensdauer des Triebwerks. Zusätzlich erhielten Panzer der Ausf. A (wie bereits die letzten Modelle der Ausf. D) eine neue, besser geschützte Kommandantenkuppel mit Winkelspiegeln, eine neue Zieloptik, Schürzen und einen Zimmerit-Anstrich. Ab Ende 1943 wurde zudem für das vom Funker bediente Bug-MG wieder eine Kugelblende eingeführt. Im Zuge von Produktionsvereinfachungen entfielen während der Fertigung zudem diverse Öffnungen für MPi am Turm, stattdessen kam im Turmdach eine Nahverteidigungswaffe zum Einbau. Diese bestand aus einem im Inneren des Turms angebrachten Wurfbecher mit 92 mm Durchmesser, der von innen geladen und bedient werden konnte und Rauch sowie Spreng-Splittergranaten verschoss.

Die Ausf. A war ein wesentlich ausgereifteres Fahrzeug als die Ausf. D und trotz des Mankos einer recht geringen Seitenpanzerung (40 mm) den meisten anderen Panzern überlegen. Bis Juli 1944 entstanden insgesamt rund 2200 Panther Ausf. A.

1944 wurde eine Reihe von instandgesetzten »Panthern« zu Panzerbeobachtungswagen (PzBeobWg) für die Artillerie umgebaut. Dabei wurde die KwK entfernt und durch eine Holzattrappe ersetzt. In der Turmfront befand sich ein MG in Kugelblende. Neben zusätzlichen Funkgeräten und den dazugehörigen Antennen war im Turm ein optischer Entfernungsmesser installiert.

Typ	mittlerer Panzerkampfwagen
Hersteller:	Daimler-Benz, MAN, MNH, Demag
Gefechtsgewicht	45.500 kg
Länge	8650 mm (mit Rohr)
Breite	3270 mm (3350 mm mit Schürzen)
Höhe	2950 mm
Motor	Maybach HL 230 P 30 TRM, 12-Zylinder-Benzinmotor
Hubraum	23.880 ccm
Leistung kW/PS	512/700
Leistungsgewicht	15,4 PS/t
Höchstgeschwindigkeit	46 km/h (Straße), 24 km/h (Gelände)
Kraftstoffvorrat	720 l
Fahrbereich	160 km (Straße), 100 km (Gelände)
Besatzung	5
Bewaffnung	1 x 7,5-cm-KwK 42 L/70, 2 x 7,92-mm-MG 34
Kampfsatz	79 x 7,5 cm, 4200 x 7,92 mm
Panzerung	16 – 110 mm
Furttiefe	1,7 m

▲ *PzKpfw. V Ausf. A im MAN-Werk im Jahre 1944. (BA)*

▲ *PzKpfw. V Ausf. A der 8./SS-Panzerregiment 5 der 5. SS-Pz.-Div.«Wiking«, Raum Warschau, August 1944. Rechts davon ein Schützenpanzerwagen des Typs Sd.Kfz. 251. (Polnisches Nationalarchiv)*

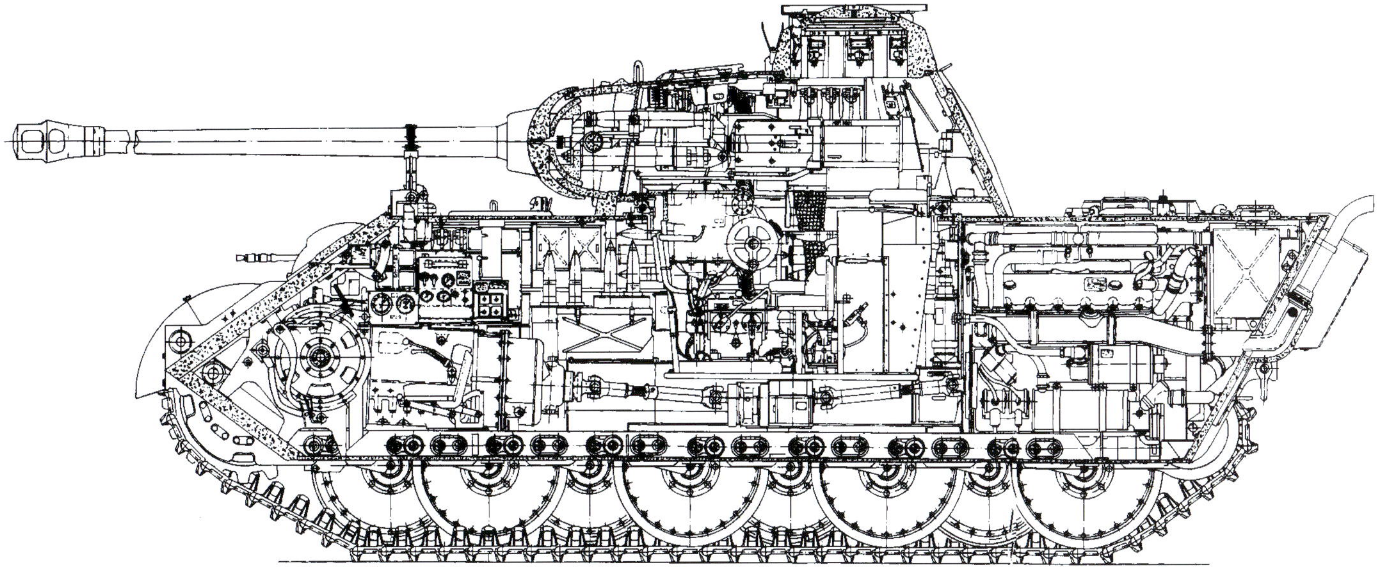

▲ *Schnittzeichnung eines PzKpfw. V Ausf. A.*

▲ *PzBefWg. V Ausf. A der 1. SS-Pz.Div. »Leibstandarte Adolf Hitler«, Frankreich 1944. Befehlsfahrzeuge unterschieden sich von anderen Fahrzeugen nur durch eine umfangreichere Funk- und Antennenausstattung, für welche der Munitionsvorrat verringert wurde. (Grzegorz Jackowski)*

▲ *US-Soldaten inspizieren einen erbeuteten PzKpfw. V Ausf. A der 2. PZ-Div., Frankreich, August 1944. (NARA)*

▲ *PzKpfw. V Ausf. A der Pz.Brig. 111 am 20. September 1944 zwischen Toul und Bar-le-Duc, Frankreich. (NARA)*

Panzerkampfwagen V Ausf. G, Sd.Kfz. 171, »Panther«

Obwohl die Fertigung der Ausf. A noch lief, wurde ab März 1944 bereits die Ausf. G hergestellt. Zur Produktionsvereinfachung waren die Wannenoberseiten nun weniger stark geneigt, dafür jedoch stärker (50 mm) gepanzert. Um Gewicht zu sparen, wurde zugleich die Panzerung des Wannenbodens reduziert. Der Fahrer erhielt drehbare Winkelspiegel, wodurch die Öffnung für die Fahrersehklappe in der Frontplatte der Wanne entfiel, was dieser mehr Stabilität verlieh. Im Laufe der Produktion wurden weitere Veränderungen vorgenommen. So wurde die untere Turmblende umgestaltet, um Abpraller, die das Wannendach durchschlagen konnten, zu vermeiden, das Laufwerk auf Ganzstahl-Laufrollen mit Gummi-Einlage umgestellt sowie Abgasanlage und Motorraumabdeckung verändert. Bei Kriegsende liefen Versuche, den »Panther« mittels Infrarotgeräten nachtkampffähig zu machen. Insgesamt verließen bis Mai 1945 noch 2953 (nach anderen Quellen 3126) Panther Ausf. G die Werkshallen bei Daimler-Benz, MAN und der Maschinenfabrik Niedersachsen in Hannover.

Der »Panther« war ein enorm kampfstarkes Fahrzeug, das seine Gegner bereits auf weite Entfernungen auszuschalten vermochte. Die Front des »Panther« war so gut geschützt, dass selbst der T-34/85 auf Kampfentfernung ohne Chance blieb. Nur Selbstfahrlafetten wie die SU-152 sowie JSU-152 und -122 vermochten mit ihren großkalibrigen 152-mm- oder 122-mm-Waffen Erfolge zu erzielen. Auch der ab Anfang 1944 eingesetzte JS-2 mit 122-mm-Kanone konnte dem PzKpfw. V gefährlich werden. Allerdings wurde der »Panther« auch von erheblichen Problemen mit dem Antrieb geplagt, so besaßen Motor und Seitenvorgelege (dies waren an den vorn gelegenen Triebrädern befindliche Untersetzungsgetriebe) nur eine sehr geringe Lebensdauer von teils nur 1000 km (Motor) und 150 km (Vorgelege). »Panther« wurden daher wann immer möglich mit der Bahn transportiert. Auch die vergleichsweise schwache Seitenpanzerung von zunächst 40 mm und später 50 mm Stärke erwies sich als Schwäche, ebenso wie die Turmschwenkanlage, deren Leistung bei einer Schräglage des Fahrzeugs nicht ausreichte, um den Turm zu drehen. Dennoch gehört der »Panther« zu den besten Kampfpanzern des Zweiten Weltkrieges.

Typ	mittlerer Panzerkampfwagen
Hersteller:	Daimer-Benz, MAN, MNH
Gefechtsgewicht	45.500 kg
Länge	8650 mm (mit Rohr)
Breite	3270 mm (3350 mm mit Schürzen)
Höhe	2950 mm
Motor	Maybach HL 230 P 30 TRM, 12-Zylinder-Benzinmotor
Hubraum	23 880 ccm
Leistung kW/PS	512/700
Leistungsgewicht	15,4 PS/t
Höchstgeschwindigkeit	46 km/h (Straße), 24 km/h (Gelände)
Kraftstoffvorrat	720 l
Fahrbereich	160 km (Straße), 100 km (Gelände)
Besatzung	5
Bewaffnung	1 x 7,5-cm-KwK 42 L/70, 2 x 7,92-mm-MG 34
Kampfsatz	82 x 7,5 cm, 4200 x 7,92 mm
Panzerung	16 – 110 mm
Furttiefe	1,7 m

Während des Krieges wurden keine »Panther« exportiert, gegen Kriegsende bzw. unmittelbar nach Ende des Krieges erhielten Bulgarien 15 und Rumänien 13 PzKpfw. V aus sowjetischen Beutebeständen. Die französischen Streitkräfte nutzten ca. 50 »Panther« bis 1947.

▲ *Dieser PzKpfw. V Ausf. G besitzt zwar noch die ursprüngliche Walzenblende, weist jedoch bereits Ganzstahl-Laufrollen auf. Ardennen, Dezember 1944. (Vincent Bourguignon)*

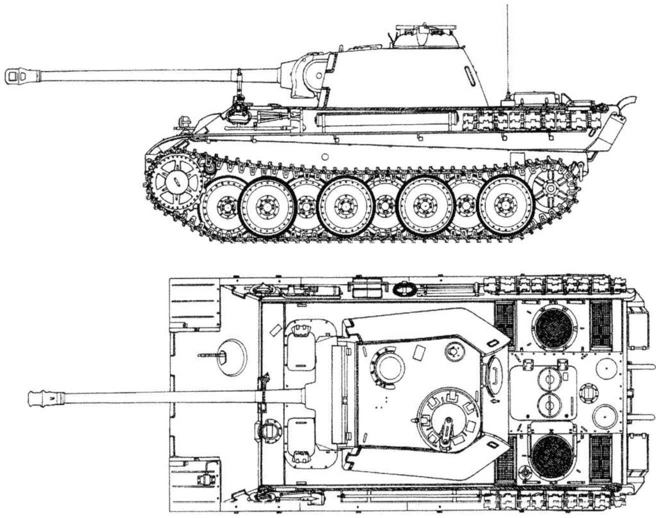

▲ Zwei-Seiten-Ansicht eines PzKpfw. V Ausf. G., man beachte die fehlende Fahrersehklappe.

▲ Dieser PzKpfw. V Ausf. G des Pz-Lehr-Rgt. 130 wurde Anfang 1945 von US-Truppen in Deutschland erbeutet. (NARA)

▲ Panzersoldaten der Wehrmacht führen einen Pz.Kpfw. V Ausf. G ungarischen Reserveoffizieren vor. Im Hintergrund ungarische Panzer (von vorn nach hinten) der Typen Nimród, LT-38 bzw. PzKpfw. 38(t), Turán II, Turán I und Toldi. Esztergom-Tábor, Ungarn, Juli/August 1944. (Fortepan)

▲ Ab Herbst 1944 wurden einzelne »Panther« (wie diese Ausf. G) mit dem 30-cm-IR-Fahr-und-Zielgerät FG 1250 auf der Kommandantenkuppel ausgestattet, um sie nachtkampffähig zu machen. Der Kommandant verfügte über ein Sichtgerät (Bildwandler – Biwa) und musste Richtschützen und Fahrer einweisen. Der relativ kleine IR-Scheinwerfer ermöglichte bei klaren Verhältnissen eine Sichtweite von ca. 150 m. Bis zu 600 m Sichtweite waren möglich, wenn zusätzlich ein Sd.Kfz 250/20 »Uhu« mit einem 60-cm-IR-Scheinwerfer zur Verfügung stand. Diese Technologie war richtungsweisend, aber noch nicht ausgereift und wurde daher nur vereinzelt genutzt. (BA)

◀ Panzerbefehlswagen »Panther« Ausf. G des Fallschirm Panzer Korps »Hermann Göring«, Raum Bautzen, April 1945. (DWA)

Panzerkampfwagen V Ausf. F, Sd.Kfz. 171, »Panther«

Ende 1944 begannen bei Daimler-Benz Vorbereitungen für die Fertigung der Ausf. F, die über einen neuen Turm verfügen sollte. Dieser »Schmalturm« genannte Entwurf war von Daimler-Benz und Škoda entwickelt worden und an der Frontseite 120 mm sowie an den Seiten 60 mm stark gepanzert und bot gegenüber dem bisherigen Turm bei gleichem Gewicht ein höheres Schutzniveau. Dies lag u. a auch an der Verwendung einer sogenannten Topfblende (oder auch Saukopfblende) anstelle der bisherigen Walzenblende für die Hauptwaffe sowie der wesentlich schmaleren Turmfront, die weniger Zielfläche bot. Das koaxiale MG 34 wurde durch MG 42 mit höherer Schussfolge ersetzt und alle Ausf. F sollten bereits so vorbereitet sein, dass sie im Feld zu Befehlswagen umgerüstet und Infrarot-Sichtgeräte montiert werden konnten. Ein optischer Entfernungsmesser erhöhte die Trefferwahrscheinlichkeit, und da die KwK 42 aufgrund der neuen Blende in einigen Details modifiziert werden musste, erhielt sie die Bezeichnung KwK 44/1. Für diese Waffe war bei Škoda eine halbautomatische Ladevorrichtung in Entwicklung, bei der die Waffe aus einem Vier-Schuss-Magazin gespeist wurde. Später sollte der neue Turm zudem mit der 8,8-cm-KwK 43 L/71 sowie einer stabilisierten Zieleinrichtung bestückt werden können.
Die Wanne der Ausf. F sollte eine stärkere Dachpanzerung (25 mm statt bisher 12 mm) sowie neue Luken für Fahrer und Funker erhalten. Das Bug-MG des Funkers sollte durch ein Sturmgewehr MP 44 ersetzt werden und anstelle eines Schachtel-Laufwerks ein Laufwerk in gestaffelter Anordnung Verwendung finden.

Typ	mittlerer Panzerkampfwagen
Hersteller:	Daimer-Benz,
Gefechtsgewicht	45.000 kg
Länge	8660 mm (mit Rohr)
Breite	3270 mm (3350 mm mit Schürzen)
Höhe	2920 mm
Motor	Maybach HL 230 P 30 TRM, 12-Zylinder-Benzinmotor
Hubraum	23.880 ccm
Leistung kW/PS	512/700
Leistungsgewicht	15,56 PS/t
Höchstgeschwindigkeit	46 km/h (Straße), 24 km/h (Gelände)
Kraftstoffvorrat	720 l
Fahrbereich	160 km (Straße), 100 km (Gelände)
Besatzung	5
Bewaffnung	1 x 7,5-cm-KwK 44/1 L/70, 1 x 7,92-mm-MG 42 und 1 x 7,92-mm-MP 44
Kampfsatz	79 x 7,5 cm, ? x 7,92 mm
Panzerung	16 – 120 mm
Furttiefe	1,7 m

Zwar wurde ein Schmalturm versuchsweise auf eine Wanne der Ausf. G gesetzt und Daimler-Benz soll auch eine Handvoll Wannen komplettiert haben, zum Bau eines eigentlichen Prototypen der Ausf. F kam es aufgrund er Kriegslage jedoch nicht mehr.

▲ Bei diesem Fahrzeug handelt es sich um eine Wanne der Ausf. G mit »Schmalturm«. (TM)

▲ Der »Schmalturm« war besser geschützt als die bis dahin verwendeten Panther-Türme und zugleich günstiger und schneller in der Fertigung. (TM)

Bergepanzer V, Sd.Kfz. 179, »Bergepanther«

Mit der Einführung schwerer Fahrzeuge wie »Tiger« und »Panther« erwiesen sich die bis dahin eingesetzten Halbketten-Zugkraftwagen oftmals als zu schwach. Daher erteilte das Waffenamt MAN den Auftrag, zwölf Bergungsfahrzeuge bereitzustellen. Diese ersten turmlosen Fahrzeuge waren Umbauten aus instandgesetzten »Panther« und nur mit einer behelfsmäßigen Bergeausrüstung versehen. Sie wurden im Juni 1943 ausgeliefert. Henschel entwickelte eine spezielle, mit 40-t-Winde und Erdsporn ausgerüstete Bergevariante. Die Winde saß in der oben offenen Wanne, die von einem kastenartigen Aufbau aus Holz umgeben war, an dem zahlreiche Werkzeuge befestigt waren. Teils wurde zudem ein kleiner 2-t-Kran montiert. Ein 7,92-mm-MG oder eine 2-cm-KwK vorn auf der Wanne dienten der Selbstverteidigung. Ein auf 1075 l vergrößertes Tankvolumen erhöhte den Fahrbereich auf bis zu 250 km. Ab Juli 1943 fertigten Henschel, Demag und MAN insgesamt 357 »Bergepanther«.

Typ	Bergepanzer
Hersteller:	Henschel, MAN, Demag
Gefechtsgewicht	40.000 kg
Länge	6870 mm
Breite	3270 mm
Höhe	2700 mm
Motor	Maybach HL 230 P 30 TRM, 12-Zylinder-Benzinmotor
Hubraum	23.880 ccm
Leistung kW/PS	512/700
Leistungsgewicht	17,5 PS/t
Höchstgeschwindigkeit	46 km/h (Straße), 24 km/h (Gelände)
Kraftstoffvorrat	1075 l
Fahrbereich	250 km (Straße), 150 km (Gelände)
Besatzung	4
Bewaffnung	1 x 2-cm-KwK 38 oder 1 - 2 x 7,92-mm-MG 34 oder MG 42
Kampfsatz	k.A
Panzerung	16 – 80 mm
Furttiefe	1,7 m

▲ *Dieser »Bergepanther« basiert auf einer Wanne der Ausf. D. Man beachte den Holzaufbau sowie den Kran. (TM)*

▲ *»Bergepanther« mit hochgezogenem Erdsporn. Man beachte den Schild für die 2-cm-Waffe vorn. (NARA)*

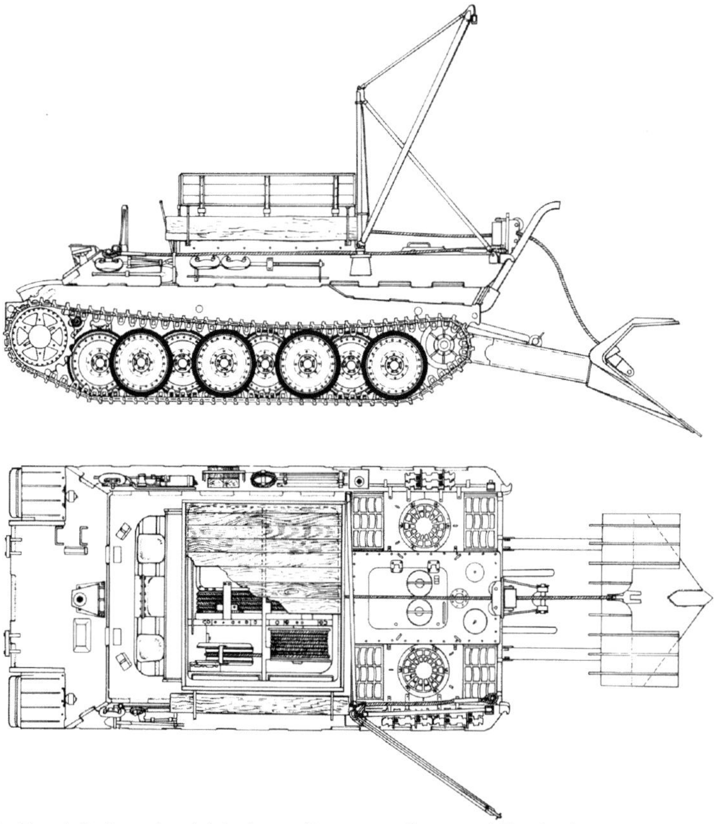

▲ *Zwei-Seiten-Ansicht eines »Bergepanther« auf Basis der Ausf. D mit ausgefahrenem Erdsporn.*

Panzerkampfwagen V, Sd.Kfz. 171, »Panther II«

Bereits Ende 1942 war das Heereswaffenamt darüber besorgt, ob die Panzerung des neuen »Panther« (Wannenfront 80 mm, Turmfront 100 mm, Seiten 40 mm) den zu erwartenden neuen sowjetischen Modellen gewachsen sein würde. Daher wurde im Frühjahr 1943 beschlossen, eine verbesserte, stärker gepanzerte (Front 100 mm, Seiten 60 mm) Version des »Panther « zu entwerfen. Zudem sollte ein Höchstmaß an austauschbaren Komponenten, wie z. B. Laufwerksteile, Laufräder, Kette, Getriebe und Antrieb, mit dem zeitgleich entwickelten »Tiger II« erreicht werden. Als Bewaffnung war zunächst die gleiche 7,5-cm-42 bzw. KwK 44/1 L/70 wie beim »Panther« vorgesehen, schließlich entschied sich das Heereswaffenamt aus Gründen der Standardisierung jedoch für die auch im »Tiger II« verwendete 8,8-cm-KwK 43 L/71 mit Topf- bzw. Saukopfblende, allerdings ohne Mündungsbremse. Zwar wurde noch eine Prototypen-Wanne des »Panther II« fertiggestellt, zu einer Serienfertigung kam es jedoch nicht mehr.

Typ	mittlerer Panzerkampfwagen
Hersteller:	MAN
Gefechtsgewicht	53.000 kg
Länge	6870 mm
Breite	3270 mm
Höhe	3100 mm
Motor	Maybach HL 230 P 30 TRM, 12-Zylinder-Benzinmotor
Hubraum	23.880 ccm
Leistung kW/PS	512/700
Leistungsgewicht	13,2 PS/t
Höchstgeschwindigkeit	46 km/h (Straße), 24 km/h (Gelände)
Kraftstoffvorrat	720 l
Fahrbereich	k.A
Besatzung	5
Bewaffnung	1 x 7,5-cm-KwK 44/1 L/70 oder 1 x 8,8-cm-KwK 43 L/71, 2 x 7,92-mm-MG 34
Panzerung	16 – 120 mm
Furttiefe	1,7 m

▲ *Künstlerische Darstellung wie ein »Panther II« mit 8,8-cm-KwK 43 L/71 getarnt gewesen sein könnte. (Vincent Bourguignon)*

Schwere Panzerkampfwagen

Panzerkampfwagen »Neubaufahrzeug«

Nach ersten geheimen Versuchen mit den als »Großtraktor« bezeichneten Prototypen, die unter Umgehung des Versailler Vertrags Ende der 1920er und Anfang der 1930er Jahre in der UdSSR stattgefunden hatten, begann bei Rheinmetall und Krupp 1932 die Entwicklung eines weiteren Panzers, der zur Tarnung als »Haupttraktor«, »Großtraktor Neubau« oder »Neubaufahrzeug« (NbFz.) bezeichnet wurde. Die Entwürfe beider Firmen ähnelten britischen Typen jener Zeit, wie z. B. dem Vickers A1E1 Independent oder dem Vickers Medium Mk III. Insgesamt wurden zwischen 1934 und 1936 nur fünf Neubaufahrzeug-Prototypen gebaut. Alle fünf basierten auf bei Rheinmetall hergestellten Wannen und Laufwerken, wiesen aber unterschiedliche Türme auf. Das Laufwerk verfügte pro Seite über fünf Rollenwagen mit Schraubenfedern und je zwei kleinen Laufrollen. Zwischen dem vorne liegenden Leitrad und dem ersten Rollenwagen befand sich ein weiteres, jedoch ungefedertes Rad. Der Antrieb, ein BMW-Flugzeugmotor wie beim Großtraktor, lag im Heck und wirkte auf ein ebenfalls im Heck befindliches Getriebe. Neben einer Bordsprechanlage war auch eine Funkausrüstung vorgesehen.

Typ	schwerer Panzerkampfwagen
Hersteller:	Krupp
Gefechtsgewicht	23.400 kg
Länge	6650 mm (mit Rohr)
Breite	2900 mm
Höhe	2900 mm
Motor	Maybach HL 108 TR, 12-Zylinder-Benzinmotor
Hubraum	23.880 ccm
Leistung kW/PS	213/290
Leistungsgewicht	12,4 PS/t
Höchstgeschwindigkeit	30 km/h (Straße)
Kraftstoffvorrat	457 l
Fahrbereich	120 km (Straße)
Besatzung	5
Bewaffnung	1 x 7,5-cm-KwK L/24, 1 x 3,7-cm KwK L/45, 5 x 7,92-mm-MG 13
Kampfsatz	80 x 7,5 cm, 50 x 3,7 cm, 6000 x 7,92 mm
Panzerung	13 – 20 mm
Furttiefe	k.A.

▲ *Das erste Neubaufahrzeug erhielt einen bei Rheinmetall gebauten Turm mit übereinander angeordneten Kanonen. Da sich diese Auslegung nicht bewährte, blieb es bei einem einzigen Exemplar dieser Art. Man beachte die Rahmenantenne, die später entfernt wurde.*

Der erste Prototyp wurde 1934 fertiggestellt und besaß einen von Rheinmetall entwickelten Turm mit Rahmenantenne. Die Bewaffnung bestand aus einer 7,5-cm-Kanone L/24 und einer darüber angeordneten 3,7-cm-KwK L/45 im Hauptdrehturm, einem koaxialen MG sowie zwei kleinen, versetzt angeordneten Drehtürmen mit Zwillings-MG vorn rechts und links hinten. 1935 wurde ein weiteres Fahrzeug komplettiert, dieses verfügte nun über einen bei Krupp gebauten Turm, dessen beiden Kanonen nicht übereinander, sondern nebeneinander lafettiert waren. Diese beiden ersten Neubaufahrzeuge waren in Weichstahl ausgeführt worden. Da die von Rheinmetall gewählte Anordnung der Waffen dazu führte, dass der angehobene Lauf der 3,7-cm-KwK die Sicht des Kommandanten blockierte, wurden keine weiteren Rheinmetall-Türme mehr verwendet. Daher waren alle drei 1936 gebauten Neubaufahrzeuge mit Krupp-Türmen ausgestattet, die zudem so vorbereitet waren, dass später auch eine 10,5-cm-Haubitze eingebaut werden konnte. Diese Kampfwagen waren in Panzerstahl ausgeführt.

Die Erprobung der Neubaufahrzeuge 1 bis 5 ergab vor allem Probleme mit dem Laufwerk, das daher mehrfach modifiziert wurde. Zudem erwies sich der BMW-Flugzeugmotor wie schon beim Großtraktor als nicht ideal für den Einsatz in einem Kampfwagen. Ende 1936 beschloss das HWA daher, die Entwicklung nicht fortzuführen. Allerdings wurden die Panzer ab 1937 auf 290 PS starke Maybach-Triebwerke umgerüstet. Die fünf Neubaufahrzeuge dienten im Anschluss zu Ausbildungs- und Propagandazwecken. Sie tauchen häufig in der Öffentlichkeit sowie auf Fotografien auf und sollten der Welt vortäuschen, die Wehrmacht verfüge über ein neues schweres Panzermodell.

▲ *Alle weiteren vier Neubaufahrzeuge wurden mit einem Krupp-Turm ausgerüstet, in welchem die Kanonen nebeneinander angeordnet waren. Man beachte den aus verschiedenen Farbtönen (Dunkelgrau sowie wahrscheinlich Braun und Grün) bestehenden Tarnanstrich des Panzers.*

Das weitere Schicksal der fünf Panzer ist recht verworren, sicher ist aber, dass die drei in Panzerstahl ausgeführten Neubaufahrzeuge ab dem 19. April 1940 an der Besetzung Norwegens teilnahmen. Einer der Panzer wurde dabei nahe Lillehammer von den Geschossen einer 25-mm-Pak getroffen und später von deutschen Truppen gesprengt. Eines seiner Leiträder sowie eine Laufrolle befinden sich heute in Norwegen im Museum. Als Ersatz scheint das in Weichstahl ausgeführte Neubaufahrzeug mit Krupp-Turm nach Norwegen gesandt worden zu sein. Nach Ende der Kämpfe in Norwegen wurden die Panzer zurück nach Deutschland gebracht, offenbar zur Ausbildung verwendet und schließlich verschrottet. Ein Exemplar soll zudem noch lange bei Alkett vorhanden gewesen sein. Keines der Fahrzeuge überstand den Krieg.

▲ *Vier der fünf Neubaufahrzeuge erhielten einen bei Krupp gebauten Turm, allerdings waren nur drei dieser Kampfwagen auch in Panzerstahl ausgeführt. (Vincent Bourguignon)*

▲ *Eines der in Norwegen zum Einsatz gekommenen Neubaufahrzeuge durchfährt die Straße »Wiesesgate« in Lillehammer. Im Hintergrund ein Panzerbefehlswagen I. Aufgenommen wurde dieses Bild zwischen dem 21. und 25. April 1940. (BA)*

▲ *Überholung des ersten Neubaufahrzeugs (Rheinmetall) bei Alkett in Berlin (Werk Tegel-Borsigwalde). (BA)*

▲ *Die drei bei der Besetzung Norwegens eingesetzten Neubaufahrzeuge im Hafen von Oslo im April 1940. (BA)*

VK 4501 (P)

Im Mai 1941 erhielten sowohl Porsche als auch Henschel den Auftrag, unter der Entwicklungsnummer VK 4501 einen neuen schweren Panzer zu entwerfen, der mit einer modifizierten 8,8-cm-Flak 36 bewaffnet sein sollte. Als Lafette sollte ein von Krupp entworfener Turm dienen. Am 20. April 1942, Hitlers 53. Geburtstag, stellten beide Firmen ihre Entwürfe vor. Der Porsche-Prototyp VK 4501 (P) war ein technisch komplexer Entwurf mit benzin-elektrischem Antrieb. Dabei erzeugten zwei je 320 PS starke Benzinmotoren, die mit je einem Generator gekoppelt waren, die notwendige Elektrizität, um zwei 230 kW Elektromotoren zu betreiben. Diese übertrugen ihre Leistung direkt auf die hinten liegenden Treibräder. Auf diese Weise sparte man sich das Getriebe, eine Schwachstelle bei vielen Fahrzeugen. Allerdings versagte der VK 4501 (P) bei einer Vorführung vollständig, weshalb der Henschel-Prototyp zur Produktion ausgewählt wurde. Da das HWA jedoch bereits im Sommer 1941 vom Reißbrett weg 90 VK 4501 (P) geordert hatte, wurden diese bis 1942 fertiggestellt. Die meisten davon wurden später zu Selbstfahrlafetten umgebaut, ein Einzelstück des auch als »Tiger (P)« bezeichneten Panzers kam allerdings als Panzerbefehlswagen bei der s.Pz.Jg.Abt. 653 an der Ostfront zum Einsatz.

Typ	schwerer Panzerkampfwagen
Hersteller:	Porsche (Entwurf), Nibelungenwerke (Bau)
Gefechtsgewicht	59.000 kg
Länge	9340 mm (mit Rohr)
Breite	3140 mm
Höhe	2800 mm
Motor	2 x Porsche 101/1, 10-Zylinder-Benzinmotor
Hubraum	je 15.060 ccm
Leistung kW/PS	471/640
Leistungsgewicht	10,8 PS/t
Höchstgeschwindigkeit	35 km/h (Straße)
Kraftstoffvorrat	520 l
Fahrbereich	80 km (Straße)
Besatzung	5
Bewaffnung	1 x 8,8-cm-KwK 36 L/56, 2 x 7,92-mm-MG 34
Kampfsatz:	70 x 8,8 cm, ? X 7,92 mm
Panzerung	20 – 100 mm
Furttiefe	1 m

▲ *Der VK 4501 (P), der »Porsche-Tiger«, im Juni 1942 bei Schießversuchen auf der Schießbahn West-Nulllinie in Kummersdorf. Der Zivilist mit Hut ist Professor Ferdinand Porsche, der persönlich die Erprobung überwacht. (Porsche AG)*

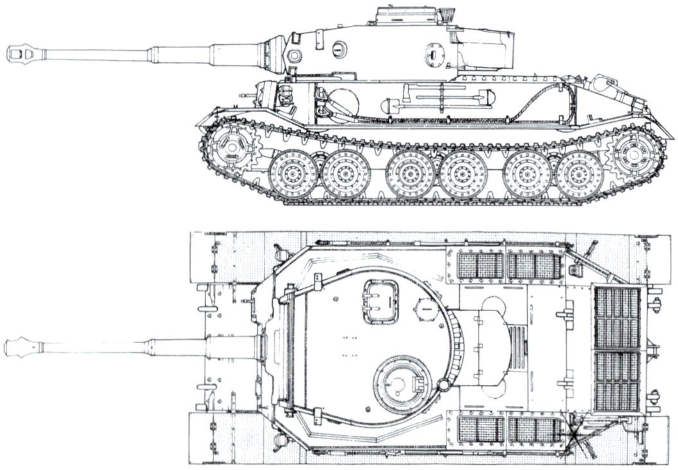

▲ *Zwei-Seiten-Ansicht des VK 4501 (P).*

◀ *Pz.Bf.Wg. Tiger (P) der schweren Panzerjäger-Abteilung 654, Russland, 1943. (Vincent Bourguignon)*

Panzerkampfwagen VI Ausf. E, Sd.Kfz. 181, »Tiger«

Das Kasseler Unternehmen Henschel hatte im Auftrag des HWA bereits ab 1937 einen als »Durchbruchwagen« bezeichneten Panzer zu entwickeln, der rund 30 t wiegen, mit einer 7,5-cm-KwK L/24 bewaffnet sein und als Unterstützungsfahrzeug dienen sollte. Nach dem Bau zweier Prototypen (DW1 und DW2) wurde dieses Projekt jedoch 1938 eingestellt. Stattdessen arbeitete Henschel dann an einem 65-t-Panzer (VK 6501) und überarbeitete unter der Bezeichnung VK 3001 (H) den DW2. Beide Entwürfe sollten erneut mit der kurzen 7,5-cm-Kanone L/24 bestückt sein. Insgesamt entstanden jedoch nur drei Wannen des Typs VK 3001, von denen zwei später zu Jagdpanzern (Pz.Sfl. für 12,8 cm K4) modifiziert wurden. Zudem entwarf Henschel eine Version (VK 3601) mit verstärkter Panzerung und langer 7,5-cm-KwK, die bereits einige Ähnlichkeit mit dem späteren »Tiger« aufwies. Gemäß Hitlers Forderung nach einer stärkeren Bewaffnung und Panzerung veränderte das HWA dann die Ausschreibung und beauftragte am 26. Mai 1941 Henschel und Porsche mit der Konstruktion eines 45-t-Panzers (VK 4501). Dieser sollte mit einer 8,8-cm-KwK bewaffnet sein, die auf der bewährten 8,8-cm-Flak basierte. Die Entwicklung des Turmes erfolgte bei Krupp. Da die Vorführung erster Prototypen bereits am 20. April 1942 stattfinden sollte, griff Henschel auf Elemente des VK 3601 zurück. Das verkürzte zwar die Entwicklungszeit, allerdings fehlte dem als VK 4501 (H) bezeichneten Entwurf die ballistisch günstige, vom T-34 beeinflusste Form, die den etwas später entstandenen PzKpfw. V »Panther« auszeichnete. Zudem überschritt der Henschel-Entwurf das anvisierte Gewicht von 45 t um gut 12 t. Neben zahlreichen technischen Neuerungen wie z.B. einem Schachtellaufwerk mit Torsionsstabfederung, Tiefwatfähigkeit bis zu 4 m, einem halbautomatischen Vorwählgetriebe und einer Feuerlöschanlage im Motorraum, fiel er vor allem durch seine schiere Größe und Masse auf.

Im Gegensatz zur Porsche-Entwicklung war der Henschel-Entwurf konventionell aufgebaut. Sein 650 PS leistender Maybach-Motor lag im Heck und wirkte über eine lange Welle auf das im Bug befindliche Getriebe, neben dem links der Fahrer und rechts der Funker/Bug-MG-Schütze saßen. Der Drei-Mann-Turm war mittig aufgesetzt; wegen des großen Drehkranzdurchmessers kragten die oberen Wannenseiten über das Laufwerk hinaus.

Bereits im August 1942 begann die Serienfertigung des Henschel-Tigers, der schon im Februar den offiziellen Namen PzKpfw. VI Ausf. H1 »Tiger« erhalten hatte. Im März 1943 indes änderte sich die Bezeichnung in PzKpfw. Tiger Ausf. E.

Sein hohes Gefechtsgewicht von 57 t verdankte der Henschel-Tiger seiner starken Panzerung, die frontal bis zu

Typ	schwerer Panzerkampfwagen
Hersteller:	Henschel
Gefechtsgewicht	57.000 kg
Länge	8240 mm (mit Rohr)
Breite	3550 mm (3730 mm mit Schürzen)
Höhe	2880 mm
Motor	Maybach HL 230 P 45, 12 Zylinder-Benzinmotor
Hubraum	23.880 ccm
Leistung kW/PS	515/700
Leistungsgewicht	12,28 PS/t
Höchstgeschwindigkeit	38 km/h (Straße), 20 km/h (Straße)
Kraftstoffvorrat	543 l
Fahrbereich	90 km (Straße), 60 km (Gelände)
Besatzung	5
Bewaffnung	1 x 8,8-cm-KwK 36 L/56, 2 x 7,92-mm-MG 34
Kampfsatz	92 x 8,8 cm, 4800 x 7,92 mm
Panzerung	20 – 110 mm
Furttiefe	1,2 m

▲ *Der erste Tiger-Prototyp in den Henschel-Werkshallen im April 1942. Das Fahrzeug besitzt noch den sogenannten »Vorpanzer«, eine Panzerplatte, die im Gefecht hydraulisch vor den Bug abgesenkt werden sollte, um das Laufwerk vor frontalem Beschuss zu schützen. (TM)*

100 mm und seitlich 80 mm betrug. Dieses hohe Gewicht war zugleich auch der schwerwiegendste Nachteil des Panzers, da sowohl der zunächst eingebaut Maybach HL 210 P45 mit 650 PS als auch der ab dem 250. Panzer verwendete Maybach-Motor HL 230 P45 mit 700 PS kaum genügend Leistung hatten, um das Fahrzeug ausreichend mobil zu machen. Das Gewicht erhöhte den Bodendruck, daher mussten 725 mm breite Ketten eingesetzt werden. Damit wiederum eignete sich der Panzer wegen des Lichtraumprofils nicht zum Bahntransport, bei einer Verlegung

mussten schmalere, 520 mm breite Transportketten aufgezogen werden, was zeitraubend und mühsam war. Der erste Einsatz des neuen Panzers erfolgte am 29. August 1942 nahe Leningrad und endete in einem Debakel, als alle vier beteiligten »Tiger« sich festfuhren oder verloren gingen. Die überhastete Entwicklung führte zu mechanischer Unzuverlässigkeit, insbesondere des Getriebes. Zudem musste erst noch die entsprechende Taktik zum richtigen Einsatz des schweren Panzers ersonnen werden. Als diese Schwächen ausgemerzt waren, erwies sich der »Tiger« allerdings als gefürchtete Waffe, die auf dem Gefechtsfeld keinen gegnerischen Panzer zu fürchten hatte, trotz des Verzichts auf eine abgeschrägte Panzerung, wie sie etwa der T-34 aufwies. Gegenüber dem T-34/76 galt der »Tiger« sogar zunächst als praktisch unverwundbar. Nur aus unmittelbarer Nähe konnten die Geschosse der russischen 76,2-mm-Kanone Schaden anrichten, und dann auch nur bei seitlichen Treffern oder am Heck. Die 8,8-cm-KwK 36 durchschlug im Gegenzug die Panzerung des T-34/76 schon auf über 1,5 km Entfernung.
Obschon es offiziell nur eine Version des »Tiger« gab, wurden im Laufe der rund zwei Jahre andauernden Produktion immer wieder Verbesserungen und Veränderungen eingeführt. Aufgrund ihrer Modifikationen lassen sich die Fahrzeuge in drei Produktionsmodelle einteilen: früh, mittel und spät. So unterscheiden sich bei den drei Modellen z. B. die Zieloptiken. Frühe Panzer wiesen eine zylindrische Kommandantenkuppel mit Sehschlitzen sowie zwei MPi-Öffnungen am Turmheck auf. Ab Dezember 1942 wurde die rechte MPi-Öffnung durch eine Ausstiegsluke ersetzt und ab Mai 1943 kam der Maybach-Motor HL 210 P45 zum Einbau. Ab Juli jenes Jahres wurde eine neue Kuppel mit Winkelspiegeln eingeführt und ab Januar 1944 verwendete man Ganzstahl-Laufrollen mit Gummi-Einlage.
Ab September 1943 erhielten die meisten Tiger einen Zimmerit-Anstrich. Instandgesetzte Tiger wurden oft mit neueren Komponenten nachgerüstet, so dass es häufig zu Mischvarianten kam. 84 »Tiger« erhielten als Befehlspanzerwagen eine zusätzliche Funkausstattung. Deren Platzbedarf senkte den Kampfsatz auf 66 Granaten Kaliber 8,8 cm sowie 4050 Patronen für die Sekundärbewaffnung. Nach 1355 »Tigern« endete im August 1944 die Produktion bei Henschel. Nicht viel, wenn man bedenkt, welchen Ruf der »Tiger« errungen und wie viele feindliche Panzer er zerstört hat.

▲ *General Erwin Rommel (ganz links) auf einem frühen PzKpfw. VI »Tiger«. Die Aufnahme entstand auf der Versuchsstelle für Kraftfahrt (Verskraft), Kummersdorf nahe Berlin, 1942. (NARA)*

▶ *Hohe und höchste sowjetische Offiziere (u. a. Georgi Schukow, Nikolai Woronow und Kliment Woroschilow) inspizieren 1943 in Moskau den ersten von der Roten Armee erbeuteten »Tiger«. Dieses Fahrzeug gehörte zur 502. s.Pz.Abt. und wurde Ende August 1942 nahe Leningrad von seiner Besatzung aufgegeben.*

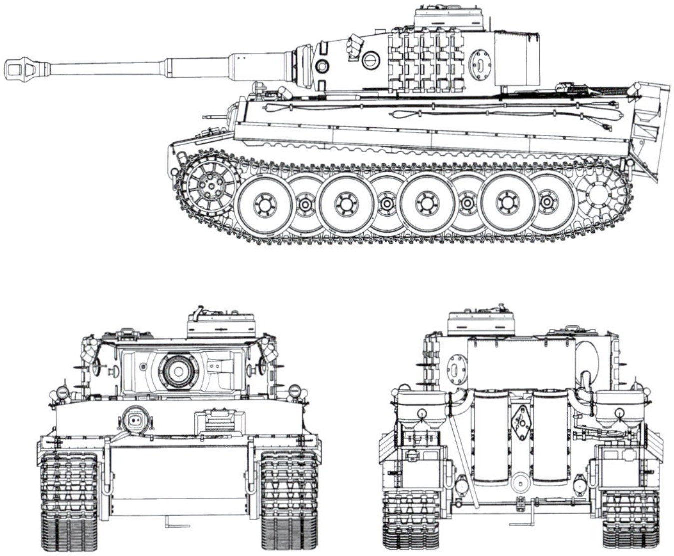

▲ *Drei-Seiten-Ansicht eines PzKpfw. VI »Tiger«. Dieses Exemplar ist noch mit der Nebelwurfanlage am Turm ausgerüstet, die später wegfiel.*

▲ *Ein »Tiger I« der s.Pz.Abt. 503, Frankreich, Juni 1944. (NARA)*

▲ *PzKpfw. VI »Tiger« der 4./SS-Panzer-Regiment 1, 1. SS-Pz-Div. »Leibstandarte Adolf Hitler«, Ostfront 1943. (NARA)*

▲ *PzKpfw. VI »Tiger« der s.Pz.Abt. 501, Kasserinpass, Tunesien, Februar 1943. (Grzegorz Jackowski)*

▲ *PzKpfw. VI »Tiger« SS-Panzer-Regiment 1, der »Leibstandarte«, Kursk, Juli 1943. (Grzegorz Jackowski)*

▲ *PzKpfw. VI »Tiger« der Pz.Abt. der SS-Panzergrenadier-Division, 1943. »Tiger« wurden nicht den Panzerdivisionen der Wehrmacht zugeteilt, sondern in schweren Panzer Abteilungen zusammengefasst oder gingen an SS-Verbände. (Grzegorz Jackowski)*

▲ *PzKpfw. VI »Tiger« der s.SS-Pz.Abt. 101, Normandie, Sommer 1944. Dieser »Tiger« weist die Kommandantenkuppel mit Winkelspiegeln sowie die Ganzstahl-Laufrollen später Fahrzeuge auf. (Grzegorz Jackowski)*

VK 4502 (P)

Bereits im Sommer 1941 beauftrage das HWA Porsche damit, den VK 4501 (P) mit der für Panzer modifizierten Version der 8,8-cm-Flak 41 L/71 auszustatten. Der Einbau dieser großen und schweren Waffe erwies sich jedoch als unmöglich, weshalb Porsche und Krupp einen neuen Turm und eine neue Wanne konstruierten. Dieser als VK 4502 (P) bezeichnete Entwurf übernahm das Laufwerk und den benzin-elektrischen Antrieb der VK 4501. Das HWA hatte ja bereits im Sommer 1941 den Porsche-Entwurf VK 4501 vom Reißbrett weg bestellt, daher war nun geplant, nach 100 komplettierten Panzern VK 4501 (P) die Fertigung auf das verbesserte Modell VK 4502 umzustellen. Porsche beauftragte deshalb im Februar 1942 Krupp mit dem Bau von 100 Wannen und Türmen für den Entwurf VK 4502. Allerdings stoppte das HWA im November 1942 den Bau des VK 4501 (P) und damit auch des VK 4502 (P). Insgesamt sollen nur 50 Türme und drei Wannen, aber kein vollständiger Prototyp fertigstellt worden sein, bevor das Projekt abgebrochen wurde.

Porsches Entwurf wurde danach noch mehrfach modifiziert, allerdings nur auf dem Papier. Neben dem ursprünglich geplanten Modell mit einem weit vorn aufgesetzten Turm gab es auch eine Variante mit hinten liegendem Turm sowie Planungen zur Installation unterschiedlicher Triebwerke (u. a. auch Diesel) sowie den Austausch des elektrischen Antriebs gegen ein hydromechanisches Getriebe von Voith. Porsche schickte diese Projekte 1943 ins Rennen um die Nachfolge des »Tiger I« und konnte am 20. Oktober 1943 auch Hitler noch entsprechende Holzmodelle präsentieren, zu einer Verwirklichung kam es jedoch nicht mehr.

Hersteller:	Porsche (Entwurf), Krupp (Entwurf und Bau)
Gefechtsgewicht	64.000 kg
Länge	8345 mm (mit Rohr)
Breite	3400 mm (3140 mm mit Verladekette)
Höhe	2740 mm
Motor	2 x Porsche 101/4, 10-Zylinder-Benzinmotor
Hubraum	je 15.060 ccm
Leistung kW/PS	493/670
Leistungsgewicht	10,47 PS/t
Höchstgeschwindigkeit	35 km/h (Straße)
Kraftstoffvorrat	820 l
Fahrbereich	150 km (Straße), 70 km (Gelände)
Besatzung	5
Bewaffnung	1 x 8,8-cm-KwK 43 L/71, 2 x 7,92-mm-MG 34
Kampfsatz:	68 x 8,8 cm, ? X 7,92 mm
Panzerung	30 – 150 mm
Furttiefe	k.A

Daten für Version mit hinten liegenden Turm

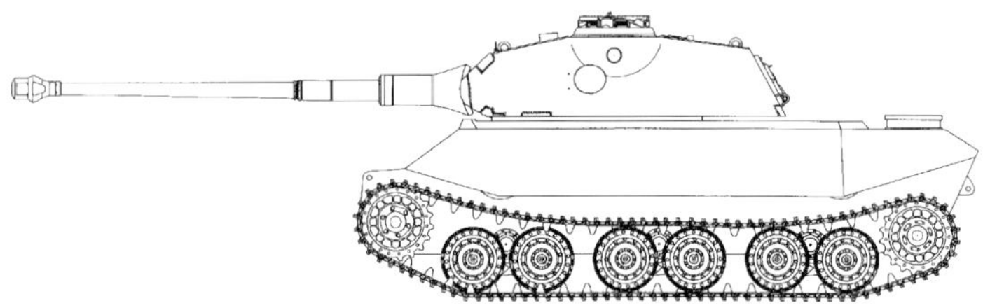

▲ *Der Porsche-Entwurf VK 4502 mit vorn liegendem Turm wies einige Nachteile auf, so blieb kein Platz für eine Fahrer- oder Funkerluke auf dem Wannendach. Außerdem ragte die lange 8,8-cm-KwK L/71 vorn sehr weit über die Wanne hinaus.*

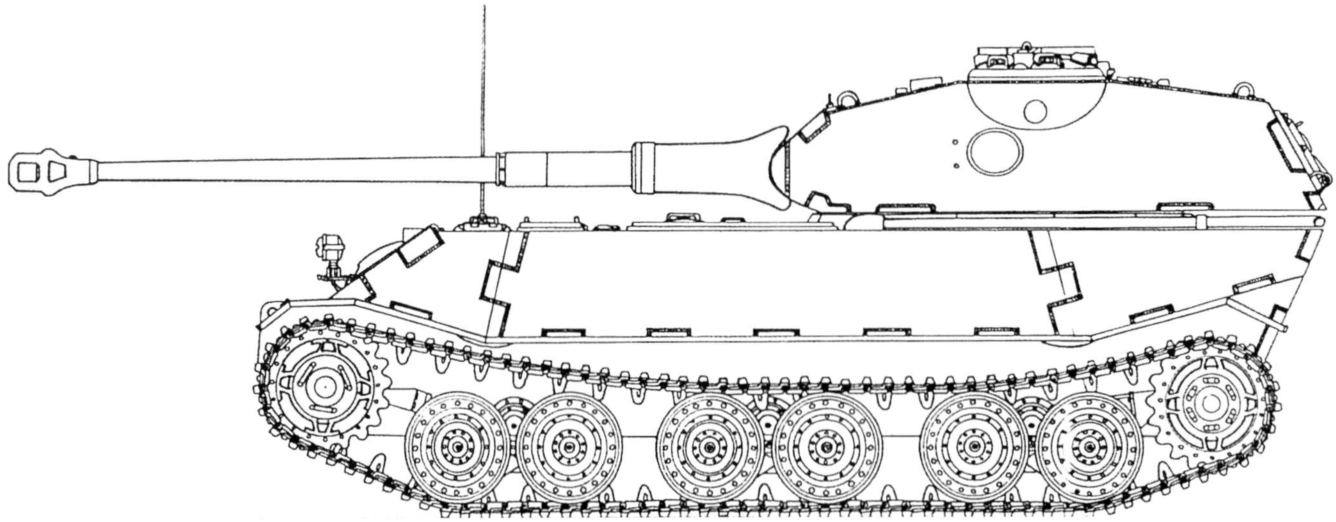

▲ *Der Entwurf mit hinten liegendem Turm ermöglichte den Einbau einer Fahrer-, bzw. Funkerluke und minimierte den Überhang der KwK. Der Motorraum lag bei diesem Entwurf in der Fahrzeugmitte.*

Panzerkampfwagen VI Ausf. B, Sd.Kfz. 182, »Tiger II«

Bereits 1942 beauftragte das Heereswaffenamt neben Porsche (siehe VK 4502) auch Henschel mit der Konstruktion einer Nachfolgeversion des VK 4501 bzw. PzKpfw. VI »Tiger«. Der als VK 4503 (H) bezeichnete Panzer sollte eine ballistisch günstigere Formgebung als sein Vorgänger sowie die die exzellente 8,8-cm-Kwk 43 L/71 aufweisen. Ein erstes Holzmodell wurde Hitler am 20. Oktober 1943 vorgeführt. Wie bereits beim VK 4501 entschied sich das Heereswaffenamt erneut für den konventionelleren Henschel-Entwurf, der erste Prototyp wurde im November 1943 fertiggestellt. Die offizielle Bezeichnung des Fahrzeugs lautete nun »Panzerkampfwagen VI Ausf. B« oder »Panzerkampfwagen Tiger Ausf. B«. Die Bezeichnungen »Tiger II« oder gar »Königstiger« waren stets nur inoffiziell in Gebrauch. Der Panzerkampfwagen besaß ein Staffellaufwerk mit Torsionsstabfederung sowie den aus dem »Panther« bekannten 700 PS starken Maybach-Motor HL 230 P 30, der auf ein im Bug zwischen Fahrer und Funker/Bug-MG-Schütze befindliches Maybach-Vorwählgetriebe wirkte. Nach den ersten 50 Serienfahrzeugen wurde der von Krupp entwickelte Produktionsturm verwendet. Er hatte eine kleinere Stirnfläche bei verstärkter Stirnpanzerung und einen von 72 auf 84 Schuss erhöhten Munitionsvorrat. Außerdem konnte die Fertigung vereinfacht und die Sicherheit erhöht werden, denn der bisherige Turm wies unterhalb der Kanone einen erheblichen Kugelfang auf: In diesem Bereich der Turmfront anfliegende Geschosse konnten so abgelenkt werden, dass sie das relativ dünne Wannendach durchschlugen. Krupp erhielt daher im Dezember 1943 den Auftrag, den Turm zu modifizieren. Der neue Turm besaß eine nur leicht abgeschrägte, aber sehr schmale Front sowie eine Topfblende für die KwK. Auch ragte die Kommandantenkuppel nicht mehr über die schräge Seitenwand hinaus. Die ersten Serienfahrzeuge wurden im Februar 1944 ausgeliefert, seine Feuertaufe erlebte der Typ im Juni 1944 in der Normandie. Bis Kriegsende waren »Tiger« Ausf. B sowohl an der West- wie der Ostfront im Einsatz und erwiesen sich dabei als extrem kampfstark. Ihre 8,8-cm-KwK 43 L/71 gehörte zu den leistungsfähigsten Panzerkanonen des Weltkrieges, denn sie war in der Lage, praktisch jeden Gegner bereits auf weite Entfernung auszuschalten. Die Durchschlagsleistung mit der Pz.Gr. 39/43 betrug auf 1000 m Entfernung und einem Auftreffwinkel von 30° 165 mm und auf 2000 m noch 132 mm Panzerstahl. Zum Vergleich vermochte die sowjetische Kanone D-10T (z. B. im Jagdpanzer Su-100 oder später im Kampfpanzer T-54/T-55 verbaut) unter gleichen Bedingungen und mit der Panzergranate UBR-412 auf 500 m nur 125 mm Panzerstahl zu durchschlagen. Einsatzberichte sprechen davon, dass T-34 bei Treffern durch die KwK 43 zum Teil der gesamte Turm vom

Typ	schwerer Panzerkampfwagen
Hersteller:	Henschel
Gefechtsgewicht	68 000 kg
Länge	10 286 mm (mit Rohr)
Breite	3625 mm (33755 mm mit Schürzen)
Höhe	3090 mm
Motor	Maybach HL 230 P 45, 12 Zylinder-Benzinmotor
Hubraum	23.880 ccm
Leistung kW/PS	515/700
Leistungsgewicht	10,3 PS/t
Höchstgeschwindigkeit	38 km/h (Straße), 17 km/h (Gelände)
Kraftstoffvorrat	860 l
Fahrbereich	120 km (Straße), 80 km (Gelände)
Besatzung	5
Bewaffnung	1 x 8,8-cm-KwK 43 L/71, 2 x 7,92-mm-MG 34
Panzerung	25 – 185 mm
Furttiefe	1,6 m

Rumpf gerissen wurde und Abschüsse noch auf bis zu 3 km Entfernung gelangen. Die hohe Mündungsgeschwindigkeit der Waffe führte zudem zu hervorragenden Trefferquoten, so soll unter Gefechtsbedingungen die Wahrscheinlichkeit für einen Treffer auf 1000 m noch bei 89 % gelegen haben, im Training sogar bei 100 %. Die starke Panzerung machte das Fahrzeug zudem zumindest im Frontbereich nahezu unverwundbar. Allerdings war der Typ dadurch extrem schwer, unbeweglich und aufgrund der Überlastung des Antriebsstranges mechanisch unzuverlässig. Zwar wurde versucht, dieses Problem im Laufe der Produktion zu beheben, ganz abstellen ließ es sich jedoch nicht. So verwun-

▲ *Prototyp Nr. 2 des PzKpfw. VI Ausf. B auf dem Versuchsgelände Haustenbeck (Truppenübungsplatz Senne) bei Paderborn. Dieses Fahrzeug ist mit dem von Krupp ursprünglich für den Porsche-Entwurf VK 4502 konstruierten Turm ausgestattet, der fälschlicherweise oft als »Porsche-Turm« bezeichnet wird. Dieser war an der runden Front max. 110 mm stark gepanzert. (TM)*

dert es kaum, dass die meisten »Tiger II« nicht aufgrund von Kampfschäden, sondern durch mechanische Ausfälle oder Treibstoffmangel verloren gingen.
Bis Kriegsende verließen nur 489 »Tiger II« die Kasseler Werkhallen der Firma Henschel. Darunter auch eine Reihe von Befehlsfahrzeugen, deren Munitionsausstattung verringert wurde, um zusätzliche Funkgeräte unterzubringen. Ab Ende 1944 in Angriff genommene Pläne, den Panzer mit einem optischen Entfernungsmesser, einem halbautomatischen Lader, einer einachsigen Stabilisierung für die KwK sowie IR-Geräten auszurüsten, wurden nicht mehr verwirklicht.

▲ *Britische Soldaten inspizieren einen »Tiger II« mit der ersten Turmausführung (»Porsche-Turm«). Der Turm ist abgesprengt, und das nicht durch einen direkten Treffer, sondern durch einen britischen 50,8-mm-Granatwerfer. Die A-Kompanie der Duke of Cornwall's Light Infantry, befehligt von Major Harry Parker, entdeckte nämlich bei ihrem Vorstoß am 7. August 1944 im französischen Le Plessis Grimoult zwei »Tiger II« bei der Munitionsübernahme. In Ermangelung einer besseren Waffe richteten Lance Corporal Caswell und Private Taylor ihren leichten 50,8-mm-Mörser auf den Lkw und brachten dessen Munitionsladung zur Explosion. Und die war stark genug, den Turm von der Panzerwanne zu heben. (TM)*

▲ *Obwohl im Frontbereich aufgrund der um 35° geneigten und 150 mm starken Wannen- und 180 mm starken Turmvorderseite kaum verwundbar, galt das nicht für die Flanken. Dieses Fahrzeug der s.Pz.Abt. 507 weist einen Durchschuss an der rechten Turmwand auf. Osterode am Harz, 12.April 1945 (NARA)*

▲ *Ab dem 51. Fahrzeug kam der von Krupp modifizierte Drehturm (fälschlicherweise oft als »Henschel-Turm« bezeichnet) mit gerader Front zum Einbau, der einfacher und günstiger in der Herstellung war. Außerdem erhöhte sich so die Munitionszuladung von 72 auf 84 Schuss für die 8,8-cm-KwK. Auch die Schutzwirkung war besser. Die schmale Turmfront war nun 180 mm stark gepanzert. PzKpfw. VI Ausf. B der s. Pz.Abt. 502, Ardennen, Dezember 1944. (Vincent Bourguignon)*

▲ *Dieser PzKpfw. VI Ausf. B der s.SS-Pz.Abt. 501 blieb am 18. Dezember 1944 in Coo (zwischen Trois-Ponts und La Gleize, Belgien) mit mechanischen Problemen liegen, wurde von seiner Besatzung aufgegeben und schließlich am 25. Dezember jenes Jahres von US-Truppen erbeutet. Diese Aufnahmen entstanden jedoch wohl in Spa, Belgien, beim Transport des Fahrzeugs in die USA. (NARA)*

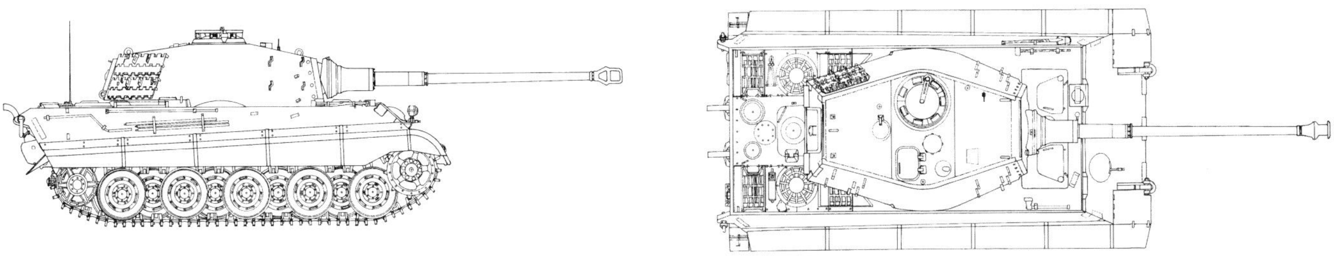

▲ *Zwei-Seiten-Ansicht eines PzKpfw. VI Ausf. B mit Serienturm.*

Panzerkampfwagen E-100

Die ab 1942 projektierte E-Serie von Kampffahrzeugen sollte die bis dahin in Dienst befindlichen Panzer der Wehrmacht ablösen. Die Planungen reichten dabei vom 5-t-Kleinstpanzer bis hin zum 140-t-Koloss. Unter allen Fahrzeugen sollte ein Höchstmaß an Standardisierung und Austauschbarkeit von Komponenten bestehen, um die Produktion und Wartung zu erleichtern. Das einzige Projekt, das dabei über das Reißbrett und Modelle hinauskam, war der E-100, dessen Entwicklungsgeschichte recht komplex ist.

Sein Ursprung liegt in der sogenannten »Tiger-Maus«, einem 1942 bei Henschel erdachten Konkurrenzentwurf zur von Prof. Prosche entworfenen »Maus«. Wie der Name schon andeutet, sollte dieser überschwere Henschel-Entwurf Teile des PzKpfw. VI Ausf. B verwenden, um Konstruktion und Fertigung zu vereinfachen. Da sich jedoch der Porsche-Entwurf durchsetzte, wurden die Pläne für die »Tiger-Maus« zunächst nicht weiter verfolgt, dann jedoch für die E-Serie wiederbelebt. Das nun als E-100 bezeichnete Projekt erhielt ein neues Fahrwerk mit acht gestaffelten Laufrädern pro Seite, die über außen liegende Tellerfedern anstelle der bis dahin geplanten Torsionsstäbe verfügten. Der Turm des E-100 entsprach weitestgehend jenem, der von Krupp für die »Maus« entwickelt worden war und sollte mit einer 15-cm-KwK L/37 sowie einer 7,5-cm-KwK L/24 (teils findet sich auch die Angabe L/36,5) bestückt sein. Die gebogene äußere Seitenpan-

Typ	überschwerer Panzerkampfwagen
Hersteller:	Adler
Gefechtsgewicht	130.000 kg
Länge	10.270 mm (mit Rohr)
Breite	4480 mm
Höhe	3375 mm
Motor	Maybach HL 230 P30, 12 Zylinder –Benzinmotor
Hubraum	23.880 ccm
Leistung kW/PS	515/700
Leistungsgewicht	5,38 PS/t
Höchstgeschwindigkeit	20 km/h (Straße), 10 km/h (Gelände)
Kraftstoffvorrat	1200 l
Fahrbereich	170 km (Straße)
Besatzung	6
Bewaffnung	1 x 12,8-cm-KwK 44 L/55, 1 x 7,5-cm-KwK 44 L/24 (oder L/36,5) koaxial, 1 x 7,92-mm-MG 42
Kampfsatz	k.A
Panzerung	40 – 200 mm
Furttiefe	k.A

Daten für Prototyp Nr. 1

▲ *Hypothetische Darstellung eines E-100 mit dem ursprünglich geplanten Maus-Turm und einer 15-cm-KwK. (Vincent Bourguignon)*

▲ *Die nicht fertiggestellte Wanne des E-100 in Haustenbeck nach ihrer Eroberung durch die Alliierten. (NARA)*

zerung des E-100 konnte für den Transport abgenommen und zudem schmalere Transportketten aufgezogen werden, um die Breite des Fahrzeugs zu verringern. Als Antrieb des Prototypen war der aus »Tiger« und »Panther« bekannte 12-Zylinder-Ottomotor HL 230 P30 mit 700 PS vorgesehen, in den Serienexemplaren hingegen sollte ein neu entwickelter Maybach-Motor mit 1200 PS zum Einbau kommen. Wannen- und Turmfront sollten bis zu 200 mm, die Seiten noch bis 150 mm stark gepanzert sein. Die dünnste Panzerung (40 mm) fand sich am Wannenboden, bzw. am Wannen- und Turmdach.

Da Krupp und Henschel überlastet waren, wurde der Bau der Prototypen an die Frankfurter Adlerwerke übertragen, die bis dato zwar Kfz, aber keine Panzer gebaut hatten. Mitte Mai 1944 stellte Krupp einen neuen Turm für »Maus« und E-100 vor, der keine runde, sondern eine abgeschrägte glatte Front besaß, leichter war und anstelle der 15-cm-KwK L/37 mit einer 12,8-cm-Waffe L/55 bestückt sein sollte. Im Falle des E-100 war zudem eine etwas geringere Frontpanzerung vorgesehen, um das Gewicht innerhalb vorgegebener Grenzen zu halten.

Obwohl Hitler persönlich im Juli 1944 die Einstellung aller überschweren Panzerprojekte befohlen hatte, liefen die Arbeiten am E-100 auf Sparflamme weiter. Bei Kriegsende erbeuteten die Amerikaner in Haustenbeck bei Paderborn daher nur die unfertige Wanne des E-100. Diese wurde schließlich nach Großbritannien verbracht, wo man sie untersuchte und anschließend verschrottete. Sturmgeschützvarianten des E-100 mit 15- oder gar 17-cm-Kanonen kamen über das Planungsstadium nicht hinaus.

Panzerkampfwagen VIII »Maus«

Bereits Anfang November 1941 besprach das HWA mit Krupp die Entwicklung eines zunächst 70 t und später bis zu 90 t schweren Kampfpanzers, woraus im Februar 1942 der offizielle Auftrag zum Bau zweier Prototypen mit der Bezeichnung VK 7001 wurde. Diese sollten mit einem 800 PS starken Maybach HL 230 Motor, einer 10,5-cm-KwK L/70, dem Getriebe und vergleichbarer Panzerung wie der des »Tiger« ausgestattet sein. Im April jenes Jahres änderte sich die Bezeichnung in Panzerkampfwagen VII »Löwe«. Zu dieser Zeit wurden zahlreiche unterschiedliche Konfigurationen des PzKpfw. VII durchgespielt, die sich z.B. auf einen hinten oder mittig gelegenen Turm, unterschiedliche Panzerdicken und Antriebe bezogen. Allerdings wies das HWA Krupp bereits am 18. Mai 1942 an, die Entwicklung der Wanne und am 20. Juli 1942 die Entwicklung des Turms für den PzKpfw. VII »Löwe« zu stoppen. Grund dafür war, dass dieses Projekt das persönliche Interesse Hitlers auf sich gezogen hatte, der davon überzeugt war, dass zukünftig mit noch schwereren sowjetischen Panzern zu rechnen sei und die Wehrmacht daher 100 – 120 t schwere Kampfwagen benötige. Prof. Porsche, dessen Konstruktionsbüro bereits im März 1942 den Auftrag für einen 100-t-Panzer erhalten hatte (VK 100.01), stellte Hitler schließlich persönlich seine Pläne vor und erhielt Ende Juni jenes Jahres dessen Zustimmung für seinen Entwurf. Porsche war dabei für die Wanne und den Antrieb verantwortlich, während der Turm bei Krupp konzipiert wurde. Hitlers stetige Forderung nach einer stärkeren Panzerung ließ das Gewicht des Fahrzeugs immer weiter anwachsen - als Prof. Porsche am 17. November 1942 Hitler die neuesten Zeichnungen und den Stand des Projekts präsentierte, betrug es bereits 170 t. Der zunächst verwendete Name »Mammut« wurde wohl aus Geheimhaltungsgründen zunächst in »Mäuschen« und Anfang 1943 schließlich schlicht in »Maus« geändert. Werksintern mit der Projektnummer 205 versehen, besaß der Kampfwagen wie der VK 4501 (P) einen benzin-elektrischen Antrieb. Ein 12-Zylinder-Ottomotor MB 509 mit einer Leistung von 1080 PS trieb einen Generator an, der Elektrizität für zwei im Heck befindliche E-Motoren erzeugte, die auf die dort liegenden Treibräder wirkten. Der MB 509 basierte auf dem Flugzeugtriebwerk DB 603, das z. B. auch in Kampfflugzeugen wie der Messerschmitt Me 410, der Dornier Do 217 oder der Heinkel He 219 zu finden war. Der große Motor war in der Mitte des Panzers untergebracht, der Generator unter dem Turm. Fahrer und Funker saßen isoliert vom Rest der Besatzung im Bug. Die geplante Bewaffnung im von Krupp konzipierten Vier-Mann-Turm setzte sich zunächst aus einer 15-cm-KwK L/37 sowie einer 7,5-cm-KwK L/24 (teils findet sich auch die Angabe L/36,5) und einem koaxialen 7,92-mm-MG zusammen. Das Laufwerk bestand pro Seite aus sechs Rollenwagen mit je vier Laufrollen und wurde weitgehend von der nicht abnehmbaren Seitenpanzerung verdeckt. Diese schützte zwar das Fahrwerk, erschwerte einen Kettenwechsel oder Reparaturen aber erheblich. Um das enorme Gewicht besser auf dem Boden zu verteilen, war jede Kette 1,1 m breit, wodurch der untere, zwischen den Gleiskettenlaufwerken befindliche Teil der Wanne recht schmal ausfiel, sodass viele Komponenten im über den Ketten liegenden Teil des Panzeraufbaus untergebracht werden mussten. Da das hohe Gewicht zudem viele Brücken überforderte, war die »Maus« in der Lage, Gewässer von bis zu 8 m Tiefe zu durchwaten.

Typ	überschwerer Panzerkampfwagen
Hersteller:	Krupp, Alkett
Gefechtsgewicht	188.000 kg
Länge	10.090 mm (mit Rohr)
Breite	3640 mm
Höhe	3660 mm
Motor	Daimler-Benz, 12 Zylinder –Benzinmotor MB 509
Hubraum	44.500 ccm
Leistung kW/PS	794/1080
Leistungsgewicht	5,38 PS/t
Höchstgeschwindigkeit	20 km/h (Straße), 12 km/h (Gelände)
Kraftstoffvorrat	2700 l + 1500 l extern
Fahrbereich	160 km (Straße), 62 km (Gelände)
Besatzung	6
Bewaffnung	1 x 12,8-cm-KwK 44 L/55, 1 x 7,5-cm-KwK 44 L/24 (oder L/36,5) koaxial, 1 x 7,92-mm-MG 42
Kampfsatz	68 x 12,8 cm, 100 x 7,5 cm, 1000 x 7,92 mm
Panzerung	50 – 250 mm
Furttiefe	8 m

Daten für Prototyp Nr. 1

Anfang Januar 1943 ordnete Hitler an, dass Alkett (nach Porsches Plänen sowie aus von Krupp angelieferten Komponenten) sechs Prototypen und 135 Serienexemplare fertigen und die Produktion im Mai jenes Jahres anlaufen sollte. Dieser Zeitpunkt wurde jedoch noch im Januar auf September 1943 verschoben. Als Bewaffnung war anstelle der 15-cm-KwK eine 12,8-cm-KwK L/55 vorgesehen.

In der Nacht vom 5. zum 6. März 1943 wurde das Kruppwerk in Essen jedoch von einem schweren Bombenangriff der RAF getroffen, wobei u. a. die Konstruktionsunterlagen für die Maus-Türme vernichtet wurden. Dies allein hätte eine Verzögerung von einigen Monaten bedeutet, ein zweiter Angriff im August jenes Jahres zerstörte jedoch weitere wichtige Komponenten, sodass das HWA den Produktionsauftrag am 27. Oktober 1943 stornierte. Nur zwei Wannen und ein Turm sollten noch fertigstellt und an Alkett geliefert werden. Am 27. Juli 1944 erhielt Krupp zudem die Anweisung, alle noch vorhandenen, aber nicht fertiggestellten Wannen, Türme sowie Panzerplatten zu verschrotten.

Krupp sandte die erste Maus-Wanne am 26. September 1943 zu Alkett, wo diese komplettiert und am 10. Januar 1944 zur Erprobung nach Böblingen überstellt wurde. Teile für die zweite Wanne kamen im März 1944 in Böblingen an und wurden dort montiert. Aufgrund des hohen Treibstoffverbrauchs des MB 509 kam nun ein Dieselmotor des Typs MB 517 mit 1200 PS Leistung zum Einbau. Der einzige Turm erreichte Böblingen am 3. Mai 1944 und wurde im Laufe des Monats Juni auf die zweite Wanne gesetzt. Mitte Mai 1944 stellte Krupp zudem Entwürfe für einen neuen Turm, der keine runde, sondern eine abgeschrägte glatte Front besaß, leichter war von vornherein für die 12,8-cm-Waffe L/55 ausgelegt war. Obgleich Hitler alle Arbeiten an überschweren Panzern bereits im Juli 1944 für beendet erklärt hatte, lief die Erprobung in Böblingen bis Ende jenes Jahres weiter. Dann wurden die beiden »Mäuse« zum Versuchsgelände in Kummersdorf verbracht. Als die Rote Armee sich Kummersdorf näherte, wurde die mit einem Turm versehene Maus Nr. 2 gesprengt. Um das Fahrzeug zu erproben, setzten die Sowjets später den beschädigten Turm auf die Wanne Nr. 1. Diese »Maus« ist heute im Panzermuseum Kubinka bzw. Patriot Park nahe Moskau zu sehen.

▲ *Da noch kein Drehturm zur Verfügung stand, wurde der Maus-Wanne Nr. 1 eine 55-t-Attrappe aufgesetzt, um dessen Gewicht zu simulieren. Diese beiden Bilder zeigen die erste Wanne bei ihrer Erprobung auf dem Gelände der Kaserne in Böblingen.*

▲ *Querschnittzeichnung der Wanne auf Höhe der Treibräder. Gut zu erkennen sind die über den Ketten liegenden Motoren, die über Planetengetriebe auf die Treibräder wirkten.*

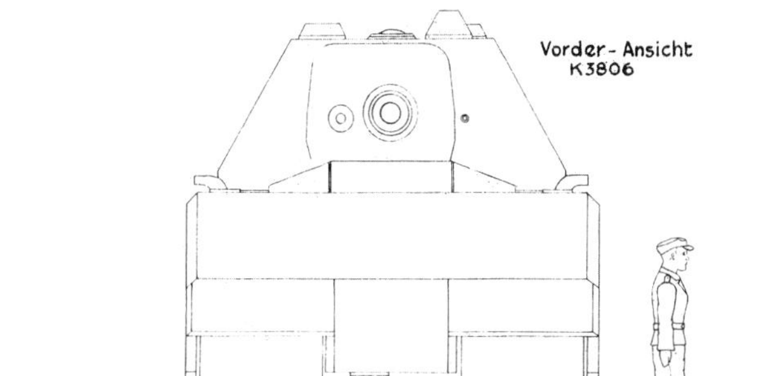

▲ *Diese Vorderansicht der »Maus« verdeutlicht die Größe des Fahrzeugs und wie schmal die Wanne zwischen den breiten Kettenlaufwerken war.*

Panzerjäger und Jagdpanzer

4,7-cm-Pak (t) (Sf) auf PzKpfw. I Ausf. B, Sd.Kfz. 101, Panzerjäger I

Bereits nach Ende des Polenfeldzuges entstand die Idee, die Panzerjäger mit einer Selbstfahrlafette auszurüsten, um ihnen mehr Mobilität zu geben. Von März 1940 bis Februar 1941 wurden daher insgesamt 202 dieser ersten Panzerjäger-Selbstfahrlafette produziert, 132 bei Alkett und 70 bei Škoda. Dazu setzte man die (für ihre Zeit) hervorragende tschechische 4,7-cm Pak 36(t) L/43 auf die Wanne eines PzKpfw. I Ausf. B. und umgab das Ganze auf drei Seiten mit einem bis zu 14,5 mm starken Panzeraufbau, der jedoch hinten und oben offen war. Die Form dieser Aufbauten unterschied die von Alkett (fünfeckig) und Škoda (siebeneckig) gebauten Fahrzeuge. Umbauten auf Basis der Ausf. A kamen aufgrund der mangelnden Motorleistung und geringeren Größe nicht in Frage. Bei einigen wenigen Fahrzeugen kam auch die 3,7-cm-Pak 35/36 L/45 zum Einbau. Während des Frankreichfeldzuges, in Nordafrika und der ersten Zeit des Krieges gegen Russland erwies sich der Panzerjäger I als durchaus kampfkräftig. Stieß der Typ jedoch auf den T-34, KW-1 oder KW-2, war die 4,7-cm-Pak zu schwach. Daher wurde der Panzerjäger I ab 1942 von der Ostfront abgezogen. In Afrika blieb der Typ allerdings bis 1943 recht erfolgreich im Einsatz. Die 4,7-cm-Pak durchschlug unter Verwendung der Panzergranate 36(t) bei einem Auftreffwinkel von 30° und einer Entfernung von 500 m 47 mm und auf 1000 m noch 40 mm Panzerstahl. Größter Nachteil war der offene, nur schwach gepanzerte Kampfraum sowie die mangelnden Beobachtungsmöglichkeiten, wenn die Besatzung Schutz hinter dem Panzeraufbau suchen musste.

Typ	Panzerjäger-Selbstfahrlafette
Hersteller:	Alkett, Škoda
Gefechtsgewicht	6400 kg
Länge	4420 mm
Breite	2060 mm
Höhe	2250 mm
Motor	Maybach NL 38 TR, 6-Zylinder-Benzinmotor
Hubraum	3790 ccm
Leistung kW/PS	73/100
Leistungsgewicht	15,6 PS/t
Höchstgeschwindigkeit	40 km/h (Straße)
Kraftstoffvorrat	146 l
Fahrbereich	170 km (Straße), 120 km (Gelände)
Besatzung	3
Bewaffnung	1 x 4,7-cm-Pak 36 (t) L/43
Kampfsatz	86 x 4,7 cm
Panzerung	6 – 14,5 mm
Furttiefe	0,58 m

▲ *Obgleich nur ein Behelf, bewährte sich der Panzerjäger I, vor allem jedoch wegen der leistungsstarken tschechischen 4,7-cm-Pak. (DWA)*

▲ *Panzerjäger I der Pz.Jg.Abt. der SS-Pz.Gren-Div. »Leibstandarte Adolf Hitler«, Frankreich 1942. (Grzegorz Jackowski)*

▲ *Panzerjäger I der Pz.Jg. Abt. 605, Libyen 1942. (Grzegorz Jackowski)*

▲ *Dieser Panzerjäger I der Pz.Jg. Abt. 529 wird im September 1941 von einem Rotarmisten begutachtet. Man beachte die Front des Panzeraufbaus. Offenbar hat das Fahrzeug dort einen Volltreffer erhalten und wurde dann aufgegeben. Raum Brjansk, UdSSR, September 1941. (DWA)*

▲ *Ein Panzerjäger und begleitende Infanterie im Mai 1940 auf der Straße zwischen Hannuit und Merdorp in Belgien. (DWA)*

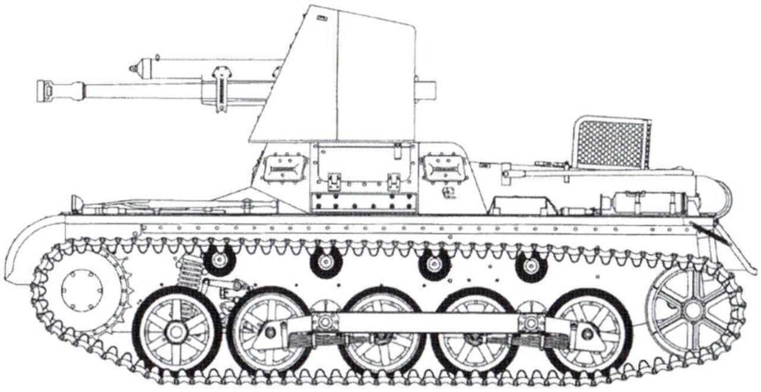

▲ *Dieser Panzerjäger I der Pz.Jg. Abt. 605 wurde im November 1942 von britischen Truppen bei El Alamein erbeutet und im Anschluss an die USA übergeben, welche ihn auf dem Aberdeen Proving Ground erprobten, wo auch dieses Bild entstand. (NARA)*

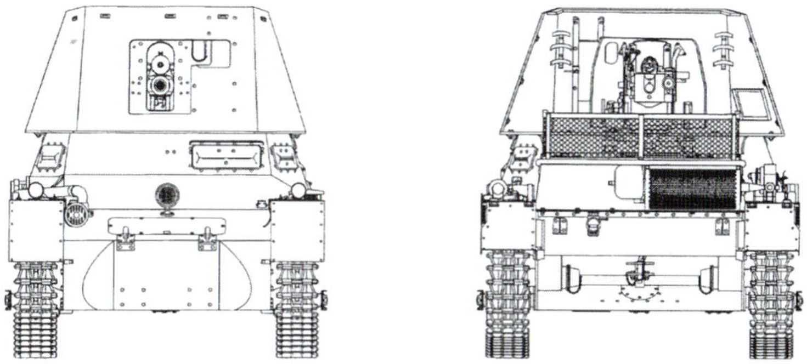

▲ *Drei-Seiten-Ansicht einer 4,7-cm-Pak (t) (Sf) auf PzKpfw. I Ausf. B.*

4,7-cm-Pak (t) (Sf) auf PzKpfw. 35R (f)

Grundlage dieser Pak-Selbstfahrlafette war der Renault R-35, von dem die französische Armee 1940 über 1600 Stück im Einsatz hatte. Rund 800 dieser mit zwei Mann besetzten Panzer zur Infanterieunterstützung (Bewaffnung 1 x 3,7-cm-Kanone, 1 x 7,5-mm-MG, Panzerung max. 45 mm) wurden von der Wehrmacht erbeutet. Nach geringfügigen Modifikationen wie Veränderungen an den Kommandantenkuppeln und dem Einbau deutscher Funkgeräte wurden die Panzer vor allem für Sicherungs- und Ausbildungsaufgaben verwendet. Ohne Turm kamen R-35 auch als Artillerie- und Munitionsschlepper zum Einsatz. Am 23. Dezember 1940 beauftragte das HWA Alkett mit dem Bau von 200 Panzerjägern auf Basis des R-35, ein erstes Versuchsfahrzeug wurde im Februar des folgenden Jahres vorgestellt. Von Mai bis Oktober 1941 baute Alkett unter Verwendung der 4,7-cm-Pak 36(t) dann 174 Panzerjäger und 26 Befehlsfahrzeuge. Dazu wurden auf die Wannen der R-35 oben offene Aufbauten gesetzt, deren Stärke vorn 25 mm und seitlich sowie hinten 20 mm betrug. Ein Einbau der 5-cm-Pak 38 war geplant, wurde aber nicht ausgeführt. Die Bewaffnung der Befehlspanzer sollte aus einem MG 34 in einer Kugelblende an der Front des Aufbaus bestehen, wurde jedoch nicht überall eingebaut. Das Haupteinsatzgebiet dieser Umbauten befand sich im Westen, allerdings kamen von Sommer 1941 bis 1943 einige auch an der Ostfront zum Einsatz. Anfang 1944 waren noch 110 Renault-Panzerjäger vorhanden, die fast alle während der folgenden Kämpfe gegen die alliierten Invasionstruppen verloren gingen.

Typ	Panzerjäger- Selbstfahrlafette
Hersteller:	Renault, Umbau Alkett
Gefechtsgewicht	11.000 kg
Länge	4300 mm (mit Rohr)
Breite	1870 mm
Höhe	2110 mm
Motor	Renault, 4-Zylinder-Benzinmotor
Hubraum	5878 ccm
Leistung kW/PS	60/82
Leistungsgewicht	7,5 PS/t
Höchstgeschwindigkeit	20 km/h (Straße)
Kraftstoffvorrat	168 l
Fahrbereich	130 km (Straße)
Besatzung	3
Bewaffnung	1 x 4,7-cm-Pak 36 (t) L/43
Kampfsatz	k.A
Panzerung	Wanne 14– 40 mm, Aufbau 20 - 25 mm
Furttiefe	0,5 m

▲ *Seitenansicht einer im Sommer 1944 von den Alliierten in Frankreich erbeuteten 4,7-cm-Pak (t) (Sf) auf PzKpfw. 35 R (f). (TM)*

▲ *US-Soldaten inspizieren eine verlassene 4,7-cm-Pak (t) (Sf) auf PzKpfw. 35 R (f) der 716. Inf.Div. Man beachte das Tarnmaterial am Aufbau. Littry, Normandie, 20. Juni 1944. (NARA via Conseil Régional de Basse-Normandie)*

10,5 cm K18 auf Panzer-Selbstfahrlafette IV a, »Dicker Max«

Krupp erhielt bereits 1939 vom Heereswaffenamt den Auftrag zur Entwicklung einer Selbstfahrlafette, die in der Lage sein sollte, schwerste Panzer und Bunker zu zerstören. Anfang 1941 stellte Krupp daraufhin zwei Prototypen auf Basis des PzKpfw. IV vor, die mit einer 10,5-cm-Kanone K 18 L/52 in einem hinten liegenden, oben offenen Kampfraum bewaffnet waren. Obwohl das Fahrzeug die Bezeichnung Panzer-Selbstfahrlafette IV a trug, basierte es auf dem modifizierten Fahrgestell des Panzers IV Ausf. D. So waren der Drehturm entfernt, das Panzerkastenoberteil stark verändert und der Motorraum in die Mitte des Fahrzeugs verlegt worden. Zudem kam ein nur 180 PS starker Motor des Typs HL 66 zum Einbau, wie er auch im PzKpfw. II Ausf. L zu finden war. Die Besatzung bestand aus fünf Mann: Fahrer, Richtschütze, Kommandant und zwei Ladeschützen. Zu einer ab 1942 geplanten Serienproduktion kam es allerdings nicht. Die beiden bereits fertiggestellten Selbstfahrlafetten fanden ab Sommer 1941 bei der Panzerjäger-Abteilung 521 an der Ostfront Verwendung, wo eines der Fahrzeuge bei einem Unfall ausbrannte und komplett zerstört wurde. Das zweite wurde Ende 1941 zurück ins Krupp-Gruson Werk nach Magdeburg gesandt, überholt und ab Frühjahr 1942 erneut an der Ostfront verwendet, wo es offenbar Anfang 1943 im Raum Stalingrad verloren ging. Im Einsatz erwies sich die 10,5cm-Kanone als sehr leistungsfähig. Auf 1000 m Entfernung durchschlugen ihre Panzergranaten 138 mm und auf 2000 m Entfernung noch 111 mm Panzerstahl. Allerdings erwies sich der schwache Motor und die daraus resultierende fehlende Mobilität als großes Manko des Typs.

Typ	Panzerjäger-Selbstfahrlafette
Hersteller:	Krupp-Gruson
Gefechtsgewicht	26.000 kg
Länge	7520 mm (mit Rohr)
Breite	2840 mm
Höhe	3250 mm
Motor	Maybach HL 66 Pla, 6-Zylinder-Benzinmotor
Hubraum	6754 ccm
Leistung kW/PS	132/180
Leistungsgewicht	6,92 PS/t
Höchstgeschwindigkeit	27 km/h (Straße)
Kraftstoffvorrat	207 l
Fahrbereich	170 km (Straße)
Besatzung	5
Bewaffnung	1 x 10,5-cm K 18 L/52
Kampfsatz	25 x 10, 5 cm
Panzerung	10 – 50 mm
Furttiefe	1 m

▲ *10,5 cm K18 auf Panzer-Selbstfahrlafette IV a der Pz.Jg.Abt. 521, Heeresgruppe Süd, Ostfront, Sommer 1942. (Vincent Bourguignon)*

12,8 cm Selbstfahrlafette auf VK 3001 (H) »Sturer Emil«

Dieses von der Truppe »Sturer Emil« genannte Fahrzeug basierte auf dem im März 1941 ausgelieferten Henschel-Prototypen VK 3001, der nicht weiterentwickelt wurde. Zur Verwendung als Selbstfahrlafette wurde das Fahrgestell von Rheinmetall-Borsig im Winter 1941/42 um ein Laufrollenpaar verlängert und am Heck der Wanne ein fester, oben offener Panzeraufbau geschaffen, der eine mächtige 12,8-cm-Kanone L/61 mit sehr beschränktem Seitenrichtfeld (7° zu jeder Seite) aufnahm. Aufgrund der ungünstigen Platzverhältnisse im Kampfraum und der Tatsache, dass die aus einer Flak entwickelte 12,8-cm-Waffe zweiteilige Munition verwendete, war die Feuergeschwindigkeit gering. Dennoch wurden die beiden einzigen Fahrzeuge dieser Art ab Mitte 1942 erfolgreich an der Ostfront eingesetzt. Ursprünglich als Bunkerknacker konzipiert, wurden die beiden Fahrzeuge zumeist als Panzerjäger eingesetzt, wobei ihre enorm leistungsfähige Hauptwaffe sie dazu befähigte, auch schwerste Panzer auf große Entfernung abzuschießen. Ein Fahrzeug wurde Ende 1942 zerstört, das andere Anfang 1943 bei Stalingrad von der Roten Armee erbeutet. Zu jenem Zeitpunkt befanden sich 31 Abschussringe am Rohr der 12,8-cm-Kanone. Das erbeutete Exemplar kann man noch heute im Panzermuseum Kubinka in Russland besichtigen.

Typ	Panzerjäger-Selbstfahrlafette
Hersteller:	Henschel, Umbau durch Rheinmetall-Borsig
Gefechtsgewicht	35.000 kg
Länge	9700 mm (mit Rohr)
Breite	3160 mm
Höhe	2700 mm
Motor	Maybach HL 116, 6-Zylinder-Benzinmotor
Hubraum	11.000 ccm
Leistung kW/PS	221/300
Leistungsgewicht	8,6 PS/t
Höchstgeschwindigkeit	23 km/h (Straße)
Kraftstoffvorrat	450 l
Fahrbereich	k.A
Besatzung	5
Bewaffnung	1 x 12,8-cm-Pak L/61, 1 x 7,92-mm-MG 34
Kampfsatz	15 x 12,8 cm, k.A. x 7,92 mm
Panzerung	15 – 50 mm
Furttiefe	k.A

▶ *12,8 cm Selbstfahrlafette auf VK 3001 (H) auf dem Gelände der Altmärkischen Kettenfabrik (Alkett) am 9. März 1942. (BA)*

▲ *12,8 cm Selbstfahrlafette auf VK 3001 (H) der Pz.Jg. Abt. 521, Heeresgruppe Süd, Ostfront, Sommer 1942. (Vincent Bourguignon)*

7,5-cm-Pak 40/1 auf Gw. Lr. S.(f), Sd.Kfz. 135, »Marder I«

Das Auftauchen des T-34 zeigte deutlich, dass die Wehrmacht dringend Fahrzeuge zur Panzerabwehr benötigte. Um Zeit zu sparen, griff das Waffenamt bei seinen Planungen ab Ende 1941 auf rasch verfügbare Beutepanzer, wie die ca. 300 Lorraine-Schlepper 37(f), die der Wehrmacht in Frankreich in die Hände gefallen waren, zurück. Dies waren kleine Nachschubfahrzeuge mit vorn liegendem Motor und hinten befindlichem Transportaufbau. Auf Basis dieses Fahrzeugs baute das sogenannte Baukommando Becker unter Mitwirkung der Firma Alkett von Mai 1942 bis August 1942 170 Fahrzeuge, die mit der 7,5 cm Pak 40/1 L/46 ausgestattet waren. Die Waffe wurde dazu in den ehemaligen Transportraum gesetzt und von einem leicht gepanzerten Aufbau umgeben, der nach oben hin offen blieb, und in dem ein MG zur Selbstverteidigung mitgeführt wurde. Die ersten Fahrzeuge dieses Typs kamen ab Sommer 1942 bei Panzerjäger-Abteilungen von Infanteriedivisionen zum Einsatz. Anfang 1944 erhielt diese Behelfslösung den Suggestivnamen »Marder I«. Zu jenem Zeitpunkt befanden sich noch 131 Fahrzeuge (darunter jedoch auch »Marder I« auf Basis des FCM 36 und Hotchkiss H 38) im Bestand der Truppe. Die meisten davon gingen während der Kämpfe in Frankreich im Sommer und Herbst 1944 verloren.

Typ	Panzerjäger-Selbstfahrlafette
Hersteller:	Lorraine, Umbau durch Baukommando Becker
Gefechtsgewicht	8300 kg
Länge	5380 mm (mit Rohr)
Breite	1880 mm
Höhe	2000 mm
Motor	Delahaye 103TT, 6-Zylinder-Benzinmotor
Hubraum	3556 ccm
Leistung kW/PS	51,5/70
Leistungsgewicht	8,4 PS/t
Höchstgeschwindigkeit	35 km/h (Straße)
Kraftstoffvorrat	112,5 l
Fahrbereich	135 km (Straße)
Besatzung	
Bewaffnung	1 x 7,5-cm-Pak 40/1 L/46, 1 x 7,92-mm-MG 34 oder MG 42
Kampfsatz	38 x 7,5 cm, 900 x 7,92 mm
Panzerung	5 – 12 mm,
Furttiefe	0,5 m

▲ *7,5-cm-Pak 40/1 auf Geschützwagen Lorraine-Schlepper einer unbekannten Einheit, Frankreich, Winter 1942/43. Fahrzeuge dieses Typs kamen vor allem im Westen, aber auch in Tunesien, Italien und im Osten zum Einsatz. (Vincent Bourguignon)*

▲ *Eine verlassene 7,5 cm Pak 40/1 auf Gw. Lr.S(f) in Vesoul, Frankreich, Spätsommer 1944. Das Fahrzeug ist mit Draht bespannt, um Tarnmaterial leichter befestigen zu können. Die rechts neben dem Laufwerk liegenden Äste und Zweige legen nahe, dass die Mannschaft offenbar beim Tarnen ihres Panzerjägers überrascht wurde. (US Army)*

7,5-cm-Pak 40/1 auf Gw. FCM 36(f), Sd.Kfz. 135, »Marder I«

Neben dem Renault R35 und dem Hotchkiss H35 war der FCM 36der dritte französische leichte Panzer, der vor dem Krieg zur Infanterieunterstützung eingeführt worden war. Im Gegensatz zu den meisten anderen Panzern jener Zeit verfügte der FCM 36 über eine günstig geformte, geschweißte Panzerung sowie ein verbrauchsarmes Dieseltriebwerk. Die Serienfertigung des Panzers lief aufgrund von Problemen bei FCM erst im Mai 1938 an. Da der Stückpreis eines FCM 36 jedoch wesentlich höher als der eines R 35 oder H 35 lag, wurden bis März 1939 nur 100 Exemplare gebaut, von denen die Wehrmacht etwa 50 Stück erbeutete (deutsche Bezeichnung »PzKpfw. FCM 737(f)«). 1943 noch vorhandene FCM 36 wurden zu Selbstfahrlafetten nach ähnlichem Muster wie die Pak-Fahrzeuge auf Basis des Lorraine-Schleppers umgebaut. Auf die Wannen erbeuteter FCM 36 setzte das Baukommando Becker kastenartige, oben offene Panzeraufbauten, in deren Front sich eine 7,5-cm-Pak 40 mit einem Schwenkbereich von 45° befand. Die Panzerung des Aufbaues betrug vorn und seitlich 20 mm, hinten nur 10 mm. Zur Nahverteidigung wurde im Kampfraum ein 7,92-mm-MG 34 oder MG 42 mitgeführt. Auch diese Fahrzeuge fallen unter die Anfang 1944 eingeführte Sammelbezeichnung »Marder I«. Über die genaue Anzahl der insgesamt gebauten Selbstfahrlafetten gibt es widersprüchliche Angaben. Die in der Vergangenheit genannte Zahl von 48 Stück scheint zu hoch gegriffen, wahrscheinlich waren es nur 24 Panzerjäger, die auf Basis des FCM 36 gefertigt wurden. In der englischsprachigen Literatur findet sich jedoch auch häufig die Angabe, es seien nur zehn Fahrzeuge gewesen.

Typ	Panzerjäger-Selbstfahrlafette
Hersteller:	FCM, Umbau Baukommando Becker
Gefechtsgewicht	12.800 kg
Länge	4770 mm (ohne Rohr)
Breite	2140 mm
Höhe	2330 mm
Motor	Berliet MDP, 4-Zylinder-Dieselmotor
Hubraum	8490 ccm
Leistung kW/PS	67/91
Leistungsgewicht	7,1 PS/t
Höchstgeschwindigkeit	23 km/h (Straße)
Kraftstoffvorrat	260 l
Fahrbereich	230 km (Straße), 140 km (Gelände)
Besatzung	4
Bewaffnung	1 x 7,5-cm-Pak 40/1 L/46, 1 x 7,92-mm-MG 34 oder MG 42
Kampfsatz	k.A.
Panzerung	Wanne 12 -40 mm, Aufbau 10 – 20 mm
Furttiefe	k.A

▲ *Obwohl die 7,5-cm-Pak 40 eine leistungsfähige Waffe war, blieb ihre Mobilmachung auf Basis des Gw. FCM 36(f) eine reine Verlegenheitslösung, deren Kampfwert mehr als zweifelhaft war. (Vincent Bourguignon)*

7,5 cm Pak 40/1 (Sf) auf Geschützwagen 38H(f) »Marder I«

Der Hotchkiss H 35 war 1940 neben dem Renault R 35 einer der häufigsten französischen leichten Panzer zur Infanterieunterstützung. Rund 550 – 600 Exemplare wurden nach Ende des Frankreichfeldzuges von der Wehrmacht erbeutet und vor allem für Sicherungsaufgaben weiterverwendet. Auf Basis des Typs Hotchkiss H 35 modifié 39 (deutsche Beutebezeichnung Kpfw. 38H(f)) schuf das Baukommando Becker 1942/43 zudem weitere Panzerjäger-Selbstfahrlafetten für die 7,5-cm-Pak 40, die unter den Anfang 1944 ausgegebenen Suggestivnamen »Marder I« fielen. Wie viele dieser Panzerjäger gebaut wurden, ist unklar; ältere Quellen gehen von 60 Umbauten aus, neuere englischsprachige Literatur spricht teils von nur 12 Fahrzeugen.
Für den Umbau als Panzerjäger wurde der Turm entfernt und auf die Wanne der Hotchkiss-Panzer ein nach oben offener Panzeraufbau gesetzt, der im Heckbereich über eine zweiflügelige Tür verfügte. Die Stärke des Aufbaus betrug vorn und an den Seiten 20 mm, hinten 10 mm. Die 7,5-cm-Pak 40 besaß einen Schwenkbereich von 30° zu jeder Seite. Wie bei anderen Selbstfahrlafetten des Baukommandos Becker gehörten auch hier ein Funkgerät und ein im Kampfraum mitgeführtes 7,92-mm-MG zur Standardausrüstung. Die Fahrzeuge verblieben sämtlich in Frankreich und wurden bei den Kämpfen gegen die alliierten Invasionstruppen im Sommer und Herbst 1944 eingesetzt, bei denen der überwiegende Teil verloren ging.

Typ	Panzerjäger-Selbstfahrlafette
Hersteller	Hotchkiss, Umbau Baukommando Becker
Gefechtsgewicht	12.500 kg
Länge	4220 mm (ohne Rohr)
Breite	k.A.
Höhe	2170 mm
Motor	Hotchkiss 6L6, 6-Zylinder-Benzinmotor
Hubraum	5976 ccm
Leistung kw/PS	88/120
Leistungsgewicht	9,6 PS/t
Höchstgeschwindigkeit	36,5 km/h (Straße), 16 km/h (Gelände)
Kraftstoffvorrat	207 l
Fahrbereich	150 km (Straße), 90 km (Gelände)
Besatzung	4
Bewaffnung	1 x 7,5-cm-Pak 40/1L/46 und 1 x 7,92-mm-MG 34 oder MG 42
Kampfsatz	k.A
Panzerung	14 - 34 mm (Wanne), 10 – 20 mm (Aufbau)
Furttiefe	0,5 m

▲ *Eine 7,5 cm Pak 40/1 (Sf) auf Geschützwagen 38H(f) während eines Manövers in Frankreich im Jahre 1944. (BA)*

7,62 cm Pak 36(r) auf Fahrgestell PzKpfw. II, Ausf. D1 und D2, Sd.Kfz. 132, »Marder II«

Als die deutschen Truppen im Herbst 1941 erstmals in größeren Zahlen auf T-34 sowie die Panzer der KW-Reihe stießen, wurde rasch klar, dass die bisherigen Panzerabwehrwaffen veraltet waren. Um der Truppe kurzfristig eine verbesserte Abwehrmöglichkeit zu geben, entschloss sich das HWA eine Reihe improvisierter Panzerjäger mit den stärksten verfügbaren Geschützen auszurüsten. Am 20. Dezember 1941 erhielt Alkett daher den Auftrag, aus überzähligen Fahrgestellen des PzKpfw. II Ausf. D bzw. deren Flammpanzer-Umbauten (siehe Seite 40 – 43) eine Pak-Selbstfahrlafette zu schaffen. Dieser als Sd.Kfz. 132 bezeichnete Panzerjäger war mit erbeuteten russischen 7,62-cm-Feldgeschützen M36 (auch F-22 genannt) bestückt, die eine Mündungsbremse sowie weitere Modifikationen erhalten hatten und für die Verwendung deutscher 7,5-cm-Pak-Munition umgebaut worden waren. Ihre neue Bezeichnung lautete dann 7,62-cm-Pak 36(r). Teils kamen auch unveränderte Waffen als 7,62-cm-Feldkanone 296(r) ohne Mündungsbremse zum Einbau. Um Platz für das Geschütz zu schaffen, wurde der Turm der PzKpfw. II entfernt und das Panzerkastenoberteil verändert. Zum Schutz der Besatzung erhielt die Pak einen großen Schild, hinten und oben blieb der Kampfraum jedoch offen. Die Panzerung des Aufbaus war schwach und der Aufzug zu hoch, dennoch bewährten sich diese Fahrzeuge, so sie taktisch richtig eingesetzt wurden, aufgrund ihrer Feuerkraft – konnten doch nun alle sowjetischen Panzer mit Erfolg auf größere Entfernung bekämpft werden. Selbst der schwere KW-1 lief nun Gefahr, auf über 1200 m abgeschossen zu werden. Analog zu den improvisierten Pak-Selbstfahrlafetten auf erbeuteten französischen Fahrgestellen wurde diesem Typ Ende 1943 der Suggestivname »Marder II« zugeordnet. Insgesamt entstanden zwischen April 1942 und Juni 1943 202 dieser Panzerjäger in drei leicht unterschiedlichen Baulosen. Die meisten dieser Fahrzeuge kamen bis 1944 an der Ostfront zum Einsatz, einige wenige auch in Tunesien.

Typ	Panzerjäger-Selbstfahrlafette
Hersteller:	Alket, Wegmann
Gefechtsgewicht	11.500 kg
Länge	5650 mm (mit Rohr)
Breite	2300 mm
Höhe	2600 mm
Motor	Maybach HL 62 TRM, 6-Zylinder-Benzinmotor
Hubraum	6191 ccm
Leistung kW/PS	103/140
Leistungsgewicht	12,2 PS/t
Höchstgeschwindigkeit	55 km/h (Straße), Gelände 19 km/h
Kraftstoffvorrat 200 l	
Fahrbereich	200 km (Straße), 130 km (Gelände)
Besatzung	4
Bewaffnung	1 x 7,62-cm-Pak 36(r) L/51, 1 x 7,92-mm-MG 34
Kampfsatz	30 x 7,62 cm, 900 x 7,92 mm
Panzerung	Wanne 5 – 30 mm, Aufbau 14,5 mm
Furttiefe	0,92 m

▲ *Kommandant und Schütze dieses Sd.Kfz. 132 waren nach hinten und oben praktisch ungeschützt. Das neue Panzerkastenoberteil enthielt zudem keine Luken für Fahrer und Funker, sodass diese ihre Plätze nur durch den Kampfraum erreichen und verlassen konnten.*

◀ *Diese fabrikneue 7,62cm Pak 36(r) auf Fahrgestell PzKpfw. II Ausf. D1 und D2 war eines der ersten Fahrzeuge dieser Art und wurde im Frühjahr 1942 aufgenommen. Hier zeigt sich deutlich der hohe Aufzug des Fahrzeugs. Der Spriegel am Heck diente zur Befestigung einer Plane bei schlechtem Wetter.*

7,5 cm Pak 40/2 auf Fahrgestell PzKpfw. II Ausf. A/B/C/F, Sd.Kfz. 131, »Marder II«

Typ	Panzerjäger-Selbstfahrlafette
Hersteller:	MAN, Daimler-Benz, FAMO
Gefechtsgewicht	10.800 kg
Länge	6360 mm (mit Rohr)
Breite	2280 mm
Höhe	2200 mm
Motor	Maybach HL 62 TRM, 6-Zylinder-Benzinmotor
Hubraum	6191 ccm
Leistung kW/PS	103/140
Leistungsgewicht	12,96 PS/t
Höchstgeschwindigkeit	40 km/h (Straße), Gelände 19 km/h
Kraftstoffvorrat 200 l	
Fahrbereich	190 km (Straße), 120 km (Gelände)
Besatzung	4
Bewaffnung	1 x 7,62-cm-Pak 40/2 L/46, 1 x 7,92-mm-MG 34
Kampfsatz	37 x 7,5 cm, 900 x 7,92 mm
Panzerung	Wanne 5 – 35 mm, Aufbau 8-10 mm
Furttiefe	0,92 m

Im Jahre 1942 war der Wehrmacht nur allzu deutlich geworden, dass die Tage leichter Kampfpanzer endgültig vorüber waren. Ihre schwache Bewaffnung und Panzerung ließen einen erfolgreichen Einsatz nur noch als Aufklärungsfahrzeuge zu. So entstand die Idee, vorhandene Fahrgestelle des PzKpfw. II als Basis für eine Pak-Selbstfahrlafette zu nutzen, um den T-34 und KW-1 der Roten Armee etwas entgegen zu setzen. Am 13. Mai 1942 wurde diese Idee Hitler vorgetragen und am 18. Mai wies das HWA MAN (Wanne), Rheinmetall (Hauptwaffe) und Alkett (Panzeraufbau und Endmontage) mit der Entwicklung eines entsprechenden Panzerjägers an. Bereits rund einen Monat später, am 20. Juni 1942, stellte Alkett das erste Versuchsfahrzeug fertig. Als Hauptwaffe des Sd.Kfz. 131 diente eine 7,5-cm-Pak 40/2 L/46 in einem oben und hinten offenen Panzeraufbau mit max. 10 mm Stärke. Die Pak 40 war für ihre Zeit eine hervorragende Waffe. Sie durchschlug mit der Pz.Gr. 39 auf 500 m Entfernung bei senkrechtem Auftreffen 135 mm Panzerstahl, bei einem Auftreffwinkel von 30° 106 mm. Auf 1000 m lagen die Werte bei 121 mm, bzw. 94 mm. Selbst auf 2000 m Distanz war diese Waffe noch in der Lage, bei einem Auftreffwinkel von 30° 73 mm Panzerstahl zu durchdringen. Allerdings wog das Geschütz mit Lafette über 1,4 t, weshalb es im Einsatz als gezogene Pak nur mühsam zu bewegen war. Zur Selbstverteidigung führte die Besatzung des Sd.Kfz. 131 im Kampfraum ein MG mit.

Der Marder II basierte auf dem Fahrgestell des PzKpfw. II der Ausf. A, B, C oder F, wobei sowohl instandgesetzte als auch neu gebaute Fahrgestelle verwendet wurden. MAN und Daimler-Benz bauten zwischen Juni 1942 bis März 1943 576 Fahrzeuge dieser Art. Von Mitte 1943 bis Anfang 1944 folgten 75 weitere, die bei FAMO gefertigt wurden, sodass insgesamt 651 Exemplare dieses Panzerjägers entstanden.

Die Mehrzahl der ab Anfang 1944 »Marder II« genannten Fahrzeuge kam an der Ostfront zum Einsatz, einige jedoch auch im Frankreich und Italien. 1944 erhielten zudem die ungarischen Streitkräfte eine Handvoll »Marder II«. Trotz der gleichen Nachteile wie beim Sd.Kfz. 132 bewährte sich auch das Sd.Kfz. 131, wenn es taktisch richtig einsetzt wurde. Beide Versionen des Panzerjägers »Marder II« blieben bis Kriegsende in Dienst.

▲ *Werksaufnahmen fabrikneuer früher Sd.Kfz. 131. Obgleich immer noch ein Behelf, war die Formgebung nun etwas besser als beim Sd.Kfz. 132 und die Gesamthöhe betrug nur noch 2200 mm anstelle von 2600 mm.*

Panzerjäger 38(t) mit 7,62-cm-Pak 36 (r), Sd.Kfz. 139, »Marder III«

Bereits die ersten Monate des Krieges in Russland hatten gezeigt, dass die Zeit des PzKpfw. 38(t) sich ihrem Ende näherte. Obwohl eigentlich ein leichter Panzer, musste der Typ die Rolle eines mittleren Kampfwagens erfüllen, war dazu jedoch eigentlich zu schwach gepanzert und bewaffnet. Zugleich waren das Chassis und der Antriebsstrang des PzKpfw. 38(t) jedoch robust und zuverlässig. Am 22. Dezember 1941 entschied das HWA daher, das Fahrgestell des Typs für den Bau von Panzerjäger-Selbstfahrlafetten zu nutzen und beauftragte BMM (Böhmisch-Mährische-Maschinenfabrik) mit der Entwicklung eines Fahrzeugs für die 7,62-cm-Pak 36(r). Da die Produktion so rasch wie möglich anlaufen sollte, mussten sich die Modifikationen an der Wanne und am Panzerkastenoberteil auf ein Minimum beschränken. Das Ergebnis wirkte daher ebenso improvisiert wie beim Sd.Kfz. 132, welches ebenfalls mit dem sowjetischen 7,62-cm-Beutegeschütz bewaffnet war. Der Schwenkbereich der Waffe war beschränkt (je 21° nach links und rechts), ein Schutz zu den Seiten war kaum, nach hinten oder oben überhaupt nicht vorhanden, und die Motorraumabdeckung bildete zum Teil den Boden des Kampfraumes. Die Böhmisch-Mährische-Maschinenfabrik (BMM) baute zwischen April und November 1942 insgesamt 344 Panzerjäger dieser Art auf neuen Wannen der Ausf. G und H. 1943 wurden noch einmal 19 instandgesetzte PzKpf. 38(t) umgerüstet. Späte Modelle des Panzerjägers 38 verfügten über einen 15 PS stärkeren Motor. Haupteinsatzgebiet dieses Typs war die Ostfront, eine ganze Reihe (je nach Quelle zwischen 66 und 117) kam jedoch auch in Nordafrika zum Einsatz. Dazu erhielten diese Fahrzeuge u. a. Sandfilter. Die zunächst verwendete Bezeichnung Panzerjäger 38(t) wurde Anfang 1944 in »Marder III« abgeändert. Die letzten Panzerjäger dieses Typs waren noch 1945 im Einsatz.

Typ	Panzerjäger-Selbstfahrlafette
Hersteller:	BMM
Gefechtsgewicht	10.800 kg
Länge	5850 mm (mit Rohr)
Breite	2140 mm
Höhe	2500 mm
Motor	Praga EPA TZJ (oder EPA 2 TZJ), 6-Zylinder-Benzinmotor
Hubraum	7754 ccm
Leistung kW/PS	92/125 (oder 103/140)
Leistungsgewicht	11,6 (oder 13) PS/t
Höchstgeschwindigkeit	42 km/h (Straße), 15 km/h (Gelände)
Kraftstoffvorrat	220 l
Fahrbereich	240 km (Straße), 160 km (Gelände)
Besatzung	4
Bewaffnung	1 x 7,62-cm-Pak 36(r) L/51, 1 x 7,92-mm-MG 37(t)
Kampfsatz	30 x 7,62 cm, 1200 x 7,92 mm
Panzerung	Wanne 8 – 50 mm, Aufbau 10 – 16 mm
Furttiefe	0,9 m

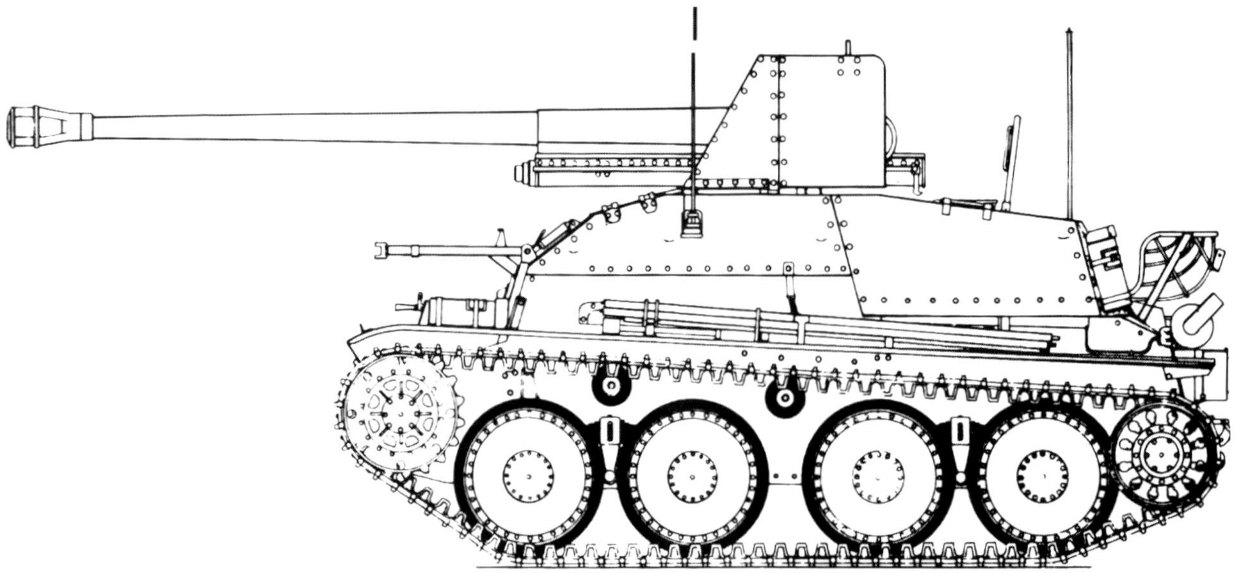

▲ *Ansicht eines Panzerjägers 38(t), der ersten einer ganzen Reihe von Selbstfahrlafetten auf der Basis des PzKpfw. 38(t).*

▲ Werksaufnahme eines der ersten Sd.Kfz. 139 im Frühjahr 1942. Der Korb am Wannenheck diente zum Transport von Ausrüstung und zusätzlichen Munitionskisten. Da die Produktionsfirma (hier BMM) noch keine Vorrichtungen zum Schweißen von Panzerblechen besaß, waren die Panzerjäger 38(t) nach wie vor genietet.

▲ Für den Einsatz in Nordafrika wurde das Sd.Kfz. 139 u. a. durch den Einbau von Sandfiltern für das Triebwerk modifiziert. Diese beiden Fahrzeuge wurden im März 1943 von alliierten Truppen in Tunesien erbeutet. (NARA)

▲ Panzerjäger 38(t) im Spätsommer 1942 im Raum Stalingrad. (BA)

Panzerjäger 38(t) mit 7,5-cm-Pak 40/3 Ausf. H., Sd.Kfz. 138,»Marder III«

Bereits vor Anlaufen der Serienfertigung des Sd.Kfz. 139 ließ das Heereswaffenamt auch die Möglichkeit prüfen, einen Panzerjäger auf Basis des PzKpfw. 38(t) zu schaffen, der mit der deutschen 7,5-cm-Pak 40 bewaffnet war. Wie späte Sd.Kfz. 139 oder Panzerjäger 38(t) basierte dieser auf einer Wanne des PzKpfw. 38(t) Ausf. H mit einem 140 PS leistenden 6-Zylinder-Ottomotor aus dem Hause Praga. Der Panzeraufbau des Sd.Kfz 138 war gegenüber dem Vorgängermodell leicht vergrößert worden, nach hinten und oben jedoch nach wie vor offen. Die Pak 40/3 besaß einen größeren Schwenkbereich (30°zu jeder Seite) und war nun etwas tiefer in der Wanne verbaut. Ein erster Prototyp wurde im Juni 1942 vorgestellt, die Serienproduktion begann im November 1942. Bis April 1943 baute BMM 242 Fahrzeuge auf neuen PzKpfw. 38(t) Fahrgestellen der Ausf. H, während 1943 noch einmal 175 Umbauten aus instandgesetzten PzKpfw. 38(t) entstanden. Marder III Ausf. H kamen ab Ende 1942 in Nordafrika, Italien, Russland und im Westen zum Einsatz. Obwohl das Fahrzeug im Grunde nur eine Notlösung war, befand es sich bis Kriegsende im Dienst und bewährte sich, so lange es taktisch richtig eingesetzt wurde, aufgrund seiner leistungsfähigen Pak.

Typ	Panzerjäger-Selbstfahrlafette
Hersteller:	BMM
Gefechtsgewicht	10.800 kg
Länge	5770 mm (mit Rohr)
Breite	2160 mm
Höhe	2510 mm
Motor	Praga EPA 2 TZJ, 6-Zylinder-Benzinmotor
Hubraum	7754 ccm
Leistung kW/PS	103/140
Leistungsgewicht	13 PS/t
Höchstgeschwindigkeit	42 km/h (Straße), 15 km/h (Gelände)
Kraftstoffvorrat	220 l
Fahrbereich	240 km (Straße), 160 km (Gelände)
Besatzung	4
Bewaffnung	1 x 7,5-cm-Pak 40/3 L/46, 1 x 7,92-mm-MG 37(t)
Kampfsatz	38 x 7,5 cm , 600 x 7,92 mm
Panzerung	Wanne 8 – 50 mm, Aufbau 10 – 15 mm
Furttiefe	0,9 m

▲ *Der Prototyp des Marder III Ausf. H« im Juni 1942 bei BMM.*

▲ *Zwei Marder III Ausf. H durchqueren 1943 ein Dorf in der Ukraine. Zum Schutz vor der Witterung hat die Besatzung des vorderen Fahrzeugs eine Plane über den Kampfraum gezogen.*

◀ *Marder III Ausf. H der Pz.Jg. Abt. 50 der 9. Pz.Div., Kursk, UdSSR, Juli 1943. (Vincent Bourguignon)*

Panzerjäger 38(t) mit 7,5-cm-Pak 40/3 Ausf. M, Sd.Kfz. 138, »Marder III«

Die Ausf. M des Panzerjägers 38(t) erschien im April 1943 und stellte eine signifikante Verbesserung gegenüber den beiden Vorgängermodellen dar. Da diese Version des Marder III nun auf der Wanne des Geschützwagens 38(t) basierte, bei der der Motor in die Mitte verlegt worden war, befand sich der Kampfraum nun im Heck des Fahrzeugs. Die Hauptbewaffnung bestand weiterhin aus der 7,5-cm-Pak 40/3, das MG in der Wannenfront fiel jedoch weg. Dafür wurde standardmäßig ein MG 34 oder MG 42 im Kampfraum mitgeführt. Die Ausf. M verfügte über einen geräumigeren Kampfraum, der nun auch Schutz nach hinten bot und nur noch oben offen war. Insgesamt war dieses letzte Modell der Marder-III-Baureihe ein wesentlich ausbalancierteres Fahrzeug. BMM baute bis Mai 1944 insgesamt 975 Ausf. M, die im Laufe der Produktion kleineren Änderungen unterworfen waren. Am 1. Februar 1945 waren noch 350 dieser Panzerjäger vorhanden. Zusätzlich entstanden bei BMM 104 Munitionspanzer 38(t) (Sf) Ausf. K ohne Hauptbewaffnung, die je 40 Schuss 7,5-cm-Pak-Munition transportieren konnten.

Typ	Panzerjäger-Selbstfahrlafette
Hersteller:	BMM
Gefechtsgewicht	10.500 kg
Länge	4650 mm
Breite	2150 mm
Höhe	2480 mm
Motor	Praga AC 6, 6-Zylinder-Benzinmotor
Hubraum	7754 ccm
Leistung kW/PS	110/150
Leistungsgewicht	14,3 PS/t
Höchstgeschwindigkeit	45 km/h (Straße), 20 km/h (Gelände)
Kraftstoffvorrat	220 l
Fahrbereich	210 km (Straße), 140 km (Gelände)
Besatzung	4
Bewaffnung	1 x 7,5-cm-Pak 40/3 L/46, 1 x 7,92-mm-MG 34 oder 42
Kampfsatz	27 x 7,5 cm, 600 x 7,92 mm
Panzerung	8 – 25 mm
Furttiefe	0,9 m

▲ *Werksaufnahmen eines fabrikneuen Marder III Ausf. M eines frühen Bauloses, erkennbar am gegossenen runden Fahrererker.*

▲ *Marder III Ausf. M in Arnheim (Niederlande) August 1944. Man beachte den nun eckigen, geschweißten Fahrererker. (BA)*

8,8 cm Pak 43/1 (L/71) auf Gw. III/IV (Sf), Sd.Kfz. 164, »Hornisse/Nashorn«

Krupp entwickelte 1942 eine neue Pak im Kaliber 8,8 cm, die jeden gegnerischen Panzer ausschalten konnte. Mit der Standardmunition Pz.Gr. 39/43 wurden bei einem Auftreffwinkel von 30° und einer Entfernung von 500 m 182 mm Panzerstahl durchschlagen, auf 1000 m 167 mm und auf eine Distanz von 2000 m noch immer 139 mm. Die Werte bei Verwendung der seltenen Pz.Gr. 40/43 mit Wolframkern betrugen bei gleichem Auftreffwinkel auf die genannten Distanzen 226 mm, 192 mm und 136 mm. Diese Leistungsfähigkeit hatte allerdings ihren Preis. Je nach Lafette wog dieses Geschütz bis zu 4380 kg und war damit nur noch im Motorzug zu bewegen. Alkett hatte bereits seit Februar 1942 an einer Selbstfahrlafette für die 15-cm-Haubitze sFH 18 gearbeitet (die spätere »Hummel«, siehe Seite 135) und adaptierte deren Fahrgestell nun auch für den geplanten Panzerjäger. Basis dieses Fahrzeugs war der Geschützwagen (Gw.) III/IV, der von Alkett unter Verwendung des Fahrgestells und des Motors des PzKpfw. IV sowie des Getriebes und der Steuerung des PzKpfw. III geschaffen worden war. Zusätzlich verlängerte Alkett für den Gw. III/IV die Wanne des PzKpfw. IV, verlegte den Motorraum in die Mitte der Wanne und schuf am Heck einen oben offenen Kampfraum. Nachdem Hitler im Oktober 1942 erste Holzattrappen vorgeführt worden waren, ergingen Order für je 100 Artillerie- und Pak-Selbstfahrlafetten. Die ersten Serienexemplare liefen bei Alkett im Februar 1943 vom Band. Später wurden zudem die Deutsche Eisenwerke in die Fertigung eingeschaltet. Obwohl der zunächst »Hornisse« und ab Februar 1944 »Nashorn« genannte Panzerjäger ursprünglich nur als schnell verfügbare Zwischenlösung konzipiert worden war, blieb das Fahrzeug bis März 1943 in Produktion. Insgesamt wurden 494 Panzerjäger-Selbstfahrlafetten des Typs »Nashorn« produziert, 1943 waren es 345, 133 im Jahre 1944 und noch einmal 16 im letzten Kriegsjahr. Während der Fertigung kam es zu kleineren Änderungen am Fahrzeug, die vor allem den Pak-Schild, die Rohrstütze, die Scheinwerfer und die Auspuffanlage betrafen.

Das Sd.Kfz. 164 »Nashorn« kam in speziellen schweren Panzer Jäger Abteilungen (s.Pz.Jg.Abt.) zum Einsatz und war dank der 8,8-cm-Pak 43/1 in der Lage, auch schwere gegnerische Panzer auf weite Entfernungen zu vernichten. Die Pak 43 war das leistungsfähigste in Großserie gefertigte Panzerabwehrgeschütz des 2. Weltkriegs und ermöglichte es dem Sd.Kfz. 164 z. B. T-34 bereits auf Entfernungen von über 2 km mit Erfolg zu bekämpfen. Gelang dies, fielen die Nachteile des Typs wie z. B. hoher Aufzug, dünne Panzerung und fehlender Panzerschutz nach oben kaum ins Gewicht. Weite Ebenen, wie z. B. in der UdSSR, waren daher ideal für den Einsatz des »Nashorn«, wohingegen hügeliges bzw. bergiges Terrain wie in weiten Teilen Italiens das Fahrzeug am Ausspielen seiner Trümpfe hinderte.

Typ	Panzerjäger-Selbstfahrlafette
Hersteller:	Alkett, Deutsche Eisenwerke
Gefechtsgewicht	24.000 kg
Länge	8440 mm (mit Rohr)
Breite	2950 mm
Höhe	2940 mm
Motor	Maybach HL 120 TRM, 12-Zylinder-Benzinmotor
Hubraum	11.870 ccm
Leistung kW/PS	221/300
Leistungsgewicht	12,5 PS/t
Höchstgeschwindigkeit	40 km/h (Straße), 19 km/h (Gelände)
Kraftstoffvorrat	470 l
Fahrbereich	250 km (Straße), 160 km (Gelände)
Besatzung	4 - 5
Bewaffnung	1 x 8,8-cm-Pak 43/1 L/71, 1 x 7,92-mm-MG 34
Kampfsatz	40 x 8,8 cm, 600 x 7,92 mm
Panzerung	10 – 30 mm
Furttiefe	0,8 m

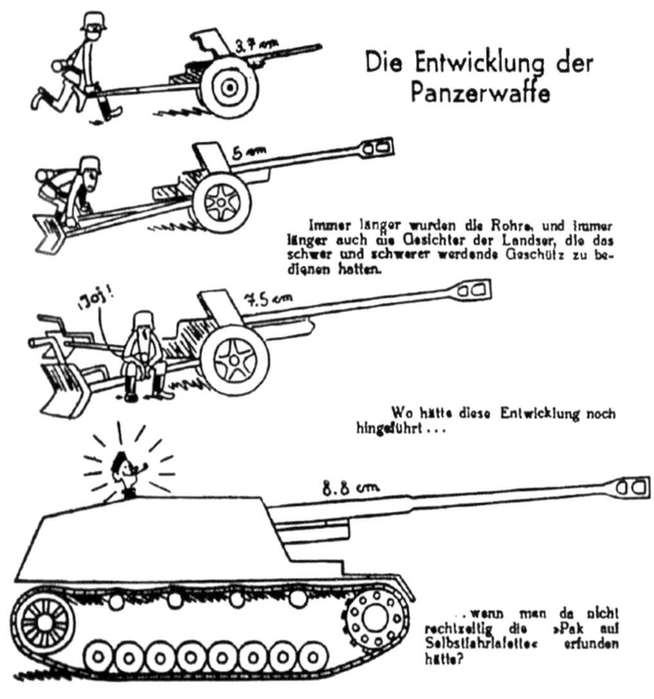

▲ *Diese Grafik aus der Kriegszeit stellt anschaulich dar, welche Überlegung hinter der Schaffung einer Panzerjäger-Selbstfahrlafette wie dem »Nashorn« stand. Von der 3,7-cm-Pak über die 5-cm-Pak und die 7,5-cm-Pak bis zur 8,8-cm-Pak waren Panzerabwehrgeschütze immer leistungsfähiger, zugleich aber auch immer schwerer und weniger mobil geworden.*

▲ »Nashorn« der s.Pz.Jg.Abt. 525, Italien , März 1944. (BA)

▲ »Nashorn« der s.Pz.Jg.Abt. 88 im Raum Kamyanets-Podolsk, März 1944 (NARA)

▲ »Nashorn« der s.Pz.Jg.Abt. 519 an der Ostfront. (BA)

▲ Nashorn der s.Pz.Jg. Kompanie 93, Raum Köln, März 1945.

Jagdpanzer Tiger (P), Sd.Kfz. 184, »Ferdinand« und »Elefant«

Um die überzähligen Fahrgestelle des VK 4501 (P), die im Rahmen der Entwicklung des »Tiger« entstanden waren, zu nutzen, gab das Waffenamt auf deren Basis im September 1942 eine Selbstfahrlafette mit 8,8-cm-Pak 43 L/71 in Auftrag. Die so geschaffenen Fahrzeuge besaßen das unveränderte Laufwerk des Porsche-Entwurfes, allerdings war der Motorraum in die Mitte gerückt worden, um im Heck Platz für einen bis zu 200 mm stark gepanzerten festen Aufbau zu schaffen, in dessen Front sich eine 8,8-cm-Pak 43/2 L/71 befand. Die Front der Wanne wurde durch zusätzlich angeschraubte 100-mm-Panzerplatten verstärkt. Das Fahrzeug übernahm den benzin-elektrischen Antrieb des VK 4501 (P), allerdings mit neuen Ottomotoren. Zwei Maybach HL 120 TRM erzeugten mit Hilfe von Generatoren Elektrizität für zwei im Heck befindliche Elektromotoren, welche direkt auf die Antriebsräder am Bug wirkten. Nachdem am 19. März 1943 die Erprobung angelaufen war, wurden bis Mai 1943 insgesamt 90 Stück des zu jener Zeit Schwerer Panzerjäger Tiger (P) genannten Fahrzeugs gebaut. Ihr Debüt gaben diese im Juli 1943 bei den S.Pz.Jg.Abt 653 und 654 bei Kursk. Dank ihrer leistungsstarken Hauptwaffe vermochten die Fahrzeuge ihre Gegner aus so großer Distanz zu bekämpfen, dass diesen keine Möglichkeit zur Gegenwehr blieb. Angeblich schossen die dort eingesetzten »Ferdinand« über 500 gegnerische Panzer ab, fielen aber auch reihenweise, vor allem durch Minentreffer und mechanische Schäden, aus. Inoffiziell erhielt der Typ bald den Spitznamen »Ferdinand«, nach seinem Konstrukteur Prof. Ferdinand Porsche.

Im Einsatz erwies sich, dass die fehlende Sekundärbewaffnung den Panzerjäger Tiger (P) sehr verwundbar gegenüber Infanterieangriffen machte, die vorhandenen MPi-Öffnungen waren nicht ausreichend. Zudem wurde klar, dass die Beobachtungsmöglichkeiten aus dem Innenraum sehr beschränkt waren und das extrem hohe Gewicht die Bergung beschädigter Fahrzeuge erschwerte oder gar unmöglich machte. Nach Monaten harter Einsätze an der Ostfront wurden 50 noch verbliebene Sd.Kfz. 184 Ende 1943 und Anfang 1944 zur Überholung in die Nibelungenwerke nach

Typ	Jagdpanzer
Hersteller:	Nibelungewerke
Gefechtsgewicht	68.000 kg
Länge	8140 mm (mit Rohr)
Breite	3380 mm
Höhe	2970 mm
Motor	2 x Maybach HL 120 TRM, 12-Zylinder-Benzinmotor
Hubraum	je 11.870 ccm
Leistung kW/PS	441/600
Leistungsgewicht	8,8 PS/t
Höchstgeschwindigkeit	20 km/h (Straße), 10 km/h (Gelände)
Kraftstoffvorrat	1080 l
Fahrbereich	150 km (Straße), 90 km (Gelände)
Besatzung	6
Bewaffnung	1 x 8,8-cm-Pak 43/2 L/71 (später zuusätzlich 1 x 7,92-mm-MG 34
Kampfsatz	50 x 8,8 cm (600 x 7,92 mm)
Panzerung	20 – 200 mm
Furttiefe	1 m

▲ *Ihre Feuertaufe erlebten die Panzerjäger »Tiger (P)« im Juli 1943 während des Unternehmens Zitadelle, der Schlacht um Kursk. Man beachte die aufgeschraubte, 100 mm starke Zusatzpanzerung am Bug. (US Army)*

Sankt Valentin verbracht. Dort wurden 48 der Fahrzeuge mit Kommandantenkuppeln und einem Bug-MG in einer Kugelblende ausgerüstet, um die Übersicht sowie die Abwehrmöglichkeiten gegen Infanterieangriffe zu verbessern. Die anderen beiden Fahrzeuge (sowie ein noch vorhandener Porsche-Prototyp) wurden zu Bergepanzern umgerüstet. Diese nun Jagdpanzer Tiger (P) »Elefant« genannten Kampfwagen kamen zunächst vor allem in Italien zum Einsatz, wo ein Fahrzeug 1944 bei Anzio durch die US Army erbeutet wurde. Ob des hohen Gewichtes war das Sd.Kfz. 184 zu unbeweglich und zu wenig zuverlässig. Dennoch erzielten diese Fahrzeuge, solange sie defensiv eingesetzt wurden, beeindruckende Abschusszahlen und blieben bis 1945 im Einsatz.

▲ *»Elefant« der s.Pz.Jg.Abt. 654, Italien, Sommer 1944. Während der Marschfahrt wurde das lange Rohr der 8,8-cm-Pak mit Hilfe einer Rohrstütze fixiert, um Schäden am Richtmechanismus zu vermeiden. (Grzegorz Jackowski)*

▲ *Erprobung des Sd.Kfz. 184 im Frühjahr 1943. Man beachte die große Öffnung am Heck des Panzeraufbaus, die nicht nur als Einstiegs- und Munitionsluke diente, sondern durch die auch die 8,8-cm-Pak 43/2 ein- und ausgebaut wurde. (NARA)*

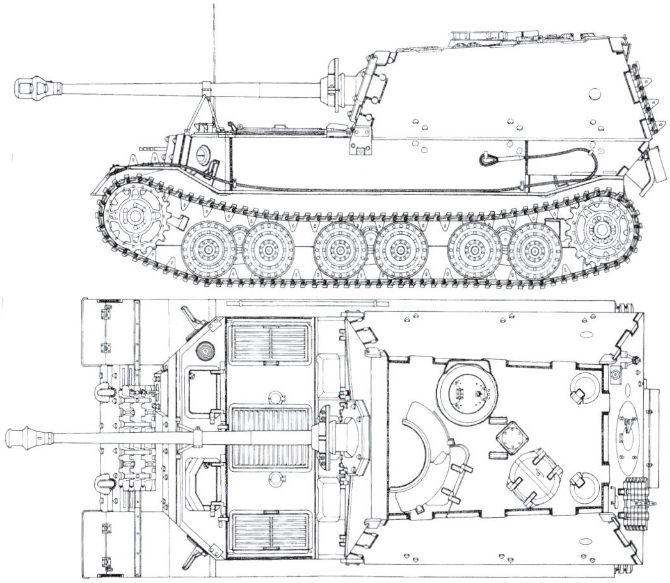

▲ *Zwei-Seiten-Ansicht des Jagdpanzer Tiger (P). 1944 erhielten die noch vorhandenen Fahrzeuge ein Bug-MG sowie eine Kommandantenkuppel mit sieben Winkelspiegeln.*

▲ *Der 100. und letzte Panzerjäger »Tiger (P)« »Ferdinand« am 8. Mai 1943 im Nibelungenwerk. (NARA)*

▶ *Überholte und modifizierte Jagdpanzer Tiger (P) im Frühjahr 1944 vor der Auslieferung an die Truppe. (TM)*

Jagdpanzer IV/48, Sd.Kfz.162 , (Sturmgeschütz neuer Art mit 7,5cm-PaK L/48 auf Fahrgestell PzKpfw. IV)

Aufgrund der Erfahrungen an der Ostfront forderte das HWA 1943 eine neue Generation von Sturmgeschützen und Jagdpanzern, die über einen geschlossenen Kampfraum, einen möglichst niedrigen Aufzug sowie eine ballistisch günstige Formgebung verfügen sollten. Zudem wurde eine Panzerung von 100 mm frontal und die Bewaffnung mit einer 7,5-cm-StuK 42 L/70, einer Variante der erstklassigen KwK 42, der Hauptwaffe des »Panther«, gefordert. Da die Kriegslage die langwierige Entwicklung eines vollständig neuen Fahrzeuges nicht zuließ, begannen Anfang 1943 bei Vomag (Vogtländische Maschinenfabrik AG) in Plauen die Konstruktionsarbeiten für einen derartigen Jagdpanzer auf Basis des bewährten und in Serienproduktion befindlichen Fahrgestells des PzKpfw. IV. Da der Typ als Nachfolger für das StuG III gedacht war, lautete die ursprüngliche Bezeichnung »Sturmgeschütz neuer Art«. Obwohl aus Gewichtsgründen für dieses Modell nur eine Frontpanzerung von 60 mm vorgesehen war, sorgte deren Schrägstellung für einen besseren Schutz, als ursprünglich gefordert. Nachdem Hitler im Mai 1943 eine Holz-Attrappe und im Oktober 1943 ein erster Prototyp vorgeführt worden waren, wurde die unmittelbare Produktion des Fahrzeugs angeordnet. Probleme mit der Einpassung der großen 7,5-cm-Kanone L/70 im engen Kampfraum sowie Lieferengpässe führten jedoch dazu, dass die Produktion ab Anfang 1944 unter Verwendung der erprobten 7,5-cm-Pak 39 L/48 erfolgten musste. Vorserien- und erste Serienmodelle waren noch mit einer Mündungsbremse ausgerüstet, diese fiel aufgrund erster Kampferfahrungen jedoch bald weg, da sie beim Abschuss oft zu viel Staub aufwirbelte, was die Sicht der Besatzung reduzierte und zudem den Standort des Fahrzeugs verriet. Jagdpanzer IV/48 wurden von Januar bis November 1944 gebaut. Vomag stellte in dieser Zeit, je nach Quelle, zwischen 769 und 784 Exemplare her.

Typ	Jagdpanzer
Hersteller:	Vomag
Gefechtsgewicht	24.000 kg
Länge	6850 mm (mit Rohr)
Breite	3170 mm
Höhe	1860 mm
Motor	Maybach HL 120 TRM, 12-Zylinder-Benzinmotor
Hubraum	11.870 ccm
Leistung kW/PS	221/300
Leistungsgewicht	12,5 PS/t
Höchstgeschwindigkeit	40 km/h (Straße), 19 km/h (Gelände)
Kraftstoffvorrat	470 l
Fahrbereich	240 km (Straße), 130 km (Gelände)
Besatzung	4 - 5
Bewaffnung	1 x 7,5-cm-Pak 39 L/48, 1 x 7,92-mm-MG 42
Kampsatz	79 x 7,5 cm, 1200 x 7,92 mm
Panzerung	10 – 60 mm
Furttiefe	1 m

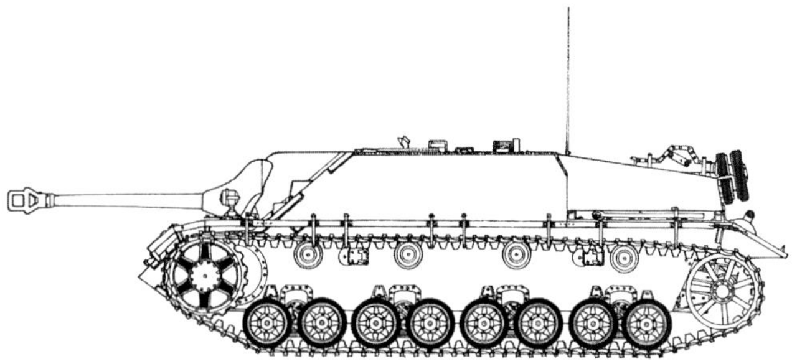

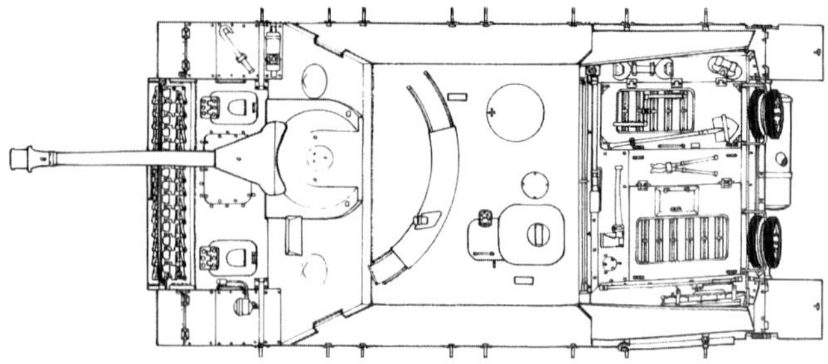

▲◥ Dieser Jagdpanzer IV/48 gehörte einst zur Panzer-Lehr-Division und wurde 1944 in Frankreich erbeutet, nach Großbritannien verbracht und dort eingehend untersucht. Die Mündungsbremse fehlt bei diesem Fahrzeug bereits. (TM)

Jagdpanzer IV/70 (V), Sd.Kfz.162/1

Damit eine derartig große Waffe wie die 7,5-cm-StuK 42 L/70 in den niedrigen, abgeschrägten Aufbau des Jagdpanzers IV passte, mussten zunächst Rücklaufbremse und Vorholmechanismus über das Rohr der Kanone verlegt werden. Da die Waffe zudem nicht in ausreichender Zahl gefertigt werden konnte, verließen die ersten mit dieser leistungsstarken Waffe ausgerüsteten Jagdpanzer IV die Werkshallen von Vomag nicht vor Mitte 1944. Deren Bezeichnung lautete dann »Jagdpanzer IV/70 (V)« wobei sich die »70« auf die verbaute 7,5-cm-StuK L/70 und das (V) auf den Hersteller Vomag bezogen. Durch die lange Kanone, die 2580 mm über den Bug hinausragte, sowie die auf 80 mm erhöhte Frontpanzerung stieg das Gefechtsgewicht auf 25.800 kg. Zudem wurde das Fahrzeug entsprechend kopflastig, was sich negativ auf die Geländegängigkeit auswirkte. Aufgrund des erhöhten Gewichtes wurden die ersten beiden gummibandagierten Laufrollen häufig je Seite durch solche aus Stahl ersetzt. Die Truppe nannte das Fahrzeug wegen seiner eigenwilligen Fahreigenschaften auch »Guderian-Ente« (nach dem Generalinspekteur der Panzertruppe Heinz Guderian). Dies stellt durchaus eine Ironie dar, denn Guderian war gegen den Bau des Typs, da er Kapazitäten band, die seiner Ansicht nach in die Fertigung des PzKpfw. IV hätten fließen sollen. Vomag baute zwischen August 1944 und April 1945 930 Jagdpanzer IV/70 (V). Aufgrund seiner leistungsstarken Hauptwaffe bewährte sich der Typ als Jagdpanzer bestens, konnte er doch alle gegnerischen Kampfwagen (mit Ausnahme des JS-2) auf so weite Entfernung ausschalten, dass diesen keine Möglichkeit zur Gegenwehr blieb. Seine geringe Gesamthöhe und gute Frontpanzerung bewährten sich ebenfalls. Als Sturmgeschütz zur Infanterieunterstützung oder als Ersatz-Kampfpanzer war der Jagdpanzer IV/70 jedoch weniger geeignet, wurde aus Mangel an Alternativen jedoch häufig in diese Rolle gezwungen.

Typ	Jagdpanzer
Hersteller:	Vomag
Gefechtsgewicht	25.800 kg
Länge	8500 mm (mit Rohr)
Breite	3170 mm
Höhe	1860 mm
Motor	Maybach HL 120 TRM, 12-Zylinder-Benzinmotor
Hubraum	11 870 ccm
Leistung kw/PS	221/300
Leistungsgewicht	11,6 PS/t
Höchstgeschwindigkeit	38 km/h (Straße), 16 km/h (Gelände)
Kraftstoffvorrat	470 l
Fahrbereich	200 km (Straße), 130 km (Gelände)
Besatzung	4
Bewaffnung	1 x 7,5-cm-StuK 42 L/70, 1 x 7,92-mm-MG 42
Kampfsatz	55 x 7,5 cm, 1200 x 7,92 mm
Panzerung	10 – 80 mm (+ 5-mm-Schürzen)
Furttiefe	1 m

▲ *Ein im August 1944 bei Vomag gebauter Jagdpanzer IV/70 (V) während seiner Werkserprobung. Das Fahrzeug ist noch ohne Zimmeritbelag oder Markierungen. Man beachte die beiden vorderen Laufrollen, die noch dem Original entsprechen.*

▲ *Jagdpanzer IV/70 (V) der 116. Pz.Div., Raum Wesel, Februar 1945. (Vincent Bourguignon)*

Jagdpanzer IV/70 (A), Sd.Kfz.162/1

Da bei sich Vomag die Anpassung der 7,5-cm-StuK 42 L/70 in den Aufbau des Jagdpanzers IV länger hinzog als geplant, das Heereswaffenamt diese leitungsstarke Kanone aber dringend forderte, entwickelte Alkett eine Art Zwischenlösung. Dabei wurde der von Vomag entworfene Panzeraufbau auf die unveränderte Wanne eines PzKpfw. IV Ausf. J gesetzt. Allerdings erhöhte sich das Gewicht so auf 28.000 kg und das Fahrzeug wurde wesentlich höher. Die Produktion dieser Variante begann jedoch auch erst praktisch zeitgleich mit der des Vomag-Modells. Dennoch wurde der Bau fortgeführt, um Engpässe bei der Herstellung durch Vomag zu überbrücken. Die von Alkett entworfene Variante wurde durch ein (A), die von Vomag durch ein (V) gekennzeichnet. Insgesamt baute Steyr in den Nibelungenwerken von August 1944 bis März 1945 278 Jagdpanzer IV/70 (A).

Typ	Jagdpanzer
Hersteller:	Alkett, Steyr
Gefechtsgewicht	25 800 kg
Länge	8500 mm (mit Rohr)
Breite	3170 mm
Höhe	1860 mm
Motor	Maybach HL 120 TRM, 12-Zylinder-Benzinmotor
Hubraum	11 870 ccm
Leistung kW/PS	221/300
Leistungsgewicht	11,6 PS/t
Höchstgeschwindigkeit	38 km/h (Straße), 16 km/h (Gelände)
Kraftstoffvorrat	470 l
Fahrbereich	200 km (Straße), 130 km (Gelände)
Besatzung	4
Bewaffnung	1 x 7,5-cm-StuK 42 L/70, 1 x 7,92-mm-MG 42
Panzerung	10 – 80 mm (+ 5-mm-Schürzen)
Furttiefe	1 m

▲ *Der Prototyp der Alkett-Version des Jagdpanzers IV/70 im Juli 1944. Man beachte die unveränderte Wanne des PzKpfw. IV, der als Basis diente.*

▲ *Dem Alkett-Modell des Jagdpanzer IV/70 fehlte die günstige Formgebung und niedrige Gesamthöhe des Vomag-Entwurfes. Dass es dennoch in Produktion blieb, ist der schlechten Kriegslage zu verdanken. Dieser Prototyp des Jagdpanzers IV/70 (A) wurde in Kummersdorf erprobt.*

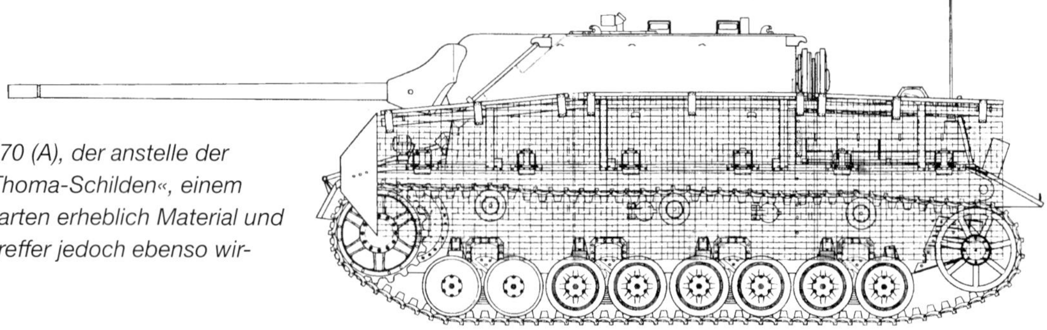

▶ *Seitenansicht eines Jagdpanzers IV/70 (A), der anstelle der normalen Schürzen mit sogenannten »Thoma-Schilden«, einem Drahtgeflecht, ausgerüstet ist. Diese sparten erheblich Material und Gewicht, waren gegen Panzerbüchsentreffer jedoch ebenso wirkungsvoll wie Schürzen aus Blech.*

Jagdpanzer 38(t), Sd.Kfz. 138/2

Im März 1943 forderte Generaloberst Guderian den Bau eines rundum geschützten leichten Jagdpanzers, der die bis dahin gebräuchlichen improvisierten Modelle, z. B. der Marder-Baureihe, ablösen sollte. So vergab das Heereswaffenamt im Mai 1943 den Auftrag zur Entwicklung eines solchen Fahrzeuges auf Fahrgestell des PzKpfw. 38(t) n. A. Als Waffe wurde eine modifizierte Version der 7,5-cm-PaK 39 L/48 ausgewählt, die eine weiterentwickelte Rohrbremse besaß und so eine Mündungsbremse überflüssig machte. Die Wanne des Ausgangsmodells wurde verbreitert, und um das auf 16.000 kg gestiegene Gewicht besser verkraften zu können, wurden breitere und verstärkte Ketten montiert. Auf dem Wannendach kam zum Schutz gegen Infanterieangriffe ein ferngesteuertes, 360° schwenkbares MG zum Einbau. Die rundherum abgeschrägten Flächen sorgten für ein Maximum an Geschossablenkung. Auch die Dimensionen des Panzers waren sehr vorteilhaft, allerdings zum Leidwesen der Besatzung, die nur über sehr wenig Platz im Jagdpanzer 38(t) verfügte. Zudem war dadurch der Schwenkbereich der 380 mm rechts der Mittellinie eingebauten Hauptwaffe auf 5° nach links und 11° nach rechts beschränkt. Nachdem im März 1944 drei Prototypen vorgestellt worden waren, wurden bereits im Mai 1944 die ersten Hetzer der Truppe übergeben; der erste Kampfeinsatz erfolgte ab Juli 1944 im Nordabschnitt der Ostfront bei der Pz.Jg.Abt. 731.

Die Serienproduktion lief zunächst nur bei BMM, ab September 1944 kam noch Škoda hinzu. Bis Mai 1945 bauten beide Firmen insgesamt 2584 Jagdpanzer 38(t) in drei Modellreihen, die sich in Details unterschieden. So wurden die Fahrzeuge im Laufe der Zeit immer weiter vereinfacht, um die Herstellung zu beschleunigen und Materialengpässen zu begegnen. Zudem wurden z. B. Veränderungen an den Ausstiegsluken, den Lauf- und Stützrollen, der Aufhängung und der Kanonenblende vorgenommen. Aufgrund seiner geringen Größe, geschickten Formgebung und starken Frontpanzerung bewährte sich der Jagdpanzer 38(t) sehr gut. Auf Basis des Jagdpanzers 38(t) entstanden als Umbau zudem rund 20 Flammpanzer 38(t) sowie eine unbekannte Zahl (170 - 181) Bergepanzer 38(t). Diverse Prototypen und Umbauten, z. B. mit einem 15-cm-sIG 33, der 7,5-cm-K 51 l/24 als Aufklärungspanzer oder einer rücklauflos lafettierten 7,5-cm-Pak 39 wurden jeweils nur als Versuchsmuster oder in sehr wenigen Exemplaren hergestellt. Eine als Jagdpanzer 38(d) bezeichnete Weiterentwicklung mit längerer Wanne, auf 80 mm verstärkter Frontpanzerung, 7,5-cm-StuK 42 L/70 und einem 220 PS starken Dieselmotor wurde nicht mehr verwirklicht.

Typ	Jagdpanzer
Hersteller:	BMM, Škoda
Gefechtsgewicht	16.000 kg
Länge	6270 mm (mit Rohr)
Breite	2630 mm
Höhe	2170 mm
Motor	Praga AC/2, 6-Zylinder-Benzinmotor
Hubraum	7754 ccm
Leistung kw/PS	118/160
Leistungsgewicht	11,6 PS/t
Höchstgeschwindigkeit	42 km/h (Straße), 16 km/h (Gelände)
Kraftstoffvorrat	320 l
Fahrbereich	260 km (Straße), 170 km (Gelände)
Besatzung	4
Bewaffnung	1 x 7,5-cm-Pak 39 L/48, 1 x 7,92-mm-MG 34 oder MG 42
Panzerung	8 – 60 mm
Furttiefe	1 m

▲ *Die erste Holzattrappe des späteren Jagdpanzers 38(t) im Januar 1944.*

▲ *Diese Gegenüberstellung eines Marder III mit dem Jagdpanzer 38(t) zeigt deutlich die Vorteile des neuen Entwurfes.*

75 Jagdpanzer 38(t) wurden von September 1944 bis Januar 1945 an Ungarn geliefert, geplante Lieferungen an Rumänien wurden nicht mehr verwirklicht. In den letzten Kriegsmonaten wurden die bulgarischen Streitkräfte, die im September 1944 die Seiten gewechselt hatten, von der Sowjetunion mit mindestens vier Jagdpanzer 38(t) aus Beutebeständen ausgerüstet. Nach dem Krieg baute Škoda leicht modifizierte Hetzer für das tschechische Heer und auch die schweizerische Armee erwarb 158 Fahrzeuge, die bis 1970 als G13 im Dienst waren.

Ein Rätsel ist der oft für dieses Fahrzeug verwendete Beiname »Hetzer«. Während Bezeichnungen wie »Tiger« oder »Panther« offiziell vom Heereswaffenamt vergeben wurden, war dies beim Jagdpanzer 38(t) nicht der Fall und taucht daher auch in keinem offiziellen Dokument aus Berlin auf. General Guderian erklärte in einem Brief an Hitler allerdings, dieser Name sei spontan von der Truppe geprägt und dann weiterverwendet worden. Die Bezeichnung »Hetzer« taucht zudem in Berichten von Frontverbänden auf, sodass davon ausgegangen werden darf, dass diese Bezeichnung zwar nicht offiziell war, aber doch verwendet wurde. In welchem Umfang bleibt jedoch nach wie vor umstritten.

▲ *Werksaufnahme eines Jagdpanzer 38(t) aus der Fertigung im August 1944 bei BMM. Man beachte das werksseitig aufgetragene Tarnschema aus Dunkelgelb, Olivgrün und Rot- bzw. Schokoladenbraun.*

▲ *Zwischen Mai 1944 und April 1945 baute BMM 14 Fahrzeuge mit rücklaufloser (»starrer«) Lagerung der 7,5-cm-Kanone, wodurch die Produktion vereinfacht und zudem Gewicht und Raum eingespart werden sollten. Ein geplanter Einbau einer rücklauflosen 7,5-cm-Kanonen L/70 wurde nicht mehr verwirklicht.*

▲ *Einer der ersten Jagdpanzer 38(t), aufgenommen im April 1944 auf dem Werksgelände von BMM.*

▶ *Jagdpanzer 38(t) einer unabhängigen Pz.Jg.Abt., Westfront, Jahreswende 1944-45. (Vincent Bourguignon)*

Bergepanzer 38(t)

Bereits im August 1944 wurde festgelegt, dass für je 14 Jagdpanzer 38(t) ein Bergepanzer 38(t) gefertigt werden sollte, um gemeinsam zum Einsatz zu kommen. Der Bergepanzer besaß einen etwas niedrigeren, oben offenen Aufbau, der eine durchgehende Frontplatte aufwies. Ein 2-t-Hilfskran wurde zusammengelegt außen am Fahrzeug mitgeführt, ebenso Kletterbalken und Abschleppstangen. Im Fahrzeug war eine 5-t-Seilwinde installiert, deren Seil nach hinten ablief. Hinzu kam ein absenkbarer Erdsporn.

▲ *Ein sehr früher Bergepanzer 38(t) aus dem Baulos vom September 1944. Dieses Fahrzeug verfügt weder über eine Winde noch einen Erdsporn. Aufgenommen wurde dieser Bergepanzer 38(t) 1946 auf dem Aberdeen Proving Ground in Maryland, dem Testgelände der US Army. (NARA)*

Typ	Bergepanzer
Hersteller:	BMM
Gefechtsgewicht	14.500 kg
Länge	4870 mm
Breite	2630 mm
Höhe	1710 mm
Motor	Praga AC/2, 6-Zylinder-Benzinmotor
Hubraum	7754 ccm
Leistung kw/PS	118/160
Leistungsgewicht	11,03 PS/t
Höchstgeschwindigkeit	42 km/h (Straße), 16 km/h (Gelände)
Kraftstoffvorrat	320 l
Fahrbereich	260 km (Straße), 170 km (Gelände)
Besatzung	4
Bewaffnung	1 x 7,92-mm-MG 34
Kampfsatz	1200 x 7,92 mm
Panzerung	8 – 60 mm
Furttiefe	1 m

Die Bewaffnung bestand aus einem 7,92-mm-MG 34. Über die genaue Zahl der produzierten Bergepanzer 38(t) liegen unterschiedliche Angaben vor, je nach Quelle liegt die Zahl bei 170 oder 181 Exemplaren.

Der oben offene Aufbau des Bergepanzer 38(t) lud dazu ein, bewaffnete Versionen zu bauen. So entstanden auf dessen Basis ab Dezember 1944 24 Selbstfahrlafetten mit dem 15-cm-sIG 33 sowie der Prototyp eines Aufklärungspanzers mit 7,5-cm-Kanone K51 L/24. Fotografien zeigen zudem Fahrzeuge auf Basis des Bergepanzers 38(t), die mit einer 2-cm-Flak 38 oder einer 3-cm-MK 103 in einer Flak-Lafette bestückt sind. Wie viele dieser als Aufklärungspanzer 38 (t) bezeichneten Fahrzeuge noch gefertigt wurden, ist unklar. Als Prototyp auf Basis des Bergepanzers 38(t) entstand zudem noch ein Fahrzeug mit 12-cm-Grantwerfer.

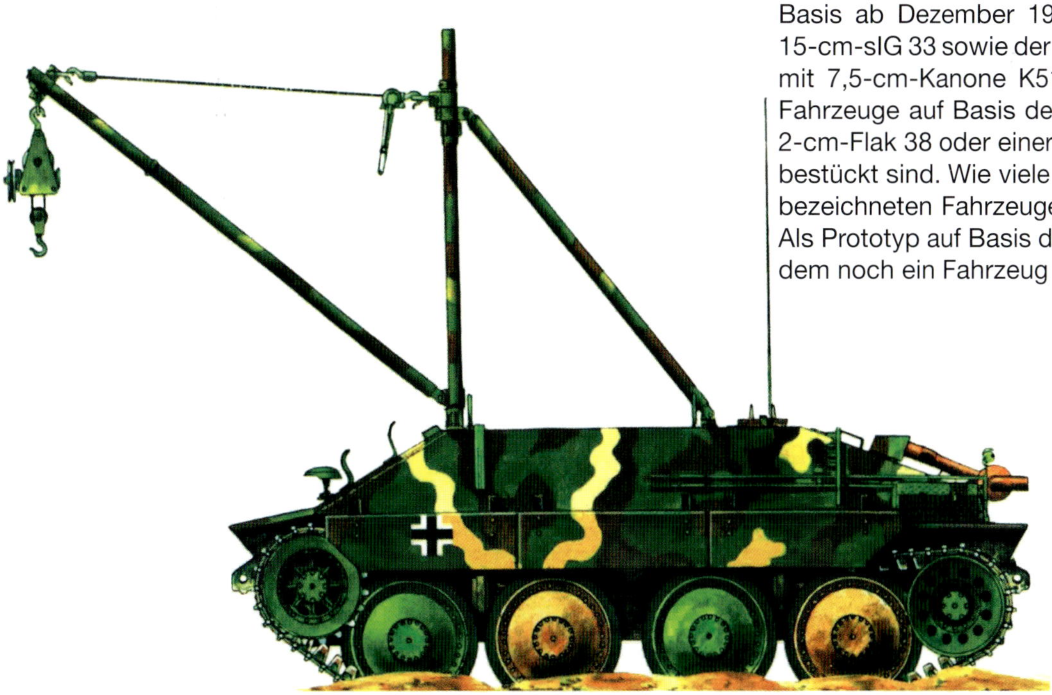

▲ *Bergepanzer 38(t) mit 2-t-Hilfskran. (Grzegorz Jackowski)*

7,5-cm-Pak 40/4 auf Raupenschlepper Ost (Sf)

Der Raupenschlepper Ost (RSO) war eigentlich ein ungepanzertes Transportfahrzeug, das entwickelt worden war, um den widrigen Verhältnissen an der Ostfront gerecht zu werden. Ab September 1942 fertigten Steyr (sowie später auch KHD, Auto-Union, Gräfe & Stift) etwa 28.000 RSO. Eine der Varianten des RSO war eine Panzerjäger-Selbstfahrlafette mit einer 7,5-cm-Pak 40, für die 25 Schuss mitgeführt wurden. Dazu wurde die Pak schlicht auf die Ladefläche des RSO gesetzt. Allein das Vorderteil des Fahrzeugs war leicht gepanzert (5 – 10 mm), die Geschützbedienung war auf den Schild der Pak angewiesen. Als Witterungsschutz konnte eine Plane aufgezogen werden. Insgesamt wurden ab Ende 1943 87 solcher Fahrzeuge gebaut, die sich aber nicht bewährten. Für die Gebirgsjäger wurde eine kleine Zahl ähnlicher Raupenschlepper Gebirge (RSG) gebaut, die mit einer 7,5-cm-Gebirgshaubitze 34 ausgerüstet waren.

Typ	Panzerjäger-Selbstfahrlafette
Hersteller:	Steyr
Gefechtsgewicht	5200 kg
Länge	4570 mm (mit Rohr)
Breite	1990 mm
Höhe	2600 mm
Motor	Steyr V8, 8-Zylinder-Benzinmotor
Hubraum	3517 ccm
Leistung kW/PS	51,5/70
Leistungsgewicht	13,2 PS/t
Höchstgeschwindigkeit	17 km/h (Straße)
Kraftstoffvorrat	180 l
Fahrbereich	300 km (Straße), 150 km (Gelände)
Besatzung	5
Bewaffnung	1 x 7,5-cm-Pak /40/4 L/46
Kampfsatz	25 x 7,5 cm
Panzerung	5 – 10 mm
Furttiefe	0,85 m

▲ *Diese 7,5-cm-Pak 40/4 auf Raupenschlepper Ost (Sf) wurde bei Kriegsende von den US-Truppen erbeutet, offenbar in einem Depot oder einer Kaserne. Die weiße Beschriftung zeigt an, dass dieses Fahrzeug zur weiteren Untersuchung in eine Sammelstelle der US Army verbracht werden soll. (NARA)*

▲ *Man beachte den doppelten Schild der Pak. Durch die Schottanordnung boten diese beiden 4-mm-Bleche mehr Schutz als ein einzelnes 8-mm-Blech. (NARA)*

▶ *7,5-cm-Pak 40/4 auf Raupenschlepper Ost (Sf), Ostfront, 1944. (Vincent Bourguignon)*

Jagdpanzer V, Sd.Kfz. 173, »Jagdpanther«

Im August 1942 vergab das Waffenamt an Krupp einen Auftrag zum Entwurf eines Panzerjägers auf Basis des zu jener Zeit noch in Entwicklung befindlichen PzKpfw. V »Panther«, der mit der neuen 8,8-cm-Pak 43 bewaffnet sein sollte. Daimler-Benz übernahm im Oktober 1942 die Konstruktion des Fahrzeugs und stellte Ende 1943 den ersten Prototypen vor. Ab Februar 1944 begann bei MIAG in Braunschweig die Serienproduktion, an der später auch noch MNH in Hannover beteiligt wurde. Der »Jagdpanther« basierte auf dem Fahrgestell des »Panther« Ausf. G, auf das ein fester Panzeraufbau gesetzt wurde, in dessen stark abgeschrägter Front eine 8,8-cm-Pak 43/3 L/71 saß, die einen Schwenkbereich von 11° zu jeder Seite besaß. Rechts davon befand sich ein MG 34 in einer Kugelblende. Im Laufe der Produktion der (je nach Quelle) insgesamt 384 bis 415 »Jagdpanther« wurden mehrere Verbesserungen vorgenommen, so z.B. an der Fahrersehklappe oder dem zunächst einteiligen, später dann dreiteiligen Rohr der Hauptwaffe. Zudem erhielten die Abgasrohre Abdeckungen, da sie im Betrieb regelrecht glühten und so den Standort verrieten. Der »Jagdpanther« gilt allgemein aufgrund seiner schlagkräftigen Hauptwaffe, seiner Mobilität und geschickten Formgebung als einer der besten Jagdpanzer des 2.Weltkrieges.
Unmittelbar nach Kriegsende ließen die britischen Besatzungstruppen in der Maschinenfabrik Niedersachsen (MNH Hannover) aus noch vorhandenen Einzelteilen zwölf »Jagdpanther« und neun »Panther« fertigstellen, um diese zu erproben.

Typ	Jagdpanzer
Hersteller:	MIAG, MNH
Gefechtsgewicht	45.500 kg
Länge	9870 mm (mit Rohr)
Breite	3420 mm (mit Schürzen)
Höhe	2710 mm
Motor	Maybach HL 230 P 30, 12-Zylinder-Benzinmotor
Hubraum	23.380 ccm
Leistung kW/PS	515/700
Leistungsgewicht	15,4 PS/t
Höchstgeschwindigkeit	46 km/h (Straße), 24 km/h (Gelände)
Kraftstoffvorrat	720 l
Fahrbereich	250 km (Straße), 100 km (Gelände)
Besatzung	5
Bewaffnung	1 x 8,8-cm-Pak 43 L/71, 1 x 7,92-mm-MG 34
Kampfsatz	57 x 8,8 cm, 600 x 7,92 mm
Panzerung	17 – 80 mm
Furttiefe	1,7 m

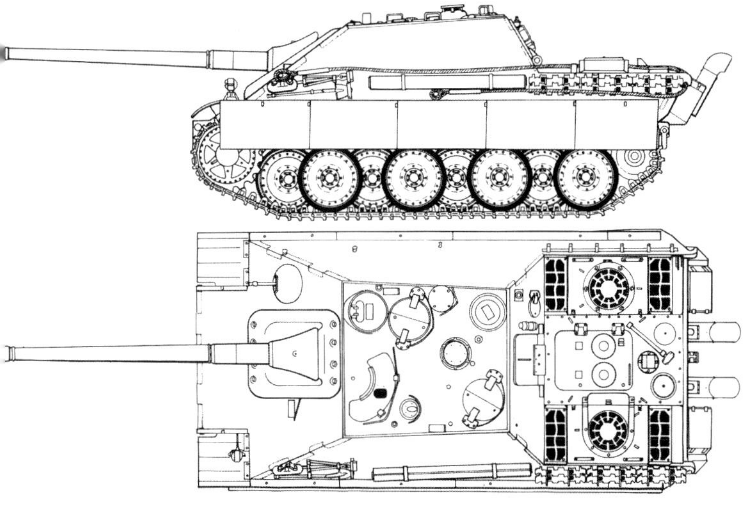

▲ Zwei-Seiten-Ansicht eines späteren »Jagdpanthers« (mehrteiliges Kanonenrohr, Flammenvernichter-Auspuff, nur ein Fahrer-Winkelspiegel).

▲ Ein früher Jagdpanther, erkennbar an den beiden Sichtblöcken für den Fahrer sowie dem einteiligen Rohr der Hauptwaffe. (TM)

▲ Ein »Jagdpanther« eines mittleren Bauloses, der bereits über das mehrteilige Kanonenrohr verfügt, aber noch einen geschweißten Kragen an der Frontplatte aufweist. (TM)

▲ Mobilität, eine gelungene Formgebung sowie die starke 8,8-cm-Pak 43 machten den »Jagdpanther« zu einem, wenn nicht dem besten Jagdpanzer des Zweiten Weltkrieges. Dieses Exemplar ist mit einem Zimmeritbelag zum Schutz gegen Hafthohlladungen versehen. (Grzegorz Jackowski)

▲ Dieses Fahrzeug aus einem späteren Baulos (Dezember 1944, u. a. erkennbar am mehrteiligen Kanonenrohr und dem verschraubten Kragen rund um de Kanonenöffnung in der Frontplatte) wurde Ende 1944 von der US Army in den Ardennen erbeutet und in die USA verschifft, um dort aus dem Aberdeen Proving Ground erprobt zu werden. (NARA)

▲ Diese sehr späte Ausführung des »Jagdpanther« war im April 1945 im Raum Uelzen, Niedersachsen, bei der s.Pz.Jg. Abt 655 im Einsatz. (Vincent Bourguignon)

Jagdpanzer VI Ausf. B, Sd.Kfz. 186, »Jagdtiger«

Bereits im Februar 1943 vergab das Waffenamt an Henschel den Auftrag zur Entwicklung eines schweren Jagdpanzers mit 12,8-cm-Pak. Nachdem Hitler am 20. Oktober 1943 eine Holzattrappe vorgeführt worden war, stellten die Nibelungenwerke im April 1944 den ersten Prototypen auf Basis des »Tiger II« fertig. Um die mächtige 12,8-cm-Pak 44 L/55 aufnehmen zu können, mussten Wanne und Laufwerk verlängert und der Drehturm durch einen festen Panzeraufbau ersetzt werden. Die ersten »Jagdtiger« wurden im Juli 1944 fertigstellt und ab November 1944 der Truppe übergeben. Eine Panzerung von bis zu 250 mm machte den Jagdtiger im Frontbereich zwar annähernd unverwundbar, aufgrund des hohen Gewichtes waren Motor und Getriebe aber überlastet. Die Fahrzeuge erwiesen sich daher als sehr unzuverlässig. Da nicht genügend 12,8-cm-Pak 44 zur Verfügung standen, baute das Nibelungenwerk bei einigen Exemplaren die 8,8-cm-Pak 43 L/71 (z. B. auch im Jagdpanther, Nashorn oder Elefant zu finden) ein. Bis März 1945 wurden nur 77 Jagdtiger gebaut, von denen zehn ein von Porsche entwickeltes Laufwerk erhielten, das sich nicht bewährte.

Typ	Jagdpanzer
Hersteller:	Nibelungewerk
Gefechtsgewicht	72.000 kg
Länge	10.654 mm (mit Rohr)
Breite	3625 mm (mit Schürzen)
Höhe	2945 mm
Motor	Maybach HL 230 P 30, 12-Zylinder-Benzinmotor
Hubraum	23.380 ccm
Leistung kw/PS	515/700
Leistungsgewicht	9,8 PS/t
Höchstgeschwindigkeit	35 km/h (Straße), 16 km/h (Gelände)
Kraftstoffvorrat	860 l
Fahrbereich	120 km (Straße), 80 km (Gelände)
Besatzung	5
Bewaffnung	1 x 12,8-cm-Pak 44 L/55, 1 x 7,92-mm-MG 34
Kampfsatz	40 x 12,8 cm, 1500 x 7,92 mm
Panzerung	25 – 250 mm
Furttiefe	1,75 m

▲ *Erprobung der Porsche-Version (oben) und der Henschel-Version des Jagdtigers im März 1944 auf dem Gelände in Kummersdorf.*

▲ *Heckansicht des in Netphen erbeuteten »Jagdtigers«. Man beachte die auf der Motorabdeckung befindliche Fla-Lafette für ein MG 42. Das am Heck befestigte Drahtseil deutet darauf hin, das von deutscher Seite noch versucht wurde, das mit einem beschädigten Motor liegen gebliebene Fahrzeug zu bergen – bei 72 t kein einfaches Unterfangen. (NARA)*

▲ *Jagdtiger der s.Pz.Jg. Abt. 653, Raum Wissembourg (Elsass), März 1945. (Vincent Bourguignon)*

▲ *Dieser »Jagdtiger« wurde am 3. April 1945 auf dem Versuchsgelände Haustenbeck bei Paderborn von US-Truppen erbeutet. Dieses Fahrzeug (Fgst. Nr. 305004) war der vierte je gebaute Jagdtiger und wurde im Juli 1944 fertig gestellt. Heute befindet sich dieser Kampfwagen im britischen Panzermuseum in Bovington. (NARA)*

Leichter Einheitswaffenträger mit 8,8-cm-Pak 43 L/71

Seit Ende 1942 suchte die Wehrmacht nach Möglichkeiten ihre Artilleriegeschütze mobiler zu machen, man dachte dabei an sogenannte »Waffenträger«, Fahrzeuge, von denen die Waffen rasch abmontiert werden und auch abgesetzt feuern konnten. Nachdem erste Überlegungen für ein solches Fahrzeug auf Basis des Geschützwagens III/IV, der auch für die Selbstfahrlafetten »Hummel« und »Nashorn« Verwendung fand, als zu aufwändig und teuer verworfen worden waren, wurde Anfang 1944 ein neuer Auftrag zur Entwicklung eines solchen Fahrzeugs für die 8,8-cm-Pk 43, die 10,5-cm-leFH 18 und das 15-cm-sIG 33 an Krupp, Rheinmetall, Steyr und Ardelt vergeben. Krupp sollte dabei die Gesamtkoordination und Rheinmetall die Anpassung der Waffen übernehmen, während Ardelt und Steyr entspreche Fahrgestelle entwickelten. Im April 1944 stellten Krupp-Steyr und Ardelt erste Prototypen vor. Der Krupp-Steyr Waffenträger besaß einen nach oben offenen, sonst aber geschlossen, mittig aufgesetzten Turm, während die Ardelt-Version nur einen großen Schild für die 8,8-cm-Pak 43 vorsah. Beide Ausführungen erlaubten einen Schwenkbereich der Geschütze von 360°. Der Fahrer war jeweils vorn links in der Wanne untergebracht, Motor und Antriebsstrang rechts daneben. Während Steyr für seinen Entwurf auf Elemente des RSO zurückgriff, plante Ardelt Motor, Aufhängung, Laufrollen sowie Gleisketten des Jagdpanzers 38(t) zu verwenden.

Aufgrund seiner kostengünstigen und einfachen Bauweise gewann der Entwurf der Firma Ardelt aus Eberswalde die Ausschreibung. Im Sommer 1944 in der Heeresversuchsanstalt Hillersleben durchgeführte Versuche mit einem zweiten Fahrzeug verliefen zufriedenstellend. Allerdings erhielt Ardelt erst im November 1944 den Auftrag zur Serienfertigung des Fahrzeugs. Frühjahr 1945 war geplant, Komponenten des Jagdpanzers 38(d), z. B. dessen 220-PS-Diesel und Laufwerk, in die Serienfertigung zu integrieren. Insgesamt wurden bis Kriegsende aber nur zehn Waffenträger für die 8,8-cm-Pak 43 fertiggestellt, von denen die meisten bei Kämpfen im Großraum Berlin zum Einsatz kamen. Zumindest zwei Waffenträger wurden von der Roten Armee erbeutet und erprobt, einer befindet sich heute noch im Panzermuseum Kubinka bei Moskau.

Typ	Panzerjäger-Selbstfahrlafette
Hersteller:	Ardelt
Gefechtsgewicht	11.200 kg
Länge	5430 mm (ohne Rohr)
Breite	2440 mm
Höhe	2400 mm
Motor	Praga AC/2, 6-Zylinder-Benzinmotor
Hubraum	7754 ccm
Leistung kw/PS	118/160
Leistungsgewicht	14,29 PS/t
Höchstgeschwindigkeit	36 km/h (Straße), 16 km/h (Gelände)
Kraftstoffvorrat	120 l
Fahrbereich	110 km (Straße)
Besatzung	4
Bewaffnung	1 x 8,8-cm-Pak 43 L/71
Kampfsatz	k.A.
Panzerung	Wanne 5 – 20 mm, Schild 5 mm
Furttiefe	0,4 m

▲ *Seitenansicht des leichten Ardelt-Einheitswaffenträgers mit Elementen des Jagdpanzers 38(d). Eine Großserie konnte aufgrund der Kriegslage nicht mehr aufgelegt werden. (Vincent Bourguignon)*

▲ *Der Prototyp des Ardelt-Waffenträgers war möglichst einfach, ja fast primitiv konstruiert, um rasch und billig gefertigt werden zu können.*

Sturmgeschütze und Sturmpanzer

Sturmgeschütz III Ausf. A - E , Sd.Kfz. 142

Schon 1935 forderte General von Manstein ein spezielles Fahrzeug zur Infanterieunterstützung. Am 15. Juni 1936 erhielten Daimler-Benz (Fahrgestell) und Krupp (Panzeraufbau, Waffe) den Auftrag, ein solches Fahrzeug zu entwickeln. Als Ausgangsbasis diente dabei der PzKpfw. III. Um eine niedrige Silhouette zu erhalten, verzichteten die Konstrukteure auf einen Turm. Stattdessen lafettierten sie die 7,5-cm-StuK 37 L/24 in einem Panzeraufbau, der auf das nahezu unveränderte Fahrwerk des PzKpfw. III aufgesetzt wurde. 1937 entstanden bei Daimler-Benz in Berlin insgesamt fünf Prototypen auf Basis des PzKpfw. III Ausf. B, welche ausgiebig getestet wurden. Im Januar 1940 startete mit der Ausf. A die Vorserienproduktion des Sturmgeschütz III (StuG III) auf Basis des PzKpfw. III Ausf. F, dessen Wanne leicht modifiziert sowie mit einer von 30 mm auf 50 mm erhöhten Frontpanzerung versehen worden war. Motor, Getriebe und Laufwerk waren jedoch identisch. Die ersten Sturmgeschütze wurden im Frankreichfeldzug versuchsweise eingesetzt und bewährten sich hervorragend, woraufhin die Serienproduktion begann. Nach 30 StuG III Ausf. A folgten daher ab Juni 1940 die 320 bei Alkett produzierten Fahrzeuge der Ausf. B, die im Mai 1941 von 50 Exemplaren der Ausf. C abgelöst wurden. Das nächste Baulos umfasste 150 StuG III Ausf. D. Ab September 1941 wurden 272 Exemplare der Ausf. E gebaut, hinzu kamen 12 Fahrgestelle der Ausf. D, die jedoch als StuG 33 fertiggestellt wurden. Unterschieden sich die Varianten A bis D nur in Details wie Fahrersehklappen, Leiträdern o. ä., so wies die Ausf. E nun kein seitlich abgeschrägtes Panzerkastenoberteil mehr auf. Zudem wurde im Kampfraum ein 7,92-mm-MG 34 mitgeführt, für das jedoch weder eine Lafette noch ein Schutzschild vorhanden waren. Insgesamt wurden 827 StuG III aller Ausführungen gebaut, die mit Beginn des Ostfeldzuges eine zunehmend wichtigere Rolle spielten - nicht nur zur Infanterieunterstützung. Anfang Juli 1942 wurden noch 619 StuG III in den Listen geführt. Deren Anzahl reduzierte sich bis Juli 1943 auf 142 Fahrzeuge, davon 37 bei Fronteinheiten.

Typ	Sturmgeschütz
Hersteller	Alkett
Gefechtsgewicht	22.200 kg
Länge	5400 mm
Breite	2950 mm
Höhe	1960 mm
Motor	Maybach HL 120 TRM, 12-Zylinder-Benzinmotor
Hubraum	11.870 ccm
Leistung kW/PS	221/300
Leistungsgewicht	13,5 PS/t
Höchstgeschwindigkeit	40 km/h (Straße), 19 km/h (Gelände)
Kraftstoffvorrat	320 l
Fahrbereich	140 km (Straße), 90 km (Gelände)
Besatzung	4
Bewaffnung	1 x 7,5-cm-StuK 37 L/24
Kampfsatz	44 x 7,5 cm
Panzerung	10 – 50 mm
Furttiefe	0,8 m

Daten für StuG III Ausf. D

▲ *Dieses Stug III Ausf. B mit der Fahrgestellnr. 90111 (gebaut im Juli 1940) gehörte zum Artillerie-Lehr-Regiment in Jüterborg . (DWA)*

▲ *StuG III Ausf.D, der StuG.Abt.243, Ostfront, Juli 1941. (Grzegorz Jackowski)*

Sturmgeschütz III Ausf. F und G , Sd.Kfz. 142/1

Obwohl sie ursprünglich nur zur Unterstützung von Infanterieangriffen geplant waren, wurden Sturmgeschütze (StuG) mit zunehmender Zahl an Feindpanzern immer öfter zu deren Bekämpfung verwendet. Die 7,5-cm-StuK L/24 besaß aufgrund ihrer geringen Mündungsgeschwindigkeit für diese Aufgabe jedoch zu wenig Leistung. Das StuG III Ausf. F wurde deshalb mit der durchschlagskräftigeren StuK 40 L/43 ausgerüstet, mit der Ziele bereits auf größere Entfernungen bekämpft werden konnten. Durchschlug die StuK 37 L/24 mit der Pz.Gr. 39 bei einem Auftreffwinkel von 30° auf eine Distanz von 500 m Bleche mit 39 mm Stärke und auf 1000 m 35 mm dicken Panzerstahl, so erzielte die StuK 40 L/43 unter gleichen Voraussetzungen eine Durchschlagsleistung von 91 mm und 82 mm Panzerstahl – genug, um 1942 mit fast allen sowjetischen Kampfpanzern fertig zu werden.

Ab der Ausf. F wurde die Kennnummer in Sd.Kfz. 142/1 geändert. Nachdem 366 Fahrzeuge der Ausf. F gebaut worden waren, wurde diese Version noch einmal verbessert und in F/8 umbenannt, von der von September bis November 1942 250 Exemplare hergestellt wurden. Die Änderungen betrafen vor allem das Panzerkastenoberteil sowie den Einbau der 7,5-cm-StuK 40 L/48, die auf 1000 m bei einem Auftreffwinkel von 30° bis zu 85 mm Panzerstahl durchschlug. Außerdem verstärkte man die Frontpanzerung auf 80 mm durch das Aufschrauben einer 30 mm starken Zusatzpanzerung. Viele Fahrzeuge früherer Versionen wurden später nachgerüstet und erhielten die StuK 40, sodass es zu zahlreichen Mischformen kam.

Letzte und meistproduzierte Version des StuG III war die Ausf. G, die ab Dezember 1942 gefertigt wurde. Diese Version war erneut stärker gepanzert und besaß eine neue Kommandantenkuppel sowie ein verändertes Panzerkastenoberteil mit leicht abgeschrägten Seiten. Standardmäßig war nun ein abklappbares Schild für ein extern lafettiertes MG verbaut. Ab April 1943 wurden die Fahrzeuge mit seitlichen, 5 mm starken Panzerschürzen ausgestattet, um einen besseren Schutz vor dem Beschuss durch sowjetische 14,5-mm-Panzerbüchsen zu bieten. Zudem erhielten viele StuG III ab Herbst 1943 eine Zimmerit-Beschichtung, um die Anbringung von magnetischen Haftminen zu verhindern. Diese Praxis wurde jedoch

Typ	Sturmgeschütz
Hersteller	Alkett, MIAG
Gefechtsgewicht	23.900 kg
Länge	6770 mm (mit Rohr)
Breite	2950 mm (mit Schürzen 3410 mm)
Höhe	2150 mm
Motor	Maybach HL 120 TRM, 12-Zylinder-Benzinmotor
Hubraum	11.870 ccm
Leistung kW/PS	221/300
Leistungsgewicht	12,5 PS/t
Höchstgeschwindigkeit	40 km/h (Straße), 19 km/h (Gelände)
Kraftstoffvorrat	320 l
Fahrbereich	130 km (Straße), 80 km (Gelände)
Besatzung	4
Bewaffnung	1 x 7,5-cm-StuK 40 L/48, 1 x 7,92-mm-MG 34 (späte Ausf. G mit 1 x 7,92-mm-MG 34 koaxial)
Kampfsatz	54 x 7,5 cm, 600 (1200) x 7,92 mm
Panzerung	10 – 80 mm (+ 5-mm-Schürzen)
Furttiefe	0,8 m

Daten für Ausf. G

▲ *Eine Stug.Abt. rückt im August 1942 auf Stalingrad vor. Vorn ein StuG III Ausf. F, dahinter Exemplare der Ausf. E oder D. (NARA)*

▲ *Ein StuG III F/8 der Panzerjäger-Abteilung 11 (L) der 11. Luftwaffen Feld-Division während einer Parade durch Athen im Jahre 1944. (DWA)*

▲ *StuG III F/8 der StuG Abt. 191, Südabschnitt der Ostfront, Spätsommer 1942. (Oleg Halin)*

ab September 1944 wieder eingestellt. Im Februar 1944 wurde anstelle der verschraubten Kastenblende eine gegossene Topfblende eingeführt, die einen besseren Schutz bot. Ab April 1944 kam ein von innen fernbedienbares 7,92-mm-MG 34 zum Einbau, welches ab Juli 1944 bei geschweißter und ab November 1944 bei gegossener Rohrblende durch ein koaxiales MG ergänzt wurde. Bereits seit Februar 1944 wurden alle Fahrzeuge mit Geschossabweisern vor der Kommandantenkuppel versehen, die zum Teil auch bei der Truppe mit Beton selbst improvisiert wurden.

Mitte 1943 wurden zehn zur Überholung im Werk befindliche StuG III Ausf. F zu Flammpanzern umgerüstet, wobei die StuK 40 entfernt und ein Flammrohr eingebaut wurde. Entsprechende Einsätze sind nicht dokumentiert, mutmaßlich wurden 1944 alle zehn Flammpanzer wieder mit 7,5-cm-Kanonen versehen.

Insgesamt wurden bis April 1945 bei Alkett und MIAG 8423 StuG III Ausf. G gebaut, dazu entstanden 1944 weitere 173 Exemplare aus umgebauten PzKpfw. III.

Sturmgeschütze bewährten sich hervorragend und blieben, obgleich eigentlich nur als Notlösung gedacht, bis Kriegsende im Bau. Neben der Wehrmacht nutzten sie auch deren Verbündete, so erhielten Rumänien, Ungarn und Bulgarien StuG III in größerer Anzahl (wohl jeweils einige Hundert), während Finnland 1943 und 1944 insgesamt 59 StuG III erwarb. Kleinere Kontingente gingen an Italien (12), Spanien (10) und die Türkei. Die Rote Armee setzte erbeutete StuG III ein und rüstete diese zum Teil sogar auf 7,62-cm- oder 12,2-cm-Kanonen um.

Unmittelbar nach Kriegsende nutzten z.B. Jugoslawien, die Tschechoslowakei und Frankreich StuG III. Einige davon veräußerten die Franzosen dann nach Syrien, das insgesamt mindestens 30 StuG erwarb, u.a. auch aus der UdSSR und Spanien. Die letzten wurden dort erst 1967 ausgesondert.

▲ *US-Soldaten begutachten ein am 19. September 1944 verlassenes Stug III Ausf. G. Dieses im August 1944 gebaute Sturmgeschütz war an den anfänglichen Kämpfen nach der Landung alliierter Fallschirmtruppen (Operation Market Garden) beteiligt und hat zahlreiche Treffer im Frontbereich sowie an der Mündungsbremse erhalten. Man beachte den Geschossabweiser vor der Kuppel sowie die Rohrstütze auf dem Bug. (NARA)*

▶ *Finnische StuG III Ausf. G werden am 4. Juni 1944 in Jääski dem Staatspräsidenten Mannerheim vorgeführt. (SA-Kuva)*

Sturmgeschütz III für 10,5-cm-Sturmhaubitze 42, Sd.Kfz. 142/2

Aufgrund der Einsatzerfahrungen forderte die Truppe bereits 1941 eine schwerere Waffe zur Ergänzung der 7,5-cm-StuK 37. Daher erhielt Alkett den Auftrag zum Bau von 12 Prototypen mit einer 10,5-cm-Sturmhaubitze (StuH) 42 L/28, einer modifizierten leFH 18. Die Auslieferung dieses Baumusters sollte zwischen Januar und März 1942 erfolgen. Tatsächlich stellte Alkett im März 1942 nur ein einziges derartiges Fahrzeug fertig, es entstand als Umbau eines StuG III Ausf. E. Diesem Muster folgten bis Oktober weitere zwölf Vorserienexemplare auf Basis umgebauter Stug III Ausf. F und Ausf. F/8. Die ersten Serienexemplare der StuH 42 folgten im März 1943, fast alle basierten auf dem StuG III Ausf. G und wiesen daher auch schon die für diese Ausführung typischen Modifikationen (Schürzen, Geschossabweiser vor der Kommandantenkuppel, Zimmerit-Beschichtung, koaxiales MG) auf. Bis September 1944 war die Hauptwaffe noch mit einer Mündungsbremse ausgerüstet, danach fiel diese weg. Der Munitionsvorrat der 10,5-cm-StuH 42 betrug 36 Schuss, davon 10 Hohlladungsgranaten zur Panzer- und Bunkerbekämpfung, die unabhängig von der Entfernung bis zu 100 mm Panzerstahl durchdrangen. Die Sprenggranaten der 10,5-cm-StuH 42 wogen 15,55 kg und waren damit im Ziel wesentlich wirkungsvoller als die 5,74 kg schweren Sprenggeschosse der 7,5-cm-StuK 37. Allerdings war die 10,5-cm-Munition zweiteilig, d. h. Geschoss und Treibladung mussten getrennt geladen werden, wodurch sich die Feuergeschwindigkeit verringerte.

Typ	Sturmgeschütz
Hersteller	Alkett
Gefechtsgewicht	24.500 kg
Länge	6140 mm (mit Rohr)
Breite	2950 mm (mit Schürzen 3410 mm)
Höhe	2150 mm
Motor	Maybach HL 120 TRM, 12-Zylinder-Benzinmotor
Hubraum	11.870 ccm
Leistung kW/PS	221/300
Leistungsgewicht	12,2 PS/t
Höchstgeschwindigkeit	40 km/h (Straße), 19 km/h (Gelände)
Kraftstoffvorrat	320 l
Fahrbereich	130 km (Straße), 80 km (Gelände)
Besatzung	4
Bewaffnung	1 x 10,5-cm-StuH 42 L/28, 1 x 7,92-mm-MG 34 (späte Modelle mit 1 x 7,92-mm-MG 34 koaxial)
Kampfsatz	36 x 10, 5 cm, 600 (1200) x 7,92 mm
Panzerung	10 – 80 mm (+ 5-mm-Schürzen)
Furttiefe	0,8 m

Von Oktober 1942 bis März 1945 entstanden bei Alkett neben den bereits erwähnten Vorserienexemplaren 1299 StuH 42, die sich ebenso wie das StuG III bestens bewährten.

▲ *Eine frühe StuH 42 ohne die späteren Änderungen wie fehlende Mündungsbremse, Geschossabweiser vor der Kuppel des Kommandanten oder Zimmeritbelag. (Jean-Michel Girard)*

▲ *Eine StuH 42 Ausf.G, die von ihrer Besatzung während des Rückzugs aus der Ukraine 1944 aufgegeben wurde. Man beachte die fehlende Mündungsbremse sowie die fehlenden Seitenschürzen. Da diese nur lose an Haken aufgehängt waren, gingen sie im Gefecht rasch verloren.*

Sturminfanteriegeschütz 33B

Das Sturminfanteriegeschütz 33 entstand aufgrund der Forderung des Heereswaffenamtes von Juli 1941 nach einem schwer bewaffneten Fahrzeug, das zum Beschuss von Bunkern und Gebäuden eingesetzt werden sollte. Alkett entwarf einen solchen Sturmpanzer auf Basis des StuG

▲ *StuIG 33B der 23. Pz.Div. im Juli 1943. (BA)*

III Ausf. B, versah die Wanne allerdings mit einem völlig neu gestalteten, kastenartigen Panzeraufbau, in dessen Front sich das schwere 15-cm-Infanteriegeschütz 33 (sIG 33) L/11 in einer gleitenden Blende befand. Da die Waffe vor allem zum direkten Beschuss eingesetzt werden sollte, konnte sie nur 3° zu jeder Seite geschwenkt und max. 25° angehoben, bzw. 10° abgesenkt werden. Rechts im Aufbau befand sich zur Selbstverteidigung ein 7,92-mm-MG 34 in einer Kugelblende. Ihrer Aufgabe entsprechend waren

Typ	Sturmpanzer
Hersteller	Alkett
Gefechtsgewicht	22.000 kg
Länge	5500 mm
Breite	2950 mm
Höhe	2300 mm
Motor	Maybach HL 120 TRM, 12-Zylinder-Benzinmotor
Hubraum	11.870 ccm
Leistung kW/PS	221/300
Leistungsgewicht	13,5 PS/t
Höchstgeschwindigkeit	40 km/h (Straße), 19 km/h (Gelände)
Kraftstoffvorrat	320 l
Fahrbereich	140 km (Straße), 90 km (Gelände)
Besatzung	5
Bewaffnung	1 x 15-cm-sIG 33 L/11, 1 x 7,92-mm-MG 34
Kampfsatz	30 x 15 cm, 600 x 7,92 mm
Panzerung	10 – 80 mm
Furttiefe	0,8 m

diese Fahrzeuge im Frontbereich bis zu 80 mm stark gepanzert. Nachdem zwischen Dezember 1941 und Januar 1942 weitere 12 Sturminfanteriegeschütze 33B (StuIG 33B) auf Fahrgestellen des StuG III Ausf. E gefertigt worden waren, folgten im September 1942 weitere 12 Sturmgeschütze auf Basis der Ausf. F. Die erste Serie war den StuG.Abt. 177 und 244 zugeteilt worden und ging bei der Schlacht um Stalingrad verloren. Auch das zweite Baulos sollte diesen Einheiten zulaufen, doch bevor sie ausgeliefert werden konnten, hatte sich der Ring um Stalingrad geschlossen. Die StuIG wurden daher an die 23. Pz.Div. überstellt und kamen an der Ostfront zum Einsatz.

▶ *StuIG 33B der StuG-Abt. 177, Stalingrad (Russland), Ende 1942. (Vincent Bourguignon)*

Sturmgeschütz IV , Sd.Kfz. 167

Bereits Anfang 1943 waren bei Krupp Untersuchungen darüber angestellt worden, ob der Panzeraufbau des StuG III nicht auch auf die Wanne des PzKpfw. IV gesetzt werden könne, um ein StuG IV zu schaffen. Da aber eine Fertigung die Produktionskapazitäten des PzKpfw. IV geschmälert hätte und sich zudem der Jagdpanzer IV bei Vomag in der Entwicklung befand, verwarf das Waffenamt diese Pläne. Im November 1943 kam die Produktion des StuG III bei Alkett in Berlin jedoch nach einem schweren Bombenangriff vorerst fast völlig zum Erliegen. Waren dort im Oktober noch 255 StuG III komplettiert worden, sank diese Zahl im Dezember auf nur noch 24 Fahrzeuge ab. Daher wurde im Dezember 1943 Krupp damit beauftragt, nun doch mit der Fertigung des StuG IV zu beginnen. Die ersten 30 Fahrzeuge entstanden jedoch noch 1943 aus Wannen, die bei den Nibelungenwerken gefertigt und bei Daimler-Benz mit Panzeraufbauten des Stug III Ausf. G versehen worden waren. Äußerlich unterschieden sich StuG III und IV neben dem unterschiedlichen Fahrgestell vor allem durch den rechts vorn befindlichen Fahrererker des StuG IV, der über eine Ausstiegsluke sowie zwei Winkelspiegel verfügte. Auch nachdem die Sturmgeschützfertigung bei Alkett wieder angelaufen war, baute Krupp das StuG IV weiter, um zeitweilige Fertigungsausfälle des StuG III zu kompensieren. Die im Laufe der Produktion des StuG III eingeführten Veränderungen wurden auch für das StuG IV übernommen, so kam es ab Februar 1944 zur Verwendung der gegossenen Topfblende und ab Sommer 1944 zum Einbau des von innen richt- und abfeuerbaren MGs. Insgesamt entstanden von

Typ	Sturmgeschütz
Hersteller	Daimler-Benz, Krupp-Gruson
Gefechtsgewicht	23. 000 kg
Länge	6700 mm (mit Rohr)
Breite	2900 mm (3350 mm mit Schürzen)
Höhe	2200 mm
Motor	Maybach HL 120 TRM, 12-Zylinder-Benzinmotor
Hubraum	11.870 ccm
Leistung kW/PS	221/300
Leistungsgewicht	13 PS/t
Höchstgeschwindigkeit	38 km/h (Straße), 16 km/h (Gelände)
Kraftstoffvorrat	430 l
Fahrbereich	180 km (Straße), 120 km (Gelände)
Besatzung	4
Bewaffnung	1 x 7,5-cm-StuK 40 L/48, 1 x 7,92-mm-MG 34
Kampfsatz	63 x 7,5 cm, 600 x 7,92 mm
Panzerung	10 – 80 mm (+ 5-mm-Schürzen)
Furttiefe	0,8 m

Dezember 1943 bis März 1945 1139 StuG IV, die ebenso wie das StuG III nicht nur als Sturmgeschütze zur Infanterieunterstützung, sondern auch als Jagdpanzer und Lückenbüßer für fehlende Kampfpanzer Verwendung fanden. Sie scheinen sich bestens bewährt zu haben.

▲ *Ein frühes Stug IV. Um Fertigungsausfälle des StuG III zu überbrücken, lief ab Ende 1943 die Produktion des StuG IV an. Man beachte die seitlichen Schiene, die zur Befestigung der Schürzen dienten. (TM)*

▲ *Generalfeldmarschall Albert Kesselring (im hellen Mantel) folgt im Jahre 1944 in den italienischen Bergen der Schießvorführung eines StuG IV. Man beachte den Fahrererker, der als zusätzlichen Schutz eine Betonschicht an der Front erhalten hat. (NARA)*

Sturmpanzer IV, Sd.Kfz. 166

Der Sturmpanzer IV wurde ab Mitte 1942 gemeinsam von Krupp (Laufwerk) und Alkett (Aufbau) entworfen, um im Kampf gegen Befestigungen und Häuser Verwendung zu finden, weshalb das Fahrzeug stark gepanzert (Front 100 mm, Seiten 50 mm) wurde. Die Bewaffnung bestand aus einer bei Škoda konstruierten 15-cm-StuH 43 L/12, welche 38 kg schwere Sprenggeschosse und Hohlladungsgranaten mit 25,5 kg Gewicht verschoss, die bis zu 160 mm starke Panzerungen überwanden. Zwar ordnete Hitler bereits am 20. Oktober 1942 die Fertigung von 40 bis 60 Fahrzeugen an, eine erste Serie von 60 Fahrzeugen wurde jedoch nicht vor April 1943 aufgelegt, von denen 52 auf neuen Fahrgestellen des PzKpfw. IV Ausf. G und acht auf überholten Fahrgestellen der Ausf. E und F basierten. Von Dezember 1943 bis März 1944 lief ein zweites Baulos von noch einmal 60 Sturmpanzern basierend auf Fahrgestellen der Ausf. H vom Band. Diese Fahrzeuge erhielten eine besser geschützte Fahrerfront sowie einen Ventilator für den Kampfraum. Da das hohe Gewicht das Fahrwerk überlastete, wurden die ersten beiden Laufrollen je Seite durch Stahllaufrollen ersetzt. Wurden Sturmpanzer der ersten Serie überholt, erhielten sie meist die bei der zweiten Serie eingeführten Modifikationen. Zwischen März und Juni 1944 wurde ein drittes Baulos produziert. Die Fahrersehklappe 80 wurde dabei durch Winkelspiegel ersetzt, zudem kam die gut 800 kg leichtere StuH 43/1 zum Einbau. Die vierte und letzte Serie lief im Juni 1944 an und endete im März 1945. Diese späten Sturmpanzer basierten auf Fahrgestellen der Ausf. J und waren mit einem MG 34 in einer Kugelblende in der Front des Panzeraufbaus sowie einer geänderten Blende der StuH 43/1 ausgerüstet. Hinzu kam eine Kommandantenkuppel nach Art des Stug III Ausf. G, auf der eine Fla-Lafette für eine MG 34 (Fliegerbeschussgerät) installiert werden konnte. Um Gewicht zu sparen, wurde zudem der Panzeraufbau niedriger gehalten. Die Fahrgestelle wurden in den Nibelungenwerken, die Haubitzen bei Škoda hergestellt und im Heereszeugamt Wien endmontiert. Ab

Typ	Sturmpanzer
Hersteller	Heereszeugamt Wien, Deutsche Eisenwerke Duisburg
Gefechtsgewicht	28.200 kg
Länge	5930 mm
Breite	2900 mm (3350 mm mit Schürzen)
Höhe	2520 mm
Motor	Maybach HL 120 TRM, 12-Zylinder-Benzinmotor
Hubraum	11.870 ccm
Leistung kW/PS	221/300
Leistungsgewicht	10,6 PS/t
Höchstgeschwindigkeit	38 km/h (Straße), 16 km/h (Gelände)
Kraftstoffvorrat	430 l
Fahrbereich	180 km (Straße), 120 km (Gelände)
Besatzung	5
Bewaffnung	1 x 15-cm-StuH 43 L/12 oder StuH 43/1, 1 x 7,92-mm-MG 34
Kampfsatz	38 x 15 cm, 600 x 7,92 mm
Panzerung	10 – 100 mm
Furttiefe	1,2 m

Juni 1944 erfolgte die Endmontage in den Deutschen Eisenwerken in Duisburg. Bis März 1945 wurden insgesamt 306 Sturmpanzer IV produziert.

Seine Feuertaufe erhielt der Sturmpanzer IV im Juli 1943 während der Schlacht bei Kursk. Danach wurde der Typ, zusammengefasst in vier Sturmpanzer-Abteilungen (Sturmpanzer-Abteilungen 216, 217, 218 und 219), sowohl im Osten als auch im Westen und in Italien bis Kriegsende eingesetzt.

Zwar überzeugte der Sturmpanzer IV dank seiner Feuerkraft, Fahrgestell und Antrieb erwiesen sich aufgrund des hohen Gewichtes aber als überlastet.

▲ *Italien, Februar 1944. Britische Kriegsgefangene ziehen an einem Sturmpanzer IV der Sturmpanzer-Abteilung 216 vorbei. Im Vordergrund ein PzKpfw. II Ausf. C.*

▲ *Sturmpanzer IV des ersten Bauloses der Sturmpanzer-Abteilung 216 , Ostfront, Raum Kursk, Juli 1943. (Vincent Bourguignon)*

38 cm RW61 auf Sturmmörser Tiger, Sturmpanzer VI Ausf. E, »Sturmtiger«

Unter dem Eindruck erbitterter Straßenkämpfe an der Ostfront suchte die Wehrmacht nach einem Fahrzeug, das die Infanterie in bebauten Gebieten wirkungsvoll unterstützen konnte. Alkett entwickelte daraufhin auf der Basis des »Tiger« einen Sturmpanzer, der mit einem ursprünglich für die Marine konstruierten 38-cm-Raketenwerfer bewaffnet war. Ein erster Prototyp wurde am 20. Oktober 1943 Hitler vorgeführt und für gut befunden. Alkett baute daraufhin 1944 insgesamt 18 solcher Fahrzeuge, die allesamt auf beschädigten »Tiger« beruhten. Wanne, Antrieb und Fahrgestell wurden vom Kampfpanzer übernommen, die zuvor auf den Stand der späten »Tiger« gebracht worden waren, sie verfügten also über das Laufwerk aus Stahllaufrollen und den neuen Maybach-HL 230 P 45. Anstelle des Turmes kam ein massiv gepanzerter (Front 150 mm) Aufbau zum Einbau, in dessen Front sich ein 38-cm-RW 61 L/5,4 befand. Für diese Waffe wurden 14 je 350 kg schwere Raketengranaten mitgeführt (zwölf davon in seitlichen Gestellen im Panzer, eine im Lauf und eine in der Ladevorrichtung), die eine Reichweite von bis zu 6000 m aufwiesen. Um das Beladen mit der schweren Munition zu erleichtern, befand sich hinten am Aufbau ein kleiner Kran.

Die ersten drei Serienfahrzeuge wurden im August 1944 ausgeliefert, im Dezember 1944 verließ der letzte Sturmtiger die Werkshallen.

Der Typ erlebte seine Feuertaufe bei der Niederschlagung des Warschauer Aufstandes (1. August–2. Oktober 1944). Dies war zugleich wohl die einzige Gelegenheit, bei der Sturmmörser Tiger die ihnen zugedachte Rolle des Häuserkampfes übernahmen. Im Anschluss wurden die Sturmmörserkompanien vor allem an der Westfront verwendet und dienten eher als mobile Artillerie denn als Sturmpanzer. Unter anderem erhielten die Sturmmörserkompanien 1000 und 1001 den Auftrag zum Beschuss der Rheinbrücke von Remagen, vermochten jedoch keinen Treffer zu erzielen.

Typ	Sturmpanzer
Hersteller	Henschel, Alkett
Gefechtsgewicht	65.000 kg
Länge	6280 mm
Breite	3570 mm
Höhe	2850 mm
Motor	Maybach HL 230 P45, 12-Zylinder-Benzinmotor
Hubraum	23.000 ccm
Leistung kw/PS	515/700
Leistungsgewicht	10,8 PS/t
Höchstgeschwindigkeit	40 km/h (Straße), 20 km/h (Gelände)
Kraftstoffvorrat	540 l
Fahrbereich	100 km (Straße), 60 km (Gelände)
Besatzung	5
Bewaffnung	1 x 38-cm-RW 61 L/5,4, 1 x 7,92-mm-MG 34
Panzerung	25 – 150 mm
Kampfsatz	15 x 38 cm, 600 x 7,92 mm
Furttiefe	1,2 m

▲ Sturmtiger der Sturmmörserkompanie 1002, Ardennenoffensive, Dezember 1944. Man beachte den kleinen Kran am Heck des Panzeraufbaus, der beim Beladen mit der schweren 38-cm-Munition half. (Vincent Bourguignon)

▲ Dieser Sturmtiger gehörte zur Sturmmörserkompanie 1000 und wurde im April 1945 von US-Truppen bei Düren erbeutet. Der Panzer wurde alsdann nach Großbritannien verbracht, wo im Sommer 1945 diese Aufnahmen entstanden. Der ursprüngliche »Tiger« wurde im Juni 1943 gebaut und bei seiner Überholung in Deutschland zu einem »Sturmtiger« umgebaut. Eine Praxis, die innerhalb des Heeres nicht unumstritten war, schließlich stellte jeder der wenigen »Tiger« ein wertvolles Kampffahrzeug dar. (IWM)

Artillerie-Selbstfahrlafetten

15-cm-sIG 33 (Sf) auf Panzerkampfwagen I Ausf. B

Dieses Fahrzeug stellte den ersten Versuch der Wehrmacht zur Schaffung einer mobilen Panzerartillerie dar. Obwohl für diesen Typ mitunter die Bezeichnung »Sturmpanzer I« verwendet wird, war er doch nur eine äußerst behelfsmäßige, ja primitive Selbstfahrlafette.

Dabei wurde auf die unveränderte, jedoch turmlose Wanne eines PzKpfw. I Ausf. B ein 15-cm-sIG 33 mitsamt Lafette und Rädern aufgesetzt und vorn sowie seitlich von hohen, 13 mm starken Panzerwänden umgeben. Hinten und oben blieb der Kampfraum, in dem nur Raum für drei Schuss Munition war, offen. Zusätzliche Munition musste auf einem Begleitfahrzeug mitgeführt werden. Alkett baute im Januar und Februar 1940 insgesamt 38 dieser Fahrzeuge aus vorhandenen Fahrgestellen des Typs PzkPfw. I Ausf. B, die sich im Einsatz durch das hohe Gewicht als überlastet erwiesen. Insbesondere das Fahrwerk sowie das Getriebe waren dem zusätzlichen Gewicht kaum gewachsen.

Die Feuerkraft des sIG 33 war jedoch erheblich und der Truppe sehr willkommen. Seine Feuertaufe erlebte der Typ ab Mai 1940 im Westfeldzug und kam danach auf dem Balkan und an der Ostfront zum Einsatz. Erstaunlicherweise wurden die letzten Selbstfahrlafetten dieser Art erst Mitte 1943 außer Dienst gestellt.

Typ	Artillerie-Selbstfahrlafette
Hersteller	Alkett
Gefechtsgewicht	8500 kg
Länge	4420 mm
Breite	2060 mm
Höhe	3350 mm
Motor	Maybach NL 38 TR, 6-Zylinder-Benzinmotor
Hubraum	3790 ccm
Leistung kW/PS	73/100
Leistungsgewicht	11,8 PS/t
Höchstgeschwindigkeit	35 km/h (Straße)
Kraftstoffvorrat	146 l
Fahrbereich	160 km (Straße), 120 km(Gelände))
Besatzung	4
Bewaffnung	1 x 15-cm-sIG 33 L/11,4
Kampfsatz	3 x 15 cm
Panzerung	Wanne 6 - 13 mm, Aufbau 13 mm
Furttiefe	0,58 m

▲ *Soldaten der Roten Armee begutachten eine zurückgelassene 15-cm-sIG 33 (Sf) auf Pzkpfw. I Ausf. B. Dieses Fahrzeug gehörte zur schweren Infanteriegeschütz-Kompanie (mot.S.) 705 der 7. Pz.Div., Region Moskau, Dezember 1941.*

▲ *15-cm-sIG 33 (Sf) auf Panzerkampfwagen I Ausf. B (schwere Infanteriegeschütz-Kompanie (mot.S.) 704 der 5. Pz.Div.) während des Einmarsches der Wehrmacht in Griechenland im April 1941. (BA)*

15-cm-sIG 33 (Sf) auf Panzerkampfwagen II

Nachdem sich das 15-cm-sIG 33 (Sf) auf Panzerkampfwagen I Ausf. B trotz seiner Nachteile während des Frankreichfeldzuges bewährt hatte, wurde 1941 ein zweiter Versuch unternommen, das sIG 33 mobil zu machen. Ziel dabei war es jedoch, die Höhe der Silhouette drastisch zu verringern und ein passenderes Fahrgestell zu verwenden. Alkett stellte im Februar 1941 einen ersten Prototypen vor, der auf dem Fahrgestell eines PzKpfw. II Ausf. B beruhte.
Der Turm war entfernt und das Panzerkastenoberteil erheblich verändert worden, sodass im oben offenen Kampfraum das 15-cm-Geschütz lafettiert werden konnte. Das sIG 33 war tief in die Wanne eingelassen und ragte aus der Fahrerfront heraus. Die Höhe des Fahrzeugs betrug daher nur 1600 mm. Während der Erprobung des Prototyps ergab sich jedoch, dass der Kampfraum für diese schwere Waffe

▲ *Der im Februar 1941 vorgestellte Prototyp des 15cm-sIG-33 (Sf) auf Panzerkampfwagen II wies noch ein unverändertes Fahrgestell des Panzer II mit fünf Laufrollen je Seite auf.*

Typ	Artillerie-Selbstfahrlafette
Hersteller	Alkett
Gefechtsgewicht	12.000 kg
Länge	5410 mm
Breite	2280 mm
Höhe	1600 mm
Motor	Maybach HL 62 TRM, 6-Zylinder-Benzinmotor
Hubraum	6191 ccm
Leistung kw/PS	103/140
Leistungsgewicht	11,7 PS/t
Höchstgeschwindigkeit	40 km/h (Straße), Gelände 19 km/h
Kraftstoffvorrat	170 l
Fahrbereich	150 km (Straße), 90 km (Gelände)
Besatzung	5
Bewaffnung	1 x 15-cm-sIG 33 L/11,4
Kampfsatz	30 x 15 cm
Panzerung	5 – 20 mm
Furttiefe	0,92 m

und ihre Mannschaft nicht ausreichend Raum bot. Wanne und Laufwerk wurden daher um ein Laufrad je Seite verlängert.
In dieser Form baute Alkett bis Ende 1941 zwölf Selbstfahrlafetten dieser Art, die sämtlich ab Frühjahr 1942 in Nordafrika eingesetzt wurden. Die letzten 15-cm-sIG 33 (Sf) auf Panzerkampfwagen II gingen im Frühjahr 1943 verloren.

▲ *15cm-sIG-33 (Sf) auf Panzerkampfwagen II der schweren Infanteriegeschütz-Kompanie (mot.S.) 707, Nordafrika 1942. (Vincent Bourguignon)*

10,5-cm-leFH 18/1(Sf) auf Gw. IV b, Sd.Kfz. 165/1

Der Entwurf dieser Panzerhaubitze begann bei Krupp bereits im Herbst 1939, allerdings wurden die ersten Prototypen erst 1941 vorgestellt. Diese beiden Fahrzeuge basierten auf einem Panzer IV-Fahrgestell, bei dem Krupp statt der üblichen vier Rollenwagen mit kleinen Laufrollen nur drei mit etwas größeren Laufrollen montiert hatte. In einem oben offenen Turm, der zu jeder Seite um 35° schwenkbar war, trugen die beiden Prototypen eine 10,5-cm-leFH 18/1, für die 60 Schuss mitgeführt werden konnten. Nach ersten Tests bestellte das Heereswaffenamt bei Krupp 1941 zehn weitere Fahrzeuge, die Krupp zwischen August und November 1941 fertigstellte. Diese waren mit 320 PS starken Motoren des Typs Maybach HL90 P20k ausgestattet. Anfang 1942 begann deren Erprobung, u.a. auch an der Ostfront. Das HWA orderte zunächst 200 dieser Panzerhaubitzen, änderte dann jedoch bald seine Ansicht, da nun ein Fahrzeug mit einem um 360° schwenkbaren Turm und größerer Nähe zu bereits eingeführten Kampfwagen gefordert wurde.

Der Gw. IV b sah zwar auf den ersten Blick aus wie ein PzKpfw. IV, unterschied sich tatsächlich jedoch in vielen Punkten von diesem. Da sich zudem im Sommer 1942 herausstellte, dass die 10,5-cm-leFH 18 mit weniger Aufwand auf das modifizierte Fahrgestell des Panzer II (»Wespe«) gesetzt werden konnte, wurde der Auftrag storniert.

Typ	Panzerhaubitze
Hersteller:	Krupp
Gefechtsgewicht	18.000 kg
Länge	5950 mm (mit Rohr)
Breite	2870 mm
Höhe	2250 mm
Motor	Maybach HL 66 P, 6-Zylinder-Benzinmotor
Hubraum	6754 ccm
Leistung kW/PS	132/180
Leistungsgewicht	10 PS/t
Höchstgeschwindigkeit	36 km/h (Straße), 16 km/h (Gelände)
Kraftstoffvorrat	410 l
Fahrbereich	240 km (Straße), 130 km (Gelände)
Besatzung	4
Bewaffnung	1 x 10,5-cm-leFH 18/1 L/28
Kasmfsatz	60 x 10,5 cm
Panzerung	10 – 30 mm
Furttiefe	0,8 m

Daten für die ersten beiden Prototypen

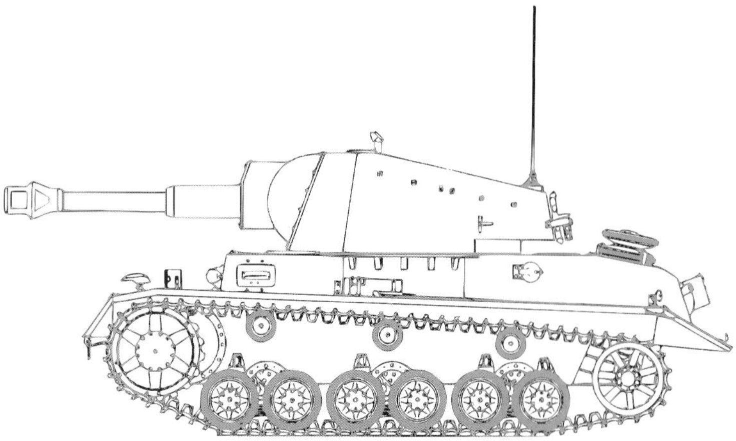

▲ *Der Turm der 10,5-cm-leFH 18/1(Sf) auf Gw. IV b konnte nur zu je 35° nach rechts oder links gedreht werden, eine 360° Drehung war nicht möglich.*

▲ *Zwei 10,5-cm-leFH 18/1(Sf) auf Gw. IV b während ihrer Erprobung.*

10,5-cm-leFh 16 auf Geschützwagen Mk VI(e)

Die deutschen Streitkräfte erbeuteten in Frankreich rund 200 britische leichte Kampfpanzer des Typs Vickers Mk VI. Die überwiegende Mehrzahl der im Westen erbeuteten Mk VI wurde bei Ausbildungs- oder Sicherungseinheiten verwendet.
Aufgrund der Auslegung des Mk VI (Motor und Getriebe vorn, Kampfraum hinten) bot sich der Typ zudem für den Umbau zur Selbstfahrlafette an. Das später durch zahlreiche Umbauten auf Basis französischer Panzer bekannt gewordene Baukommando Becker begann bereits kurz nach Ende des Westfeldzuges damit, zwölf Mk VI mit 10,5 cm leFH 16 auszurüsten.
Dazu wurde der Turm entfernt und an dessen Stelle ein nach oben offener Panzeraufbau gesetzt, der vorn aus maximal 20 mm starken Blechen bestand. Um den beträchtlichen Rückstoß aufzufangen, wurde am Heck ein klappbarer Erdsporn angebracht, der vor dem Feuern abgesenkt werden musste. Die Fahrzeuge waren mit Funk ausgerüstet und führten ein 7,92-mm-MG 34 im Kampfraum mit. Die Bezeichnung dieser Fahrzeuge lautete »10,5 cm leFh 16 auf Geschützwagen Mk VI(e)«. In ähnlicher Weise fertigte das Baukommando Becker auch sechs Selbstfahrlafetten »15 cm sFH 13 auf Geschützwagen Mk VI(e)«.
Alle 18 Fahrzeuge kamen ab Juli 1941 bei der 15. Batterie des Artillerie-Regimentes 227 zum Einsatz. Zur Unterstützung entstanden zusätzlich vier »Beobachtungspanzer auf Fahrgestell le. PzKpfw. Mk VI(e)« und 12 »Munitionspanzer auf Fahrgestell le. PzKpfw. Mk VI(e)«. Im Oktober 1941 wurde die Batterie an die Ostfront verlegt, wo sich die improvisierten Umbauten auf Basis des Mk VI durchaus bewährt haben sollen. Die letzten Fahrzeuge gingen Ende 1942 verloren. Interessanterweise war die gesamte Einheit mit britischen Beutefahrzeugen ausgerüstet, darunter neben »Bren Carriern« auch Morris Commercial Lkw und Pkw der Marke Austin.
Auf Basis des Mk VI schuf das Baukommando Becker zudem versuchsweise eine Selbstfahrlafette für die 7,5-cm-Pak 40. Ob dieses Fahrzeug jedoch jemals fertiggestellt wurde, ist unklar, Fotografien zeigen es nur im Baustadium.

Typ	Panzerhaubitze
Hersteller	Vickers-Armstrong; Umbau Baukommando Becker
Gefechtsgewicht	6500 kg
Länge	3990 mm (Wanne)
Breite	2200 mm
Höhe	2000 mm
Motor	Meadows ESTB 6-Zylinder-Ottomotor
Hubraum	4430 ccm
Leistung kw/PS	65/88
Leistungsgewicht	13,54 PS/t
Höchstgeschwindigkeit	50 km/h (Straße)
Kraftstoffvorrat	137 l
Fahrbereich	160 km (Straße)
Besatzung	4
Bewaffnung	1 x 10,5-cm-leFH 16, 1 x7,92-mm-MG 34
Kampfsatz	k.A
Panzerung	4 - 22 mm
Furttiefe	0,7 m

15-cm-sFH 13/1 auf Geschützwagen Lorraine-Schlepper(f)

Nach dem Fall Frankreichs im Juni 1940 fielen den deutschen Streitkräften rund 350 gepanzerte Vollkettennachschubtransporter des Typs Lorraine 37L und 38L in die Hände. Auf persönlichen Befehl Hitlers vom Mai 1942 baute die Firma Alkett (Berlin) bis Juni jenes Jahres 30 Lorraine-Schlepper (Lr.S) zu Panzerhaubitzen um, die in Nordafrika eingesetzt werden sollten. Dazu wurde am Heck der Fahrzeuge ein oben offener Panzeraufbau geschaffen, in dessen Front alte 15-cm-sFH 13/1 L/17 aus Lagerbeständen lafettiert wurden. Um den beträchtlichen Rückstoß dieser schweren Waffen aufnehmen zu können, erhielten die Panzerhaubitzen am Heck Erdsporne, die vor dem Feuern abgesenkt wurden. Aufgrund der gedrängten Platzverhältnisse in den kleinen Fahrzeugen konnten nur acht Schuss Bereitschaftsmunition mitgeführt werden.

Juli und August 1942 wurden diese 30 Artillerieselbstfahrlafetten nach Nordafrika verschifft. Bedingt durch feindliche Angriffe erreichten jedoch nur 23 Exemplare das Afrika Korps. Diese kamen bei der 15. und 21. Panzerdivision zum Einsatz, gingen aber sämtlich beim Rückzug nach der Schlacht von El Alamein im Herbst 1942 verloren.

Im Sommer 1942 fertigte das Waffenamt Paris/Baukommando Becker noch einmal 72 Selbstfahrlafetten mit 15-cm-sFH 13/1 auf der Basis erbeuteter Lorraine-Schlepper.

Diese Panzerhaubitzen unterschieden sich geringfügig vom Alkett-Modell, insbesondere im Bereich des Erdsporns und der Verzurrung für das Haubitzenrohr. Fahrzeuge der Ausführung Becker wurden von der Schnellen Brigade West, bzw. später von der 21. Panzerdivision und einigen Infanteriedivisionen in Frankreich eingesetzt und gingen praktisch alle bis Ende 1944 verloren. Für die mit der »15 cm sFH 13/1 auf Geschützwagen Lorraine-Schlepper(f)« ausgerüsteten Einheiten schuf das Baukommando Becker zudem 30 Beobachtungs- und Funkfahrzeuge auf dem gleichen Fahrgestell. Diese Fahrzeuge besaßen einen völlig neuen, oben offenen winkligen Panzeraufbau und waren mit umfangreichen Beobachtungs- und Kommunikationsmitteln ausgerüstet.

Typ	Panzerhaubitze
Hersteller:	Lorraine/Fouga; Umbau Alkett, Baukommando Becker
Gefechtsgewicht	8400 kg
Länge	5310 mm
Breite	2230 mm
Höhe	1830 mm
Motor	Delahaye 103TT, 6-Zylinder-Benzinmotor
Hubraum	3556 ccm
Leistung kW/PS	51,5/70
Leistungsgewicht	8,3 PS/t
Höchstgeschwindigkeit	35 km/h (Straße)
Kraftstoffvorrat	112,5 l
Fahrbereich	135 km (Straße)
Besatzung	5
Bewaffnung	1 x 15-cm-sFH 13/1 L/17, 1 x 7,92-mm-MG 34
Kampfsatz	8 x 15 cm, 600 x 7,92 mm
Panzerung	5 – 12 mm,
Furttiefe	0,5 m

▲ *Eine im Herbst 1942 von den Briten in Nordafrika erbeutete 15-cm-sFH 13/1 auf GW. Lr.S(f) der 21. Pz.Div. (TM)*

▲ *Um die erheblichen Rückstoßkräfte der 15-cm-Haubitze aufnehmen zu können, wurden die Lorraine-Fahrgestelle mit klappbaren Erdspornen ausgerüstet, die vor dem Feuern abgesenkt werden mussten. (DWA)*

10,5-cm-leFH 18/4 auf Geschützwagen Lorraine-Schlepper(f)

Im Mai 1942 orderte das Heereswaffenamt 60 Panzerhaubitzen mit 10,5-cm-Geschützen auf Basis des Lorraine-Schleppers. Alkett fertigte jedoch im November 1942 nur 12 derartige Fahrzeuge an. Der hinten liegende, nach oben hin offene Panzeraufbau war praktisch identisch mit dem des 7,5-cm-Panzerjägers Marder I auf dem gleichen Fahrgestell und wies in Höhe der Wannenoberkante einen scharfen Knick auf. Die eingebaute leichte Feldhaubitze 18/4 im Kaliber 10,5 cm war eine nur minimal modifizierte Version der Standardartilleriewaffe der Wehrmacht und verfügte über 20 Schuss Bereitschaftsmunition.

▲ *Die vom Baukommando Becker in Frankreich gefertigte Ausführung des Geschützwagens Lorraine mit 10,5-cm-LeFh 18/4 ist an den auf halber Höhe geknickten Wänden erkennbar. (WS)*

Typ:	Panzerhaubitze
Hersteller:	Lorraine/Fouga; Umbau Alkett, Baukommando Becker
Gefechtsgewicht	7700 kg
Länge	4860 mm
Breite	1880 mm
Höhe	2240 mm
Motor	Delahaye 103TT, 6-Zylinder-Benzinmotor
Hubraum	3556 ccm
Leistung kW/PS	51,5/70
Leistungsgewicht	9,1 PS/t
Höchstgeschwindigkeit	35 km/h (Straße)
Kraftstoffvorrat	112,5 l
Fahrbereich	135 km (Straße)
Besatzung	5
Bewaffnung	1 x 10,5-cm-leFH 18/4 L/28, 1 x 7,92-mm-MG 34
Kampfsatz	20 x 10,5 cm, 600 x 7,92 mm
Panzerung	5 – 12 mm,
Furttiefe	0,5 m

Im Dezember 1942 und dem Herbst des Jahres 1943 wurden durch das Baukommando Becker zunächst zwei und dann noch einmal zehn »10,5 cm leFH 18/4 auf Geschützwagen Lorraine-Schlepper(f)« produziert, die sich jedoch in einigen Details von der Alkett-Ausführung unterschieden. So ähnelte der Panzeraufbau stark der 15-cm-Panzerhaubitze auf Fahrgestell des Lorraine-Schleppers und es kam ein massiverer Erdsporn am Heck zum Einbau, der half, die Rückstoßkräfte aufzunehmen. Die Seite des Panzeraufbaus waren auf halber Höhe nur leicht geknickt. Alle 24 Fahrzeuge dieser Art kamen ebenfalls bei der 21. Panzerdivision in Frankreich zum Einsatz und gingen sämtlich bis Herbst 1944 verloren.

Zumindest ein Geschützwagen der Alkett-Ausführung wurde auf eine erbeutete sowjetische 12,2-cm-Haubitze M30 (12,2 cm sFH 396(r) in deutschen Diensten) umgerüstet und wurde in dieser Form als Teil eines Panzerzuges eingesetzt, der im September 1944 von den Alliierten erbeutet wurde. Ob weitere Umbauten dieser Art existierten, ist nicht bekannt.

◤*Alkett-Ausführung der 10,5-cm-leFH 18/4 auf Geschützwagen Lorraine-Schlepper(f). Dieses Fahrzeug lief 1944 ebenfalls beim Pz.Art.Reg. 155 der 21. Pz.Div. (Vincent Bourguignon)*

10,5-cm-leFH 18 (Sf) auf Geschützwagen 38H(f)

Ebenfalls durch das Baukommando Becker entstanden für in Frankreich stationierte Einheiten 60 Panzerhaubitzen, die als Basis Fahrgestelle erbeuteter französischer leichter Infanterieunterstützungspanzer des Typs H 35 (Hotchkiss Char léger modèle 1935 H modifié 39) nutzten, der bei der Wehrmacht als PzKpfw. 38H(f) bezeichnet wurde. Der Umbau folgte nach dem bekannten Schema: Der Turm des Kampfpanzers wurde entfernt und ein oben offener Panzeraufbau installiert, dessen Front und Seiten 20 mm, das Heck 10 mm stark gepanzert war.

Die Bewaffnung bestand aus einer 10,5-cm-leFH 18, der Standardartilleriewaffe der Wehrmacht. Der Richtbereich betrug auch hier 30° zu jeder Seite, sowie von –5° bis +45° in der Höhe. Ein Funkgerät und ein 7,92-mm-MG wurden im Kampfraum mitgeführt. Diese Fahrzeuge liefen z.B. bei der 21.Panzer-Division anstelle der »leFH 18/2 auf Fahrgestell PzKpfw. II (Sf)«, besser bekannt als »Wespe« in den Panzerartillerieabteilungen. Auch diese Selbstfahrlafetten auf Basis des PzKpfw. 38H(f) wurden im Sommer und Herbst 1944 in Frankreich gegen die alliierten Truppen eingesetzt und gingen im Zuge der Kämpfe sämtlich verloren. Speziell für Einheiten, die mit Artillerie-Selbstfahrlafetten auf Basis erbeuteter französischer Kampfpanzer ausgerüstet waren, entstanden 1943 24 Führungs- und Beobachtungsfahrzeuge auf dem Fahrgestell des PzKpfw. 38H(f).

Typ	Panzerhaubitze
Hersteller	Hotchkiss, Umbau Baukommando Becker
Gefechtsgewicht	12.500 kg
Länge	4220 mm
Breite	1850 mm
Höhe	2240 mm
Motor	Hotchkiss 6L6, 6-Zylinder-Benzinmotor
Hubraum	5976 ccm
Leistung kw/PS	88/120
Leistungsgewicht	9,6 PS/t
Höchstgeschwindigkeit	36,5 km/h (Straße), 16 km/h (Gelände)
Kraftstoffvorrat	207 l
Fahrbereich	150 km (Straße), 90 km (Gelände)
Besatzung	3 - 4
Bewaffnung	1 x 10,5-cm-leFH 18, 1 x 7,92-mm-MG 34
Kampfsatz	36 x 10,5 cm, 600 x 7,92 mm
Panzerung	14 - 34 mm (Wanne), 10 – 20 mm (Aufbau)
Furttiefe	0,5 m

▲ *10,5-cm-leFH 18 (Sf) auf Geschützwagen 38H(f) der StuG. Abt. 200 der 21. Pz.Div., Frankreich 1944.*

▶ *Da nicht genügend Panzerhaubitzen des Typs »Wespe« zur Verfügung standen, improvisierte das Baukommando Becker ähnliche Fahrzeuge auf Basis erbeuteter Hotchkiss-Panzer. (Vincent Bourguignon)*

10,5-cm-leFH 16 auf Geschützwagen FCM 36(f)

Neben den bereits beschriebenen Pak-Fahrzeugen (Marder I) schuf das Baukommando Becker unter Mithilfe der französischen Industrie zusätzlich eine Anzahl Artillerie-Selbstfahrlafetten auf Basis des FCM 36. Diese »10,5-cm-leFH 16 (Sf) auf Gw. FCM 36(f)« besaßen einen beinahe identischen Aufbau wie die Panzerjäger mit 7,5-cm-Pak 40 auf dem Fahrgestell des FCM 36, waren jedoch mit einer alten, noch aus dem 1. Weltkrieg stammenden Feldhaubitze des Kalibers 10,5 cm ausgerüstet, die mit einer Mündungsbremse versehen wurde. Die Höchstschussweite lag bei 7,2 km, der Seitenrichtbereich betrug etwas unter 34°. Zudem wurden ein deutsches Funkgerät und ein MG zur Nahverteidigung im Kampfraum mitgeführt. Auch bei diesem Typ liegen widersprüchliche Angaben über die Zahl der Umbauten vor. Wahrscheinlich waren es in diesem Fall nur 12 Fahrzeuge, obwohl in der Literatur auch die Zahlen 48 bzw. 24 zu finden sind.

▲ *10,5-cm-leFH 16 auf Geschützwagen FCM 36(f) der StuG.Abt. 200 der 21. Pz.Div., Frankreich, 1944.*

Typ	Panzerhaubitze
Hersteller:	FCM, Umbau Baukommando Becker
Gefechtsgewicht	k.A
Länge	4460 mm (ohne Rohr)
Breite	2140 mm
Höhe	2275 mm
Motor	Berliet MDP, 4-Zylinder-Dieselmotor
Hubraum	8490 ccm
Leistung kW/PS	67/91
Leistungsgewicht	k.A
Höchstgeschwindigkeit	23 km/h (Straße)
Kraftstoffvorrat	260 l
Fahrbereich	230 km (Straße), 140 km (Gelände)
Besatzung	4
Bewaffnung	1 x 10,5-cm-leFH 16 L/22, 1 x 7,92-mm-MG 34
Kampfsatz	36 x 10,5 cm, 600 x 7,92 mm
Panzerung	Wanne 12 -40 mm, Aufbau 10 – 20 mm
Furttiefe	0,7 m

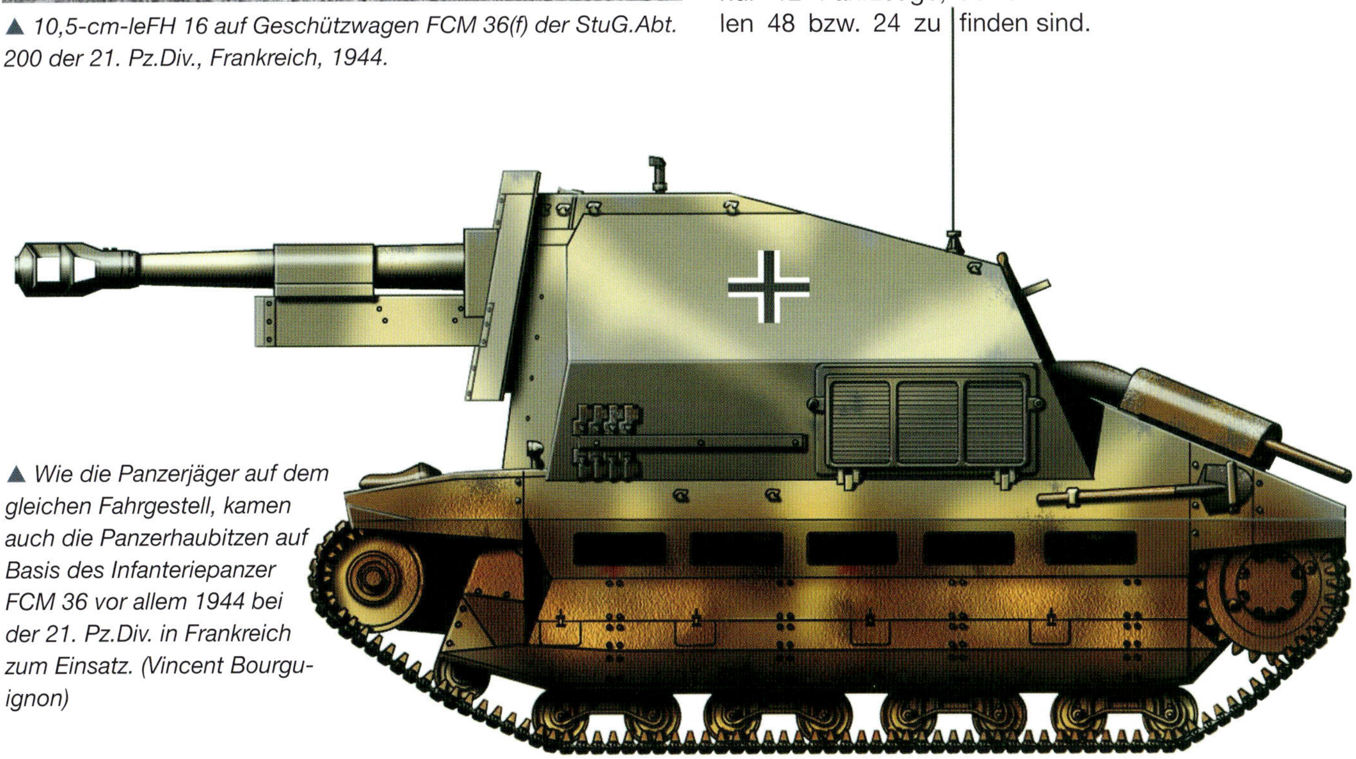

▲ *Wie die Panzerjäger auf dem gleichen Fahrgestell, kamen auch die Panzerhaubitzen auf Basis des Infanteriepanzer FCM 36 vor allem 1944 bei der 21. Pz.Div. in Frankreich zum Einsatz. (Vincent Bourguignon)*

10,5-cm-leFH 18/3 auf Geschützwagen B 2(f)

Schwere französische Kampfpanzer des Typs Char B1 und B1-bis hatten mit ihrer für (die damalige Zeit) massiven Panzerung von bis zu 60 mm, einer 4,7-cm-Kanone im Turm und einer 7,5-cm-Kanone in der Wanne während des Frankreichfeldzuges nachhaltigen Eindruck hinterlassen. Rund 160 dieser Fahrzeuge fielen als Beute in deutsche Hände. Auf persönlichen Wunsch Hitlers begannen bei Daimler-Benz im März 1941 erste Planungen für die Ausrüstung französischer Beutepanzer des Typs Char B (Wehrmachtsbezeichnung PzKpfw. B 2(f)) mit Flammenwerfern, die am Angriff auf die UdSSR teilnehmen sollten. Aufgrund der Kürze der zur Verfügung stehenden Zeit konnten bis Juni 1941 nur 24 Panzer fertig gestellt werden, bis Juni 1942 waren es insgesamt 60 Fahrzeuge. Ebenfalls auf Initiative Hitlers vom März 1941 entstanden auf Basis des PzKpfw. B 2(f) 18 Selbstfahrlafetten, die zwischen Januar und März 1942 fertiggestellt wurden. Diese sollten als Begleitartillerie für die geplanten Flammpanzer des gleichen Typs dienen und waren mit der leichten Standard-Artilleriewaffe der Wehrmacht, der 10,5-cm leichten Feldhaubitze 18, bestückt.

Zur Selbstverteidigung wurde im Fahrzeug zudem ein MG 34 mitgeführt. Hauptauftragnehmer für die Entwicklung dieser Selbstfahrlafetten war der Rüstungskonzern Rheinmetall aus Düsseldorf, die Fertigung übernahm jedoch Alkett in Berlin. Der Turm sowie die in der Wanne befindliche 7,5-cm-Kanone wurden entfernt und auf das Panzerkastenoberteil ein oben offener Aufbau mit einer 10,5-cm-leFH 18/3 gesetzt. Die Stärke der verwendeten Panzerbleche betrug rundum 20 mm. Anstelle der ihnen zugedachten Rolle als Begleitartillerie für Flammpanzer wurden die 10,5-cm-leFH 18/3 auf Geschützwagen B 2(f) dem Artillerie-Regiment 93 der neuaufgestellten 26.Pz.-Div. in Frankreich zugeteilt, wo sie offenbar vor allem zur Ausbildung genutzt wurden.

Typ	Panzerhaubitze
Hersteller:	Renault, Schneider, FCM, AMX, FAMH, Umbau durch Alkett
Gefechtsgewicht	32.500 kg
Länge	6370 mm (ohne Rohr)
Breite	2500 mm
Höhe	3010 mm
Motor	Renault 307 , 6-Zylinder-Benzinmotor
Hubraum	16.500 ccm
Leistung kW/PS	221/300
Leistungsgewicht	9,2 PS/t
Höchstgeschwindigkeit	25 km/h (Straße)
Kraftstoffvorrat	400 l
Fahrbereich	140 km (Straße), 100 km (Gelände)
Besatzung	5
Bewaffnung	1 x 10,5-cm-leFH 18/3 L/28, 1 x 7,92-mm-MG 34
Kampfsatz	k.A.
Panzerung	Wanne 14 – 60 mm, Aufbau 20 mm
Furttiefe	0,7 m

▲ *Alle 16 Exemplare der 10,5-cm-leFH 18/3 auf Geschützwagen B 2(f) wurden im Herbst 1942 der 26. Pz.Div. in Frankreich zugeteilt, wo sie bis Mitte 1943 nachgewiesen sind. Dann verliert sich ihre Spur, einige Quellen geben an, die Selbstfahrlafetten seien der 90. Pz.Gren.Div. auf Sardinien überstellt worden.*

▲ *Die 16 Artillerie-Selbstfahrlafetten auf Basis des Beutepanzers Char B sind nur als Behelf anzusehen. Ihr Kampfraum war mehr als beengt und ihr Aufzug wesentlich zu hoch. Zudem war ihre mechanische Zuverlässigkeit gering. (Vincent Bourguignon)*

15-cm-sFH 18/1 auf Gw. III/IV (Sf), Sd.Kfz. 165, »Hummel«

Die Panzerhaubitze »Hummel« wurde 1942 aufgrund der dringenden Forderung der Wehrmacht nach schwerer, mobiler Artillerie zur Unterstützung der Panzertruppe entworfen. Die Planung des Heereswaffenamtes sah eigentlich die Schaffung eines Fahrzeugs mit einer um 360° schwenkbaren und idealerweise auch noch absetzbaren Haubitze vor. Da dessen Entwicklung aber dauerte, beauftragte man Alkett mit der Schaffung einer Zwischenlösung. Das von Alkett vorgeschlagene Fahrzeug war eine Kombination aus dem Gw. III/IV und der schweren Feldhaubitze (sFH) 18 des Kalibers 15 cm. Der Geschützwagen (Gw.) III/IV war von Alkett unter Verwendung des Fahrgestells und des Motors des PzKpfw. IV sowie des Getriebes, des Triebrades und der Steuerung des PzKpfw. III geschaffen worden.
Zusätzlich hatte Alkett für den Gw. III/IV die Wanne des PzKpfw. IV verlängert, den Motorraum in die Mitte der Wanne verlegt und am Heck einen oben offenen Kampfraum geschaffen, in dem nun die 15-cm-sFH 18/1 mit begrenztem Schwenkbereich lafettiert wurde. Zum Schutz gegen Infanterieangriffe führte die Besatzung im Kampfraum zudem ein MG 34 mit. Ende 1942 stellte Alkett den ersten Prototyp vor, die Serienfertigung begann Anfang 1943 bei den Deutschen Eisenwerken und die ersten Fahrzeuge liefen der Truppe im März 1943 zu. Da die »Hummel« nur 18 Schuss der bis zu 43,5 kg schweren Munition mitführte, wurde zusätzlich ein unbewaffnetes Munitionsfahrzeug entwickelt, das sich jedoch bei Bedarf recht rasch in eine Panzerhaubitze verwandeln ließ, z.B. indem die 15-cm-sFH 18/1 aus einer beschädigten »Hummel« ausgebaut und in den Transport- bzw. Kampfraum gesetzt wurde.
Der erste Auftrag über 500 Panzerhaubitzen und Munitionsträger war Anfang 1944 erfüllt. Dann erfuhr der Typ eine Überarbeitung, u.a. wurde die Fahrerfront neu gestaltet. Anstelle eines einzelnen Fahrererkers auf der linken Wannenseite erstreckte sich dieser nun über die gesamte Fahrzeugbreite. Zudem wurde die Auspuffanlage und später auch die Lüftungsgrätings modifiziert. Bis März 1945 verließen insgesamt 705 Panzerhaubitzen und 107 Munitionsfahrzeuge die Werkshallen der Deutschen Eisenwerke in Duisburg, weitere 50 Munitionsträger wurden im Werk Teplitz-Schönau (Sudetenland) gefertigt. Alkett baute Anfang 1945 zudem ein Versuchsfahrzeug, das anstelle der 15-cm-sFH mit einer 10,5-cm-leFH 18 bewaffnet war und daher den Namen »Hummel-Wespe« erhielt.
Obwohl nur als Zwischenlösung geplant und mit einigen Problemen behaftet, bewährte sich das Sd.Kfz. 165 bis Mai 1945. Mit einem Gewicht von 24 t war das Fahrgestell an den Grenzen seiner Belastbarkeit, ebenso Kupplung und Getriebe. Der oben offene Kampfraum bot keinerlei Schutz gegen Regen und eisige Temperaturen oder Beschuss bzw.

Typ	Panzerhaubitze
Hersteller:	Alkett, Deutsche Eisenwerke
Gefechtsgewicht	24.000 kg
Länge	7170 mm (mit Rohr)
Breite	2950 mm
Höhe	2850 mm
Motor	Maybach HL 120 TRM, 12-Zylinder-Benzinmotor
Hubraum	11.870 ccm
Leistung kW/PS	221/300
Leistungsgewicht	12,5 PS/t
Höchstgeschwindigkeit	40 km/h (Straße), 20 km/h (Gelände)
Kraftstoffvorrat	470 l
Fahrbereich	220 km (Straße), 130 km (Gelände)
Besatzung	6
Bewaffnung	1 x 15-cm-sFH 18/1 L/30, 1 x 7,92-mm-MG 34
Kampfsatz	18 x 15 cm, 600 x 7,92 mm
Panzerung	Wanne 10 – 30 mm, Aufbau 10 mm
Furttiefe	0,8 m

Splitter von oben. Dennoch zeigte die »Hummel«, dass die Idee auch schwere Geschütze wie die 15-cm-sFH 18 mit Hilfe eines Vollkettenfahrgestells mobil zu machen der richtige Wag war und taktisch neue Möglichkeiten eröffnete. Nach 1945 folgten zahlreiche Nationen diesem Beispiel.

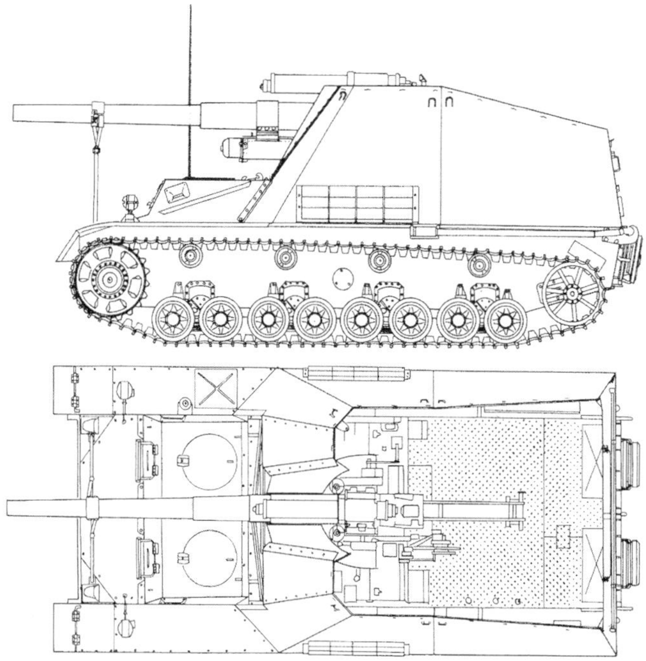

▲ *Zwei-Seiten-Ansicht einer späten Panzerhaubitze »Hummel«, erkennbar an der umgestalteten Fahrerfront.*

▲ »Hummel« der Art.Abt. der Pz.Gren.Div. Großdeutschland, Ostfront 1944. (Grzeorz Jackowski)

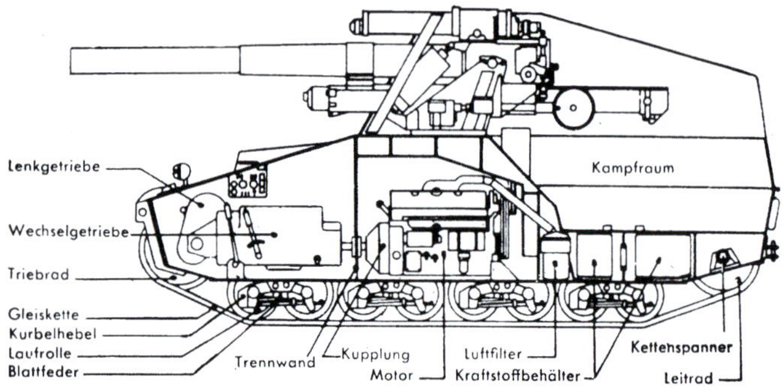

▲ Diese schematische Schnittzeichnung zeigt deutlich den Aufbau des Gw.III/IV. (NARA)

▲ Zwei 15-cm-sFH 18/1 auf Gw. III/IV (Sf) auf dem Marsch. Um die Rohrwiege zu entlasten, ist das Rohr in der Rohrstütze verzurrt. Interessanterweise befinden sich im Kampfraum dieser Panzerhaubitze fünf Soldaten, während vorn der Funker aus seiner Luke schaut. Zusammen mit dem Fahrer ergibt dies sieben Mann, obwohl die offizielle Besatzung nur aus sechs Mann bestand.

10,5-cm-leFH 18/2 auf Gw. II (Sf), Sd.Kfz. 124, »Wespe«

Da sich die Entwicklung der 10,5-cm-leFH 18/1(Sf) auf Gw. IV b (Sd.Kfz. 165/1) hinzog und das Heereswaffenamt zudem zu der Erkenntnis gelangt war, dass es eigentlich eine Artillerieselbstfahrlafette mit um 360° schwenkbarer sowie idealerweise absetzbarer Hauptwaffe benötigte, begann Mitte 1942 die Suche nach einer rasch verfügbaren Zwischenlösung.
Alkett entwarf daraufhin in Zusammenarbeit mit MAN den Geschützwagen II (Gw. II). Dieser basierte auf dem Fahrgestell des PzKpfw. II Ausf. F, wobei die Wanne modifiziert und der Motorraum in die Mitte des Fahrzeugs verlegt wurde, um im Heck Platz für einen oben offenen Kampfraum zu schaffen. Die dort lafettierte leichte Feldhaubitze (leFH) 18 des Kalibers 10,5 cm von Rheinmetall besaß nur einen begrenzten Schwenkbereich. Zusätzlich wurde im Kampfraum ein MG mitgeführt.
Nachdem im Herbst 1942 ein erster Prototyp vorgestellt worden war, lief die Produktion der 10,5-cm-leFH 18/2 auf Gw. II (Sf) »Wespe« und dem von FAMO kontrollierten Ursus-Werk in Warschau an, wohin später die gesamte Fertigung verlegt wurde. Bis zum Sommer 1944 (die Front erreichte Warschau) wurden dort 682 »Wespen« gebaut. Beim Bau der Fahrzeuge wurden sowohl neu produzierte als auch vorhandene Panzer II-Fahrgestelle genutzt. Späte

Typ	Panzerhaubitze
Hersteller	FAMO
Gefechtsgewicht	11.800 kg
Länge	4810 mm
Breite	2280 mm
Höhe	2320 mm
Motor	Maybach HL 62 TRM, 6-Zylinder-Benzinmotor
Hubraum	6191 ccm
Leistung kW/PS	103/140
Leistungsgewicht	11,9 PS/t
Höchstgeschwindigkeit	40 km/h (Straße), 20 km/h (Gelände)
Kraftstoffvorrat	170 l
Fahrbereich	140 km (Straße), 90 km (Gelände)
Besatzung	5
Bewaffnung	1 x 10,5-cm-leFH 18/2 L/28, 1 x 7,92-mm-MG 34
Kampfsatz	32 x 10,5 cm, 600 x 7,92 mm
Panzerung	Wanne 5 – 20 mm, Aufbau 10 - 12 mm
Furttiefe	0,92 m

▲ *Eine Batterie 10,5-cm-leFH 18/2 auf Gw. II (Sf) »Wespe« der Art-Abt. der Pz.Gren. Div. Großdeutschland auf dem Marsch. Operation Zitadelle, Raum Kursk, Juli 1943.*

▲ *Der erste Prototyp der 10,5-cm-leFH 18/2 auf Gw. II (Sf). Serienfahrzeuge weisen einen veränderten Fahrererker auf.*

▲ *10,5-cm-leFH 18/2 auf Gw. II (Sf) »Wespe« des Pz.Art.Reg. Der 10.SS-Pz.Div. Frundsberg, Frankreich 1943. (Grzegorz Jackowski)*

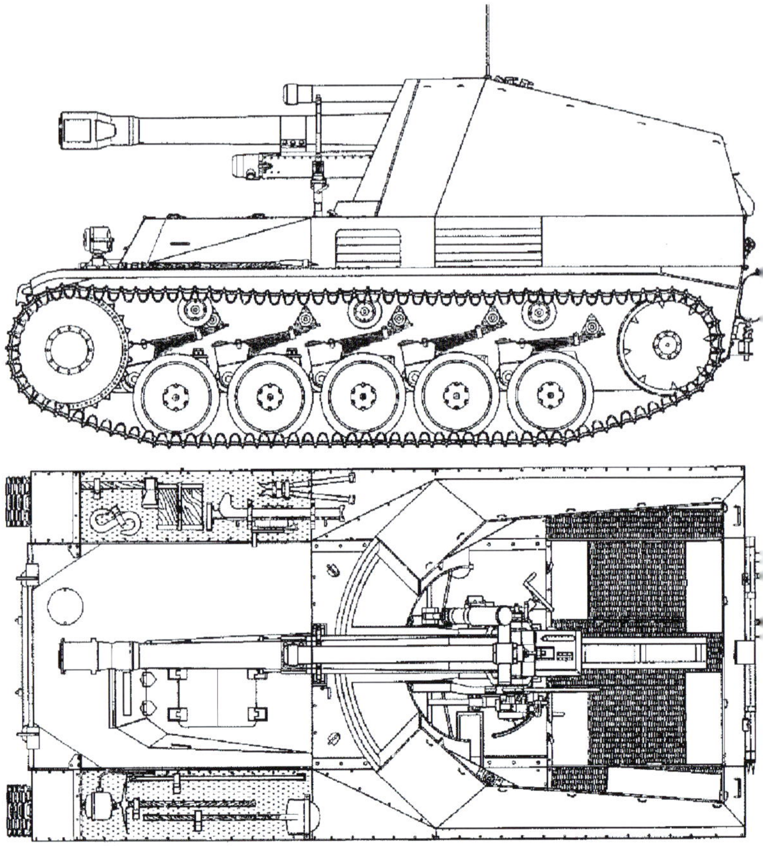

▲ *Zwei-Seiten-Ansicht einer 10,5-cm-leFH 18/2 auf Gw. II (Sf) »Wespe« eines frühen Bauloses.*

▲ *Eine unbewaffnetes Munitionsfahrzeug »Wespe« in der Hand französischer Widerstandskämpfer der FFI (Forces françaises de l'intérieur; Französische Streitkräfte im Inneren), daneben Zivilisten. Frankreich 30. August 1944. (IWM)*

▲ *Eine verlassene »Wespe« Anfang 1944 westlich von Schytomyr, Ukraine. Man beachte, dass dieses Fahrzeug den Namen »Anneliese« trägt.*

»Wespen« sind an der um 220 mm verlängerten Wanne zu erkennen und besitzen ein verstärktes Laufwerk, ansonsten wurden im Laufe der Fertigung kaum Modifikationen vorgenommen. Zudem baute FAMO 158 unbewaffnete Munitionsfahrzeuge, die 90 Schuss 10,5-cm-Munition mitführten. Jede Batterie aus sechs 10,5-cm-leFH 18/2 auf Gw. II (Sf) sollte von zwei Munitionsfahrzeugen unterstützt werden. Diese konnten jedoch auch relativ rasch mit Bewaffnung versehen werden und so die Rolle einer Panzerhaubitze übernehmen.

»Wespen« blieben bis Kriegsende im Einsatz. Sie bewährten sich trotz ihrer Nachteile (offener Kampfraum, schwache Motorleistung) gut und bewiesen, dass das Konzept mobiler Artillerie zur Unterstützung motorisierter Truppen richtig war.

15-cm-sIG-33/2 (Sf) auf Gw. 38(t) Ausf. H und K, Sd.Kfz. 138/1, »Grille«

Obwohl die ersten Versuche das sIG 33 auf eine Selbstfahrlafette zu setzen, keine besonders guten Fahrzeuge hervorgebracht hatten, bestand doch weiterhin die Notwendigkeit mobiler Feuerunterstützung für die Panzergrenadiere. Nachdem Alkett bereits 1940 erste Versuchsfahrzeuge auf Basis des PzKpfw. 38(t) produziert hatte, schlug BMM im März 1942 die Serienproduktion einer Selbstfahrlafette auf Basis eines modifizierten Fahrgestells dieses Typs vor, bei dem der Motorraum in die Mitte verlegt worden war, um im Heck Platz für einen Kampfraum zu schaffen. Dieser Konstruktion dieses Geschützwagens 38(t), der auch die Basis der Panzerjäger-Selbstfahrlafette Marder III bildete, zog sich jedoch in die Länge, weshalb ab Februar 1943 als Zwischenlösung 90 15-cm-sIG-33/2 (Sf) auf Gw. 38(t) Ausf. H gebaut wurden, die auf den nur wenig modifizieren Fahrgestellen des PzKpfw. 38(t) Ausf. H beruhten.

Das 15-cm-sIG 33/2 befand sich dabei in einem oben offenen Panzeraufbau, der an der Stelle des Turms auf die Panzerwanne aufgesetzt worden war. Die Fahrerfront mit dem Bug-MG entfiel und wurde durch eine 25-mm-Frontplatte ersetzt, die zugleich die Frontplatte des Panzeraufbaus bildete. Die Aufbauseiten waren 14,5 mm und das Heck 10 mm stark gepanzert. Das in der Front des Panzeraufbaus lafettierte 15-cm-Geschütz besaß einen Richtbereich von nur 5° je Seite, der Höhenrichtbereich lag jedoch bei -3° bis +72°. BMM fertigte zwischen Februar und Juni 1943 200 Exemplare dieses Typs, die zum Teil auf neuen, aber auch auf zur Überholung ins Werk zurückgeschickten Fahrgestellen der Ausf. H basierten. Im November 1943 folgten zehn weitere Exemplare.

Im Dezember 1943 lief dann die Fertigung auf Basis des Gw.38(t) an. Von dieser als 15cm-sIG-33/2 (Sf) auf Gw. 38 (t) Ausf. K bezeichneten Version mit hinten liegendem Kampfraum und in die Mitte verlegtem Motor wurden bis

Typ	Artillerie-Selbstfahrlafette
Hersteller:	BMM
Gefechtsgewicht	12.700 kg
Länge	4870 mm
Breite	2150 mm
Höhe	2470 mm
Motor	Praga EPA 2 TZJ, 6-Zylinder-Benzinmotor
Hubraum	7754 ccm
Leistung kW/PS	103/140
Leistungsgewicht	11,7 PS/t
Höchstgeschwindigkeit	35 km/h (Straße), 15 km/h (Gelände)
Kraftstoffvorrat	220 l
Fahrbereich	210 km (Straße), 140 km (Gelände)
Besatzung	5
Bewaffnung	1 x 15-cm-SIG 33/2 L/11,4, 1 x 7,92-mm-MG 34
Kampfsatz	18 x 15 cm, 600 x 7,92 mm
Panzerung	10 – 40 mm
Furttiefe	0,9 m

Daten für Ausf. K

▲ *15-cm-sIG-33/2 (Sf) auf Gw. 38(t) Ausf. H »Grille« im Einsatz an der Ostfront. Bei schlechtem Wetter konnte der oben offene Kampfraum mittels Spriegel und Plane abgedeckt werden. (NARA)*

◀ *15cm-sIG-33/2 (Sf) auf Gw. 38(t) Ausf. H »Grille« einer unbekannten Einheit, Italien, 1943. (Vincent Bourguignon)*

September 1944 282 Exemplare gebaut. 1945 sollen weitere zehn Fahrzeuge auf Fahrgestellen komplettiert worden sein, die ursprünglich für den Flakpanzer 38(t) vorgesehen waren. Analog zur Praxis bei »Hummel« und »Wespe« entstanden auf Basis der Ausf. K zudem 102 unbewaffnete Munitionsfahrzeuge, die 40 Schuss mitführen konnten. Die Truppe vermochte diese Munitionsträger im Bedarfsfall jedoch rasch zu Selbstfahrlafetten umzurüsten. Sowohl die Version H als auch die Version K der »Grille« waren nur improvisierte Zwischenlösungen, die zwar eine willkommene hohe Feuerkraft besaßen, jedoch nicht völlig überzeugen konnten. So robust und zuverlässig der PzKpfw. 38(t) auch war, der Rückstoß der 15-cm-Waffe führte zu starken Nickbewegungen und belastete das Fahrgestell über Gebühr.

▲ *Zur Munitionsversorgung der aus jeweils sechs Selbstfahrlafetten bestehenden Infanteriegeschütz-Batterien waren pro Batterie je zwei Munitionsfahrzeuge vorgesehen.*

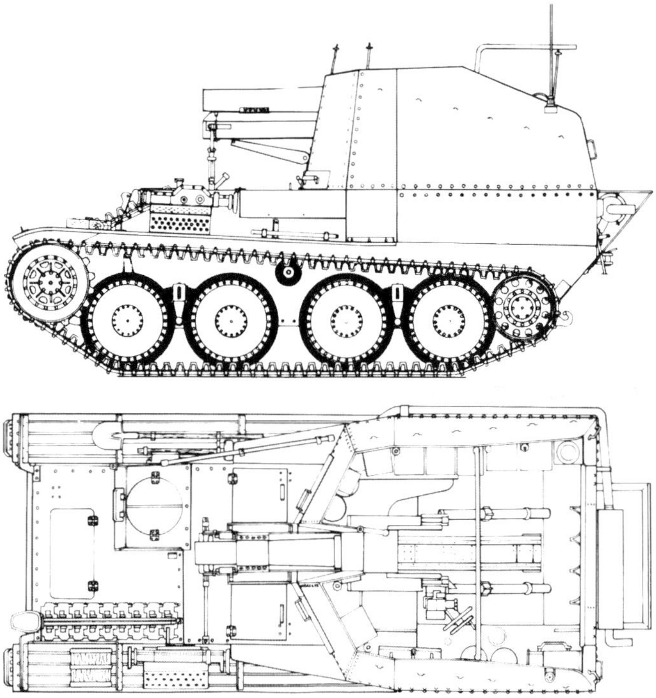

▲ *Zwei-Seiten-Ansicht eines 15-cm-sIG-33/2 (Sf) auf Gw. 38(t) Ausf. K.*

◀ ▲ *15-cm-sIG-33/2 (Sf) auf Gw. 38(t) Ausf. K im BMM-Werk 1944.*

10,5-cm-leFH 18/6 auf Waffenträger Gw. IV b, »Heuschrecke 10«

Der Entwurf dieses Typs begann 1942 bei Krupp aufgrund einer Forderung des HWA nach einer Artillerie-Selbstfahrlafette, die einen um 360° schwenkbaren Turm sowie die Fähigkeit besitzt, die Hauptwaffe abzusetzen, damit diese unabhängig vom Fahrzeug eingesetzt werden kann. Die Konstruktion weist gewisse Ähnlichkeiten mit der aus dem gleichen Hause stammenden 10,5-cm-leFH 18/1(Sf) auf Gw. IV b auf, allerdings basierten Laufwerk und Motor nun auf dem auch für die Selbstfahrlafetten »Nashorn« und »Hummel« verwendeten Gw. III/IV, der jedoch erheblich modifiziert wurde. Die 10,5-cm-leFH 18 war in einem oben offenen, um 360° schwenkbaren Turm lafettiert, was einen deutlichen Fortschritt gegenüber den bis dorthin eingesetzten Panzerhaubitzen bedeutete.

Im Bedarfsfalle konnte der Turm mittels einer zunächst hydraulischen, später von Hand betriebenen Hebevorrichtung abgesetzt und sogar hinter dem Fahrzeug hergezogen werden, damit dieses dann mehr Munition transportieren konnte. Krupp baute ab Mai 1943 drei Prototypen, die noch die 10,5-cm-leFH 18/6 besaßen. Deren Erprobung lief im Herbst 1943 an. Die ab Mai 1944 geplanten Serienmodelle sollten die neu konstruierte leFH 43 gleichen Kalibers erhalten. Zu einer Serienproduktion kam es jedoch nicht mehr, da die Kriegslage den Bau derartig komplexer und teurer Fahrzeuge nicht mehr zuließ. Rheinmetall verfolgte ein ähnliches Projekt, baute aber ebenfalls nur Prototypen, die auf einem PzKpfw. IV-Fahrgestell basierten. Diverse Entwürfe schwerer Waffenträger auf Basis des »Panther« mit 15-cm-Haubitzen erreichten nicht einmal das Versuchsstadium.

Typ	Waffenträger
Hersteller:	Krupp
Gefechtsgewicht	24.000 kg
Länge	6570 mm (mit Rohr)
Breite	2900-- mm
Höhe	2650 mm
Motor	Maybach HL 120 TRM, 12-Zylinder-Benzinmotor
Hubraum	11.870 ccm
Leistung kW/PS	221/300
Leistungsgewicht	12,5 PS/t
Höchstgeschwindigkeit	38 km/h (Straße)
Kraftstoffvorrat	360 l
Fahrbereich	225 km (Straße)
Besatzung	5
Bewaffnung	1 x 10,5-cm-leFH 18/6 L/28; 1 x 7,92 mm MG 34
Kampfsatz	87 x 10,5 cm , 600 x 7,92 mm
Panzerung	10 – 30 mm
Furttiefe	0,8 m

▲ *Diese »Heuschrecke 10« (10 bezieht sich auf Kaliber der Hauptwaffe von 10,5 cm) wurde nach dem Krieg auf dem Testgelände der US Army, dem Aberdeen Proving Ground in Maryland fotografiert. Dies ist heute das einzige Fahrzeug dieser Art weltweit und befindet sich nun seit einigen Jahren im Army Field Artillery Museum in Fort Sill, Oklahoma. (NARA)*

▲ *Die leFH18/40/2 auf Gw. III/IV (Sf) war der Rheinmetall-Konkurrenzentwurf zum Krupp-Fahrzeug. Der Turm war ebenfalls absetzbar, allerdings fehlte diesem Entwurf eine eigene Hebevorrichtung. Die leFH 18 konnte stattdessen mit Hilfe einer manuell zu bedienenden Winde aus dem hinten aufklappbaren Turm herausgezogen, mit Rädern und Lafettenarmen versehen und über eine Rampe auf den Boden gesetzt werden. Ein erster Prototyp wurde ab Ende März 1944 erprobt, zu einer Serienfertigung kam es nicht mehr. (IWM)*

60-cm-Mörser Gerät 40 und Gerät 41, »Karl Gerät«

Die Planungen für diese Waffe begannen bereits 1935-36, allerdings lehnte das HWA die ersten Entwürfe ab und forderte ein schnelleres Instellunggehen. Rheinmetall entwarf daher ab 1937 eine Selbstfahrlafette mit Kettenlaufwerk. Das hohe Gewicht machte es aber dennoch notwendig, den Mörser über lange Strecken in drei Lasten zu zerlegen oder mittels zweier Tragarme zwischen zwei spezielle Eisenbahnwagen zu hängen. Vor dem Schuss wurde die Wanne hydraulisch auf den Boden abgesenkt, um die enormen Rückstoßkräfte besser aufnehmen zu können. Zunächst erhielten alle sechs zwischen November 1940 bis August 1941 ausgelieferten Selbstfahrlafetten einen 60-cm-Mörser (Gerät 40). Diese verschossen zwei unterschiedliche Granaten. Die schwere Betongranate (2170 kg, Schussweite maximal 4320 m) sowie die leichte Betongranate (1700 kg, Schussweite max. 6440 m). Diese Geschosse durchdrangen in bis 2,5 m dicken Stahlbeton.

Als die 60-cm-Rohre L/8,44 verschlissen waren, kamen ab 1944 54-cm-Mörser L/11,5 zum Einbau (Gerät 41), die eine 1580 kg schwere Betongranate bis zu 10.500 m weit schossen und, obwohl leichter, bis zu 3,5 m Stahlbeton durchschlugen. Ein siebtes Fahrzeug, ab Werk mit dem 54-cm-Mörser ausgerüstet, diente nur als Versuchsgerät und kam nie zum Einsatz.

Die sieben Fahrzeuge wurden mit unterschiedlichen Laufwerken, Ketten, Motoren und Getrieben in verwirrenden Kombinationen ausgestattet. Besaßen die ersten beiden Mörser »Adam« (später (»Baldur«) und »Eva« (später »Wotan«) ein Laufwerk mit acht gummibereiften Laufrollen und Ottomotoren MB 503 A, so wurden alle folgenden Selbstfahrlafetten mit Laufwerken versehen, die über elf Ganz-Stahl-Laufrollen verfügten. Die Fahrzeuge »Thor«, »Odin« und »Loki« wurden jedoch von MB 507 C Dieselmotoren angetrieben, während die letzten beiden Exemplare »Ziu« und VII (kein Name) wiederum Ottomotoren MB 503 A erhielten.

Daten für Gerät 040 Nr. III	
Typ	Artillerie-Selbstfahrlafette
Hersteller:	Rheinmetall
Gefechtsgewicht	124.000 kg
Länge	11.150 mm
Breite	3160 mm
Höhe	4780 mm
Motor	DB 507 V, 12-Zylinder-Dieselmotor
Hubraum	42.300 ccm
Leistung kW/PS	427/580
Leistungsgewicht	4,68 PS/t
Höchstgeschwindigkeit	10 km/h (Straße)
Kraftstoffvorrat	1200 l
Fahrbereich	60 km (Straße)
Besatzung	16- 21
Bewaffnung	1 x 60-cm-Mörser L/8,44
Kampfsatz	0 x 60 cm
Panzerung	max. 12 mm
Furttiefe	k.A

Der Einsatz erfolgte vor allem an der Ostfront, so z.B. 1941 gegen Brest-Litowsk, 1942 gegen Sewastopol, 1944 in Warschau, aber auch noch 1945 beim Beschuss der Ludendorff-Brücke bei Remagen. Jeder der Selbstfahrlafetten wurden zwei Munitionsschlepper auf PzKpfw. IV Basis zugeteilt, die über Kräne zur Handhabung der bis zu 2180 kg schweren Granaten verfügten. Bei Kriegsende wurden drei Mörser beschädigt von US-Truppen erbeutet, zwei von der Roten Armee. Das Schicksal der letzten beiden Fahrzeuge ist nicht geklärt, da ihr letzter bekannter Standort jedoch Jüterborg war, dürften sie ebenfalls den Sowjets in die Hände gefallen sein. Nur ein »Karl-Gerät« ist heute noch erhalten. Dies ist »Ziu«, welches unter dem falschem Namen »Adam« im Panzermuseum Kubinka bei Moskau zu sehen ist.

◀ *Der erste 60-cm-Mörser »Adam« (erkennbar an den acht Laufrollen mit Gummireifen), schwere Artillerie Abteilung 833, 11. Armee, während der Beschießung Sewastopols (UdSSR), Juni-Juli 1942. (Vincent Bourguignon)*

Flak-Selbstfahrlafetten

2-cm-Flak 38 auf Fahrgestell PzKpfw. I Ausf. A, Flakpanzer I

Bereits während des Frankreichfeldzuges wurde deutlich, dass die auf ungepanzerten Halbkettenfahrzeugen lafettierten Flak-Geschütze nicht genügend Schutz boten, um in Panzereinheiten eingesetzt zu werden. Das HWA entschied daher, die 2-cm-Flak als rasche Behelfslösung auf das Fahrgestell des veralteten PzKpfw. I Ausf. A setzen zu lassen. Der Umbau geschah durch Stoewer, Stettin, die auch den leichten geländegängigen Einheits-PKW der Wehrmacht fertigten. Der Turm wurde entfernt, das Panzerkastenoberteil erheblich modifiziert und die Motorabdeckung abgeflacht, um eine ebene Fläche für die Geschützmannschaft zu erhalten. Seitliche Bleche konnten in Feuerstellung abgeklappt werden und vergrößerten so die Plattform für die Bedienmannschaft. Um Raum für den Fahrer zu lassen, war die 2-cm-Flak leicht nach rechts versetzt und um mehr Munition unterbringen zu können, wurde die Funkanlage entfernt. Da der Stauraum des Fahrzeugs nur sehr gering war, erhielt es oft eine Anhängerkupplung für den Sonderanhänger 51, in dem Munition und Ersatzrohre für die Flak untergebracht werden konnten. Da Panzerschutz und Größe des Kampfraumes nicht genügten, wurden keine weiteren Flakpanzer hergestellt. Stoewer fertigte insgesamt nur 24 Fahrzeuge, die alle bei der Flak-Abteilung 614 an der Ostfront zum Einsatz kamen. Die letzten Flakpanzer I gingen Anfang 1943 in Stalingrad verloren.

▲ *Flakpanzer I der Flak-Abt. 614, Stalingrad Anfang 1943. (Grzegorz Jackowski)*

Typ	Flak-Selbstfahrlafette
Hersteller	Umbau durch Stoewer
Gefechtsgewicht	5500 kg
Länge	4020 mm
Breite	2060 mm
Höhe	2080 mm
Motor	Krupp M305 4-Zylinder-Benzinmotor
Hubraum	3460 ccm
Leistung kW/PS	44/60
Leistungsgewicht	10,91 PS/t
Höchstgeschwindigkeit	40 km/h (Straße)
Kraftstoffvorrat	146 l
Fahrbereich	145 km (Straße), 100 km(Gelände)
Besatzung	4
Bewaffnung	1 x 2-cm-Flak 38 L/65
Kampfsatz	k.A
Panzerung	6 - 13 mm
Furttiefe	0,58 m

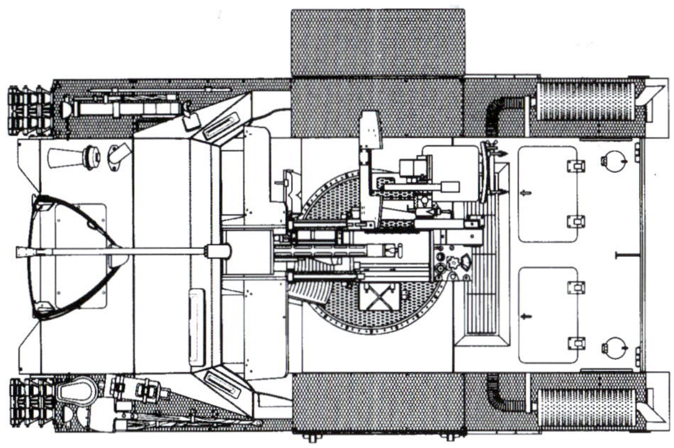

▲ *Von-oben-Ansicht des Flakpanzers I. Da die Luftwaffe in der ersten Phase des Krieges im Osten die Luftüberlegenheit besaß, ergab sich für die Fahrzeuge nur selten der Einsatz gegen Luftziele. Umso häufiger wurden sie trotz ihrer geringen Panzerung gegen Erdziele verwendet – mit entsprechenden Verlusten.*

Flakpanzer 38(t) auf Selbstfahrlafette 38(t), Sd.Kfz. 140

Die zunehmende Luftüberlegenheit der alliierten Streitkräfte ab 1943 zeigte der Wehrmachtsführung deutlich die Notwendigkeit eines Flakpanzers auf. Da sich der Flakpanzer I nicht bewährt hatte und die vorgesehenen Entwicklungen auf Basis des PzKpfw. IV nicht rasch genug umgesetzt werden konnten, wurde BMM beauftragt, unter Verwendung des GW. 38(t), der die Basis der Selbstfahrlafetten »Marder III« und »Grille«, bildete, einen solchen Flakpanzer zu entwickeln. Dabei befand sich die 2-cm-Flak 38 in einem oben offenen Kampfraum mit niedrigen Seitenwänden am Heck des Fahrzeugs. Diese mussten abgeklappt werden, um der Flak ihren vollen Schwenkbereich zu geben. Der Kampfsatz betrug 540 Schuss 2-cm-Munition. Insgesamt bewährte sich der Flakpanzer 38(t) nicht. Panzerschutz sowie Wirkung und Kadenz der einzelnen 2-cm-Flak waren 1944 bestenfalls ausreichend. Von den bestellten 150 Flakpanzern lieferte BMM daher zwischen November 1943 und Juni 1944 nur 140 (plus einen Prototyp, die restlichen zehn Fahrgestelle wurden als Selbstfahrlafetten des Typs »Grille« komplettiert).

Typ	Flak-Selbstfahrlafette
Hersteller:	BMM
Gefechtsgewicht	9800 kg
Länge	4650 mm
Breite	2150 mm
Höhe	2250 mm
Motor	Praga AC 6, 6-Zylinder-Benzinmotor
Hubraum	7754 ccm
Leistung kw/PS	110/150
Leistungsgewicht	15,3 PS/t
Höchstgeschwindigkeit	45 km/h (Straße), 20 km/h (Gelände)
Kraftstoffvorrat	220 l
Fahrbereich	210 km (Straße), 140 km (Gelände)
Besatzung	4
Bewaffnung	1 x 2-cm-Flak 38
Kampfsatz	540 x 2 cm
Panzerung	8 – 15 mm
Furttiefe	0,9 m

▲ ◤BMM-Werksaufnahmen eines Flakpanzers 38(t) mit abgeklappten Kampfraumwänden. Man beachte, dass die 2-cm-Flak hier keinen Schutzschild hat und die Geschützmannschaft somit im Einsatz weitgehend ungeschützt wäre.

3,7-cm-Flak auf Fahrgestell Panzerkampfwagen IV (sf), Sd.Kfz. 161/3, »Möbelwagen«

Um den Panzerverbänden einen gewissen Schutz vor Fliegerangriffen zu bieten, erhielt Krupp im Juni 1943 den Auftrag zur Schaffung eines Flakpanzers mit einem 2-cm-Flakvierling 38. Am 7. Dezember jenes Jahres stellte die Firma daraufhin einen Prototyp auf Basis des Panzers IV vor, bei dem der Vierling auf der Wanne des Panzers saß und von Seitenwänden aus Panzerblech umgeben war. Um die Flak um 360° drehen zu können, war es jedoch notwendig, die Seitenwände des Panzeraufbaus abzuklappen, was die Geschützbedienung praktisch schutzlos dem MG-Feuer aussetzte. Da sich herausstellte, dass für den 2-cm-Flakvierling nicht ausreichend Munition mitgeführt werden konnte, erhielten die Serienfahrzeuge die 3,7-cm-Flak 43 mit 416 Schuss Munition, ohne dass weitere Änderungen erfolgten. Ab März 1944 bauten Krupp-Gruson in Magdeburg und die Deutschen Eisenwerke in Duisburg 240 (nach anderen Quellen nur 205) Flakpanzer dieses Typs aus instandgesetzten PzKpfw. IV Fahrgestellen der Ausf. H oder J. Ihr hoher, kastenartiger Aufbau verhalf diesen Fahrzeugen zum Spitznamen »Möbelwagen«.

Typ	Flak-Selbstfahrlafette
Hersteller:	Krupp, Deutsche Eisenwerke
Gefechtsgewicht	24.000 kg
Länge	5920 mm
Breite	2950 mm
Höhe	3100 mm
Motor	Maybach HL 120 TRM, 12-Zylinder-Benzinmotor
Hubraum	11.870 ccm
Leistung kW/PS	221/300
Leistungsgewicht	12,5 PS/t
Höchstgeschwindigkeit	38 km/h (Straße), 19 km/h (Gelände)
Kraftstoffvorrat	470 l
Fahrbereich	220 km (Straße), 130 km (Gelände)
Besatzung	6 - 7
Bewaffnung	1 x 3,7-cm-Flak, 1 x 7,92-mm-MG 34
Kampfsatz	416 x 3,7 cm, 1350 x 7,92 mm
Panzerung	Wanne 10 – 80 mm, Aufbau 20 mm
Furttiefe	0,8 m

▲ *Der erste Prototyp des Flakpanzers »Möbelwagen« war noch mit einem 2-cm-Vierling ausgestattet.*

▲ *Die Serienversion war mit einer 3,7-cm-Flak 43 bewaffnet. Sollte das Geschütz um 360° geschwenkt werden, musste die Mannschaft die 20 m starken Seitenwände vor abklappen.*

▶ *Flakpanzer »Möbelwagen« mit 3,7-cm-Flak 43 auf dem Marsch. Zum Schutz gegen die verfrühte Entdeckung durch Flugzeuge ist das Fahrzeug getarnt.*

Flakpanzer IV mit 2-cm-Flakvierling 38, Sd.Kfz. 161/4, »Wirbelwind«

Der »Wirbelwind« stellte gegenüber den Flak-Selbstfahrlafetten des Typs »Möbelwagen« eine erhebliche Verbesserung dar und kann als erster echter Flakpanzer der Wehrmacht angesehen werden. Statt abklappbarer Seitenwände besaß der »Wirbelwind« einen um 360° schwenkbaren, vieleckigen Turm aus 16 mm Panzerblechen. Um den Turm frei von Pulvergasen zu halten sowie aus Gründen der Feuerleitung – der Besatzung standen zu jener Zeit ja allein optische Beobachtungs- und Richtmittel zur Verfügung – war dieser nach oben offen. Mit 3200 Schuss stand nun auch ausreichend 2-cm-Munition zur Verfügung. »Wirbelwind« entstanden sämtlich aus instandgesetzten Panzern IV beim Ostbau-Kommando Sagan. Dort erfolgte die Endmontage der von diversen Firmen gelieferten Komponenten(überholte Fahrgestelle von Krupp, Türme von den Deutschen Röhrenwerken, Flak von den Ostmark-Werken). Nach einem ersten Prototyp, der im Mai 1944 komplettiert worden war, entstanden von August bis November 1944 insgesamt 106 (nach anderen Quellen 87 oder 150) »Wirbelwind«.

Typ	Flakpanzer
Hersteller:	Ostbau Sagan
Gefechtsgewicht	22.000 kg
Länge	5920 mm
Breite	2950 mm
Höhe	2760 mm
Motor	Maybach HL 120 TRM, 12-Zylinder-Benzinmotor
Hubraum	11.870 ccm
Leistung kW/PS	221/300
Leistungsgewicht	13,6 PS/t
Höchstgeschwindigkeit	38 km/h (Straße), 19 km/h (Gelände)
Kraftstoffvorrat	470 l
Fahrbereich	220 km (Straße), 130 km (Gelände)
Besatzung	6
Bewaffnung	1 x 2-cm-Flakvierling 38, 1 x 7,92-mm-MG 34
Kampfsatz	3200 x 2 cm, 1350 x 7,92 mm
Panzerung	Wanne 10 – 80 mm, Turm 16 mm
Furttiefe	0,8 m

▲ *Der Flakpanzer »Wirbelwind« stellte gegenüber den vorhergehenden Modellen aufgrund seines um 360° drehbaren Turmes eine erhebliche Verbesserung dar.*

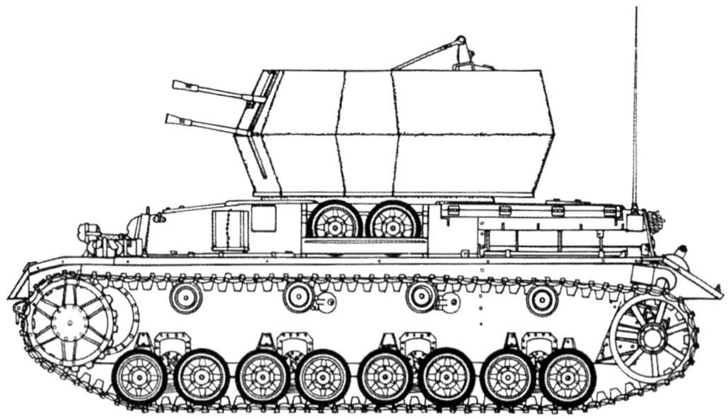

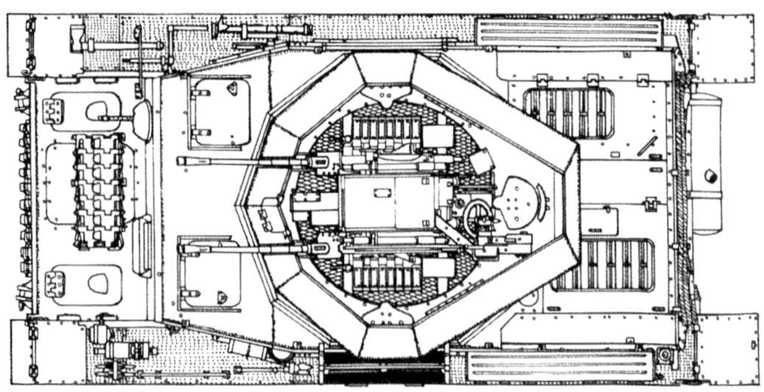

▶ *Zwei-Seiten-Ansicht eines Flakpanzers »Wirbelwind«. Der Turm des Fahrzeugs wurde von der Truppe aus ersichtlichen Gründen scherzhaft »Keksdose genannt«.*

Flakpanzer IV mit 3,7-cm-Flak 43, Sd.Kfz. 161/4, »Ostwind«

Zwar verfügte der 2-cm-Flakvierling über eine hohe Schussfolge, die Wirkung der 2-cm-Granaten gegen gepanzerte Schlachtflugzeuge war jedoch nicht immer hinreichend, daher wurde annähernd zeitgleich mit der Entwicklung des »Wirbelwind« auch eine mit einer 3,7-cm-Flak 43 bewaffnete Version entworfen. Ein erster Prototyp rollte im Juli 1944, ab November 1944 begann bei den Deutschen Eisenwerken in Duisburg die Montage von weiteren 43 Exemplaren. Der Drehturm war gegenüber dem »Wirbelwind« flacher und mit 25 mm dickem Stahl auch stärker gepanzert. Die Besatzung konnte auf drei Mann reduziert werden, da der Ladeschütze entfallen konnte. Ein durch das Kommando Ostbau entwickelter »Ostwind II« mit einem 3,7-cm-Flakzwilling entstand noch im Januar 1945 als Prototyp, ging aber nicht mehr Serienfertigung.

Typ	Flakpanzer
Hersteller:	Deutsche Eisenwerke
Gefechtsgewicht	25.000 kg
Länge	5920 mm
Breite	2950 mm
Höhe	2680 mm
Motor	Maybach HL 120 TRM, 12-Zylinder-Benzinmotor
Hubraum	11.870 ccm
Leistung kW/PS	221/300
Leistungsgewicht	12 PS/t
Höchstgeschwindigkeit	38 km/h (Straße), 19 km/h (Gelände)
Kraftstoffvorrat	470 l
Fahrbereich	220 km (Straße), 130 km (Gelände)
Besatzung	5
Bewaffnung	1 x 3,7-cm-Flak 43, 1 x 7,92-mm-MG 34
Kampfsatz	1000 x 3,7 cm, 1350 x 7,92 mm
Panzerung	Wanne 10 – 80 mm, Turm 25 mm
Furttiefe	0,8 m

▲ *Obgleich auch der »Ostwind« dringend benötigt wurde und sich sowohl gegen Erd- als auch gegen Luftziele bewährte, konnten aufgrund der Kriegslage nur noch 43 Fahrzeuge hergestellt werden.*

▲ *Um dem Richtschützen das Auffassen von Zielen zu ermöglichen sowie zur Ableitung der Pulvergase musste der Drei-Mann-Turm des Flakpanzers »Ostwind« nach oben hin offen bleiben.*

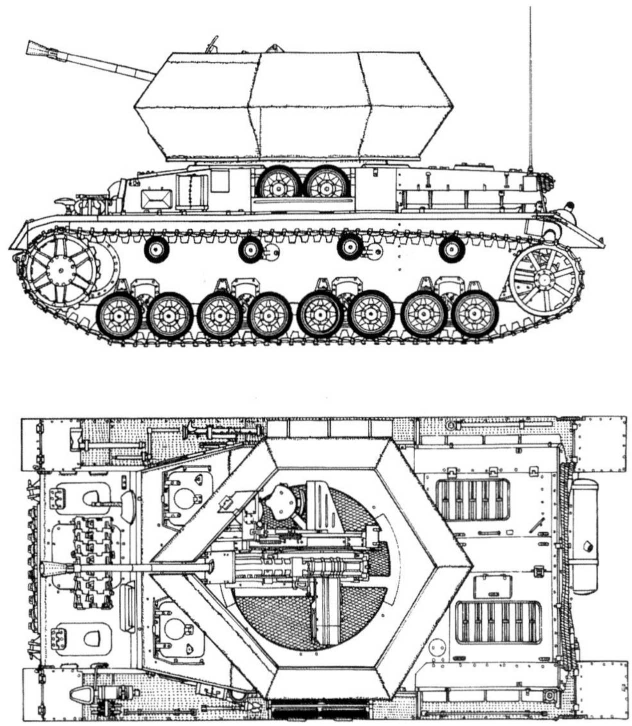

▲ *Zwei-Seiten-Ansicht eines Flakpanzers »Ostwind« mit 3,7-cm-Flak 43. Diese Waffe hatte zwar eine wesentlich geringere Schussfolge, dafür war die Wirkung im Ziel ungleich größer und reichte auch aus, um gepanzerte Schlachtflugzeuge wie die sowjetische Il-2 »Sturmowik« abzuschießen.*

Flakpanzer IV mit 3-cm-Flakvierling 103/38, »Zerstörer 45 «

Als Weiterentwicklung des Flakpanzers »Wirbelwind« entwickelte Ostbau-Sagan ein mit einem 3-cm-Flakvierling 103/38 ausgerüstetes Fahrzeug. Die 3-cm-Flak 103/38 war eine modifizierte MK 103, eine leistungsfähige Maschinenkanone, die eigentlich als Flugzeugbewaffnung gedacht war und deren Granaten im Ziel eine höhere Wirkung hatten als die Geschosse der 2-cm-Flak. Wie bei Flugzeugkanonen üblich, erfolgte die Munitionszuführung der Flak 103 nicht mit Magazinen, sondern per Gurt, was die praktische Schussfolge erhöhte. Im Dezember 1944 konnten zwei Prototypen dieses »Zerstörer 45« genannten Flakpanzers fertiggestellt werden. Da aber die Fertigungsstätten des Kommandos Ostbau-Sagan aufgrund der heranrückenden Roten Armee im Januar 1945 von Schlesien nach Teplitz-Schönau im Sudetenland verlagert werden mussten, unterblieb eine Serienfertigung.

Typ	Flakpanzer
Hersteller:	Ostbau Sagan
Gefechtsgewicht	22.000 kg
Länge	5920 mm
Breite	2950 mm
Höhe	2760 mm
Motor	Maybach HL 120 TRM, 12-Zylinder-Benzinmotor
Hubraum	11.870 ccm
Leistung kw/PS	221/300
Leistungsgewicht	13,6 PS/t
Höchstgeschwindigkeit	38 km/h (Straße), 19 km/h (Gelände)
Kraftstoffvorrat	470 l
Fahrbereich	220 km (Straße), 130 km (Gelände)
Besatzung	6
Bewaffnung	1 x 3-cm-Flakvierling 103/38, 1 x 7,92-mm-MG 34
Kampfsatz	k.A
Panzerung	Wanne 10 – 80 mm, Turm 16 mm
Furttiefe	0,8 m

▲ *Die Gurtzuführung der Mk 103 erlaubte eine höhere praktische Schussfolge als bei der aus Magazinen gespeisten 2-cm-Flak 38 oder 3,7-cm-Flak 43 und erleichterte den Ladevorgang erheblich. (Vincent Bourguignon)*

Flakpanzer IV mit 3-cm-Flakzwilling 103/38,»Kugelblitz «

Der Flakpanzer »Kugelblitz« basierte wiederum auf dem Fahrgestell des PzKpfw. IV, verfügte jedoch über wesentliche Verbesserungen, wie z.B. einen geschlossenen Turm. Den Namen »Kugelblitz« verdankte dieser Panzer seiner Turmkonstruktion, denn er verfügte über ein nach oben geschlossenes, beinahe halbkugelförmiges Panzergehäuse. Dieses war an Zapfen vertikal drehbar an einem äußeren, kegelstumpfartigen Schutzgehäuse aufgehängt. Dieses äußere Gehäuse war um 360° drehbar, der Richtbereich des inneren Gehäuses betrug –7° bis +80°. Im Kampfraum mussten drei Mann, zwei Flak 103/38 sowie 1200 Schuss Munition Platz finden. In der Serienversion sollte der Flakpanzer zudem über einen optischen Entfernungsmesser verfügen. Die Deutschen Eisenwerke lieferten zwar noch (je nach Quelle) zwei bis maximal fünf Fahrzeuge aus, doch zu der ab Anfang 1945 geplanten Serienfertigung kam es nicht, die Kriegslage gestattete es nicht mehr.

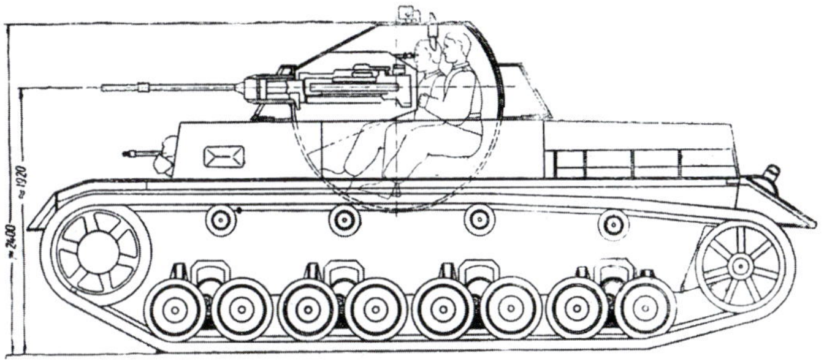

▲ *Diese schematische Zeichnung eines Flakpanzers »Kugelblitz« zeigt die kugelförmige Auslegung des Turms.*

Typ	Flakpanzer
Hersteller:	Deutsche Eisenwerke
Gefechtsgewicht	23.300 kg
Länge	5920 mm
Breite	2850 mm
Höhe	2300 mm
Motor	Maybach HL 120 TRM, 12-Zylinder-Benzinmotor
Hubraum	11.870 ccm
Leistung kW/PS	221/300
Leistungsgewicht	12,9 PS/t
Höchstgeschwindigkeit	38 km/h (Straße), 19 km/h (Gelände)
Kraftstoffvorrat	470 l
Fahrbereich	220 km (Straße), 130 km (Gelände)
Besatzung	5
Bewaffnung	2 x 3-cm-Flak 103/38, 1 x 7,92-mm-MG 34
Kampfsatz	1200 x 3 cm, 900 x 7,92 mm
Panzerung	10 – 80 mm
Furttiefe	0,8 m

▲ *Eine Handvoll Flakpanzer des Typs »Kugelblitz« scheinen bei Kriegsende noch zum Einsatz gekommen zu sein. (Vincent Bourguignon)*

Gepanzerte Kleinfahrzeuge

Gepanzerter Munitionsschlepper VK 302

Das HWA beauftragte Borgward bereits 1937 mit der Entwicklung eines gepanzerten Vollkettenschleppers für Munition. Der 1940 vorgestellte Prototyp VK 302 besaß einen hinten in der Mitte liegenden Motor, zu dessen beiden Seiten sich gepanzerte Munitionsbehälter befanden, die zweiköpfige Besatzung saß vorn. Nach ersten Tests bestellte das HWA 20 Vorserienfahrzeuge, denen 100 leicht verbesserte Schlepper folgen sollten. Tatsächlich fertigte Borgward von Oktober 1941 bis Januar 1942 insgesamt 28 VK 302, von denen aber nur 20 auch zur Truppe kamen.

Im Juli 1940 wurde auf Basis des VK 302 zwei Prototypen eines Panzerjägers geschaffen (»Panzer Selbstfahrlafette 1a 5cm Pak 38 auf gep. Mun. Schl.«), dessen Waffe über dem Motorraum lafettiert war. Die zweiköpfige Bedienung befand sich zu beiden Seiten der Pak, also dort, wo sonst die Munition untergebracht war. Die 32 Granaten im Kaliber 5 cm waren neben dem Fahrer gelagert. Um den Pak-Rückstoß aufzunehmen, wurde am Heck ein absenkbarer Erdsporn angebracht. Beide Fahrzeuge kamen zwar in die Truppenerprobung, zu einer weiteren Produktion kam es jedoch nicht. Im September 1941 wurde eine weitere Selbstfahrlafette vorgeschlagen, diesmal mit einem 10,5-cm-Leichtgeschütz. Hiervon wurden jedoch nur noch 1:1-Modelle gebaut.

Typ	gepanzerter Munitionsschlepper
Hersteller	Borgward
Gefechtsgewicht	3500 kg
Länge	3570 mm
Breite	1830 mm
Höhe	1440 mm
Motor	Borgward 6M RTBV, 6-Zylinder-Ottomotor
Hubraum	2300 ccm
Leistung kw/PS	36/49
Leistungsgewicht	14 PS/t
Höchstgeschwindigkeit	30 km/h (Straße)
Kraftstoffvorrat	k.A
Fahrbereich	150 km (Straße)
Besatzung	2 (bzw. 3 als Selbstfahrlafette)
Bewaffnung	keine (bzw. 1 x 5-cm-Pak 38 L/60 oder 1 x 10,5-cm-Leichtgeschütz L/32)
Kampfsatz	32 x 5 cm, k.A. zu 10,5 cm
Panzerung	8 mm – 14,5 mm
Furttiefe	k.A

Daten für VK 302

▲ ▶ *Seiten- und Frontansicht der Panzer Selbstfahrlafette 1a 5cm Pak 38 auf gep. Mun. Schl.*

Schwerer Ladungsträger Borgward B IV Ausf. A - C, Sd. Kfz. 301

Der B IV war ursprünglich als Munitionsschlepper entworfen worden (VK 301 und 302). Doch weder in dieser Rolle noch als ferngelenkter Minensucher konnte er überzeugen. So entschied das Heereswaffenamt, die Fahrzeuge zu Ladungsträgern umzurüsten. Die ersten wurden im April 1942 ausgeliefert und kamen ab November 1942 zum Einsatz. Auf längere Distanzen konnte der B IV von einem Fahrer gesteuert werden und verfügte dazu über einen ausklappbaren Fahrererker. Zum Ziel wurde der B IV aber per Funk ferngesteuert (Reichweite max. 0,8 bis 1 km). Hatte er dieses erreicht, warf er eine vorn befestigte 500 kg schwere Sprengladung ab, und zog sich (wiederum per Funk gesteuert) zurück, und die Ladung explodierte. Bis Juni 1943 wurden insgesamt 613 Stück der Ausf. A ausgeliefert, danach schlossen sich die verbesserten Ausf. B (260 Stück) mit etwas stärkerer Panzerung (max. 18 mm) und die Ausf. C (305 Stück) an. Die Ausf. C war etwas größer als die Vorgängermodelle, wog 4,85 t und wurde von einem

▲ *Ein von der US Army erbeuteter B IV Ausf. C. Die am Bug befindliche Sprengladung fehlt. (NARA)*

Typ	schwerer Ladungsträger
Hersteller	Borgward
Gefechtsgewicht	3450 kg
Länge	3350 mm
Breite	1800 mm
Höhe	1250 mm
Motor	Borgward 6M RTBV, 6-Zylinder-Benzinmotor
Hubraum	2310 ccm
Leistung kW/PS	36/49
Leistungsgewicht	14,2 PS/t
Höchstgeschwindigkeit	38 km/h (Straße)
Kraftstoffvorrat	k.A.
Fahrbereich	120 km (Straße)
Besatzung	1
Bewaffnung	500 kg Sprengladung
Panzerung	max. 13 mm
Furttiefe	0,6 m

Daten für Ausf. A

78 PS starken Ottomotor angetrieben. Die Panzerung war bis zu 20 mm stark und der Fahrerplatz befand sich nun auf der linken Fahrzeugseite. Versuche, die Fahrzeuge mit Fernsehkameras auszustatten, um sie auf größeren Entfernungen besser steuern zu können, waren bis Kriegsende noch nicht abgeschlossen.
1945 wurden noch rund 50 B IV der Ausf. B und C mit einem Gestell für sechs Raketenpanzerbüchsen 54 (»Panzerschreck«) sowie einem Platz für einen Schützen ausgerüstet und sollten so als improvisierte Panzerjäger dienen. Wie Fotodokumente beweisen, kamen einige dieser auch als Panzerjäger »Wanze« bezeichneten Fahrzeuge beim Kampf um Berlin zum Einsatz.

▶ *B IV Ausf. A der Pz.Kp. 315 (Funklenk), Frankreich, Sommer 1944. (Vincent Bourguignon)*

Leichter Ladungsträger, Sd. Kfz. 302 und Sd.Kfz. 303, »Goliath«

Der »Goliath« war ein per Draht ferngelenkter Kleinstpanzer und sollte zur Explosion gebracht werden, sobald er sein Ziel erreicht hatte. Ab April 1942 begann die Auslieferung an die Truppe. Da er wegen seines Elektromotors als Verbrauchsgerät aber recht teuer war, entwickelte Borgward eine neue Variante mit Benzinmotor. Bis Juli 1944 wurden rund 2.650 Exemplare mit E-Motor (Sd.Kfz. 302) gebaut. Die ersten Goliath mit Zündapp-Benzinmotor (Sd.Kfz 303a) wurden im April 1943 ausgeliefert und 4.594 Mal gefertigt. Ein größeres Modell mit 100 kg Sprengstoff (Sd.Kfz. 303b) wurde ab November 1944 in 325 Exemplaren hergestellt. Alle »Goliaths« waren empfindlich, schwer zu handhaben und ihre Sprengladungen waren zu klein. Die erheblichen Bestände von 2.527 mit Elektro- und 3.797 mit Vergasermotor ausgerüsteten Goliath am 1. März 1945 zeigen den geringen Einsatzwert dieser Fahrzeuge.

Typ	leichter Ladungsträger
Hersteller	Borgward, Zündapp
Gefechtsgewicht	360 kg
Länge	1600 mm
Breite	850 mm
Höhe	600 mm
Motor	Zündapp, 2-Zylinder-Benzinmotor
Hubraum	703 ccm
Leistung kW/PS	9,2/12,5
Leistungsgewicht	34,7 PS/t
Höchstgeschwindigkeit	10 km/h (Straße)
Kraftstoffvorrat	k.A.
Fahrbereich	8-12 km (Straße), 6-8 km (Gelände)
Besatzung	keine
Bewaffnung	75 kg Sprengladung
Panzerung	10 mm
Furttiefe	k.A

▲ *Sd.Kfz. 302 »Goliath«, aufgenommen im Juni 1942 auf der Halbinsel Krim, UdSSR. (BA)*

▲ *Pioniere der US Army (Engineer 5th and 6th Special Brigade) untersuchen im Sommer 1944 auf einer Wiese in der Normandie von der Wehrmacht zurückgelassene Ladungsträger »Goliath«. Beim Fahrzeug im Vordergrund ist die Trommel des Lenkkabels zu erkennen. (NARA via Conseil Régional de Basse-Normandie)*

▲ *Einsatz eines leichten Ladungsträgers »Goliath« während des Warschauer Aufstandes im August 1944. (BA)*

Mittlerer Ladungsträger »Springer«, Sd.Kfz. 304

Der »Springer« war wie der »Goliath« ein Sprengpanzer, der an ein Ziel heranfahren und dort zusammen mit seiner 330 kg schweren Explosivladung detonieren sollte. Dazu wurde der »Springer« von einem hinten sitzenden Fahrer, der über einen Sitzplatz mit aufklappbaren Panzerwänden verfügte, bis in die Nähe des Ziels gebracht. Die letzte Strecke bis zum Ziel und die Auslösung der Sprengladung geschahen per Funk- oder Kabelfernsteuerung. Der »Springer« wurde wie das kleine Kettenkraftrad Sd.Kfz. 2 (»Kettenkrad«) von NSU produziert und teilte sich zahlreiche Komponenten mit diesem, so z.B. das Getriebe, den Opel Olympia Motor und das Laufwerk. Dieses war allerdings um zwei Laufrollen verlängert worden, da die Vorderradgabel des Sd.Kfz. 2 fehlte. Wie viele der ab Ende 1944 von NSU gebauten rund 50 »Springern« noch zum Einsatz kamen, ist nicht bekannt. Das Fahrzeug sollte zudem als Basis eines mit einem rückstoßfreien 10,5-cm-Leichtgeschütz ausgerüsteten Kleinstpanzers dienen. Dieses Vorhaben kam jedoch über das Zeichenbrett nicht hinaus.

Typ	mittlerer Ladungsträger
Hersteller	NSU, Neckarsulm
Gefechtsgewicht	2400 kg
Länge	3170 mm
Breite	1430 mm
Höhe	1450 mm
Motor	Opel Olympia, 4-Zylinder-Ottomotor
Hubraum	1500 ccm
Leistung kw/PS	27/37
Leistungsgewicht	15,4 PS/t
Höchstgeschwindigkeit	42 km/h (Straße)
Kraftstoffvorrat	k.A
Fahrbereich	200 km (Straße)
Besatzung	1
Bewaffnung	330 kg Sprengladung
Panzerung	8 mm - 10 mm
Furttiefe	k.A

▲◤◀ *Dieser Ladungsträger »Springer« wurde im April 1945 offenbar in der Heeresmunitionsanstalt Berka (Werra) von US-Streitkräften erbeutet. (NARA)*

Gepanzerte Vierrad-Fahrzeuge

Gepanzerter Mannschaftstransportwagen Sd.Kfz. 3

Der im Juni 1919 geschlossene Vertrag von Versailles verbot der Reichswehr den Besitz von Panzerkampfwagen, gleich ob mit Ketten- oder Räderlaufwerk. Erst durch den Zusatz von Boulogne von 1920 wurden der Reichswehr 105 gepanzerte Mannschaftstransportwagen zugestanden, die jedoch weder über Bewaffnung noch über drehbare Panzertürme verfügen durften. So produzierte die Firma Daimler zwischen 1921 und 1922 auf Basis ihres DZVR-Fahrgestells 105 Sd.Kfz. 3 genannte Fahrzeuge mit Vierradantrieb und einem hohen, kastenartigen Aufbau, der gepanzert war. Die Wagen verfügten über eine sehr schmale Vollgummibereifung, so dass sie trotz ihres Vierradantriebs eigentlich nur für die Straße geeignet waren. Einige Sd.Kfz. 3 erhielten auch eine Funkausrüstung.

Für die Reichspolizei wurden zwischen 1921 und 1923 außerdem 85 ganz ähnliche Fahrzeuge gebaut, die allerdings zwei Drehtürme mit je einem wassergekühlten 7,92-mm-MG 08/15 erhielten. Insgesamt entstanden bei Daimler 31, bei Benz 24 (beide Firmen fusionierten erst 1926)und bei Erhardt 30 dieser Panzerfahrzeuge, die als »Schutzpolizei-Sonderwagen« bezeichnet wurden. Die Wagen unterschieden sich je nach Herstellungsfirma und den jeweils verwendeten Fahrgestellen. Allen gemein war Vierradantrieb und die Möglichkeit zur Rückwärtslenkung. Letztere Eigenschaft musste jedoch auf Anordnung der alliierten Kontrollkommission entfernt werden.

Typ	gepanzerter Mannschaftstransportwagen
Hersteller	Daimler
Gefechtsgewicht	12 000 kg
Länge	5950 mm
Breite	2200 mm
Höhe	2725 mm
Motor	Daimler M1574, 4-Zylinder-Benzinmotor
Hubraum	12020 ccm
Leistung kW/PS	74/100
Leistungsgewicht	8,3 PS/t
Höchstgeschwindigkeit	50 km/h (Straße)
Kraftstoffvorrat	250 l
Fahrbereich	300 km (Straße)
Besatzung	3 + 12
Bewaffnung	keine
Panzerung	7,5 – 10 mm
Furttiefe	0,7 m

Sowohl das Sd.Kfz.3 als auch der Schutzpolizei-Sonderwagen wurden 1935 von der Wehrmacht übernommen und als Ausbildungsfahrzeuge oder Panzerfunkwagen eingesetzt. Für eine solche Aufgabe erhielten einige dieser Fahrzeuge eine entsprechende Funkanlage sowie die für die frühen Funkwagen der Wehrmacht typische Rahmenantenne.

▲ *Das Sd.Kfz. 3 besaß keine fest eingebaute Bewaffnung. Insgesamt wurden der Reichswehr nur 105 dieser Fahrzeuge zugestanden.*

▲ *Schutzpolizei-Sonderwagen Modell Ehrhardt/21, hier noch ohne Bewaffnung.*

Maschinengewehr-Kraftwagen Kfz. 13 und Funk-Kraftwagen Kfz.14

Sowohl das Kfz. 13 als auch das Kfz. 14 wurden ab 1932 als Spähfahrzeuge für die Reichswehr entwickelt und basierten auf dem Chassis eines zivilen Personenwagens der Adlerwerke mit Vierradantrieb, dem »Standard 6«. Dabei setzte man einfach einen winkligen, oben offenen Panzeraufbau auf das Fahrgestell des Adler-Pkw. Bis 1935 wurden von Daimler-Benz 147 Kfz. 13 und 40 Kfz. 14 gebaut. Die Aufbauten dafür lieferte die Deutsche Edelstahl AG, Hannover-Linden. Die Bewaffnung des mit zwei Mann besetzten Kfz. 13 bestand aus einem einzigen 7,92-mm-MG 13 hinter einem Schutzschild mit eng begrenztem Schwenkbereich. Ein Funkgerät gab es nicht. Das Kfz. 14 hingegen war unbewaffnet, besaß eine Besatzung von drei Mann, eine Funkanlage und eine abklappbare Rahmenantenne auf der Wanne, was die Unterscheidung der beiden Fahrzeuge leicht machte. Trotz ihres Vierradantriebs war die Geländegängigkeit dieser Panzerwagen ungenügend. Auch der Schutz für die Besatzung war nicht ausreichend, die maximal 8 mm starke Panzerung schützte selbst vor Handfeuerwaffenbeschuss kaum. Obwohl beide Typen 1939 bereits veraltet waren, blieben sie insbesondere bei den Aufklärungsabteilungen der Infanteriedivisionen weiterhin in Dienst und kamen in der Anfangsphase des Krieges in Polen und beim Westfeldzug noch zum Einsatz. Vereinzelt waren sie sogar noch am Überfall auf die UdSSR im Juni 1941 beteiligt. Dann wurden jedoch auch die letzten Fahrzeuge aus dem aktiven Dienst abgezogen und an Ausbildungseinheiten überstellt, wo sie nach und nach aufgebraucht wurden.

Typ	leichter Panzerspähwagen
Hersteller	Daimler-Benz
Gefechtsgewicht	2100 kg
Länge	4200 mm
Breite	1700 mm
Höhe	1460 mm (Kfz.13)
Motor	Adler Standard, 6-Zylinder-Benzinmotor
Hubraum	2916 ccm
Leistung kW/PS	44/60
Leistungsgewicht	28,5 PS/t
Höchstgeschwindigkeit	60 km/h (Straße), 25 km/h (Gelände)
Kraftstoffvorrat	70 l
Fahrbereich	320 km (Straße)
Besatzung	2 (Kfz. 13), 3 (Kfz. 14)
Bewaffnung	1 x 7,92-mm-MG 13 oder MG 34
Kampfsatz	1000 x 7,92 mm
Panzerung	5-8 mm
Furttiefe	0,5 m

Sowohl das Sd.Kfz. 13 als auch das Sd.Kfz. 14 leisteten als Ausbildungsfahrzeuge wertvolle Dienste, für den Fronteinsatz waren sie jedoch völlig ungeeignet. Allein die desolate Ausrüstungslage der Wehrmacht sorgte dafür, dass sie vereinzelt bis 1941 bei aktiven Einheiten zu finden waren.
Auf dem Adler-Fahrgestell »Standard 6« entstanden übrigens für Ausbildungszwecke auch Panzerattrappen.

▲ *Kfz. 13 während eines Manövers im Jahre 1936.*

▲ *Die Rahmenantenne des Funk-Kraftwagen Kfz. 14 war absenkbar, um die Gesamthöhe des Fahrzeugs verringern zu können. (DWA)*

Leichter Panzerspähwagen (MG) Sd.Kfz. 221

Die Wehrmacht nutzte als Nachfolger des Kfz. 13 und 14 eine Serie von leichten Spähwagen, die auf dem Einheitsfahrgestell I für schwere Personenkraftwagen (mit Heckantrieb) der Firma Auto-Union beruhten. Diese Fahrgestelle wurden sämtlich im Horch-Werk der Auto-Union in Zwickau gebaut und trugen die Bezeichnung »Horch 801«. Von 1935 bis 1940 entstand in Zwickau die Version 801/EG I mit 3,5 l V8-Benzinmotor mit 75 PS und mechanischen Bremsen. Ferner gehörten Allradantrieb, Einzelradaufhängung, Sperrdifferentiale und eine zuschaltbare Vierradlenkung zur Ausstattung. Dadurch wurden alle Modellvarianten des leichten Panzerspähwagens wesentlich geländegängiger als das Kfz. 13 und 14. Zugleich erwiesen sich die Einheitsfahrgestelle jedoch als wartungsintensiv und anfällig. Zudem waren sie kompliziert und aufwändig in der Herstellung und damit auch in der Wartung. Die Erfahrungen mit diesem Typ flossen dann in die Entwicklung des neuen leichten Panzerspähwagens ein. In seiner ersten Ausführung lief er ab 1936 als Sd.Kfz. 221 der Truppe zu.

Das Fahrzeug stellte zwar gegenüber den zuvor verwendeten Modellen eine wesentliche Verbesserung dar, verfügte jedoch über keine Funkausrüstung. Sein winkliger, allseits abgeschrägter und vollständig geschweißter Aufbau war von den Eisenwerken Weserhütte Bad Oeynhausen entwickelt worden, wo auch die Endmontage erfolgte. Er war vorn 14,5 mm und ansonsten zwischen 5 und 8 mm

Typ	leichter Panzerspähwagen
Hersteller	Endmontage durch Weserhütte
Gefechtsgewicht	4000 kg
Länge	4800 mm
Breite	1950 mm
Höhe	1800 mm
Motor	Horch/Auto-Union, 8-Zylinder-V-Benzinmotor
Hubraum	3517 ccm
Leistung kW/PS	55/75
Leistungsgewicht	18,75 PS/t
Höchstgeschwindigkeit	80 km/h
Kraftstoffvorrat	110 l
Fahrbereich	320 km (Straße), 200 km (Gelände)
Besatzung	2
Bewaffnung	1 x 7,92-mm-MG 34
Kampfsatz	1100 x 7,92 mm
Panzerung	5 – 14,5 mm
Furttiefe	0,6 m

▲ *Sd.Kfz. 221: Bei diesem leichten Panzerspähwagen (MG) scheinen die sonst üblichen Gitter zur Abdeckung des Turms zu fehlen. (DWA)*

▲ *Heckansicht eines Sd.Kfz. 221 während eines Manövers in der Vorkriegszeit. Die im Gegensatz zum Sd.Kfz. 222 fehlende Stufe hinter dem Turm ist hier gut zu erkennen.*

▲ *Ein Sd.Kfz. 221 und ein Sd.Kfz. 222 beim Einmarsch in das Sudetenland im Oktober 1938.*

▲ *Der flache, oben offene Ein-Mann-Turm des Sd.Kfz. 221 besaß im vorderen Bereich aufklappbare Gitter, die das Einwerfen von Granaten verhindern sollten.*

stark. Im oben geschlossenen Aufbau befanden sich seitlich Türen, die den Zugang zum Innenraum ermöglichten. Die Besatzung bestand aus einem Fahrer und dem Kommandanten/Schützen im Turm. Rechts am Aufbau befand sich ein Reserverad, während links eine Staukiste montiert war. Im oben offenen, siebeneckigen Turm, der von Hand geschwenkt werden musste, befand sich ein einzelnes 7,92-mm-MG 34, für das 1100 Schuss Munition mitgeführt wurden. Im Kampfraum gab es außerdem Stauraum für eine Maschinenpistole samt Munition. Aufklappbare Gitter am Turm waren als Schutz gegen Handgranaten gedacht. Ab September 1939 kam vereinzelt auch zusätzlich zum MG 34 eine 7,92-mm-Panzerbüchse 39 (PzB 39) im Turm zum Einbau. Bis 1940 baute die Weserhütte 339 Sd.Kfz.221 auf dem Fahrgestell 801/EG I.
Die Nationalchinesische Regierung unter Chiang Kai-shek kaufte 1938 18 dieser Fahrzeuge und blieb damit der einzige Exportkunde dieses leichten Radpanzers.

▲ *Ein Sd.Kfz. 221 gefolgt von einem Sd.Kfz. 222 sowie einem weiteren Sd.Kfz. 221 in Bukarest, Rumänien, 1941.*

Leichter Panzerspähwagen (2,8 cm) Sd.Kfz. 221

Während sich das Konzept des Sd.Kfz. 221 während der ersten Kriegsphase in Hinblick auf seine Beweglichkeit bewährt hatte, erwies sich die Bewaffnung mit nur einem 7,92-mm-MG 34 als zu schwach. Bei Aufklärungseinsätzen hatte sich herausgestellt, dass die Fahrzeuge auch in der Lage sein mussten, gepanzerte Aufklärungskräfte des Gegners mit Erfolg zu bekämpfen. Doch selbst die Ausrüstung mit einer PzB 39 des Kalibers 7,92 mm verbesserte diese Fähigkeit kaum. Daher erteilte 1941 das Heereswaffenamt die Anweisung, alle noch vorhandenen Sd.Kfz. 221 auf die schwere Panzerbüchse 41 umzurüsten. Dazu wurde die Turmfront entfernt, um die sPzB 41 mit ihrem unveränderten, normalen Schutzschild einbauen zu können.

Die sPzB 41 verschoss Granaten des Kalibers 2,8 cm, die jedoch durch den konischen Lauf der Waffe bis zur Mündung auf 2 cm zusammengepresst wurden. Daher bestand das Geschoss aus einem harten Wolframkarbidkern, der von einem Weichmetallmantel umgeben war. Dadurch verfügte die Waffe über eine sehr hohe Mündungsgeschwindigkeit von 1400 m/s und eine erheblich höhere Trefferwirkung: Die sPzB 41 durchschlug auf 500 m (bei einem Auftreffwinkel von 90°) 66 mm starken Panzerstahl. Diese eindrucksvolle Leistung musste aber durch einen hohen Rohrverschleiß erkauft werden. Wolfram war als kriegswichtiger Rohstoff allerdings sehr knapp und die entsprechende Munition daher kaum verfügbar.

Typ	leichter Panzerspähwagen
Hersteller	Endmontage bei Weserhütte
Gefechtsgewicht	4100 kg
Länge	4800 mm
Breite	1950 mm
Höhe	1980 mm (1750 mm Oberkante Wanne)
Motor	Horch/Auto-Union, 8-Zylinder-V-Benzinmotor
Hubraum	3517 ccm
Leistung kW/PS	55/75
Leistungsgewicht	18,75 PS/t
Höchstgeschwindigkeit	80 km/h
Kraftstoffvorrat	110 l
Fahrbereich	300 km (Straße), 200 km (Gelände)
Besatzung	2
Bewaffnung	1 x 2,8 cm sPzB 41
Kampfsatz	
Panzerung	5 – 14,5 mm
Furttiefe	0,6 m

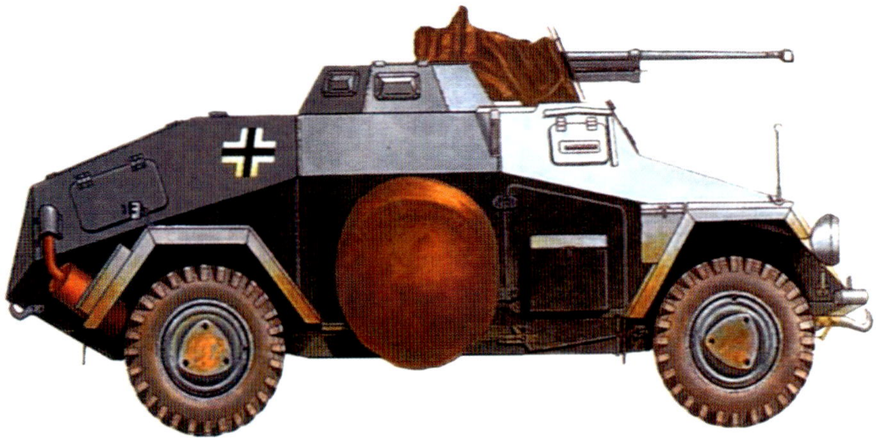

▲ *Sd.Kfz. 221 mit 2,8-cm-sPzB 41 der 23.Pz.Div., Ostfront 1942. (Grzegorz Jackowski)*

Leichter Panzerspähwagen (2 cm) Sd.Kfz. 222

Dem Sd.Kfz. 221 folgte 1938 eine verbesserte Version mit stärkerer Bewaffnung, das Sd.Kfz. 222. Auch dieser Spähwagen basierte auf dem bekannten Auto-Union Einheitsfahrgestell 801. Der Aufbau ähnelte stark dem von der Firma Weserhütte für den Vorgänger entworfenen Aufbau, wies nun aber hinter dem Kampfraum zum Heck hin eine Stufe auf. Die Fahrzeuge verfügten über einen neuen und größeren, zehneckigen Turm, der eine 2-cm-KwK 30 oder 38 sowie ein koaxiales 7,92-mm-MG 34 trug. Für die KwK wurden 180 Schuss in 10-Schuss-Magazinen, für das MG 1050 Schuss mitgeführt. Zur Flugabwehr konnte die Bewaffnung auf bis zu +80° gerichtet werden. Wie beim Sd.Kfz. 221 ließ sich der oben offene Turm durch klappbare Gitter vor hereingeworfenen Handgranaten schützen. Die Besatzung bestand aus drei Mann, dem Kommandanten, dem Schützen und dem Fahrer.

▲ *Sd.Kfz. 222 einer Aufkl. Abt. des Afrika Korps in Libyen. (NIMH)*

Typ	leichter Panzerspähwagen (Daten je nach Typ des Fahrgestells leicht unterschiedlich)
Hersteller	Endmontage bei MNH, Schichau, Büssing-NAG
Gefechtsgewicht	4800 kg
Länge	4800 mm
Breite	1950 mm
Höhe	2000 mm (Oberkante Wanne 1750 mm)
Motor	Horch/Auto-Union, 8-Zylinder-V-Benzinmotor
Hubraum	3517 bzw. 3823 ccm
Leistung kW/PS	55/75 bzw. 66/90
Leistungsgewicht	15,6 bzw. 18,75 PS/t
Höchstgeschwindigkeit	80 bzw. 90 km/h
Kraftstoffvorrat	100 l
Fahrbereich	300 km (Straße), 200 km (Gelände)
Besatzung	3
Bewaffnung	1 x 2-cm-KwK 30/38 L/55, 1 x 7,92-mm-MG 34
Kampfsatz	180 x 2 cm, 1050 x 7, 92 mm
Panzerung	5 mm –14,5 mm (später bis zu 30 mm)
Furttiefe	0,6 m

Die erste Serie des leichten Panzerspähwagens (2 cm) auf Basis des Horch 801/EG I mit mechanischen Bremsen als Ausführung A entstand zwischen 1938 und 1940. Ab Mitte 1941 kam die Ausf. B unter Verwendung des verstärkten Fahrgestells 801/v mit einem 3,8 l V8-Benzinmotor (90 PS), hydraulischen Bremsen und weiteren Verbesserungen zum Einsatz. Diese Version besaß zusätzlich eine auf 30 mm verstärkte Frontpanzerung. Wie beim Sd.Kfz. 221 stammte die Technik von Horch und der Aufbau von der Firma Eisenwerke Weserhütte; die Endmontage erfolgte allerdings bei der Maschinenfabrik Niedersachsen-Hannover (MNH), Schichau in Elbing sowie später auch bei Büssing-NAG.
1938 wurden neben den bereits genannten 18 Sd.Kfz 221 auch zwölf Sd.Kfz. 222 nach China exportiert. Bulgarien erhielt als Verbündeter des Deutschen Reiches im Laufe des Krieges ebenfalls einige leichte Panzerspähwagen dieses Typs.
Bei den Kampfeinsätzen in Polen und Westeuropa hatten sich diese Panzerspähwagen durchaus bewährt, doch Einsatzbedingungen in Nordafrika und besonders in der UdSSR wiesen rasch die Grenzen des Entwurfes auf. So war der Bodendruck der recht schmalen Reifen zu hoch, die Bodenfreiheit des Fahrgestells hingegen zu gering und damit die Geländegängigkeit nicht mehr ausreichend. Besonders im Schlamm und Schnee konnten die Panzerspähwagen ihre Aufgabe daher kaum noch er-

▲ *Sd.Kfz. 222 der 20.Pz.Div., Ostfront 1943. (BA)*

▲ *Leichter PzSpWg (2cm) Sd-Kfz. 222 der 16. Panzer-Division, Ostfront 1941. Man beachte die weit nach oben gerichtete KwK und die geöffneten Turmgitter. (DWA)*

▲ *Sd.Kfz.222 der Aufklärungs-Abteilung 3 der 5. leichten Division, Libyen 1941. (Grzegorz Jackowski)*

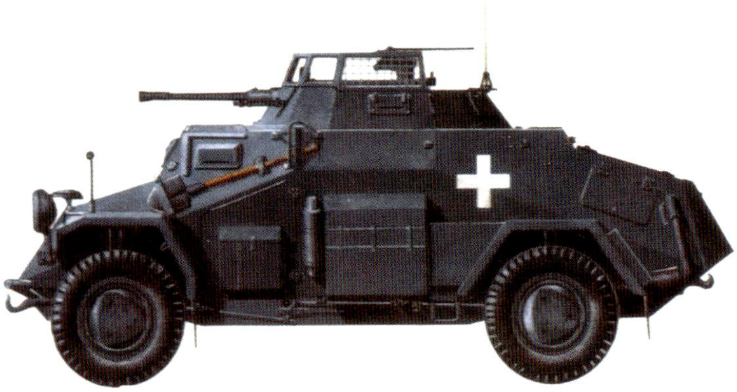

▲ *Sd.Kfz.222 einer unbekannten Aufklärungs-Abteilung, Polen September 1939. (Grzegorz Jackowski)*

füllen. Berichte von der Front sprachen zudem von häufigen Kupplungsschäden, Brüchen der Gelenkwellen und Federn sowie vom Abreißen der Befestigungsbolzen der Schwinghebel am Fahrgestellrahmen. Für die Ostfront wurde das Sd.Kfz. 222 daher als nur bedingt kriegstauglich eingestuft. Ende 1942 lief daher die Produktion des Fahrzeugs nach 989 Exemplaren aus. Spähwagen dieses Typs kamen dennoch bis Kriegsende zum Einsatz.

Leichter Panzerspähwagen (Fu) Sd.Kfz. 223

Das Sd.Kfz. 223 wurde ab 1938 eingeführt und ersetzte das Kfz. 14. Es war im Grunde eine mit einer Funkanlage ausgerüstete Variante des Sd.Kfz. 222. Fahrgestell, Wanne und Motor entsprachen daher der bis 1940 gebauten Ausführung dieses Panzerspähwagens. Die Bewaffnung bestand jedoch lediglich aus einem 7,92-mm-MG 34, für das 1100 Schuss mitgeführt wurden. Der Turm ähnelte dem des Sd.Kfz. 221, war jedoch neuneckig. Zusätzlich führte die Besatzung standardmäßig eine Maschinenpistole mit. Nach 1940 diente die Ausf. B des Sd.Kfz. 222 als Basis für das Aufklärungsfahrzeug. Das Gewicht des Radpanzers stieg dadurch auf 4475 kg an.

Die beim Sd.Kfz. 221 und 222 aus zwei Mann bestehende Besatzung wurde um einen Funker verstärkt, der ein FuG 10 SE 30 bediente, für das eine auf dem Aufbau montierte Rahmenantenne vorhanden war, die bei Bedarf eingeklappt werden konnte. Diese Rahmenantenne war jedoch recht auffällig und erwies sich im Laufe des Krieges als so hinderlich, dass sie bei späteren Modellen durch eine zerlegbare, 2 m hohe Stabantenne ersetzt wurde. Zudem wurde das FuG 10 gegen ein leistungsfähigeres FuG 12 SE 80 ausgetauscht.

Die Endmontage der Auto-Union-Fahrgestelle und der Weserhütte-Panzeraufbauten erfolgte bei MNH in Hannover, wo bis Ende 1943 insgesamt 550 Fahrzeuge entstanden. Sie kamen an allen Fronten zum Einsatz. Wie beim Sd.Kfz. 222 wurden während des Krieges auch einige Sd.Kfz. 223 an die verbündete bulgarische Armee abgegeben.

▲ *Sd Kfz 223 am 10. Mai 1940, dem Beginn des Westfeldzuges. (BA)*

Typ	leichter Panzerspähwagen (Funk)
Hersteller	Endmontage Maschinenfabrik Niedersachsen Hannover (MNH)
Gefechtsgewicht	4400 bzw. 4475 kg
Länge	4800 mm
Breite	1950 mm
Höhe	1750 mm (ohne Antenne)
Motor	Horch/Auto-Union, 8-Zylinder-V-Benzinmotor
Hubraum	3517 bzw. 3823 ccm
Leistung kW/PS	55/75 bzw. 66/90
Leistungsgewicht	17 bzw. 20,1 PS/t
Höchstgeschwindigkeit	80 bzw. 90 km/h
Kraftstoffvorrat	100 l
Fahrbereich	300 km (Straße), 200 km (Gelände)
Besatzung	3
Bewaffnung	1 x 7,92-mm-MG 34
Kampfsatz	1100 x 7,92 mm
Panzerung	5 – 14,5 mm (später bis zu 30 mm)
Furttiefe	0,6 m

▲ *Sd.Kfz. 223 der 21. Panzer-Divison, Gazala, Libyen, 1941. (Grzegorz Jackowski)*

▶ *Die große Rahmenantenne des leichten Panzerspähwagens (Fu) Sd.Kfz. 223 wurde im laufe des Krieges häufig durch eine Sternantenne ersetzt. (TM)*

Leichter Panzerfunkwagen Sd.Kfz. 260 und 261

Beide Versionen des leichten Panzerfunkwagens dienten primär als gepanzerte Funkstellen und sollten Trupp- oder Verbandsführern die Kommunikation mit dem Regiments- oder Divisionshauptquartier ermöglichen. Wie die Sd.Kfz. 221, 222 und 223 basierten diese leichten Panzerfunkwagen auf dem Einheitsfahrgestell I für schwere Personenkraftwagen (mit Heckantrieb) der Firma Auto-Union. Der Hauptunterschied der Modelle 260 und 261 lag vor allem in der verwendeten Fahrgestellversion und in ihren Funkanlagen. Das Sd.Kfz. 260 verwendete das Einheitsfahrgestell des Typs 801/EG I (3,5 l Motor, 75 PS), während das Sd.Kfz. 261 auf dem verbesserten Typ 801/v (3,8 l Motor, 90 PS) basierte. Das Sd.Kfz. 260 besaß eine Funkanlage mittlerer Reichweite mit Stabantenne. Im Sd.Kfz. 261 hingegen wurde eine Funkanlage größerer Reichweite verwendet, die eine große Rahmenantenne erforderte. Erst später wurde diese durch eine unauffälligere Stabantenne ersetzt. Beide Fahrzeuge waren unbewaffnet, führten neben den persönlichen Waffen der vierköpfigen Besatzung jedoch im Wageninneren noch eine Maschinenpistole und sechs Magazine (192 Schuss) mit. Bis 1943 wurden insgesamt 493 Sd.Kfz. 260 und 261 hergestellt, wobei das erstere Fahrzeug bei MNH und das letztere bei Weserhütte gebaut wurde. Obwohl die leichten Panzerfunkwagen schrittweise durch ähnlich ausgerüstete gepanzerte Halbkettenfahrzeuge ersetzt wurden, standen Panzerwagen dieser Art bis Kriegsende im Gebrauch.

Typ	leichter Panzerfunkwagenwagen	
	Sd.Kfz. 260	Sd.Kfz. 261
Hersteller	Endmontage bei MNH	Endmontage bei Weserhütte
Gefechtsgewicht	4260 kg	4300 kg
Länge	4830 mm	4830 mm
Breite	1990 mm	1990 mm
Höhe	1780 mm	1780 mm
Motor	Horch/Auto-Union, 8-Zylinder-V-Benzinmotor	Horch/Auto-Union, 8-Zylinder-V-Benzinmotor
Hubraum	3517 ccm	3823 ccm
Leistung kW/PS	55/75	66/90
Leistungsgewicht	17,6 PS/t	20,9 PS/t
Höchstgeschwindigkeit	80 km/h	90 km/h
Kraftstoffvorrat	110 l	100 l
Fahrbereich	320 km (Straße), 200 km (Gelände)	300 km (Straße), 200 km (Gelände)
Besatzung	4	4
Bewaffnung	keine	keine
Panzerung	5- 14,5 mm (später 30 mm)	5- 30 mm
Furttiefe	0,6 m	0,6 m

▲ *Ein Sd.Kfz. 261 einer unbekannten Einheit, das Ende September 1943 nahe Salerno, Italien von US-Truppen erbeutet wurde. (NARA)*

▲ *Sd.Kfz. 261 in Nordafrika 1942. (BA)*

▶ *Der leichte Panzerfunkwagen Sd.Kfz. 261 verfügte über eine leistungsfähige Funkanlage, für die eine auffällige Rahmenantenne installiert wurde. (Vincent Bourguignon)*

Schwerer geländegängiger gepanzerter Personenkraftwagen Sd.Kfz. 247 Ausf. B (4-Rad)

Zwischen 1938 und Januar 1942 baute Daimler-Benz in seinem Werk Berlin-Marienfelde 58 dieser leicht gepanzerten Stabswagen, die wie das Sd.Kfz. 247 Ausf. A (6-Rad) den Kommandeuren die Führung von der Front aus ermöglichen sollten. Die Ausführung B basierte wie die leichten Panzerspähwagen auf dem Einheitsfahrgestell der Firma Auto-Union, allerdings auf der Variante II mit Frontmotor und -getriebe. Der oben offene Panzeraufbau bestand aus geschweißten Stahlblechen von maximal 8 mm Stärke. Das Sd.Kfz. 247 Ausf. B selbst war unbewaffnet, im Fahrzeug gab es jedoch Vorkehrungen zur Mitnahme einer MP und 192 Schuss Munition in sechs Magazinen. Obwohl vor allem als Kommando- und Befehlsfahrzeug gedacht, verfügten die Wagen zunächst über keinerlei Funkausrüstung. Diese wurde erst später nachgerüstet, erkenntlich an der signifikanten Büschelantenne. In dieser Konfiguration dienten die Fahrzeuge meist als gepanzerte Funkstellen. Sd.Kfz. 247 Ausf. B waren fast ausschließlich bei SS-Verbänden sowie der Panzergrenadier-Division »Großdeutschland« zu finden.

▲ *Sd.Kfz. 247 Ausf. B (4-Rad) der Panzergrenadier-Division Großdeutschland an der Spitze einer Kolonne von SPW Sd.Kfz. 251. Man beachte die große Sternantenne. (BA)*

Typ	gepanzerter Personenkraftwagen
Hersteller	Daimler-Benz
Gefechtsgewicht	4460 kg
Länge	5000 mm
Breite	2000 mm
Höhe	1800 mm
Motor	Horch/Auto-Union, 8-Zylinder-V-Benzinmotor
Hubraum	3823 ccm
Leistung kW/PS	60/81
Leistungsgewicht	18 PS/t
Höchstgeschwindigkeit	80 km/h
Kraftstoffvorrat	120 l
Fahrbereich	400 km (Straße), 270 km (Gelände)
Besatzung	6
Bewaffnung	keine
Panzerung	5 – 8 mm
Furttiefe	0,6 m

▲ *Sd.Kfz. 247 Ausf. B (4-Rad) der Panzergrenadier-Division Großdeutschland, 1942.(Vincent Bourguignon)*

Leichter Panzerspähwagen Tp 4 (Prototyp)

Als Nachfolgemodell der leichten Panzerspähwagen der Baureihe Sd.Kfz. 221/222/223 forderte das Heereswaffenamt ein Fahrzeug, dass möglichst viele Komponenten des neuen, in der Entwicklung befindlichen Achtrad-Spähwagens »Tp« aufweisen sollte.

Am 21. Juli 1941 erhielt Büssing-NAG den Auftrag zum Entwurf und Bau eines entsprechenden Prototyps. Abgesehen von Motor, Kraftübertragung und Federung sowie einem veränderten Heck des Panzeraufbaus entsprach die Konstruktion weitestgehend dem schwereren Sd.Kfz. 234, welches ebenfalls von Büssing-NAG stammte. Analog dazu wurden zwei unterschiedlich bewaffnete Versionen geplant. Die erste sollte einen oben offenen, sechseckigen Turm mit 2-cm-KwK 38 und koaxialem MG 42 erhalten, die zum Beschuss von Luftzielen weit nach oben gerichtet werden konnten. Die zweite Ausführung besaß einen Turm mit einer 5-cm-Kwk 39/1 und ein koaxiales MG 42. Büssing-NAG baute bis zum Frühjahr 1943 zwei Prototypen. In der Folge erging ein Auftrag über den Bau von 1000 Exemplaren mit Serienanlauf im Herbst 1943, doch zu einer Produktion kam es nicht mehr.

Typ	leichter Panzerspähwagen
Hersteller	Büssing-NAG
Gefechtsgewicht	ca. 7000 kg
Länge	5330 mm
Breite	k.A
Höhe	2150 mm
Motor	Tatra, luftgekühlter 6-Zylinder-Dieselmotor
Hubraum	k.A
Leistung kW/PS	78/125
Leistungsgewicht	17,6 PS/t
Höchstgeschwindigkeit	85 km/h (Straße)
Kraftstoffvorrat	k.A
Fahrbereich	k.A
Besatzung	4
Bewaffnung	1 x 2-cm-KwK 38, 1 x 7,92-mm-MG 42
Kampfsatz	k.A.
Panzerung	max. 30 mm
Furttiefe	k.A

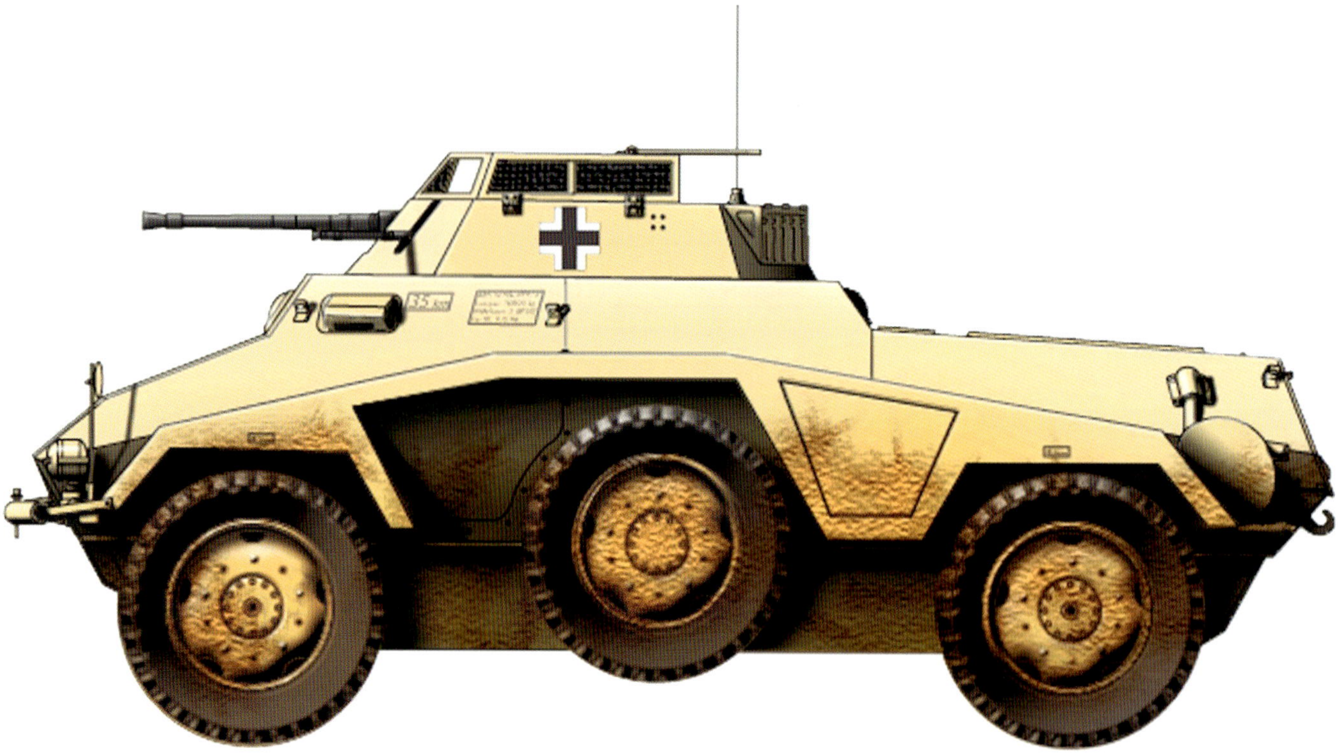

▲ *Auf Komponenten des Sd.Kfz 234 basierend, sollte dieser Prototyp die Nachfolge des Sd.Kfz. 222 antreten. (Vincent Bourguignon)*

Mittlerer gepanzerter Beobachtungskraftwagen Sd.Kfz. 254

Das Sd.Kfz. 254 war ein sogenanntes Räder-Raupenfahrzeug, das während der Fahrt von Rad- auf Kettenbetrieb umschalten konnte. Der Ursprung des Vehikels geht auf die ungepanzerte Zugmaschine Saurer RR-7 zurück, von der das österreichische Bundesheer vor der Annexion Österreichs 1938 15 Exemplare bestellt hatte. Im Auftrag des Waffenamtes entwickelt Saurer ab Mai 1938 eine verbesserte Variante für die Wehrmacht, deren Prototyp jedoch erst im Juni 1942 vorgestellt wurde. Dieser erste Prototyp, RK-9 Ausf. A, war noch unbewaffnet. Das zweite Modell erhielt einen von Daimler-Benz entwickelten Drehturm, der mit einem MG und einer leichten Panzerbüchse ausgestattet war. Der Panzerschutz für die dreiköpfige Besatzung betrug zwischen 5,5 und 14,5 mm, ein 100 PS starker Saurer-Dieselmotor sorgte für den Antrieb. Obwohl eine Nullserie von 15 Wagen in Auftrag gegeben worden war, ging diese weiterentwickelte Variante nicht in Produktion. Stattdessen baute Saurer bis Ende 1940 für die Wehrmacht 140 praktisch unveränderte RR-7 mit oben offenem Panzeraufbau. Von diesen nahm das HWA jedoch offenbar nur 128 Exemplare ab. Diese Räder-Raupenfahrzeuge verfügten über keine fest eingebaute Bewaffnung, führten jedoch ein 7,92-mm-MG 34 mit. Sie wurden vor allem als Panzerspähwagen und Artilleriebeobachtungsfahrzeuge eingesetzt. Teilweise wurden sie auch mit Funkanlagen und den entsprechen Rahmenantennen ausgerüstet. Im Truppenalltag bewährte sich der RR-7 allerdings nicht; eine ungepanzerte Version lief bei der Wehrmacht als Instandsetzungskraftwagen mit 1,5 t Nutzlast.

▲ *Sd.Kfz. 254 des Afrika Korps mit abgesenkten Rädern. (Martin Spurny)*

Typ	gepanzerter Beobachtungskraftwagen
Hersteller	Saurer
Gefechtsgewicht	6400 kg
Länge	4500 mm
Breite	2400 mm
Höhe	2000 mm auf Ketten, 2200 mm auf Rädern
Motor	Saurer CRDv, 4-Zylinder-Dieselmotor
Hubraum	5300 ccm
Leistung kW/PS	51,5/70
Leistungsgewicht	10,9 PS/t
Höchstgeschwindigkeit	60 km/h auf Rädern, 30 km/h auf Ketten
Kraftstoffvorrat	72 l
Fahrbereich	425 km (Straße), 90 km(Gelände)
Besatzung	4
Bewaffnung	teils 1 x 7,92-mm-MG 34
Kampfsatz	k.A
Panzerung	max. 15 mm
Furttiefe	0,65 m

▲ Sd.Kfz. 254 der 11.Pz.Div., Balkan, April 1941.

Gepanzerte Sechsrad-Fahrzeuge

Schwerer Panzerspähwagen Sd.Kfz. 231 (6-Rad)

Nachdem die in den späten 1920er Jahren begonnenen Versuche mit technisch fortschrittlichen Panzerwagen Anfang 1930 auf Grund zu hoher Kosten eingestellt werden mussten, forderte die Reichswehr eine rasche, kostengünstige Lösung zur Beschaffung von Panzerwagen. So entstanden ab 1930 auf der Basis handelsüblicher Lkw drei leicht unterschiedliche Modelle eines schweren Panzerspähwagens, der die Bezeichnung Sd.Kfz. 231 erhielt. Die hierzu verwendeten Fahrgestelle waren die Modelle M 206 von Magirus, G 31 von Büssing-NAG und G 3 (bzw. G 3a) von Daimler-Benz. Diese 6x4 Fahrgestelle verfügten sämtlich über wassergekühlte Benzinmotoren leicht unterschiedlicher Leistung (Magirus 70 PS, Büssing-NAG 60 PS und Daimler-Benz 68 PS), die auf die beiden hinteren Achsen wirkten. Um die Forderungen des Heereswaffenamtes für ein Panzerfahrzeug erfüllen zu können, wurden die Achsen aller drei Modelle verstärkt, die Kühlleistung verbessert und eine Möglichkeit zur Hecksteuerung geschaffen. Die Getriebe erhielten eine Umkehrvorrichtung, die es erlaubte die Wagen vorwärts und rückwärts in ihren verschiedenen Gängen zu fahren. Das Magirus Fahrgestell erreicht so rückwärts fahrend 100%, die Daimler-Benz-Version noch 75% und die Büssing-NAG-Ausführung 50% der Höchstgeschwindigkeit. Alle drei Ausführungen verfügten über identische, von den Deutschen Werken Kiel entwickelte Panzeraufbauten, die dort, und bei der Deutschen Edelstahl AG in Hannover-Linden, gefertigt wurden. Um eine größere Beschusssicherheit zu gewährleisten, waren die Panzerbleche so weit wie möglich gegen die Hauptschussrichtung abgeschrägt. Die Panzerstärke betrug im Frontbereich 14,5 mm, seitlich und hinten 8 mm. Neben einer Hecktür verfügte der Aufbau zwischen der ersten und zweiten Achse über zwei seitliche Zugangsluken. Über den Plätzen des Front- und Heckfahrers befanden sich kuppelartige Auswölbungen. Die Bewaffnung bestand aus einer 2-cm-KwK 30 L/55 und einem 7,92-mm-MG 13 in einem von Hand schwenkbaren Turm mit Luken in Decke und Heck. Für die Kanone wurden 200, für das MG 1300 bis 1500 Schuss Munition mitgeführt. Eine Funkausrüstung für die Kanonenwagen genannte Grundversion des Panzerspähwagens war nicht vorgesehen.

Um die Traktion auf weichem Boden zu verbessern, konnten auf die hinteren Radpaare Gummiketten aufgezogen werden. Dennoch war die Geländegängigkeit aufgrund zu hohen Bodendrucks, fehlender Bodenfreiheit und nicht vorhandenem Allradantriebs alles andere als ausreichend. Entsprechende Vorschriften von Reichswehr und Wehrmacht bringen daher auch deutlich zum Ausdruck, dass Fahrzeuge dieses Typs Straßen und Wege möglichst nicht verlassen sollten. Zudem überlastete der Panzeraufbau das Fahrgestell.

Die ersten Sd.Kfz. 231 wurden 1932 bei der Reichswehr eingeführt und waren in jenem Jahr erstmals bei Manövern öffentlich zu sehen. Panzerwagen dieses Typs waren nur als Übergangslösung gedacht und sollten von geländegängigeren achträdrigen Mustern abgelöst werden, welche die gleichen Aufgaben übernehmen sollten und daher dieselben Sd.Kfz.-Nummern erhielten. Da beide Typen jedoch eine ganze Zeit nebeneinander im Dienst standen, wurde ab 1937 zur Unterscheidung die Bezeichnungen Sd.Kfz. 231 (6-Rad) oder (8-Rad) üblich. Solange ein gut ausgebautes Straßen- und Wegenetz vorhanden war, erwiesen sich die Sd.Kfz. 231 (6-Rad) als durchaus brauchbar, so z.B. bei der Besetzung des Sudetenlandes und der Tschechoslowakei, dem Überfall auf Polen oder dem Westfeldzug. Nach dem Sommer 1940 wurden die sechsrädrigen Spähwagen jedoch in der Regel nicht mehr an der Front eingesetzt, sondern für Ausbildungs- sowie Sicherungsaufgaben verwendet.

▲ *Ein Sd.Kfz. 231 (6-Rad) der Reichswehr im Dorf Dürnast während des Herbstmanövers des IX. Armeekorps in der Bayrischen Ostmark 1935. (BA)*

Typ	schwerer Panzerspähwagen (Daten für die Büssing-NAG Ausführung)
Hersteller	Büssing-NAG, Magirus, Daimler-Benz
Gefechtsgewicht	5350 kg
Länge	5570 mm
Breite	1820 mm
Höhe	2250 mm
Motor	Büssing-NAG G 4-Zylinder-Benzinmotor
Hubraum	3920 ccm
Leistung kw/PS	44/60
Leistungsgewicht	11,2 PS/t
Höchstgeschwindigkeit	65 km/h (Straße)
Kraftstoffvorrat	90 l
Fahrbereich	260 km (Straße), 140 km (Gelände)
Besatzung	4
Bewaffnung	1 x 2-cm-KwK 30 L/55, 1 x 7,92-mm-MG 13
Kampfsatz	200 x 2 cm, 1300 x 7,92 mm
Panzerung	8 – 14,5 mm
Furttiefe	0,6 m

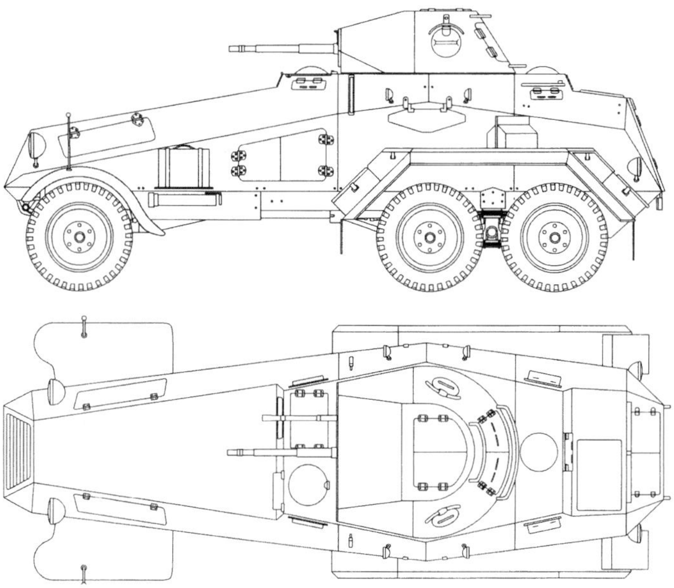

▲ Zwei-Seiten-Ansicht eines schweren Panzerspähwagens Sd.Kfz. (6-Rad) der Ausführung Büssing-NAG. Diese Fahrzeuge basierten auf den Fahrgestellen handelsüblicher Lkw und besaßen nur eine eingeschränkte Geländegängigkeit.

▲ Zwei Aufnahmen desselben Fahrzeugs, ein auf den Namen »Salzburg« getauftes Sd.Kfz 231 der Aufkl. Abt. 5 der 2. Pz.Div., XIX Armeekorps, 1940 in Frankreich. Man beachte die Nebelkerzen an der Front. (BA)

▲ Heckansicht eines Sd.Kfz. 231 (6-Rad) mit nach hinten gedrehtem Turm. Dank eines nach hinten blickenden zweiten Fahrers und eines entsprechenden Getriebes vermochte das Sd.Kfz. 231 (6-Rad) bei Bedarf rasch rückwärts zu verschwinden. Der Titel dieses Postkartenmotivs aus der Vorkriegszeit lautet »Schwerer Panzerspähwagen auf Vorposten«.

Schwerer Panzerspähwagen (Fu) Sd.Kfz. 232 (6-Rad)

Neben der als Kanonenwagen bezeichneten Grundversion des Sd.Kfz. 231 (6-Rad) gab es ab 1933 auch eine Funkwagen-Variante, das Sd.Kfz. 232. Ein charakteristisches Merkmal des Funkwagens war die über dem Aufbau angebrachte große Bügelantenne, welche den Schwenkbereich des Turmes nicht behinderte, die Höhe des Fahrzeugs aber beträchtlich erhöhte. Da die 100-Watt-Funkanlage des Wagens eine Verbindung mit rückwärtigen Befehlständen ermöglichte, wurden Sd.Kfz. 232 meist von Einheitsführern benutzt. Außer der Funkausrüstung und der Bügelantenne gab es jedoch keine signifikanten Unterschiede zur Grundversion. Panzeraufbau, Drehturm, Bewaffnung, Munitionsvorrat und Besatzungsstärke waren identisch. Die Funkversionen des sechsrädrigen Panzerspähwagens wies dieselben Nachteile wie der Kanonenwagen auf. Da nicht genügend Spähwagen zur Verfügung standen, musste aber auch das Sd.Kfz. 232 (6-Rad) bis Mitte 1940 bei den Aufklärungseinheiten der Wehrmacht eingesetzt werden, obwohl es eigentlich nur als Behelfslösung bis zur Einführung der achträdrigen Fahrzeuge gedacht war.
Über die Anzahl der zwischen 1930 und 1935 hergestellten sechsrädrigen Sd.Kfz. 231 und 232 finden sich stark differierende Angaben. Die Literatur spricht teils von bis zu über 900 gebauten Exemplaren. Tatsächlich dürften es jedoch nur 123 gebaute Fahrzeuge sein, wobei auf Daimler-Benz 36, auf Büssing-NAG 12 und auf Magirus 75 Stück entfielen.

▲ *Bis auf eine leistungsfähige Funkanlage sowie die dazugehörige Rahmenantenne gab es keinen signifikanten Unterschied des Sd.Kfz. 232 (6-Rad) zum Sd-Kfz. 231 (6-Rad).*

▶ *Dieses Bild täuscht – die Geländegängigkeit der Sd.Kfz. 231 und 232 (6-Rad) genügte den Anforderungen der Wehrmacht nicht, weshalb der Typ nur als rasch verfügbare und kostengünstige Zwischenlösung galt. (DWA)*

Typ	schwerer Panzerspähwagen (Funk)
(Daten für die Daimler-Benz Ausführung)	
Hersteller	Büssing-NAG, Magirus, Daimler-Benz
Gefechtsgewicht	5700 kg
Länge	5570 mm
Breite	1820 mm
Höhe	2870 mm
Motor	Daimler-Benz M09 6-Zylinder-Benzinmotor
Hubraum	3663 ccm
Leistung kW/PS	50/68
Leistungsgewicht	11,9 PS/t
Höchstgeschwindigkeit	70 km/h (Straße)
Kraftstoffvorrat	105 l
Fahrbereich	300 km (Straße), 150 km(Gelände)
Besatzung	4
Bewaffnung	1 x 2-cm-KwK 30 L/55, 1 x 7,92-mm-MG 13
Kampfsatz	200 x 2 cm, 1300 x 7,92 mm
Panzerung	8 – 14,5 mm
Furttiefe	0,6 m

▲ *Diese Aufnahme eines schweren Panzerspähwagens (Fu) Sd.Kfz. 232 (6-Rad) entstand während eines Manövers des VI. Armeekorps in der Lüneburger Heide vom 2. bis zum 7. September 1935. (BA)*

Schwerer Panzerfunkwagen Sd.Kfz. 263 (6-Rad)

Der schwere Panzerfunkwagen (Sd.Kfz. 263) ähnelte äußerlich dem Sd.Kfz. 232 (6-Rad) sehr stark; so verfügten beide Ausführungen über fast identische Panzeraufbauten und Bügelantennen. In ihrer Ausrüstung und inneren Auslegung unterschieden sich die beiden Versionen jedoch erheblich, denn das Sd.Kfz. 263 war vorrangig als Befehlswagen und gepanzerte Kommandostelle für höhere Truppenführer oder Stäbe gedacht. Dementsprechend besaß das Fahrzeug eine leistungsfähigere Funkanlage. Das 100-Watt-FuG 11 SE 100 besaß eine Reichweite von bis zu 50 km. Um diese Reichweite voll ausnutzen zu können, verfügte der Funkwagen über einen zerlegbaren, bzw. ausfahrbaren, Antennenmast. Mit Hilfe einer Handkurbel konnte dieser bis auf eine Höhe von 9 m ausgefahren werden. Um im Inneren Platz für einen fünften Mann, Kartenbretter und Funkgeräte zu schaffen, wurde auf das Turmschwenkwerk und die 2-cm-Kwk 30 verzichtet. Die einzige Bewaffnung bestand daher aus einem 7,92-mm-MG 13 in der Vorderseite des starren Turmes. Zu Beginn des Krieges wurden diese Waffen jedoch zum Teil durch MG 34 ersetzt. Alle Sd.Kfz. 263 (6-Rad) basierten auf dem Magirus 206 P Fahrgestell und unterschieden sich daher in Details von Fahrzeugen der Typen Sd.Kfz. 231 (6-Rad) und Sd.Kfz. 232 (6-Rad), die auf Daimler-Benz oder Büssing-NAG Fahrgestellen aufbauten. Wie viele Panzerfunkwagen dieses Typs in den Jahren 1934 und 1935 gebaut wurden ist, nicht ganz klar, die Angaben differieren je nach Quelle zwischen 12 und 28 Exemplaren. Bei seiner Einführung noch als Kfz. 67b bezeichnet, wurde diese bei Einführung des Sd.Kfz. 263 (8-Rad) im Jahre 1937 in Sd.Kfz. 263 (6-Rad) geändert, da beide Typen der gleichen Aufgabe dienten.

Im Einsatz zeigte das Sd.Kfz. 263 (6-Rad) die gleichen Probleme wie die anderen 6-Rad-Spähwagen: Die Geländegängigkeit war unzureichend und die Fahrgestelle überlastet. Daher verschwand auch das Sd.Kfz. 263 (6-Rad) nach Ende des Frankreichfeldzuges bald aus den Fronteinheiten und wurde Ausbildungsverbänden zugeteilt. Die letzten Panzerwagen dieses Typs sollen jedoch noch in den Anfangstagen der Operation Barbarossa im Sommer 1941 an der Ostfront im Einsatz gewesen sein.

Typ	schwerer Panzerfunkwagen
Hersteller	Magirus
Gefechtsgewicht	5700 kg
Länge	5570 mm
Breite	1820 mm
Höhe	2870 mm
Motor	Magirus S88, 6-Zylinder-Benzinmotor
Hubraum	4562 ccm
Leistung kW/PS	51,5/70
Leistungsgewicht	12,28 PS/t
Höchstgeschwindigkeit	62 km/h (Straße)
Kraftstoffvorrat	110 l
Fahrbereich	300 km (Straße), 150 km (Gelände)
Besatzung	5
Bewaffnung	1 x 7,92-mm-MG 13 (später MG 34)
Kampfsatz	1500 x 7,92 mm
Panzerung	8 – 14,5 mm
Furttiefe	0,6 m

▲ *Neben einer Rahmenantenne besaß der schwere Panzerfunkwagen zusätzlich noch eine ausfahrbare Antenne, hier unter einer Plane verborgen.*

Schwerer geländegängiger gepanzerter Personenkraftwagen, Sd.Kfz. 247 Ausf. A

Daimler-Benz erhielt im Jahre 1936 vom Heereswaffenamt einen Auftrag zur Entwicklung eines gepanzerten Stabswagens, der es Kommandeuren ermöglichen sollte, ihre Truppen von der Front aus zu führen. Zusätzlich sollte das zu entwickelnde Fahrzeug bei Aufklärungseinheiten eingesetzt werden. Zwar entwarf Daimler-Benz das Sd.Kfz. 247 Ausf. A genannte Fahrzeug und führte im Werk Berlin Marienfelde auch die Endmontage durch, das Fahrgestell des Wagens war jedoch ein Fabrikat der Firma Krupp. Verwendet wurde das Fahrgestell L 2 H 143, das auch die Basis des 1,5-Tonners (der bekannten Krupp »Protze« oder auch Kfz. 69) der Wehrmacht bildete. Dieses dreiachsige Fahrgestell verfügte über einen frontmontierten Boxermotor, der die beiden Hinterachsen antrieb. Der oben offene, allseits 8 mm starke Panzeraufbau stammte von der Deutschen Edelstahl AG Hannover-Linden und konnte bei Bedarf durch eine Plane abgedeckt werden. Die Fahrzeuge waren bis auf eine im Wagen mitgeführte MP mit 192 Schuss unbewaffnet und verfügten über keine Funkanlage, aber häufig über Scherenfernrohre zu Beobachtungszwecken. Daimler-Benz stellte 1936-37 nur zehn Sd.Kfz. 247 Ausf. A her.

Typ	gepanzerter Personenkraftwagen
Hersteller	Daimler-Benz
Gefechtsgewicht	5200 kg
Länge	4600 mm
Breite	1920 mm
Höhe	1700 mm
Motor	Krupp M304 4-Zylinder-Benzinmotor
Hubraum	3308 ccm
Leistung kW/PS	38/52
Leistungsgewicht	10 PS/t
Höchstgeschwindigkeit	70 km/h (Straße)
Kraftstoffvorrat	110 l
Fahrbereich	350 km (Straße), 220 km (Gelände)
Besatzung	6
Bewaffnung	keine
Panzerung	8 mm
Furttiefe	0,6 m

▲ *Sd.Kfz. 247 Ausf. A einer unbekannten Einheit, Polen, September 1939. (Vincent Bourguignon)*

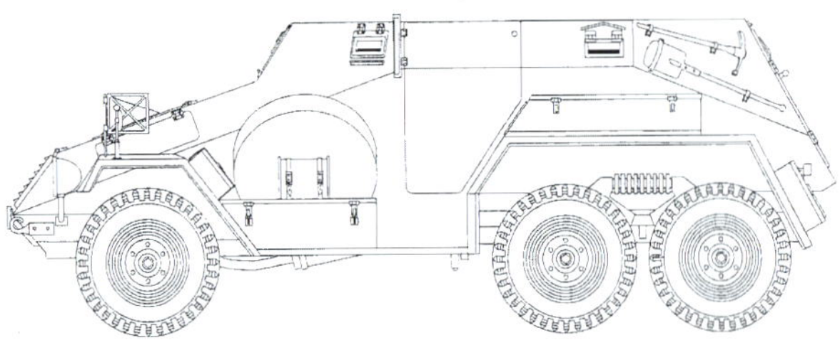

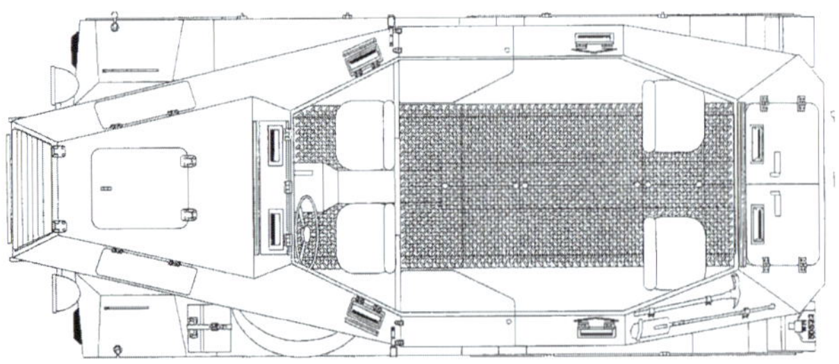

▲ *Seiten- und Aufsicht eines Sd.Kfz. 247 Ausf. A. Dieser Typ basierte auf dem Fahrgestell des Krupp L 2 H 143 »Protze«, einem leichten 6x4 Lkw.*

Leichter Panzerspähwagen 30 (t)

Nach der Besetzung und Zerschlagung der Tschechoslowakei im März 1939 fielen der Wehrmacht zahlreiche gepanzerte Fahrzeuge in die Hände. Der zahlenmäßig wichtigste dieser übernommenen Panzerwagen war der Typ OA vz.30, in deutschen Diensten »Leichter Panzerspähwagen 30 (t)« genannt. Das Fahrzeug basierte auf dem Tatra T 72-Fahrgestell mit drei Achsen, von denen die beiden hinteren angetrieben waren. Neben einem leichten MG in einem Drehturm verfügte das Fahrzeug über ein weiteres MG, das in die Fahrerfront eingelassen war. Tatra baute ab 1933 insgesamt 51 OA vs. 30 für die Kavallerieverbände der tschechoslowakischen Armee. Nach dem März 1939 gingen von diesen 18 Stück an die slowakische, neun an die rumänische und eines an die ungarische Armee. Die restlichen 23 Exemplare wurden von den deutschen Streitkräften und der Polizei übernommen. Die Wehrmacht ließ sieben davon zu Rundfunkaufnahme-Kraftwagen umbauen, um an der Front Tonaufnahmen für Kriegsberichte machen zu können. Einige Fahrzeuge wurden auch als unbewaffnete Befehlswagen eingesetzt und erhielten dazu deutsche Funkgeräte sowie die entsprechenden Rahmenantennen.

Typ	leichter Panzerspähwagen
Hersteller	Tatra
Leergewicht	2780 kg
Länge	4020 mm
Breite	1520 mm
Höhe	2020 mm
Motor	Tatra 71 4-Zylinder-Benzinmotor
Hubraum	1910 ccm
Leistung kW/PS	24/32
Leistungsgewicht	11,5 PS/t
Höchstgeschwindigkeit	60 km/h (Straße)
Kraftstoffvorrat	k.A
Fahrbereich	300 km (Straße)
Besatzung	3-4
Bewaffnung	2 x 7,92-mm-MG ZB vz.26
Kampfsatz	k.A
Panzerung	3-6 mm
Furttiefe	k.A

▲ *Unbewaffnete Befehlsausführung des PzSpWg. 30(t) mit Rahmenantenne, 1940. (Vincent Bourguignon)*

Leichter Schützenpanzerwagen Laffly(f)

1940 fiel den deutschen Truppen auch eine Reihe von Zugmaschinen des Typs Laffly W 15 T in die Hände. Diese 6x6 Fahrzeuge waren in ihrem Erschienungsbild typisch für die Produkte der Firma Laffly und besaßen die charakteristische, weit über die Vorderachse hinausragende Motorhaube, die vorn mit zwei Hilfsrädern versehen war, um das Festfahren im Gelände zu verhindern. Insgesamt wurden ab 1938 nur 80 dieser Wagen für das französische Heer gebaut, von denen 24 durch das Baukommando Becker für die Schnelle Brigade West zu Fernsprech-Kraftwagen umgebaut wurden. Eine unbekannte Anzahl Laffly W 15 T wurde durch das Kommando Becker im Verbund mit der französischen Industrie und dem Heereswaffenamt/Außenstelle Paris mit gepanzerten Aufbauten versehen. Diese erinnerten in ihrer Form stark an das Sd.Kfz. 251. Fotografien zeigen zwei unterschiedliche Versionen, eine mit zwei Hinterachsen, eine andere mit nur einer. Leider liegen außer diesen Bildern kaum Informationen über diese Fahrzeuge vor. Weitere Fotodokumente zeigen zudem, dass ähnliche Umbauten in Kleinserie auch auf Basis erbeuteter britischer Lkw des Typs Bedford 20cwt vorgenommen wurden.

Typ	Leichter Schützenpanzerwagen
Hersteller	Laffly, Umbau Baukommando Becker
Gefechtsgewicht	k.A.
Länge	ca. 4650 mm
Breite	ca. 1850 mm
Höhe	ca. 1650 mm (Oberkante Wanne)
Motor	Hotchkiss 4-Zylinder-Benzinmotor
Hubraum	2300 ccm
Leistung kW/PS	40/55
Leistungsgewicht	k.A
Höchstgeschwindigkeit	ca. 50 - 60km/h (Straße)
Kraftstoffvorrat	k.A.
Fahrbereich	k.A.
Besatzung	k.A
Bewaffnung	1 – 2 x 7,92-mm-MG 34 oder MG 42
Kampfsatz	k.A
Panzerung	k.A
Furttiefe	k.A.

▲ *Gepanzerter MTW Laffly(f) der 21. Pz.Div., Frankreich 1944. (Vincent Bourguignon)*

Gepanzerte Achtrad-Fahrzeuge

Schwerer Panzerspähwagen Sd.Kfz. 231 (8-Rad)

Die Heeresleitung war sich über die beschränkten Fähigkeiten der sechsrädrigen Spähwagen von Anfang an im Klaren. Aufgrund der guten Ergebnisse, welche ab 1927 im Zuge der Erprobung von Acht- und Zehnradwagen erbracht worden waren, konstruierte Büssing-NAG in den Jahren 1934 bis 1935 daher im Auftrag des Heereswaffenamtes ein entsprechendes Fahrzeug. Basis dieses Wagens war ein »GS« genanntes Fahrgestell von 4120 kg Gewicht, dessen acht Räder einzeln an längs liegenden Blattfedern aufgehängt waren und das über Allradantrieb und –lenkung verfügte. Die Lenkung konnte sowohl von einem Vorwärts- als auch von einem Rückwärtsfahrer übernommen werden. Das von Büssing entwickelte spezielle Getriebe ermöglichte es dabei, in beide Richtungen die gleiche Geschwindigkeit zu erreichen. Der Motor, ein 150 PS Büssing L 8 V, war im Heck untergebracht. Der Hubraum des Triebwerks betrug zunächst 7913 ccm. Im Lauf der Produktion wurde jedoch die Zylinderbohrung vergrößert, wodurch der Hubraum des Motors auf 8363 ccm angehoben wurde. In dieser Form erbrachte der L 8 V 180 PS.

Die Panzeraufbauten der neuen Familie von schweren Aufklärungsfahrzeugen (neben einem Panzerspähwagen plante das Heereswaffenamt die Einführung eines Funk- und eines Befehlswagens) wurden in Kiel bei den Deutschen Werken entwickelt. Der in der typischen, winkligen Art der deutschen Panzerspähwagen jener Zeit geformte Aufbau war geschweißt und vorn 14,5 mm, an den Seiten und hinten 8 mm stark. Boden und Decke waren durch 5 mm dicke Bleche geschützt. Zweiteilige Luken vor der Fahrerfront und seitlich im Aufbau dienten dem Ein- und Ausstieg. Die Bewaffnung bestand aus einer 2-cm-KwK 30 (später 38), für die 180 Schuss vorhanden waren, sowie einem koaxialen 7,92-mm-MG 34 mit 2100 Schuss in einem Drehturm. Im von Hand bewegten Turm, der über Luken in Decke und Heck verfügte, fanden zudem der Kommandant und der Richtschütze Platz. Nachdem ein Vs. Kfz. 623 genannter Prototyp eingehend und erfolgreich erprobt worden war, begann die Serienproduktion bei Schichau in Elbing. 1937 wurden die ersten Exemplare an die Wehrmacht ausgeliefert. Da die Fahrzeuge die gleichen Aufgaben wie die bisherigen sechsrädrigen Panzerwagen übernahmen, erhielten sie die gleichen Sd.Kfz.-Nummern, allerdings mit dem Zusatz (8-Rad). Im Laufe der Produktion kam es zu weiteren Detailänderungen. Neben einer Erhöhung des Panzerschutzes und der Motorleistung wurden die Luken und Sehklappen sowie die Abdeckung des Kühlergrills verändert.

▲ *Sd.Kfz. 232 (8-Rad) einer unbekannten Einheit, Polen September 1939. (DWA)*

▲ *Heckansicht eines Sd.Kfz. 231 (8-Rad) in Polen 1939. Die hier zu sehende typische Form des Balkenkreuzes wurde nur während des Polenfeldzuges verwendet und danach rasch verändert, da sich die weißen Kreuze als praktische Zielmarkierung für gegnerische Schützen erwiesen hatten. (nac.gov.pl)*

Typ	schwerer Panzerspähwagen
Hersteller	Endmontage Schichau
Gefechtsgewicht	8300 kg
Länge	5850 mm
Breite	2200 mm
Höhe	2340 mm
Motor	Büssing-NAG L 8 V, V-8-Benzinmotor
Hubraum	7913 ccm
Leistung kW/PS	110/150
Leistungsgewicht	18 PS/t
Höchstgeschwindigkeit	90 km/h (Straße)
Kraftstoffvorrat	150 l
Fahrbereich	300 km (Straße), 160 km (Gelände)
Besatzung	4
Bewaffnung	1 x 2-cm-KwK 30 oder 38 L/55, 1 x 7,92-mm-MG 34
Kampfsatz	180 x 2 cm, 2100 x 7,92 mm
Panzerung	5 – 14,5 mm (später bis zu 30 mm)
Furttiefe	1 m

▲ *Dieses Fahrzeug der 17. Pz.Div. verfügt am Bug über den sogenannten »Pak-Schutz«, eine 10 mm starke Zusatzpanzerung. (DWA)*

▶ *Dank ihres von Büssing-NAG entwickelten GS-Fahrgestells waren die schweren 8-Rad-Panzerspähwagen sehr geländegängig.*

Im Einsatz bewiesen die Fahrzeuge, dass sie dank ihres GS-Fahrgestells eine hervorragende Geländegängigkeit besaßen. Allerdings war dieses Fahrgestell auch recht komplex und sorgte für einen hohen Aufzug der Fahrzeuge. Dennoch gehörten die Spähwagen dieses Typs zu den besten ihrer Klasse. Im Laufe des Krieges stellte sich jedoch heraus, dass die GS-Baureihe aufgrund ihrer Größe und der geringen Panzerung recht verwundbar war. Daher erhielten die Fahrzeuge ab 1940 zunächst einen sogenannten »Pak-Schutz«, eine 10 mm starke Panzerplatte, die in einigem Abstand vor dem Bug angebracht war. Später wurde die Frontpanzerung auf 30 mm angehoben. Bis 1941 leisteten die Wagen dieses Typs insgesamt gute Dienste, in Afrika und der UdSSR zeigten sich jedoch die Grenzen des Entwurfes. Aus diesem Grund wurde Ende 1942 die Produktion eingestellt. Dennoch waren Fahrzeuge dieser Art bis 1945 im Einsatz. Insgesamt wurden von dieser Baureihe achträdriger Panzerspähwagen (Sd.Kfz. 231/232/233/263) 1235 Fahrzeuge hergestellt.

▲ *Ein weiterer schwerer Panzerspähwagen mit Pak-Schutz. Dieses in Nordafrika aufgenomme Bild entstammt von US-Truppen erbeuteten privaten Fotografien Erwin Rommels, die heute im Nationalarchiv der USA frei zugänglich sind. (NARA)*

▲ *Schwerer Panzerspähwagen in Wintertarnung der SS-Panzergrenadier-Division »Das Reich«, Winter 1942/43 Ostfront. (Grzegorz Jackowski)*

▲ *Diese Aufnahme eines Sd.Kfz. 231 (8-Rad) entstand im März 1943 auf dem Abderdeen Proving Ground, Maryland, während seiner Untersuchung durch die US Army. Das Fahrzeug war in Nordafrika erbeutet und dann in die USA verbracht worden. Man beachte die geöffnete Motorabdeckung am Heck sowie die offenen seitlichen Zugangsluken. (NARA)*

▲ *Ein zerstörter schwerer Panzerspähwagen Sd.Kfz. 231 (8-Rad) der Panzeraufklärungs-Lehr-Abteilung 130 der Panzer-Lehr-Division in Saint-Lô, Frankreich im August 1944. (NARA)*

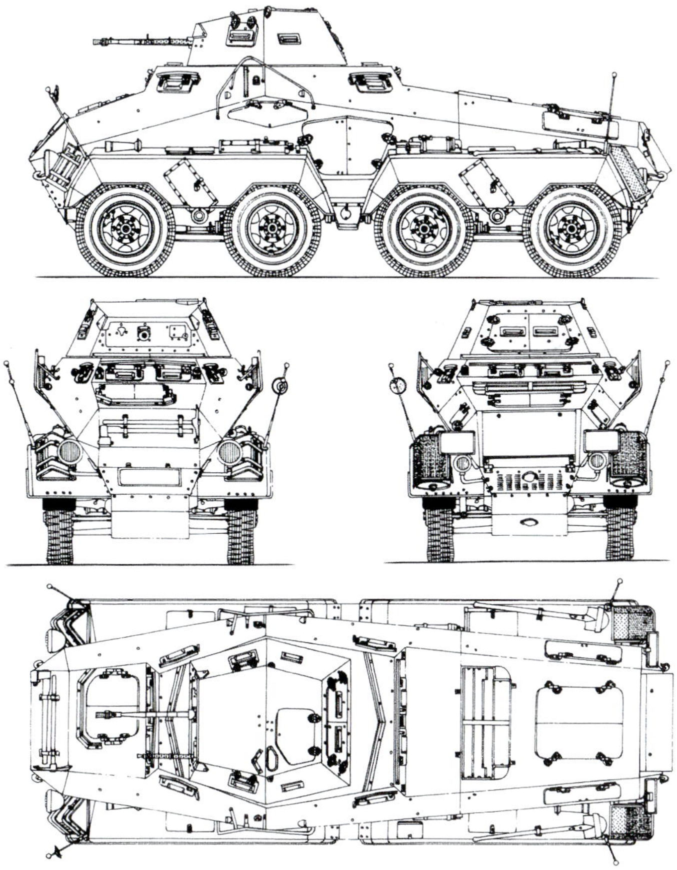

▲*Vier-Seiten-Ansicht eines Sd.Kfz. 231 (8-Rad). Dieses Fahrzeug hat am Heck bereits die ab Januar 1941 eingeführte gepanzerte Abdeckung des Kühlergrills erhalten, der verhindern sollte, dass kleinere Geschosse oder Splitter dort eindrangen.*

Schwerer Panzerspähwagen (Fu) Sd.Kfz. 232 (8-Rad)

Obwohl auch die Grundversion des Sd.Kfz. 231 (8-Rad) mit Funk ausgerüstet war, gab es auch in dieser Baureihe wieder einen speziellen Funkwagen mit leistungsfähiger Funkanlage, um bei weitreichenden Aufklärungsvorstößen die Verbindung zur Kommandoebene herstellen zu können. Äußerlich waren beide Modelle vor allem an der großen Rahmenantenne des Sd.Kfz. 232 zu unterscheiden, da Fahrgestell und Panzeraufbau identisch zur Grundversion waren. Allerdings wurden die auffälligen, ein gutes Ziel bietenden Rahmenantennen im Laufe des Krieges oftmals durch Stab- oder Sternantennen ersetzt. Besatzung und Bewaffnung beider Versionen war grundsätzlich gleich, allerdings führte das Sd.Kfz. 232 nur 1500 Schuss für das koaxiale MG 34 im Turm mit. Auch das Sd.Kfz. 232 erhielt ab 1940 eine Zerschellplatte (»Pak-Schutz«) vor dem Bug. Im Laufe der Produktion wurden am schweren Funkwagen die gleichen Änderungen vorgenommen wie am Sd.Kfz.231. Die Serienherstellung des Sd.Kfz. 232 bei den Deutschen Werken in Kiel lief im Mai 1940 aus, wurde jedoch im Juni 1941 wieder aufgenommen. Ende 1942 endete die Herstellung des Sd.Kfz. 232 (8-Rad) endgültig.

Typ	schwerer Panzerspähwagen (Fu)
(Daten für späte Ausführung)	
Hersteller	Endmontage Deutsche Werke
Gefechtsgewicht	8800 kg
Länge	5850 mm
Breite	2200 mm
Höhe	2900 mm (mit Antenne)
Motor	Büssing-NAG L 8 V-GS, V-8-Benzinmotor
Hubraum	8360 ccm
Leistung kW/PS	132,5/180
Leistungsgewicht	20,5 PS/t
Höchstgeschwindigkeit	90 km/h (Straße)
Kraftstoffvorrat	150 l
Fahrbereich	300 km (Straße), 160 km (Gelände)
Besatzung	4
Bewaffnung	1 x 2-cm-KwK 38 L/55, 1 x 7,92-mm-MG 34
Kampfsatz	180 x 2 cm, 1500 x 7,92 mm
Panzerung	5 – 30 mm (späte Version)
Furttiefe	1 m

▲ Ein früher schwerer Panzerspähwagen (Fu) Sd.Kfz. 232 (8-Rad), getauft auf den Namen »Stralsund«. Die zwischen zweiter und dritter Achse befindlichen seitlichen Luken der »GS-Reihe« sind hier gut zu erkennen.

▲ Nach den Erfahrungen der ersten Kriegsmonate wurden viele schwere Panzerspähwagen mit einer 10 mm starken Zusatzpanzerung am Bug versehen, so auch dieses Sd.Kfz.232 (8-Rad) der Aufkl.Abt. 33. Marsa Matruh (Ägypten), 1942. (Grzegorz Jackowski)

▶ Ein Sd.Kfz. 232 in Dordrecht, Niederlande, 12. Mai 1940. Dahinter ein Sd.Kfz. 221. Die drei Offiziere der Wehrmacht vor dem Sd.Kfz. 232 sind (von links nach rechts): Hauptmann Rau (Bräuers Adjutant), Bruno Oswald Bräuer (Kommandeur des 1. Fallschirmjäger-Regiments) und Leutnant Wolf Werner Graf von der Schulenburg. (Kollektion J.A. van der Vorm via NIMH)

Schwerer Panzerfunkwagen Sd.Kfz. 263 (8-Rad)

Wie bei den Sechsradspähwagen existierte auch bei der achträdrigen Serie eine Ausführung als Panzerfunkwagen, das Sd.Kfz. 263 (8-Rad). Es diente vor allem in den Nachrichtenabteilungen der Panzer- und Motorisierten Divisionen und sollte den Kontakt zu den eigentlichen Aufklärungsfahrzeugen halten. Mitunter wurden Sd.Kfz. 263 von den Kommandeuren der Divisionen aber aufgrund ihrer umfangreichen Funkausstattung auch als Führungsfahrzeuge eingesetzt, als Beispiel sei hier Generalmajor Rommel genannt, der während des Westfeldzuges 1940 die 7. Panzerdivision zeitweise von einem schweren Panzerfunkwagen dieses Typs aus führte.

Anstelle eines Drehturmes verfügten die Fahrzeuge über einen festen Aufbau, der die notwendige Ausrüstung wie Kartenbretter und eine leistungsfähige 100 Watt FuG 11-Funkanlage aufnahm, mit der sich Reichweiten von bis zu 200 km erzielen ließen. Neben einer Rahmenantenne besaß der Panzerfunkwagen hinter dem Kampfraum noch eine bis auf 9 m ausfahrbare Kurbelantenne. Im Laufe des Krieges wurden diese zum Teil von sogenannten »Schirmantennen« ersetzt. Die einzige Bewaffnung des Sd.Kfz. 263 bestand aus einem MG 34 in einer Kugelblende an der Stirnseite des Aufbaus, für welches 1050 Schuss Munition mitgeführt wurden. Ende 1941 wurde die Produktion dieser aufwändigen Spezialfahrzeuge nach 240 Exemplaren eingestellt, ihre Aufgaben wurden von Halbkettenfahrzeugen mit der entsprechenden Ausrüstung übernommen. Dennoch waren einige dieser Wagen noch bis 1944 bei Fronteinheiten zu finden.

Typ	schwerer Panzerfunkwagen
Hersteller	Büssing-NAG, Deutsche Werke
Gefechtsgewicht	8800 kg
Länge	5850 mm
Breite	2200 mm
Höhe	2900 mm
Motor	Büssing-NAG L 8 V, V-8-Benzinmotor
Hubraum	7913 ccm
Leistung kw/PS	110/150
Leistungsgewicht	17 PS/t
Höchstgeschwindigkeit	90 km/h (Straße)
Kraftstoffvorrat	150 l
Fahrbereich	300 km (Straße), 160 km(Gelände)
Besatzung	4
Bewaffnung	1 x 7,92-mm-MG 34
Kampfsatz	1050 x 7,92 mm
Panzerung	5 – 18 mm
Furttiefe	1 m

▲ *Neben der großen Rahmenantenne verfügte das Sd.Kfz. 263 zudem über eine auf 9 m Höhe ausfahrbare Antenne am Ende des Panzeraufbaus, hier unter einer dunklen Schutzhülle verborgen. (DWA)*

▲ *Ein im Frühjahr 1943 in Nordafrika von US-Truppen erbeutetes Sd.Kfz. 263. Man beachte die seitlichen MPi-Öffnungen am Aufbau sowie die Einstiegsluke am Heck des Panzeraufbaus. Die Reifen weisen unterschiedliche Profilmuster auf. (NARA)*

Schwerer Panzerspähwagen Sd.Kfz. 233 (8-Rad)

Das Sd.Kfz. 233 war im Grunde eine turmlose Variante des Sd.Kfz. 231. Statt der 2-cm-KwK im Drehturm war diese Ausführung der Reihe mit einer kurzen 7,5-cm-StuK 37 L/24 bewaffnet, wie sie auch in den frühen Versionen des PzKpfw IV und des StuG III zum Einbau kam. Die StuK (Sturmkanone) war nach rechts versetzt im vorderen Teil des nach oben hin offenen Panzeraufbaus montiert und verfügte nur über einen sehr geringen Schwenkbereich von 12° nach rechts und 9° nach links. Der Höhenrichtbereich betrug +20° bis -4°. Für die 7,5-cm-Waffe, welche mittels eines einfachen Zeigervisiers gerichtet werden musste, wurden 32 Schuss Munition mitgeführt, darunter auch Hohlladungsgranaten zur Panzerbekämpfung. Hinzu kam ein im Kampfraum mitgeführtes 7,92-mm-MG 42 mit 1500 Schuss. Aufgrund des hohen Raumbedarfes von Waffen und Munition wurde die Besatzung auf drei Mann verringert, nämlich Fahrer, Heckfahrer/Funker und Schütze/Kommandant. Ab Herbst 1942 entstanden bei Büssing-NAG in Leipzig 129 (nach anderen Quellen 119) Sd.Kfz. 233, zum Teil als Umbauten aus beschädigten Sd.Kfz. 231/232/263. Sd.Kfz. 233 wurden bei den Panzer-Aufklärungsabteilungen vor allem zur mobilen Feuerunterstützung der Panzerspähwagen eingesetzt und waren bei der Truppe sehr beliebt.

Typ	schwerer Panzerspähwagen
Hersteller	Büssing-NAG
Gefechtsgewicht	8580 kg
Länge	5850 mm
Breite	2200 mm
Höhe	2250
Motor	Büssing-NAG L 8 V, V-8-Benzinmotor
Hubraum	8360 ccm
Leistung kW/PS	132,5/180
Leistungsgewicht	21 PS/t
Höchstgeschwindigkeit	90 km/h (Straße)
Kraftstoffvorrat	150 l
Fahrbereich	300 km (Straße), 160 km(Gelände))
Besatzung	3
Bewaffnung	1 x 7,5-cm-StuK 37 L/24, 1 x 7,92-mm-MG 42
Kampfsatz	32 x 7,5 cm, 1500 x 7,92 mm
Panzerung	5 – 30 mm
Furttiefe	1 m

▲ *Sd.Kfz. 233 wurden ab 1943 zur Feuerunterstützung der Panzerspähwagen eingesetzt und konnten mittels Hohlladungsgranaten auch Kampfpanzer bekämpfen. (US Army)*

▲ *Dieser s.Pz.Sp.Wg (7,5cm) Sd.Kfz. 233 der 2. Pz.Div. wurde Ende Dezember 1944 nahe Celles, Belgien von der 2nd Armored Division der US Army erbeutet. (NARA)*

◀ *Dieses Sd.Kfz. 233 wurde in Nordafrika von den Briten erbeutet und entstand auf Basis eines Sd.Kfz. 263. (NARA)*

Polizei-Panzerkraftwagen ADGZ

Obwohl Fahrzeuge dieses Typs nicht bei der Wehrmacht in Dienst standen, finden sie hier dennoch Beachtung, da sie an Kampfeinsätzen teilnahmen. Die Entwicklung dieses Fahrzeugs wurde ab 1931 in den Austro-Daimler-Puch-Werken durchgeführt, die 1933 den ersten Prototypen vorstellten. Nachdem Austro-Daimler-Puch 1934 von Steyr übernommen worden war, wurde der Entwurf überarbeitet und vor allem der Panzeraufbau günstiger gestaltet. Von 1935 bis 1937 produzierte Steyr insgesamt 27 Exemplare dieses M-35 genannten Panzerwagens, von denen 12 Fahrzeuge beim österreichischen Bundesheer und 14 Wagen bei der Polizei in Dienst gestellt wurden. Ein Fahrzeug scheint sich noch im Steyr-Werk befunden zu haben, als Österreich am 12. März 1938 von Deutschland annektiert wurde. Nach dem »Anschluss« übernahm die deutsche Ordnungspolizei zunächst sämtliche Panzerwagen der österreichischen Polizei und später auch die Fahrzeuge des Bundesheeres, da die Wehrmacht an dessen Fahrzeugen kein Interesse zeigte. Die Ordnungspolizei unterstand dem Reichsführer SS (Heinrich Himmler) und war somit organisatorisch Teil der SS, weshalb oft der Eindruck entsteht, die Steyr-Wagen seien bei der Waffen-SS eingesetzt worden. Während des Krieges wurden Fahrzeuge dieses Typs jedoch vorwiegend für Polizeiaufgaben verwendet, dazu gehörte allerdings auch die Kontrolle besetzter Gebiete und der sogenannte »Bandenkampf«, also die Partisanenbekämpfung.

Der Polizei-Panzerkraftwagen ADGZ (auch Polizei-Panzerkraftwagen Steyr) besaß Fahrstände für beide Fahrtrichtungen und somit auch kein Heck oder eine Front im eigentlichen Sinne, er konnte in beide Richtungen gleich schnell gefahren werden. Neben den beiden Fahrern war jeweils Platz für einen Schützen, der ein MG in Kugelblende bediente. Die weitere Bewaffnung bestand aus einer 2-cm-KwK und einem MG im Turm. Der 6-Zylinder-Motor befand sich unter einer eckigen Haube an einem Ende des Fahrzeugs, während der dazugehörige Kühler samt Gebläse und großen Lüfterklappen am anderen Ende untergebracht war. Alle acht Räder waren angetrieben. Die beiden vorderen und hinteren Achsen waren lenkbar, die doppeltbereiften Mittelachsen jedoch nicht.

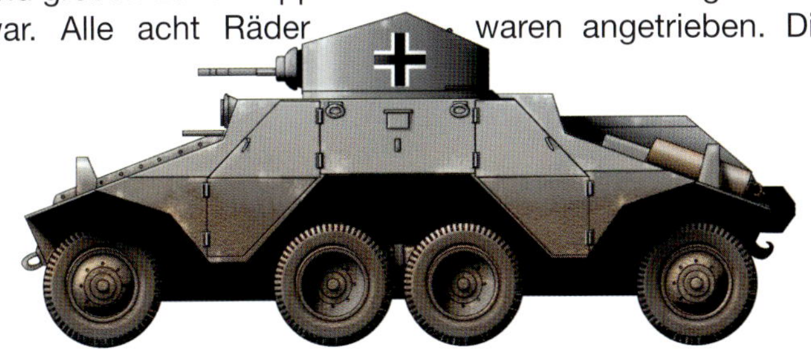

▲ *Ein Polizei-Panzerkraftwagen ADGZ der Ordnungspolizei. Der 6-Zylinder-Motor befand sich unter der eckigen Haube des Fahrzeugs, während der dazugehörige Kühler samt Gebläse und großen Lüfterklappen am anderen Ende untergebracht war. (Vincent Bourguignon)*

Typ	Panzerwagen
Hersteller	Steyr-Daimler-Puch AG
Gefechtsgewicht	12.000 kg
Länge	6260 mm
Breite	2160 mm
Höhe	2560 mm
Motor	Austro-Daimler M612, 6-Zylinder-Benzinmotor
Hubraum	11.946 ccm
Leistung kW/PS	110/150
Leistungsgewicht	12,5 PS/t
Höchstgeschwindigkeit	70 km/h (Straße)
Kraftstoffvorrat	200 l
Fahrbereich	400 km (Straße), 225 km(Gelände)
Besatzung	6
Bewaffnung	1 x 2-cm-KwK 35 L/45, 2-3 x 7,92-mm-MG 34
Kampfsatz	100 x 2 cm, 2500 x 7,92 mm
Panzerung	max. 11 mm
Furttiefe	1 m

1942 lieferte Steyr noch einmal 25 Fahrzeuge aus, die von der Ordnungspolizei vor allem auf dem Balkan und in Russland eingesetzt wurden. Mit Funkgeräten ausgerüstete Wagen besaßen eine auffällige Rahmenantenne, ähnlich den 8-Rad-Spähwagen Sd.Kfz. 232.

▲ *Eine ADGZ der ersten, von 1935 bis 1937 gebauten Serie mit einer 2-cm-KwK und einem MG im Turm sowie je einem MG vorn und hinten im Aufbau. Bei Wagen der zweiten, 1942 produzierten Serie kamen nur noch MG zum Einbau, oft wurde zudem auf eines der MG im Aufbau verzichtet. (DWA)*

Schwerer Panzerspähwagen Sd.Kfz. 234/1 (2 cm)

Noch während die Produktion der GS-Wagen lief, erhielt Büssing-NAG vom Heereswaffenamt 1940 den Auftrag zur Entwicklung eines Nachfolgers für diese Reihe. Um die Höhe der Fahrzeuge möglichst gering zu halten, konstruierte Büssing eine neue, selbsttragende Wanne, so dass auf ein konventionelles Rahmenchassis wie bei dem GS-Fahrgestell verzichtet werden konnte. Die Panzerung im Frontbereich wurde auf 30 mm erhöht, seitlich und hinten blieb es bei 8 mm bzw. 10 mm. Dieses neue, »ARK« genannte Modell verfügte über die bewährten Merkmale des Vorgängers, so z.B. Einzelradaufhängung, Allradantrieb und -lenkung sowie die Möglichkeit mit gleicher Geschwindigkeit in beide Richtungen fahren zu können. Größere und breitere Reifen sollten die Geländegängigkeit zusätzlich erhöhen. Bei der Entwicklung wurde besonders auf einen großen Fahrbereich Wert gelegt, weswegen ein luftgekühlter Dieselmotor zum Einbau kommen sollte, der zugleich den bei der GS-Reihe aufgrund des im Fahrzeugheck eingebauten Antriebs aufgetretenen Kühlungsproblemen ein Ende bereiten sollte. Die Konstruktion dieses Triebwerks übernahm die Firma Tatra. Erste Prototypen des ARK-Wagens wurden bereits Mitte 1941 erprobt und Ende 1941 dem Heereswaffenamt vorgeführt. Schwierigkeiten mit dem Motor, insbesondere zu starke Vibrationen und eine zu hohe Geräuschentwicklung, führten im Verbund mit dem Wunsch des Heereswaffenamtes, das Triebwerk tropenfest zu machen, jedoch dazu, dass die Serienfertigung erst rund zwei Jahre

Typ	schwerer Panzerspähwagen
Hersteller	Büssing-NAG
Gefechtsgewicht	11.500 kg
Länge	6000 mm
Breite	2330 mm
Höhe	2100 mm
Motor	Tatra 103 V-12 Diesel
Hubraum	14.825 ccm
Leistung kW/PS	162/220
Leistungsgewicht	19,1 PS/t
Höchstgeschwindigkeit	90 km/h (Straße)
Kraftstoffvorrat	360 l
Fahrbereich	900 km (Straße), 600 km(Gelände)
Besatzung	4
Bewaffnung	1 x 2-cm-KwK 38, 1 x 7,92-mm-MG 42
Kampfsatz	250 x 2 cm, 2400 x 7,92 mm
Panzerung	5 – 30 mm
Furttiefe	1,2 m

später anlaufen konnte. Der Drehturm des als Sd.Kfz. 234/1 bezeichneten Grundmodells wurde von Daimler-Benz sowie Schichau entwickelt und ähnelte dem des Sd.Kfz. 222. Wie dieser war er oben offen und konnte durch klappbare Gitter geschlossen werden. Eine 2-cm-KwK 38 (250 Schuss) und ein koaxiales MG 42 (2400 Schuss) waren

▲ *Sd.Kfz. 234/1 Draufsicht. Der sechseckige, oben offene Turm ist gut zu erkennen.(TM)*

▲ *Ein von den Briten erbeutetes Sd.Kfz. 234/1, ein Teil des Rohres der 2-cm-KwK scheint zu fehlen.(TM)*

so gelagert, dass sie zum Beschuss von Luftzielen bis zu +75° gerichtet werden konnten. Zur Übermittlung von Aufklärungsergebnissen besaß das Sd.Kfz. 234/1 ein FuG 12 SE 80 und ein Fu Spr Ger »f« mit einer Stabantenne. Bis Ende 1944 wurden bei Büssing-NAG 200 Sd.Kfz. 234/1 hergestellt. Pläne zur Ausrüstung dieses Typs mit einem MG 151 Drilling (wie beim Sd.Kfz. 251/21) wurden nicht mehr verwirklicht.

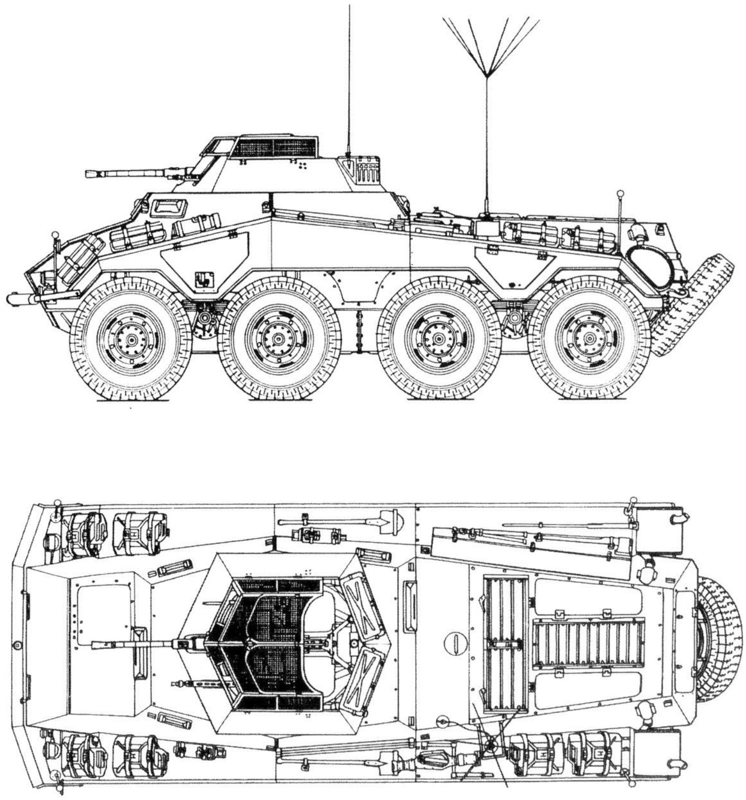

▲ *Zwei-Seiten-Ansicht des schweren Panzerspähwagens Sd.Kfz. 234/1.*

▲ *Nur in wenigen Exemplaren oder gar als Einzelstück wurde die 2-cm-KwK 38 auch in dieser Schwebelafette mit Schutzschild im Sd.Kfz. 234/1 verbaut. Die gleiche Lafette findet sich auch in späten Versionen des Halbkettenfahrzeugs Sd.Kfz. 251/17*

Schwerer Panzerspähwagen Sd.Kfz. 234/2 (5 cm)

Das Sd.Kfz. 234/2 war wohl der bekannteste aller Panzerspähwagen der Wehrmacht. Wanne und Fahrgestell waren mit dem Sd.Kfz. 234/1 identisch, Drehturm und Bewaffnung unterschieden sich jedoch deutlich. Der oben geschlossene Drehturm war eigentlich für den leichten Panzer »Leopard« entworfen worden, der aber bereits im Prototypen-Stadium aufgegeben worden war. Die Bewaffnung des Sd.Kfz. 234/2 bestand aus der 5-cm-KwK 39/1 L/60 mit 55 Schuss, wie sie z.B. auch im Pz.Kpfw. III Ausf. J zum Einbau kam. Diese Waffe war aus der Pak 38 entwickelt worden und erreichte mit der Panzergranate 39 eine Mündungsgeschwindigkeit von 823 m/s. Dies reichte, um auf 500 m 78 mm Panzerstahl zu durchschlagen. Die KwK 39/1 gab dem Sd.Kfz. 234/2 somit eine gute Chance gegen gegnerische leichte Panzer und Aufklärungsfahrzeuge. Neben der Hauptwaffe war in der massiven, bis zu 100 mm stark gepanzerten Topf- bzw. Saukopfblende koaxial ein 7,92-mm-MG 42 eingebaut. Für das MG wurden 2850 Schuss mitgeführt. Auf jeder Seite des Turms waren zudem drei Wurfbecher für Nebel- oder Sprengkörper installiert. Die Besatzung bestand wie beim Grundmodell aus vier Mann: Fahrer, Kommandant, Schütze und Heckfahrer/Funker. Dem Funker standen ein FuG 12 SE 80 und ein Fu Spr Ger »a« zur Verfügung. Die ersten dieser Panzerwagen wurden im September 1943 ausgeliefert, insgesamt wurden bis 1945 jedoch nur 101 Exemplare gebaut. In seiner Konzeption und Auslegung war das Sd.Kfz. 234/2 richtungsweisend und beeinflusste die Entwicklung von Panzerspähwagen auch nach 1945 noch nachhaltig.

Typ	Panzerspähwagen
Hersteller	Büssing-NAG
Gefechtsgewicht	11.700 kg
Länge	6700 mm (mit Rohr)
Breite	2330 mm
Höhe	2380 mm
Motor	Tatra 103 V-12 Diesel
Hubraum	14.825 ccm
Leistung kW/PS	162/220
Leistungsgewicht	18,8 PS/t
Höchstgeschwindigkeit	90 km/h (Straße)
Kraftstoffvorrat	360 l
Fahrbereich	900 km (Straße), 600 km(Gelände)
Besatzung	4
Bewaffnung	1 x 5-cm-KwK 39/1 L/60, 1 x 7,92-mm-MG 42
Kampfsatz	55 x 5 cm, 2850 x 7,92 mm
Panzerung	5 – 30 mm (Turmblende 100 mm)
Furttiefe	1,2 m

▲ *Insgesamt wurden nur 101 Sd.Kfz. 234/2 gebaut. Sd.Kfz. 234/2 einer unbekannten Einheit, Frankreich, Ende 1944. (Vincent Bourguignon)*

▲ *Dieses Sd.Kfz. 234/2 wurde von den Amerikanern an die Briten überstellt und ist hier während seiner anschließenden Erprobung in Großbritannien zu sehen. Die Briten waren sehr beeindruckt von den Fähigkeiten des Typs. (TM)*

▲ *Die 5-cm-KwK 39 L/60 gab dem Sd.Kfz. 234/2 eine erheblich höhere Feuerkraft als den mit der 2-cm-KwK 38 bewaffneten Versionen. Der oft für das Sd.Kfz. 243/2 verwendete Name »Puma« taucht in offiziellen Dokumenten vor Mai 1945 nicht auf. (BA)*

Schwerer Panzerspähwagen Sd.Kfz. 234/3 (7,5 cm)

Die dritte Version der ARK-Baureihe war das Sd.Kfz. 234/3. Es war dazu gedacht, Feuerunterstützung für die mit dem Sd.Kfz. 234/1 ausgerüsteten Aufklärungseinheiten zu leisten. Dazu sollte jede Panzeraufklärungsabteilung einen Zug mit sechs Wagen dieser Art besitzen. Das Fahrgestell war identisch mit dem des Sd.Kfz. 234/1, allerdings wurde in die oben offene Panzerwanne eine 7,5-cm-KwK 51 L/24 mit beschränktem Seitenrichtfeld von je 12° zu jeder Seite sowie ein 7,92-mm-MG 42 montiert. Für die Hauptwaffe wurden 50, für das MG 1950 Schuss Munition mitgeführt. Obwohl die KwK 51 neben Spreng-, Rauch- und Splitter- auch Hohlladungsgranaten verschoss, war die Leistung der Waffe gegen Panzer aufgrund der geringen Mündungsgeschwindigkeit und der sich daraus ergebenden stark gekrümmten Flugbahn gering. Die seitlichen Wände des Aufbaus waren zum Schutz der Besatzung nach oben hin verlängert. Die Funkanlage bestand aus einem Fu Spr Ger »f«. Anstatt einer Bordsprechanlage wie beim Sd.Kfz. 234/1 und /2 war bei dieser Version für die vierköpfige Besatzung allerdings nur ein Sprechschlauch vorhanden. Das Sd.Kfz. 234/3 ähnelte dem Sd.Kfz. 233 sehr, doch wie bei allen Ausführungen des ARK-Wagens waren die Radabdeckungen durchgängig und nicht mehr geteilt wie bei den früheren Wagen der GS-Serie. In den Abdeckungen befanden sich große Staukästen für Werkzeuge, Ausrüstung sowie die Habseligkeiten der Besatzung. Insgesamt wurden bis Kriegsende nur 88 Sd.Kfz. 234/3 produziert.

Typ	schwerer Panzerspähwagen
Hersteller	Büssing-NAG, Deutsche Werke
Gefechtsgewicht	11.500 kg
Länge	6000 mm
Breite	2330 mm
Höhe	2210 mm
Motor	Tatra 103 V-12 Dieselmotor
Hubraum	14.825 ccm
Leistung kw/PS	162/220
Leistungsgewicht	19,1 PS/t
Höchstgeschwindigkeit	90 km/h (Straße)
Kraftstoffvorrat	360 l
Fahrbereich	900 km (Straße), 600 km(Gelände)
Besatzung	4
Bewaffnung	1 x 7,5-cm-KwK 51 L/24, 1 x 7,92-mm-MG 42
Kampfsatz	50 x 7,5, 1950 x 7,92 mm
Panzerung	5 – 30 mm
Furttiefe	1,2 m

▲ *Alle drei Aufnahmen des Sd.Kfz. 234/3 stammen von einem von der US Armee erbeuteten Wagen, der in der U.S. Army Armor School , Fort Knox, untersucht wurde. (US Army)*

Schwerer Panzerspähwagen Sd.Kfz. 234/4 (7,5 cm Pak 40)

Die vierte Variante des Sd.Kfz. 234, auch »Pak-Wagen« genannt, sollte vor allem als Panzerabwehrfahrzeug dienen und entstand auf persönliche Initiative Hitlers. Dieser hatte angeregt, die durchschlagskräftige 7,5-cm-Pak 40 L/46 im Kampfraum des Sd.Kfz. 234 unterzubringen. Diese Waffe war gegen Ende des Krieges die Standard-Pak der Panzerabwehreinheiten der Wehrmacht und wurde auch in andere Selbstfahrlafetten eingebaut, z.B. die Panzerjäger der Marder-Serie. Mit der 6,8 kg schweren Panzergranate 39, die eine Mündungsgeschwindigkeit von 792 m/s erreichte, durchschlug die Pak 40 auf eine Entfernung von 1000 m bis zu 89 mm Panzerstahl.

Ende November 1944 war die Entwicklung der ersten Prototypen abgeschlossen. Die Pak 40 war samt Oberlafette und Schutzschild im nach oben offenen Kampfraum untergebracht und verfügte nur über einen begrenzten seitlichen Schwenkbereich. Insgesamt konnten nur 12 Schuss Munition mitgeführt werden. Neben der Pak war das Sd.Kfz. 234/4 noch mit einem, im Kampfraum mitgeführten, MG 42 (1950 Schuss) ausgerüstet. Obwohl es im Grunde eine Behelfslösung war und die Pak den Wagen bis an die Grenzen belastete, erwies sich das Sd.Kfz. 234 als kampfstark und sehr mobil. Hitler war davon überzeugt, selbst eine der besten Panzerjäger des Krieges geschaffen zu haben und forderte die Produktion von monatlich 100 Fahrzeugen. Bis Kriegsende wurden jedoch wohl nur noch 89 »Pak-Wagen« hergestellt. Wie viele von diesen noch die Truppe erreichten, ist unklar.

Typ	Panzerjäger-Selbstfahrlafette
Hersteller	Büssing-NAG, Deutsche Werke
Gefechtsgewicht	11.500 kg
Länge	6000 mm (ohne Rohr)
Breite	2330 mm
Höhe	2210 mm
Motor	Tatra 103 V-12 Dieselmotor
Hubraum	14.825 ccm
Leistung kw/PS	162/220
Leistungsgewicht	19,1 PS/t
Höchstgeschwindigkeit	90 km/h (Straße)
Kraftstoffvorrat	360 l
Fahrbereich	900 km (Straße), 600 km(Gelände)
Besatzung	4
Bewaffnung	1 x 7,5-cm-Pak 40 L/46, 1 x 7,92-mm-MG 42
Kampfsatz	12 x 7,5 cm, 1950 x 7,92 mm
Panzerung	5 – 30 mm
Furttiefe	1,2 m

▲ *Der »Pak-Wagen« auf Basis des Sd.Kfz. 234/1 war zwar schlagkräftig, die schwere Waffe belastete das Fahrgestell jedoch auch erheblich. (Vincent Bourguignon)*

Leichte Halbketten-Schützenpanzerwagen

Leichter Schützenpanzerwagen Sd.Kfz. 250/1

Während der Entwicklung des mittleren Schützenpanzerwagens Sd.Kfz. 251, der als Gefechtsfeldfahrzeug für eine komplette Grenadiergruppe dienen sollte, entschied das Heereswaffenamt, auch einen kleineren Halbgruppenwagen zu beschaffen. Dieser sollte auf Basis des 1-t-Zugkraftwagens (Sd.Kfz. 10) der Firma DEMAG (Wetter/Ruhr) entstehen. Daher erging an DEMAG der Auftrag, dessen Fahrgestell »D 7« entsprechend umzukonstruieren. Die Änderungen bezogen sich dabei vor allem auf eine Verkürzung des Laufwerkes um eine Laufrolle, den Kühler, die Lenkung, die Kraftstofftanks sowie die Abgasanlage. Der Panzeraufbau des neuen leichten Schützenpanzerwagens (SPW) wurde bei Büssing-NAG entworfen. Vorn betrug die Panzerstärke 14,5 mm, hinten und seitlich 8 mm. Boden und Decke waren 6 mm stark gepanzert. Grundsätzlich folgten technische Konzeption und Aufbau dem des größeren Sd.Kfz. 251. Der Motor lag vorn, dahinter lag der nach oben offene Mannschaftsraum mit einer einteiligen Hecktür. Der Mannschaftsraum konnte durch eine Plane abgedeckt werden, sofern zuvor in den Rand des Panzeraufbaus drei Spriegel eingesteckt worden waren. Das drehstabgefederte Laufwerk bestand aus acht großen Laufrollen mit Gummibandagen. Der Antrieb wirkt allein auf die vorn liegenden Treibräder des Kettenlaufwerks, nicht auf die bereiften Vorderräder. Diese dienten einzig der Lenkung, größere Lenkbewegungen erleichterte eine Kettenbremse. Im Gegensatz zum Sd.Kfz. 251 verfügte der leichte SPW über ein halbautomatisches Getriebe von Maybach.

Nachdem 1939 mehrere Prototypen fertiggestellt und erprobt worden waren, kamen während des Frankreichfeldzuges von 1940 die ersten Vorserienfahrzeuge zum Einsatz. Wie beim mittleren SPW erfolgte die Fertigung des leichten Typs während des Krieges aufgrund des hohen Bedarfes bei einer Vielzahl von Firmen. Fahrgestelle lieferte neben DEMAG auch die Mechanischen Werke Cottbus, während Panzeraufbauten von der Deutschen Edelstahl AG, Steinmüller, Böhler und einer ganzen Anzahl weiterer Unternehmen kamen. Die Endmontage erfolgte bei Evens & Pistor, Weserhütte, Wumag, Wegmann und Deutsche Werke. Insgesamt entstanden so 4250 Sd.Kfz. 250 aller Varianten.

Die Grundausführung des leichten SPW Sd.Kfz. 250/1 trat in zwei Version in Erscheinung. Die eine beförderte eine Gruppe von vier Soldaten und war mit zwei leichten MG 34 oder MG 42 und 2100 Schuss Munition bewaffnet. Eines der MG befand sich hinter einem MG-Schild, das andere wurde im Mannschaftsraum mitgeführt oder war auf einem »Fliegerschwenkarm« lafettiert. Die andere Version führte statt des zweiten leichten MG ein schweres MG samt Dreibeinlafette mit, die außen am Wagen befestigt wurde.

▲ *Sd.Kfz.250/1, Aufklärungs-Abteilung der Panzergrenadier-Division Großdeutschland , Ostfront 1942. (Grzegorz Jackowski)*

Typ	leichter Schützenpanzerwagen
Hersteller	Endmontage bei Evens & Pistor, Weserhütte, Wumag, Wegmann und Anderen
Gefechtsgewicht	5700 kg
Länge	4560 mm
Breite	1950 mm
Höhe	1660 mm (ohne MG-Schild)
Motor	Maybach HL 42 TRKM, 6-Zylinder-Benzinmotor
Hubraum	4170 ccm
Leistung kW/PS	73,6/100
Leistungsgewicht	17,5 PS/t
Höchstgeschwindigkeit	65 km/h (Straße)
Kraftstoffvorrat	140 l
Fahrbereich	350 km (Straße), 200 km(Gelände)
Besatzung	2 + 4
Bewaffnung	2 x 7,92-mm-MG 34 oder MG 42
Kampfsatz	2100 x 7,92 mm
Panzerung	6 - 14,5 mm
Furttiefe	0,7 m

▲ *Zwei Sd.Kfz. 250/1 und eine StuG III in Charkow, UdSSR, Oktober 1941. (BA)*

◀ *Ein Sd.Kfz 250/1 der 10. Pz.Div. auf einem Flugfeld an der Ostfront 1943. Im Hintergrund eine Focke Wulf Fw 58 Weihe sowie eine Junkers Ju 52. (BA)*

▲ *Ein Sd.Kfz. 250/1 einer SS-Einheit, östliche Ukraine, Herbst 1943. (NIMH)*

▲ *Ein leichter Schützenpanzerwagen Sd.Kfz. 251/1 in Italien, 1943. Dem Fahrzeug fehlt das vordere Nummernschild. (BA)*

Leichter Schützenpanzerwagen (neuer Art) Sd.Kfz. 250/1

Bis Herbst 1943 wurden am Sd.Kfz. 250 nur einzelne, kleine Veränderungen vorgenommen, die in erster Linie einer Produktionsvereinfachung dienten und den Ausstoß beschleunigten. Jetzt aber wurde der Aufbau des leichten SPW (analog zum mittleren SPW) so stark vereinfacht, dass sich die Anzahl der notwendigen Panzerplatten für den Panzeraufbau halbierte, und statt gewinkelter verwendete man flache Bleche, deren Stärke sich jedoch nicht änderte. Lediglich die nun einteilige Bugplatte des Panzeraufbaus war mit 15 mm etwas stärker als zuvor (14,5 mm). An den Aufbauseiten befanden sich Gepäckkästen, um den Stauraum zu erhöhen. Die Bewaffnung des Sd.Kfz. 250/1 blieb unverändert. Für diesen weiterentwickelten Typ wurde keine neue Bezeichnung vergeben, lediglich der Zusatz »neue Art« findet sich gelegentlich. Vereinzelt montierte die Truppe im Mannschaftsraum auch eine 5-cm-Pak 38. Ein solches Fahrzeug ist heute noch im Militärmuseum in Belgrad zu sehen.

Beide Ausführungen des Sd.Kfz. 250 wurden in einer Vielzahl von Varianten gebaut. Insgesamt existierten 14 unterschiedliche Versionen des leichten SPW, hinzu kamen diverse Untervarianten, Prototypen und inoffizielle Abarten, die sich in ihrer Ausrüstung zum Teil mit dem Sd.Kfz. 251 überschnitten. Zusätzlich zu den hier vorgestellten Varianten gab es noch Beobachtungspanzerwagen, die zugleich dem Transport der Stäbe von Sturmgeschützeinheiten dienten (Sd.Kfz. 250/4) sowie Fahrzeuge für Messtrupps der Artillerie (Sd.Kfz. 250/12). Bis zur Einstellung der Produktion 1945 wurden rund 6628 Sd.Kfz. 250 aller Versionen gebaut, davon allein 2378 Fahrzeuge »neuer Art«.

Typ	leichter Schützenpanzerwagen
Hersteller	Endmontage bei Evens & Pistor, Weserhütte, Wumag, Wegmann und anderen
Gefechtsgewicht	5380 kg
Länge	4610 mm
Breite	1950 mm
Höhe	1660 mm (ohne MG-Schild)
Motor	Maybach HL 42 TURKM, 6-Zylinder-Benzinmotor
Hubraum	4170 ccm
Leistung kW/PS	73,6/100
Leistungsgewicht	18,6 PS/t
Höchstgeschwindigkeit	65 km/h (Straße)
Kraftstoffvorrat	140 l
Fahrbereich	350 km (Straße), 200 km(Gelände)
Besatzung	2 + 4
Bewaffnung	2 x 7,92-mm-MG 34 oder MG 42
Kampfsatz	2100 x 7,92 mm
Panzerung	6 - 15 mm
Furttiefe	0,7 m

▲ *Sd.Kfz.250/1 (neuer Art) einer unbekannten SS-Einheit, Ostfront Ende 1943. (Vincent Bourguignon)*

▲ *Saint Aubin d'Appenai (Normandie), Sommer 1944: US-Soldaten inspizieren einen zerstörten leichten SPW »neuer Art« der Panzer-Aufklärungs-Abteilung 2 der 2. Panzer-Division.(NARA)*

Leichter Fernsprechpanzerwagen Sd.Kfz. 250/2

Äußerlich war diese in nur kleinen Stückzahlen gefertigte Variante des leichten SPW kaum von der Grundausführung der Reihe zu unterscheiden, einzig die auf den vorderen Kotflügeln befestigten Kabeltrommeln gaben einen Hinweis auf die Aufgabe des Wagens. Er diente nämlich zur Aufnahme eines leichten Feldkabeltrupps, der unter Panzerschutz Leitungen für Feldfernsprecher verlegen sollte. Neben den Kabeltrommeln auf den Kotflügeln war im Mannschaftsraum eine weitere Trommel vorhanden, um drei Leitungen zugleich abspulen zu können. Die Trommel im Mannschaftsraum ließ sich, dann auf Rückentrage, auch zum abgesessenen Verlegen von Kabeln nutzen. Die Besatzung betrug vier Mann, zur Selbstverteidigung führte der »Leichte Fernsprechpanzerwagen« (mitunter auch »Leichter Fernsprechbauwagen« genannt) ein 7,92-mm-MG 34 oder MG 42 hinter einem Panzerschild. Neben den Kabeltrommeln führten Wagen dieser Art im Mannschaftsraum und in den außen liegenden Gepäckkästen eine umfangreiche Fernsprechausrüstung mit.

Typ	leichter Fernsprechpanzerwagen
Hersteller	Endmontage bei Evens & Pistor, Weserhütte, Wumag; Wegmann und anderen
Gefechtsgewicht	5450 kg
Länge	4560 mm
Breite	1950 mm
Höhe	1660 mm (ohne Antenne)
Motor	Maybach HL 42 TRKM, 6-Zylinder-Benzinmotor
Hubraum	4170 ccm
Leistung kw/PS	73,6/100
Leistungsgewicht	18,3 PS/t
Höchstgeschwindigkeit	65 km/h (Straße)
Kraftstoffvorrat	140 l
Fahrbereich	350 km (Straße), 200 km(Gelände)
Besatzung	4
Bewaffnung	1 x 7,92-mm-MG 34 oder MG 42
Kampfsatz	1050 x 7,92 mm
Panzerung	6-14,5 mm
Furttiefe	0,7 m

▲ *Sd. 250/2 der 1. Pz.Div., Frankreich, Mai/Juni 1940. (Vincent Bourguignon)*

Leichter Funkpanzerwagen Sd.Kfz. 250/3

Der leichte Funkpanzerwagen auf Basis des Sd.Kfz. 250 verfügte über eine umfangreiche Funkanlage und trat in fünf Untervarianten auf, die sich in der Kombination ihrer Funkgeräte und sonstigen Nachrichtenmittel unterschieden. Die meisten dieser Fahrzeuge trugen zunächst die übliche Rahmenantenne, die jedoch im Laufe des Krieges meist durch eine Stab- oder Sternantenne ersetzt wurde. Das Sd.Kfz. 250/3 fand auch bei Luftwaffeneinheiten Verwendung, etwa als Funkwagen für Fliegerverbindungsoffiziere, die das Zusammenwirken von Luft- und Bodeneinheiten koordinierten. Neben allgemeinen Nachrichtenaufgaben fungierte der leichte Panzerfunkwagen auch als Verbindungstelle auf Regiments- und Divisionsebene sowie als Befehlsfahrzeug. Das bekannteste Sd.Kfz. 250/3 war sicher Generalfeldmarschall Rommels persönlicher Befehlswagen »Greif«, den er 1942 während des Afrikafeldzuges benutzte.

Typ	leichter Funkpanzerwagen
Hersteller	Endmontage bei Evens & Pistor, Weserhütte, Wumag; Wegmann und anderen
Gefechtsgewicht	5750 kg
Länge	4560 mm
Breite	1950 mm
Höhe	1660 mm (ohne Antenne)
Motor	Maybach HL 42 TRKM, 6-Zylinder-Benzinmotor
Hubraum	4170 ccm
Leistung kw/PS	73,6/100
Leistungsgewicht	17,4 PS/t
Höchstgeschwindigkeit	65 km/h (Straße)
Kraftstoffvorrat	140 l
Fahrbereich	350 km (Straße), 200 km(Gelände)
Besatzung	4
Bewaffnung	1 x 7,92-mm-MG 34 oder MG 42
Kampfsatz	1050 x 7,92 mm
Panzerung	6-14,5 mm
Furttiefe	0,7 m

▲ Sd.Kfz. 250/3 der Panzergrenadier-Division Großdeutschland, Ostfront 1942. (BA)

▲ Sdkfz. 250/3, des Artillerie-Regiments (mot.) 90, Tunesien 1943 (Grzegorz Jackowski)

▲ Sd.Kfz. 251 und 250 des Afrika Korps im Jahre 1942. Ganz rechts General Rommels persönliches Befehlsfahrzeug des Typs Sd.Kfz. 250/3 mit dem Namen »Greif«.

Leichter Beobachtungspanzerwagen Sd.Kfz. 250/5

Von diesem Modell gab es zwei Ausführungen. Das Sd.Kfz.250/5-I diente vor allem als Beobachtungsfahrzeug bei Artillerie- und Sturmgeschützabteilungen. Äußerlich sah diese Ausführung dem Grundmodell zwar sehr ähnlich, verfügte jedoch über die für die Beobachterrolle notwendige Ausstattung. Dazu gehörten die entsprechenden Funkgeräte (FuG 4 und FuG 8 SE 30) sowie ein Scherenfernrohr. Frühe Modelle besaßen eine auffällige Rahmenantenne, die jedoch später einer zwei Meter hohen Sternantenne wich. Das Sd.Kfz. 250/5-II diente hingegen vor allem als leichter Panzerspähwagen, weswegen es über eine andere Funkausstattung (FuG 12 und Fu.Spr. »f«) verfügte. Die niedrige Silhouette des dann als »leichter Aufklärungspanzerwagen« bezeichneten Fahrzeugs war für Aufgaben dieser Art ideal. Es ließ sich gut verbergen und fiel aufgrund seiner geringen Höhe kaum auf.

▲ *Sd.Kfz. 250/5 als Artilleriebeobachtungswagen der 21. Panzer-Division, Nordafrika, 1942.*

Typ	leichter Beobachtungspanzerwagen
Hersteller	Endmontage bei Evens & Pistor, Weserhütte, Wumag, Wegmann und Anderen
Gefechtsgewicht	5700 kg
Länge	4560 mm
Breite	1950 mm
Höhe	1660 mm (ohne Antenne)
Motor	Maybach HL 42 TRKM, 6-Zylinder-Benzinmotor
Hubraum	4170 ccm
Leistung kW/PS	73,6/100
Leistungsgewicht	17,5 PS/t
Höchstgeschwindigkeit	65 km/h (Straße)
Kraftstoffvorrat	140 l
Fahrbereich	350 km (Straße), 200 km(Gelände)
Besatzung	4
Bewaffnung	2 x 7,92-mm-MG 34 oder MG 42
Panzerung	8-14,5 mm
Furttiefe	0,7 m

▲ *Sd.Kfz.250/5, Panzer-Artillerie-Regiment 74 der 2. Panzer-Division, Ostfront 1943. (Grzegorz Jackowksi)*

▲ *Sd.Kfz. 250/5 in der Kubaner Steppe (UdSSR), 23. September 1942. (BA)*

Leichter Munitionspanzerwagen Sd.Kfz. 250/6

Der »leichte Munitionspanzerwagen« trat ab Herbst 1941 die Nachfolge des Sd.Kfz. 252 als Munitionsversorgungsfahrzeug bei Sturmgeschützeinheiten an. Im Gegensatz zu seinem Vorgänger verfügte das Sd.Kfz. 250/6 jedoch über keinen speziell entwickelten Panzeraufbau, sondern war von außen praktisch nicht von der Grundversion Sd.Kfz. 250/1 zu unterscheiden. Im oben offenen Mannschaftsraum waren jedoch Gestelle zum Transport von Munitionskisten eingebaut. Das Sd.Kfz. 250/6 trat in zwei Versionen auf. Die Ausführung A beförderte bis zu 70 Granaten für die 7,5-cm-StuK 37 L/24, während die Ausführung B in der Lage war, 60 Schuss Munition für die leistungsstärkere 7,5-cm-StuK 40 L/48 zu transportieren. Ausf. A wog beladen 5940 kg, die Ausf. B 6090 kg. Im Einsatz zogen beide Ausführungen häufig noch den Sonder-Anhänger 32/A, der bis zu 36 weitere 7,5-cm-Granaten fasste. Die Bewaffnung des mit zwei Mann besetzten »leichten Munitionspanzerwagens« bestand aus einem 7,92-mm-MG 34 oder MG 42 hinter einem Panzerschild mit 2010 Schuss.

Typ	leichter Munitionspanzerwagen (Ausf. A)
Hersteller	Endmontage bei Evens & Pistor, Weserhütte, Wumag; Wegmann und anderen
Gefechtsgewicht	5940 kg
Länge	4560 mm
Breite	1950 mm
Höhe	1660 mm (ohne MG)
Motor	Maybach HL 42 TRKM, 6-Zylinder-Benzinmotor
Hubraum	4170 ccm
Leistung kW/PS	73,6/100
Leistungsgewicht	16,8 PS/t
Höchstgeschwindigkeit	65 km/h (Straße)
Kraftstoffvorrat	140 l
Fahrbereich	350 km (Straße), 200 km(Gelände)
Besatzung	2
Bewaffnung	1 x 7,92-mm-MG 34 oder MG 42
Kampfsatz	2010 x 7,92 mm
Panzerung	8 - 14,5 mm
Furttiefe	0,7 m

▲ *Der leichte Munitionspanzerwagen Sd.Kfz. 250/6 war äußerlich nicht vom Sd.Kfz. 250/1 zu unterscheiden und trat die Nachfolge des Sd.Kfz. 252 an. (DWA)*

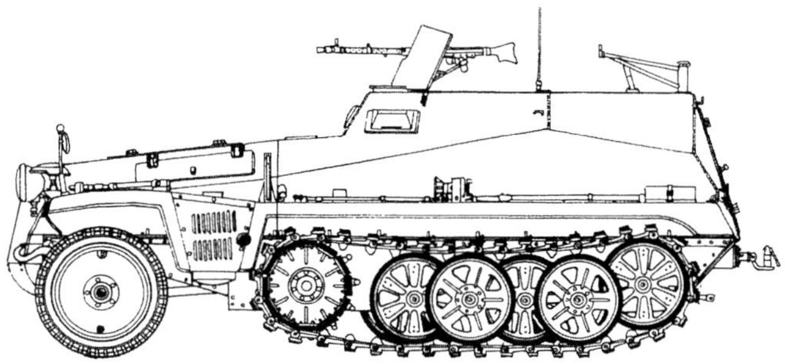

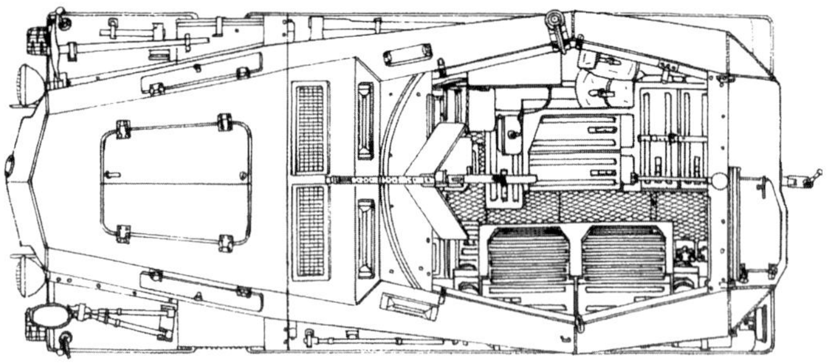

▲ *Zwei-Seiten-Ansicht eines Sd.Kfz. 250/6.*

◀ *Im Einsatz zog das Sd.Kfz. 250/6 (wie zuvor das Sd.Kfz. 252) oft einen Munitionsanhänger (Sd.Anh. 32/A), der 36 Granaten des Kalibers 7,5 cm fasste. (DWA)*

Leichter Schützenpanzerwagen (sGrW) Sd.Kfz. 250/7

Diese Version des leichten Schützenpanzerwagens trat ebenfalls in zwei Ausführungen auf. Die erste Ausführung transportierte einen schweren Granatwerfer 34 (Kaliber 8 cm) samt 12 Schuss Munition, Bodenplatte und Bedienung. Wie beim Sd.Kfz. 251/2 konnte auch bei diesem Wagen der Granatwerfer vom Fahrzeug aus abgefeuert werden, wurde in der Regel jedoch möglichst abgelastet eingesetzt. Die weitere Bewaffnung bestand aus einem 7,92-mm-MG 34 oder MG 42. Die zweite Ausführung des Sd.Kfz. 251/7 war ein Transportfahrzeug, das 66 Schuss 8-cm-Granatwerfermunition und einen optischen Entfernungsmesser mitführte. Es diente daher oft als Fahrzeug des Kommandeurs des schweren Zuges eines Panzergrenadierbataillons. Da das Sd.Kfz. 251 für die Rolle eines Grantwerferwagens eigentlich zu groß war und mittlere SPW dringend für andere Aufgaben benötigt wurden, kamen vielfach stattdessen Sd.Kfz. 250/7 zum Einsatz.

Typ	leichter Schützenpanzerwagen (sGrW)
Hersteller	Endmontage bei Evens & Pistor, Weserhütte, Wumag; Wegmann und Anderen
Gefechtsgewicht	6100 kg
Länge	4560 mm
Breite	1950 mm
Höhe	1660 mm (ohne Antenne)
Motor	Maybach HL 42 TRKM, 6-Zylinder-Benzinmotor
Hubraum	4170 ccm
Leistung kW/PS	73,6/100
Leistungsgewicht	16,4 PS/t
Höchstgeschwindigkeit	65 km/h (Straße)
Kraftstoffvorrat	140 l
Fahrbereich	350 km (Straße), 200 km(Gelände)
Besatzung	5
Bewaffnung	1 x 8-cm-sGrW 34, 1 x 7,92-mm-MG 34 oder MG 42
Panzerung	8-14,5 mm
Furttiefe	0,7 m

▲ *Sd.Kfz. 250/7 einer Panzer-Aufklärungs-Abteilung, Ostfront 1942. Der 8-cm-Granatwerfer 34 schoss die 3,5 kg schwere Wgr. 34 bis zu 2400 m weit. (Vincent Bourguignon)*

Leichter Schützenpanzerwagen (7,5 cm)Sd.Kfz. 250/8

Im Frühjahr des Jahres 1943 wurde eine kleine Anzahl dieser (inoffiziell als »Kanonenwagen« bezeichneten) Ausführung des Sd.Kfz. 250 unter Verwendung des »alten« Fahrgestells gebaut, die Fertigung jedoch bald wieder eingestellt. Im Herbst 1944 wurde die Produktion jedoch auf Basis der »neuen« Version des leichten SPW wieder aufgenommen. Das Sd.Kfz.250/8 war als Unterstützungsfahrzeug ausgelegt und daher mit einer 7,5-cm-StuK 37 L/24 (bzw. ab Herbst 1944 mit einer nur minimal veränderten StuK 51 L/24) bewaffnet. Die kurzrohrige Waffe war oberhalb der Fahrerfront hinter einem 14,5 mm starken Schild montiert und besaß nur ein beschränktes Seitenrichtfeld. Die Aufbauwände waren zum Schutz der Besatzung nach oben hin verlängert und bestanden aus 10 mm starken Panzerblechen. An Munition wurden 20 Schuss Kaliber 7,5 cm und ein MG 34 oder MG 42 mitgeführt. Sd.Kfz. 250/8 wurden in der Regel dem 4. Zug einer leichten Panzeraufklärungskompanie zugeteilt, um den Spähfahrzeugen Feuerschutz zu geben.

Typ	leichter Schützenpanzerwagen
Hersteller	Endmontage bei Evens & Pistor, Weserhütte, Wumag; Wegmann und Anderen
Gefechtsgewicht	6300 kg
Länge	4610 mm
Breite	1950 mm
Höhe	2070 mm (mit StuK)
Motor	Maybach HL 42 TURKM, 6-Zylinder-Benzinmotor
Hubraum	4170 ccm
Leistung kW/PS	73,6/100
Leistungsgewicht	15,9 PS/t
Höchstgeschwindigkeit	60 km/h (Straße)
Kraftstoffvorrat	140 l
Fahrbereich	350 km (Straße), 200 km(Gelände)
Besatzung	3
Bewaffnung	1 x 7,5-cm-StuK 37 oder 51 L/24, 1 x 7,92-mm-MG 34 oder MG 42
Panzerung	6 - 15 mm
Furttiefe	0,7 m

▲ *Sd.Kfz. 250/8 einer unbekannten Einheit, Ostfront Ende 1943. (Vincent Bourguignon)*

Leichter Schützenpanzerwagen (2 cm)Sd.Kfz. 250/9

Schon bald nach dem Überfall auf die UdSSR zeigte sich, dass die bis dahin gebräuchlichen Radfahrzeuge als Panzerspähwagen unter den an der Ostfront herrschenden Verhältnissen kaum wirksam einzusetzen waren. Halbkettenfahrzeuge kamen mit den schwierigen Geländeverhältnissen dort weitaus besser zurecht. Generaloberst Guderian forderte daher ein Spähfahrzeug auf Basis des leichten Schützenpanzerwagens. Das Ergebnis dieser Entwicklung war das Sd.Kfz. 250/9, von dem im März 1942 eine erste, drei Stück umfassende Vorserie aufgelegt und im Sommer jenes Jahres an der Ostfront erfolgreich erprobt wurde. Die Serienproduktion begann im Frühjahr 1943. Im Gegensatz zu allen anderen Versionen auf dieser Basis war der Mannschaftsraum des Sd.Kfz. 250/9 oben durch eine Panzerplatte abgedeckt. Die ersten Fahrzeuge verfügten zunächst noch über den Turm des Sd.Kfz. 222 mit der Sockellafette 38 für eine 2-cm-Kwk 38 und ein koaxiales MG 34. Im Laufe der Produktion wurde dieser Turm durch ein neues Modell ersetzt, wie es z. B. auch im Panzerspähwagen Sd.Kfz. 243/1 zum Einbau kam. Dieser sechseckige Drehturm war mit einer Hängelafette 38 ausgerüstet, die der 2-cm-KwK und dem koaxialen MG 42 einen Richtbereich von –4° bis +70° erlaubte. Beide Türme waren oben offen und wurden durch abklappbare Gitter vor Handgranatenwürfen geschützt. Bei schlechtem Wetter konnte eine Plane übergezogen werden. Für die Hauptwaffe wurden 100 Schuss Munition und für das MG 1100 Patronen mitgeführt. Zur Übermittlung der Aufklärungsergebnisse stand der Besatzung ein FuG 12 mit Stabantenne zur Verfügung. Fahrzeuge dieses Typs standen bis Kriegsende im Einsatz.

Typ	leichter Aufklärungspanzerwagen
Hersteller	Endmontage bei Evens & Pistor, Weserhütte, Wumag, Wegmann und anderen
Gefechtsgewicht	5900 kg
Länge	4560 mm
Breite	1950 mm
Höhe	2160 mm (mit Turm)
Motor	Maybach HL 42 TRKM, 6-Zylinder-Benzinmotor
Hubraum	4170 ccm
Leistung kW/PS	73,6/100
Leistungsgewicht	16,9 PS/t
Höchstgeschwindigkeit	65 km/h (Straße)
Kraftstoffvorrat	140 l
Fahrbereich	350 km (Straße), 200 km(Gelände)
Besatzung	3
Bewaffnung	1 x 2-cm-KwK 38, 1x 7,92-mm-MG 34 oder MG 42
Kampfsatz	100 x 2cm, 1100 x 7,92 mm
Panzerung	6 - 14,5 mm
Furttiefe	0,7 m

▲ *Aufgrund der schwierigen Gelände- und Wegverhältnisse an der Ostfront ersetzten Sd.Kfz. 250/9 größtenteils die Panzerspähwagen. (DWA)*

▲ *Heckansicht eines Sd.Kfz. 250/9 »neuer Art«. Man beachte den großen Turm, der seitlich über den Panzeraufbau hinausragt. (DWA)*

Leichter Schützenpanzerwagen (3,7 cm Pak) Sd.Kfz. 250/10

Analog zum Sd.Kfz. 251/10 entstand durch die Ausstattung des leichten SPW mit einer 3,7-cm-Pak 36 ein Zugführerfahrzeug, das der Feuerunterstützung dienen sollte. Wie beim mittleren SPW war die Pak auch in diesem Falle einfach ohne Räder und Lafettenschwänze auf der über Fahrer und Funker befindlichen Panzerdecke montiert worden. Ihr Schwenkbereich betrug je 30° nach rechts und links, sowie –8° bis +25°in der Höhe. Der Schild der Pak wurde oft abgeändert, da der originale Schild sich als zu hoch erwies. Für die 3,7-cm-Kanone konnten 216 Schuss Munition mitgeführt werden. Ein MG war nicht vorgesehen. Diese Ausführung war eine der ersten Varianten des leichten SPW und kam bereits 1940 zum Einsatz. Wagen dieser Art wurden nur auf Basis der »alten« Ausführung des Sd.Kfz. 250 gebaut, Ende 1943 lief ihre Produktion aus. Eine weitere, mit einer Kanone bewaffnete Version des leichten SPW war das Sd.Kfz. 250/11, das eine schwere Panzerbüchse 41 (sPzB 41)mit konischem Lauf (Kaliber 2,8/2 cm) und 168 Schuss trug. Zusätzlich wurden ein MG 34 mit 1100 Patronen und außen, am Fahrzeugheck, eine leichte Feldlafette für die sPzB mitgeführt, die daher auch abgeprotzt eingesetzt werden konnte. In Nordafrika liefen beim Deutschen Afrika Korps einige Fahrzeuge, denen man anstelle der deutschen Waffen eine französische 2,5-cm-Pak 112 (f) aufgesetzt hatte.

Typ	leichter Schützenpanzerwagen
Hersteller	Endmontage bei Evens & Pistor, Weserhütte, Wumag; Wegmann und Anderen
Gefechtsgewicht	5670 kg
Länge	4560 mm
Breite	1950 mm
Höhe	1970 mm (mit 3,7-cm-Pak 36)
Motor	Maybach HL 42 TRKM, 6-Zylinder-Benzinmotor
Hubraum	4170 ccm
Leistung kW/PS	73,6/100
Leistungsgewicht	17,6 PS/t
Höchstgeschwindigkeit	65 km/h (Straße)
Kraftstoffvorrat	140 l
Fahrbereich	350 km (Straße), 200 km(Gelände)
Besatzung	4
Bewaffnung	1 x 3,7-cm-Pak 36 L/45
Kampfsatz	216 x 3,7 cm
Panzerung	8-14,5 mm
Furttiefe	0,7 m

▲ *Ein von britischen Truppen in Nordafrika erbeutetes Sd.Kfz. 250/10 mit beschädigter Vorderachse. (IWM)*

▲ *Sd.Kfz. 250/11 der SS-Pz-Gren.Div. »Leibstandarte Adolf Hitler« in der Ukraine im Sommer 1941.*

Leichter gepanzerter Munitionstransportkraftwagen Sd.Kfz. 252

Das Sd.Kfz. 252 basierte wie der leichte SPW auf dem Fahrgestell D 7 p von DEMAG und war damit im Grunde eine weitere Variante der Sd.Kfz. 250-Familie. Allerdings besaß das Sd.Kfz. 252 einen geänderten, oben geschlossenen Panzeraufbau. Dieser war im Frontbereich etwas stärker gepanzert als beim Sd.Kfz. 250 (18 mm gegenüber 14,5 mm). Im Dach des Aufbaus befanden sich zwei nach hinten öffnende, einteilige Luken, die dem Einstieg der Besatzung dienten. Im Heckbereich war der Panzeraufbau stark abgeschrägt. Dort besaß der Wagen eine große Doppeltür, durch die man in den Transportraum gelangte. Aufgabe dieser Fahrzeuge war die Versorgung von Sturmgeschützbatterien mit Munition. Um die Menge an transportierten Granaten zu erhöhen, zogen die Fahrzeuge im Einsatz recht häufig einen von Wegmann entwickelten und produzierten Anhänger (Sd.Anh. 32/A). Dieser fasste 36 Schuss 75-mm-Munition, war jedoch ungepanzert. Die Bewaffnung bestand aus einem im Mannschaftsraum mitgeführten 7,92mm-MG 34 mit 2100 Schuss Munition.

Die Entwicklung des »leichten gepanzerten Munitionstransportkraftwagens« hatte bereits 1937 begonnen, die Serienfertigung lief jedoch erst 1940 bei Wegmann in Kassel an, wo auch der Panzeraufbau des Fahrzeugs entworfen worden war. Die Kasselaner erledigten allerdings nur die Endmontage: Die Fahrgestelle stammten von der DEMAG, während die Panzeraufbauten größtenteils von der Böhler & Co. AG aus Österreich kamen. Die ersten Fahrzeuge wurden im Juni 1940 an die Truppe ausgeliefert. Ab Januar 1941 ging bei den Deutschen Werken in Kiel eine zusätzliche Montagelinie in Betrieb. Doch bereits im September 1941 wurde die Produktion komplett eingestellt, da sich angesichts der Umstände der Weiterbau dieser derart aufwändigen Fahrzeuge von selbst verbot. Bis zu diesem Zeitpunkt waren insgesamt 413 leichte gepanzerte Munitionstransportkraftwagen gebaut worden.

Typ	leichter gepanzerter Munitionstransportkraftwagen
Hersteller	Endmontage bei Wegmann, Deutsche Werke
Gefechtsgewicht	5730 kg
Länge	4700 mm
Breite	1950 mm
Höhe	1800 mm
Motor	Maybach HL 42 TRKM, 6-Zylinder-Benzinmotor
Hubraum	4170 ccm
Leistung kW/PS	73,6/100
Leistungsgewicht	17,5 PS/t
Höchstgeschwindigkeit	65 km/h (Straße)
Kraftstoffvorrat	140 l
Fahrbereich	350 km (Straße), 200 km(Gelände)
Besatzung	2
Bewaffnung	1x 7,92-mm-MG 34
Kampfsatz	2100 x 7,92 mm
Panzerung	8-18 mm
Furttiefe	0,7 m

▲ *Der Muntionstransporter Sd.Kfz. 252 erhielt einen stark modifizierten, oben geschlossenen Panzeraufbau mit stark abgeschrägtem Heck. (DWA)*

▲ *Im Einsatz zogen Sd.Kfz. 252 sehr häufig den Munitionsanhänger (Sd.Anh. 32/A), der 36 Granaten fasste. (DWA)*

Leichter gepanzerter Beobachtungskraftwagen Sd.Kfz. 253

Das Sd.Kfz. 253 basierte ebenfalls auf dem Fahrgestell D 7 p und ähnelte auf den ersten Blick dem Sd.Kfz. 250. Der von Wegmann entworfene Panzeraufbau war jedoch oben geschlossen. In der Decke des Aufbaus befand sich eine große, zweiteilige Beobachtungsluke, in der sich eine weitere kleine Öffnung zum Ausfahren eines Scherenfernrohres befand. Die vierköpfige Besatzung gelangte entweder über eine zweite, eckige Luke im hinteren Bereich oder eine einflügelige Hecktür auf der linken Seite in den Aufbau. Das Sd.Kfz. 253 war wie das Sd.Kfz. 252 zur Unterstützung von Sturmgeschützeinheiten gedacht und sollte vor allem als Beobachtungs- und Befehlsstand fungieren. Zu Erfüllung dieser Aufgabe verfügte das Sd.Kfz. 253 über die entsprechende Funkausrüstung (FuG 15 und 16 und ein absetzbares Tornisterfunkgerät) sowie eine Stabantenne, die hinten rechts auf dem Aufbau platziert war. Diese konnte bei Bedarf beigeklappt werden und lag dann in einer hölzernen Schutzrinne, die vorn die Fahrerfront überragte. Wie beim Sd.Kfz. 252 hatten Konzeption und Entwicklung des leichten gepanzerten Beobachtungskraftwagens schon 1937 begonnen, die Serienfertigung wurde aber erst im März

Typ	leichter gepanzerter Beobachtungskraftwagen
Hersteller	Endmontage bei Wegmann
Gefechtsgewicht	5730 kg
Länge	4700 mm
Breite	1950 mm
Höhe	1800 mm
Motor	Maybach HL 42 TRKM, 6-Zylinder-Benzinmotor
Hubraum	4170 ccm
Leistung kW/PS	73,6/100
Leistungsgewicht	17,5 PS/t
Höchstgeschwindigkeit	65 km/h (Straße)
Kraftstoffvorrat	140 l
Fahrbereich	350 km (Straße), 200 km(Gelände)
Besatzung	2
Bewaffnung	1x 7,92-mm-MG 34
Kampfsatz	2100 x 7,92 mm
Panzerung	8- 18 mm
Furttiefe	0,7 m

▲ *Selbst Halbkettenfahrzeuge wie dieses Sd.Kfz. 252 vermochten sich mitunter nicht durch den Schlamm Russlands zu kämpfen. (DWA)*

1940 aufgenommen. Die frühen Fahrzeuge kamen noch im Frankreichfeldzug während der Monate Mai und Juni 1940 zum Einsatz. Später diente dieser Typ vor allem an der Ostfront. Wie beim Sd.Kfz. 252 stellte sich bald heraus, dass Varianten des leichten SPW (Sd.Kfz. 250/4 und 250/5) die Aufgaben des Sd.Kfz. 253 kostengünstiger übernehmen konnten, weshalb die Produktion bereits im Juni 1941 endete. Insgesamt verließen nur 285 Einheiten des Sd.Kfz. 253 die Werkshallen bei Wegmann.

▲ *Sd.Kfz. 253, einer unbekannten StuG-Abt., Raum Stalingrad, Oktober 1942. (Grzegorz Jackowski)*

▲ *Sd.Kfz. 253 in Odessa, UdSSR, Oktober 1941. (BA)*

▲ *Sd.Kfz. 253 in Bulgarien, April/Mai 1941. (BA)*

▲ *Frühe Sd.Kfz. 253 bei ihrer Werkserprobung im Raum Kassel 1940. (DWA)*

Leichter Schützenpanzerwagen U304 (f)

Die französischen Streitkräfte verfügten bei Beginn des Westfeldzuges im Mai 1940 über 3276 leichte Zugkraftwagen des Typs Unic P107. Diese ursprünglich von Citroën entworfenen Halbkettenfahrzeuge waren ungepanzert und in zahlreichen Verwendungen zu finden, so als Artillerieschlepper, Mannschafts- oder Munitionstransporter sowie in Pioniereinheiten. Das Kettenlaufwerk der Unic-Wagen war wesentlich simpler als das der deutschen Zugkraft- oder Schützenpanzerwagen. Anstelle eines drehstabgefederten Fahrgestells mit geschmierter Gleiskette aus Stahl und auswechselbaren Gummipolstern, verwendeten die französischen Halbkettenfahrzeuge ein Fahrgestell des Typs Citroën-Hinstin-Kégresse. Dessen Ketten bestanden aus einem mit Stahl verstärkten, einteiligen Gummigürtel. Die Federung übernahmen längsliegende Blattfedern. Auch die Fahrgestelle der späteren US-Halbkettenfahrzeuge basierten auf diesem System.

Nach der Niederlage Frankreichs im Juni 1940 erbeuteten die deutschen Truppen einen Großteil der Unic P 107 Zugkraftwagen. Mitunter waren diese allerdings stark beschädigt. Die französische Industrie erledigte die Generalüberholung dieser Unic-Schlepper, die dann bei der Wehrmacht unter der Bezeichnung »leichter Zugkraftwagen P107

Typ	leichter Schützenpanzerwagen (Abmessungen Version I)
Hersteller	Unic, Baukommando Becker
Zulässiges Gesamtgewicht	5400 kg
Länge	4850 mm
Breite	1800 mm
Höhe	1950 mm (ohne MG)
Motor	Unic P 39, 4-Zylinder-Benzinmotor
Hubraum	3450 ccm
Leistung kW/PS	44/60
Leistungsgewicht	11,1 PS/t
Höchstgeschwindigkeit	45 km/h (Straße)
Kraftstoffvorrat	160 l
Fahrbereich	400 km (Straße), 160 km (Gelände)
Besatzung	2 + 8
Bewaffnung	2 x 7,92-mm-MG 34 oder MG 42
Kampfsatz	k.A
Panzerung	max. 10 mm
Furttiefe	0,8 m

▲ *Der leichte Schützenpanzerwagen U304(f) basierte auf der ungepanzerten französischen Zugmaschine Unic P107 und wurde im Auftrag der Wehrmacht mit einem Panzeraufbau versehen. U304(f) der 21. Pz.Div., Frankreich 1944. (Vincent Bourguignon)*

U304(f)« in ähnlichen Rollen wie bei der französischen Armee liefen. In den Jahren 1943 und 1944 ließ jedoch das Baukommando Becker in Zusammenarbeit mit dem Heereswaffenamt (Außenstelle Paris) eine größere Anzahl in französischen Betrieben zu leichten SPW umbauen und mit Panzeraufbauten versehen. Von diesen gab es zwei Versionen. Der erste war recht einfach und besaß gerade Aufbauseiten, der zweite hingegen war winklig und besaß schräggestellte Seitenwände, ähnlich dem Sd.Kfz. 250 oder 251. Beide Versionen waren oben offen, doch gab es auch Wagen der zweiten Aufbauversion, die oben geschlossen waren. Neben Fahrer und Beifahrer konnten in diesen SPW an Bänken entlang der Seitenwände noch acht weitere Soldaten Platz finden. Obwohl als leichte SPW bezeichnet, traten diese Fahrzeuge daher oft an die Stelle des mittleren SPW Sd.Kfz. 251. Neben der mit zwei 7,92-mm-MG 34 oder MG 42 bewaffneten Grundausführung wurde der SPW U 304 (f) auch als Zugführerwagen (analog zum Sd.Kfz. 251/10) mit einer 3,7-cm-Pak 36 ausgerüstet. Außerdem gab es eine Granatwerferversion mit einem 8-cm-Granatwerfer 34, Funk- und Befehlsfahrzeuge sowie Sanitätspanzerwagen.

▲ *US-Soldaten marschieren an einem durch einen Minentreffer ausgefallenen Unic-SPW vorbei, Normandie 1944. (NARA)*

▲ ▲ ◥ *Drei Ansichten eines beschädigten und von der US Army erbeuteten SPW U 304(f). Da dieses Fahrzeug als Funk- und Führungsfahrzeug einer Panzerartillerie-Abteilung diente, ist es eines der wenigen mit einem nach oben hin geschlossenen Aufbau. (NARA)*

Leichter Schützenpanzerwagen (2-cm-Flak) U304 (f)

Auf Basis des Zugkraftwagens Unic P 107 entstanden 1943 und 1944 zwei unterschiedliche Flak-Selbstfahrlafetten. Das erste Modell war teilgepanzert, hier erhielten nur Kühler und Fahrerfront einen leichten Panzerschutz. Auf die Ladefläche setzte man eine relativ flache, leicht gepanzerte Wanne auf, in deren Mitte sich eine 2-cm-Flak 38 befand. Die zweite Version besaß einen vollständigen Panzeraufbau, der stark dem des SPW 304(f) ähnelte, jedoch etwas niedriger war. Im Kampfraum befand sich eine rundum drehbare 2-cm-Flak 38. Zusätzlich zogen beide Versionen noch einen Munitionsanhänger. Die vollgepanzerte Variante entstand in 72 Exemplaren. Wie viele SPW U304 (f) aller Versionen insgesamt gebaut wurden, ist nicht dokumentiert, es dürften aber sicher nicht mehr als einige wenige Hundert gewesen sein. Zugkraftwagen dieses Typs wurden in ganz Europa eingesetzt, die SPW jedoch praktisch nur bei den in Frankreich stationierten Verbänden, etwa bei der »Schnellen Brigade West«; sie gingen dort im Sommer 1944 verloren. Insgesamt hat sich der SPW U304 (f) nicht bewährt. Insbesondere Motor und Elektrik erwiesen sich als sehr störanfällig.

Typ	leichter Schützenpanzerwagen (2-cm-Flak)
Hersteller	Unic, Baukommando Becker
Zulässiges Gesamtgewicht	5400 kg
Länge	k.A
Breite	k.A
Höhe	k.A
Motor	Unic P 39, 4-Zylinder-Benzinmotor
Hubraum	3450 ccm
Leistung kW/PS	44/60
Leistungsgewicht	11,1 PS/t
Höchstgeschwindigkeit	45 km/h (Straße)
Kraftstoffvorrat	160 l
Fahrbereich	400 km (Straße), 160 km (Gelände)
Besatzung	6
Bewaffnung	1 x 2-cm-Flak 38
Kampfsatz	k.A
Panzerung	max. 10 mm
Furttiefe	0,8 m

▲ *Leichter Schützenpanzerwagen U304(f) mit 2-cm-Flak 38 der 21. Panzer-Division. Frankreich, Frühjahr 1944. (Vincent Bourguignon)*

Mittlere Schützenpanzerwagen

Mittlerer Schützenpanzerwagen Sd.Kfz. 251/1 Ausf. A und B

1937 begann die Hannoversche Maschinenbau AG (Hanomag) im Auftrag des Heereswaffenamtes damit, das »H kl 6«-Fahrgestell des 3-t-Zugkraftwagens (auch als Sd.Kfz. 11 bekannt) so umzukonstruieren, dass daraus ein gepanzertes Fahrzeug geschaffen werden konnte. Der Panzeraufbau wurde von Büssing-NAG und den Deutschen Werken Kiel entwickelt und wies die übliche winklige Form auf, die auch bei den deutschen Panzerspähwagen jener Zeit zu finden war. Die Panzerstärke am Bug betrug 12 mm, an Seiten und Heck waren es 8 mm. Boden und Decke waren 6 mm stark gepanzert. Wie bei den Zugkraftwagen war auch beim mittleren Schützenpanzerwagen (SPW) die Vorderachse weder angetrieben noch gebremst, sie diente einzig der Lenkung. Bei starken Lenkbewegungen griff jedoch auch eine Kettenbremse mit ein. Das Laufwerk besaß eine Drehstabfederung und bestand aus sechs Paar großen Laufrollen in Schachtelanordnung mit Gummibandagen. Das Treibrad lag vorn. Geschmierte Gleisketten mit Gummipolstern er-

Typ	mittlerer Schützenpanzerwagen
Hersteller	Hanomag, Borgward
Gefechtsgewicht	8500 kg
Länge	5800 mm
Breite	2100 mm
Höhe	1750 mm (ohne MG-Schild)
Motor	Maybach HL 42 TURKM, 6-Zylinder-Benzinmotor
Hubraum	4170 ccm
Leistung kW/PS	73,6/100
Leistungsgewicht	11,8 PS/t
Höchstgeschwindigkeit	52,5 km/h (Straße)
Kraftstoffvorrat	160 l
Fahrbereich	320 km (Straße), 180 km(Gelände)
Besatzung	2 + 10
Bewaffnung	2 x 7,92-mm-MG 34
Kampfsatz	2100 x 7,92 mm
Panzerung	6 - 14,5 mm
Furttiefe	0,5 m

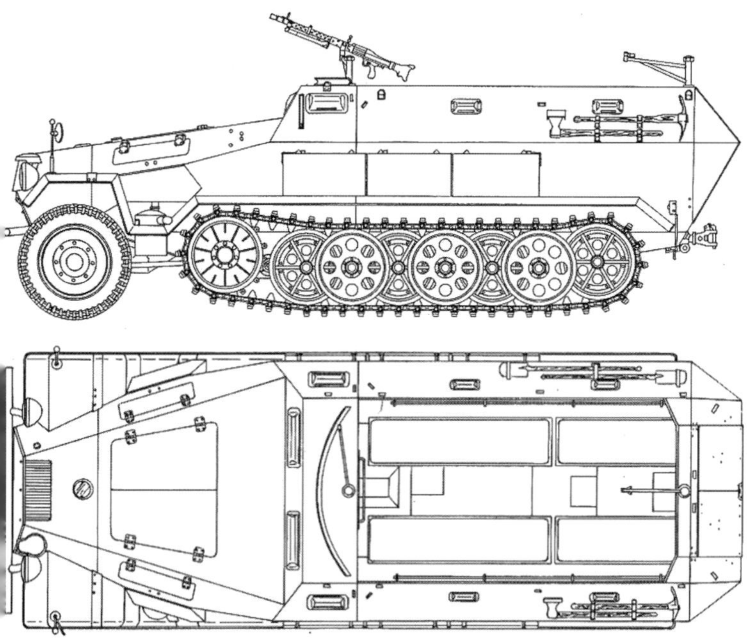

▲ Zwei-Seiten-Ansicht eines Sd.Kfz. 251/1 Ausf. A. Man beachte die Werkzeuge am Aufbauheck sowie die Sehklappen an der Seite des Panzeraufbaus.

▲ Ein sehr früher APW Sd.Kfz. 251/1 Ausf. A. Man beachte die zivile Zulassung sowie die Reifen ohne Geländeprofil. (WS)

laubten eine relativ geräuscharme und zügige Fahrt. Der wassergekühlte 100-PS-Motor von Maybach war vorn eingebaut, dahinter folgte der oben offene Mannschaftsraum, in dem neben Fahrer und Beifahrer/Funker noch bis zu zehn weitere Soldaten auf Sitzbänken entlang der Seiten Platz fanden. Unter den Bänken konnten Ausrüstung und Munition verstaut werden. Im Heck des Wagens befand sich eine große, nach außen öffnende Doppeltür, die ein rasches Auf- und Absitzen ermöglichte. Bei schlechter Witterung war es möglich, den Mannschaftsraum durch eine von vier einsteckbaren Spriegeln gestützte Plane abzudecken. Die Bewaffnung der Grundversion bestand aus zwei MG 34 (später auch MG 42) mit 2100 Schuss Munition, wobei das hintere MG in einem »Fliegerschwenkarm« gelagert war, der den Beschuss von Luftzielen ermöglichte. Bei Bedarf konnten beide ausgetauscht werden.
Nachdem 1938 bereits eine erste Vorserie erschienen war, liefen ab dem Frühjahr 1939 die ersten Serienmodelle der Ausf. A (»mittlerer gepanzerter Mannschaftstransportwagen« genannt) der Truppe zu und erlebten im Polenfeldzug ihre Feuertaufe. Dieses Modell besaß an jeder Seite drei Beobachtungsluken, die bei der kurz darauf erscheinenden Ausf. B entfielen. Bei der Ausf. B wurden zudem der typische vordere MG-Schild und Gepäckkästen zwischen Laufwerksabdeckung und Aufbau hinzugefügt. Diese Verbesserungen wurden aber auch an Wagen der Ausf. A nachgerüstet. Zudem wurde ab der Ausf. B die Frontpanzerung auf 14,5 mm verstärkt.

▲ *Sd.Kfz. 251/1 Ausf. B, im Hintergrund der Berliner Dom und das Alte Museum, Berlin 1940. (BA)*

▲ *Sd.Kfz. 251/1 Ausf. A der 5. Panzer-Division, Griechenland, April 1941. (Grzegorz Jackowski)*

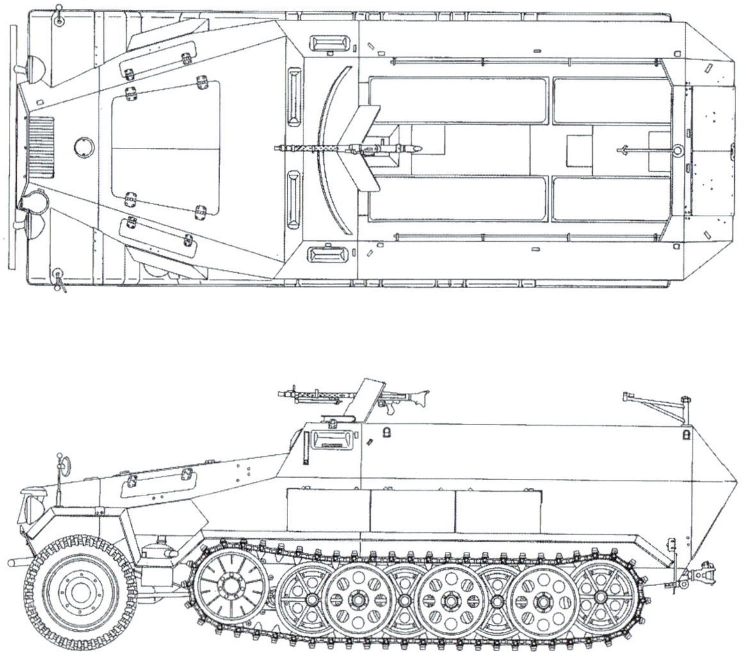

▲ *Zwei-Seiten-Ansicht eines Sd.Kfz. 251/1 Ausf. B. Man beachte die fehlenden Werkzeuge am Aufbauheck sowie die fehlenden Sehklappen an der Seite des Panzeraufbaus*

Mittlerer Schützenpanzerwagen Sd.Kfz. 251/1 Ausf. C

Nachdem der mittlere Schützenpanzerwagen (mSPW) im Polenfeldzug seine Bewährungsprobe bestanden hatte, flossen Verbesserungen, die sich aufgrund von Kampferfahrungen ergeben hatten, in die Ausf. C ein. Diese Version des Sd.Kfz. 251 wurde ab Mitte 1940 gebaut und erhielt als auffälligstes Merkmal eine neue, einteilige Bugplatte sowie typische Abdeckungen für die Luftansaugrohre an den Seiten des Motorraumes. Die vordere Stoßstange der Ausf. A und B fiel weg. Im Gegensatz zu diesen Versionen, bei denen das Schanzzeug am Panzeraufbau befestigt war, wurde dieses nun auf den Kotflügeln befestigt. Die Sitzbänke waren bei der Ausf. C in der Höhe verstellbar und erhielten neben einer Rückenlehne auch eine Kopfleiste. Der zuvor außen angebrachte Feuerlöscher wurde ins Wageninnere verlegt, wo zudem zusätzlich Halterungen zur Mitführung von zwei MP 38 und deren Magazinen angebracht wurden. Neben weiteren Detailänderungen wurde bei der Ausf. C der Zugang zur Kettennachspannung durch Weglassen der hinteren Nummernschilder vereinfacht. Die Zulassungsnummern wurden stattdessen auf die Kotflügel aufgemalt.

Der gesteigerte Bedarf an Sd.Kfz. 251 führte dazu, dass eine Vielzahl von Betrieben in die Fertigung eingeschaltet wurde. So kamen Fahrgestelle des Typs »H kl 6 p« nicht

Typ	mittlerer Schützenpanzerwagen
Hersteller	Endmontage bei Weserhütte, Schichau und anderen
Gefechtsgewicht	8500 kg
Länge	5800 mm
Breite	2100 mm
Höhe	1750 mm (ohne MG-Schild)
Motor	Maybach HL 42 TURKM, 6-Zylinder-Benzinmotor
Hubraum	4170 ccm
Leistung kW/PS	73,6/100
Leistungsgewicht	11,8 PS/t
Höchstgeschwindigkeit	52,5 km/h (Straße)
Kraftstoffvorrat	160 l
Fahrbereich	320 km (Straße), 180 km(Gelände)
Besatzung	2 + 10
Bewaffnung	2 x 7,92-mm-MG 34 oder MG 42
Kampfsatz	2100 x 7,92 mm
Panzerung	6 - 14,5 mm
Furttiefe	0,5 m

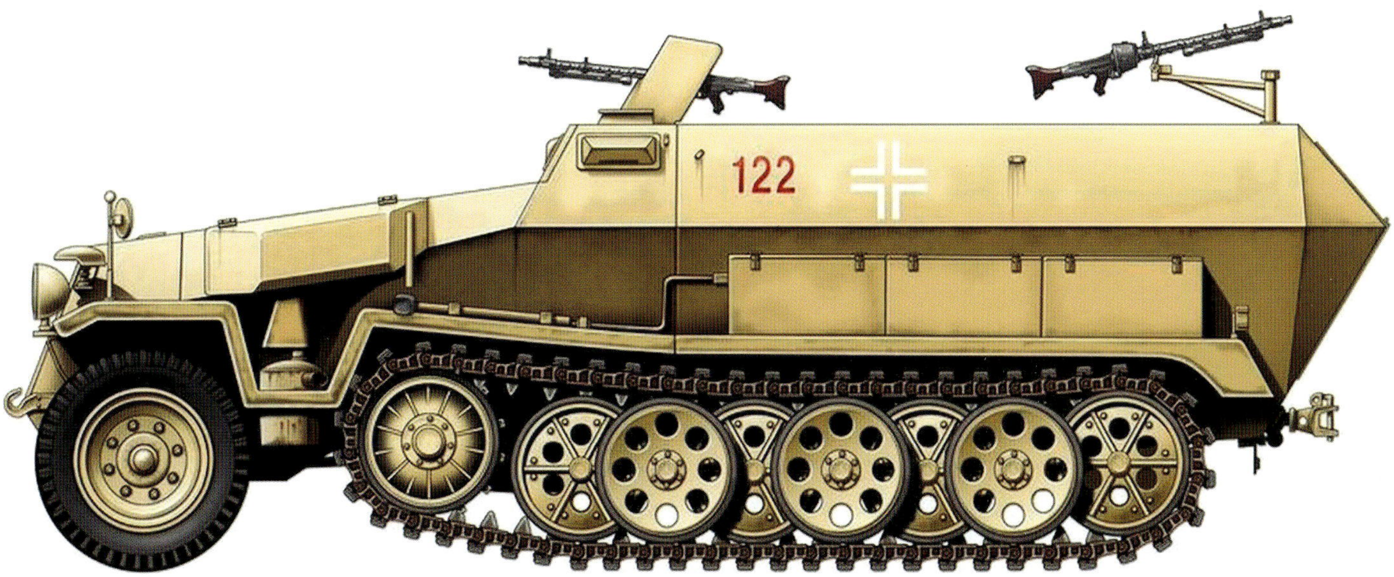

▲ *Das Sd.Kfz. 251/1 Ausf. C ist gut an den Abdeckungen für die Luftansaugrohre an den Seiten des Motorraumes zu erkennen. (Jean-Michel Girard)*

mehr nur von Hanomag und Borgward, sondern auch von Adler, Auto Union, Skoda, Stöwer und MNH. Panzeraufbauten wurden bei diversen kleineren Firmen gefertigt, so z.B. bei Schoeller & Bleckmann, Steinmüller und anderen. Da nicht alle Werke über die gleiche Ausstattung verfügten, führte dies dazu, dass neben geschweißten Aufbauten auch genietete auftraten. Die Endmontage des mittleren SPW fand bei Weserhütte in Bad Oeynhausen, Schichau in Elbing und Wumag in Görlitz statt.

Neben der Grundversion des Sd.Kfz. 251/1, dass eine Gruppe von zehn Panzergrenadieren mit zwei leichten MG beförderte, gab es auch eine Version mit gleicher Bezeichnung, die zwei schwere MG samt Dreibeinlafetten, Zielmitteln und einer Bedienung von neun Mann transportierte.

▲ *Sd.Kfz. 251/1 Ausf. C der SS-Panzergrenadier-Division »Totenkopf«, Ostfront, Sommer 1943. (Grzegorz Jackowski)*

▲ *Sd.Kfz. 251/1 Ausf. C der Pz.Gren.Div. »Großdeutschland«, Ostfront, Sommer 1942. (BA)*

▲ *Kasserine, Tunesien, Februar 1943: Eine Sd.Kfz. 251/1 Ausf. C des Pz.Gren.Reg. 69 der 10. Pz.Div. passiert ein erbeutetes US-Halbkettenfahrzeug des Typs M3. (NARA)*

Mittlerer Schützenpanzerwagen Sd.Kfz. 251/1 Ausf. D

Die ab 1943 gebaute Ausf. D des mittleren SPW trug der Notwendigkeit einer raschen Produktion unter Kriegsbedingungen sowie den gemachten Kampferfahrungen Rechnung. Der Panzeraufbau wurde stark vereinfacht und winklige Platten, wie am Heck oder den Seiten, durch einfache, gerade Panzerbleche ersetzt. Die zuvor abnehmbaren Gepäckkästen waren nun fest in den Aufbau integriert und statt seitlicher Sehklappen besaß die Ausf. D nur noch Sehschlitze. Die Luftzufuhr für den Motor wurde unter die seitliche vordere Panzerung verlegt und die Frontpanzerung auf 15 mm verstärkt. In dieser Form blieb das Sd.Kfz. 251 bis Kriegsende im Bau. Insgesamt entstanden rund 16.000 Sd.Kfz. 251 aller Versionen, davon über 12.000 Exemplare der Ausf. D.

Die Ausführungen A bis D des mittleren SPW wurde in zahlreichen, unterschiedlich ausgerüsteten und bewaffneten Varianten gebaut. Insgesamt gab es offizielle Bezeichnungen für 23 verschiedene Versionen sowie mehrere inoffizielle Abarten. Neben den hier vorgestellten Varianten gab es eine zum Ziehen leichter Geschütze vorgesehene Version (Sd.Kfz. 250/4), eine unbewaffnete Sanitätsversion mit Tragen (Sd.Kfz. 250/8), sowie einen Fernsprechpanzerwagen zum Verlegen von Feldtelefonkabeln (Sd.Kfz. 250/11), wobei das Sd.Kfz. 251/19 als gepanzerte Vermittlungsstelle für die Feldtelefone diente. Die SPW der Typen 251/12 bis

Typ	mittlerer Schützenpanzerwagen
Hersteller	Endmontage bei Weserhütte, Schichau und anderen
Gefechtsgewicht	8500 kg
Länge	5980 mm
Breite	2100 mm
Höhe	1750 mm (ohne MG-Schild)
Motor	Maybach HL 42 TURKM, 6-Zylinder-Benzinmotor
Hubraum	4170 ccm
Leistung kW/PS	73,6/100
Leistungsgewicht	11,8 PS/t
Höchstgeschwindigkeit	52,5 km/h (Straße)
Kraftstoffvorrat	160 l
Fahrbereich	320 km (Straße), 180 km(Gelände)
Besatzung	2 + 10
Bewaffnung	2 x 7,92-mm-MG 34 oder MG 42
Kampfsatz	2100 x 7,92 mm
Panzerung	6 – 15 mm
Furttiefe	0,5 m

▲ *Die Ausf. D des mittleren Schützenpanzerwagens zeichnete sich durch einen stark vereinfachten Aufbau mit integrierten Gepäckkästen sowie einem ausladenden Heck aus. (nac.gov.pl)*

Sd.Kfz. 250/15 waren in geringer Zahl gebaute Spezialfahrzeuge der Artillerietruppe, die als Messtrupp-Gerätewagen, Schallaufnahme- und Auswertungswagen sowie Lichtauswertungswagen dienten. Das Sd.Kfz. 251/18 war eine Artilleriebeobachtungsversion. Ob eine 1945 geplante Variante (Sd.Kfz. 251/23) mit dem Turm des Sd.Kfz. 250/9 bzw. Sd.Kfz. 234/1 noch zum Einsatz kam, ist ungewiss. Auf der Basis des mittleren SPW entstanden zudem zahlreiche Versuchsfahrzeuge, so z.B. 1943 eine Selbstfahrlafette mit einer 8,8-cm-Pak 43.

Obwohl das Sd.Kfz. 251 insgesamt einen erfolgreichen Entwurf darstellte, war es doch mit einigen Mängeln behaftet. So beklagte die Truppe insbesondere seine gegenüber Vollkettenfahrzeugen geringe Geländegängigkeit sowie die geringe Panzerung. Der oben offene Mannschaftsraum bot gegen Luftangriffe oder Artilleriebeschuss nur wenig Schutz. Nachteilig wirkte sich auch das zwar leistungsfähige, aber auch aufwändige und komplexe Fahrgestell aus. Dennoch schuf die Wehrmacht mit dem Sd.Kfz. 251 eine völlig neue, richtungsweisende Art von Kampffahrzeugen. Nach 1945 wurde der mittlere SPW (mit einigen Modifikationen) noch jahrelang in der Tschechoslowakei als OT-810 weiter produziert.

▲ Mit Krankentragen ausgerüstete und unbewaffnete mittlere Schützenpanzerwagen wurden als Sd.Kfz. 250/8 bezeichnet. Dieses Fahrzeug der Ausf. D wurde am 15. Juni 1944 in Frankreich von britischen Truppen erbeutet. (IWM)

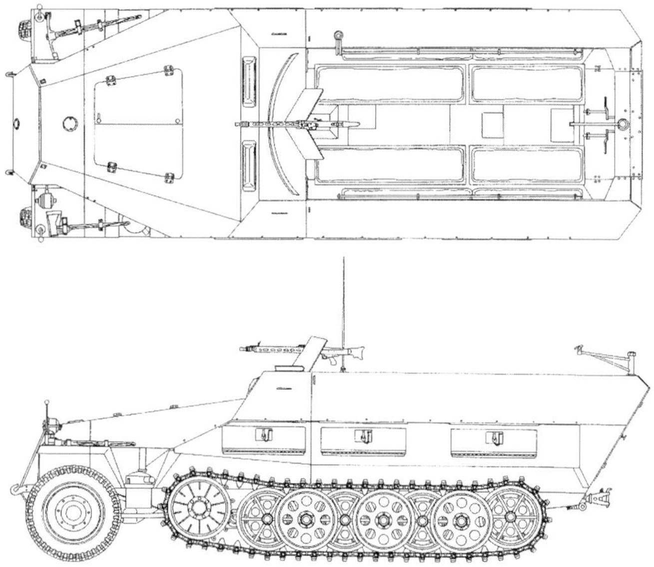

▲ Zwei-Seiten-Ansicht eines Sd.Kfz. 251/1 Ausf. D. Diese Version war die meistgebaute Ausführung des mittleren Schützenpanzerwagens.

▲ Sanitäter des 359th Infantry Regiment (90th Inf Div) erwarten deutsche und amerikanische Verwundete, die einem Sd.Kfz. 251/1 Ausf. D entsteigen, nahe Chambois, Frankreich, August 1944. (NARA)

▲ Während des Warschauer Aufstandes erbeuteten polnische Widerstandskämpfer am 14.August 1944 dieses Sd.Kfz. 251/1 Ausf. D von der 5. SS-Panzer-Division »Wiking«.

Mittlerer Schützenpanzerwagen (Wurfrahmen 40) Sd.Kfz. 251/1

Auf der Grundlage bereits vorhandener Sd.Kfz. 251/1 Ausf. A bis D entstand bei der Gast KG in Berlin eine besonders spektakuläre Version des SPW als Raketenwerfer. Bei dieser Variante waren mit Hilfe eines Metallgestells auf jeder Seite der Wanne drei sogenannte »Wurfrahmen40« befestigt, die per Hand von +5° bis +40 gerichtet werden konnten. Damit ließen sich raketengetriebene Wurfgranaten der Kaliber 28 und 32 cm verschießen. Die 28-cm-Wurfgranate war mit Sprengstoff gefüllt und erreichte eine Höchstschussweite von 1900 m. Die 32-cm-Wurfgranate war mit Flammöl gefüllt. Ihre Reichweite lag bei bis zu 2200 m. Die Seitenrichtung musste mit dem gesamten Fahrzeug vorgenommen werden. Obwohl recht wenig zielgenau, entfalteten diese Wurfgranaten eine verheerende Flächenwirkung. Meist bestand die Bestückung der sechs Wurfrahmen aus fünf Spreng- und einer Flammölgranate. Der Abschuss erfolgte leicht verzögert einzeln nacheinander. Wagen dieser Art waren zumeist Pioniereinheiten zugeteilt. Die Truppe gab dieser Version des mittleren SPW den Spitznamen »Stuka zu Fuß«.

Typ	mittlerer Schützenpanzerwagen
Gefechtsgewicht	9000 kg
Länge	5800 mm
Breite	2100 mm (ohne Wurfrahmen)
Höhe	1750 mm (ohne MG-Schild)
Motor	Maybach HL 42 TURKM, 6-Zylinder-Benzinmotor
Hubraum	4170 ccm
Leistung kW/PS	73,6/100
Leistungsgewicht	11,1 PS/t
Höchstgeschwindigkeit	52,5 km/h (Straße)
Kraftstoffvorrat	160 l
Fahrbereich	320 km (Straße), 180 km(Gelände)
Besatzung	2+5
Bewaffnung	2 x 7,92-mm-MG 34 oder MG 42, 6 x Wurfrahmen 40 für 28-cm oder 32-cm-Wurfgranaten
Kampfsatz	2100 x 7,92 mm, 6 x Wurfgranaten
Panzerung	6 – 14,5 mm
Furttiefe	0,5 m

▲ *Ein Sd.Kfz. 251/1 verschießt während des Warschauer Aufstandes 1944 eine Wurfgranate.*

▲ ▲ *Sd.Kfz. 251/1 der 24. Pz.Div. mit schweren Wurfrahmen 40, Raum Woronesch, Juni/Juli 1942. (BA)*

Mittlerer Schützenpanzerwagen (sGrW. 34) Sd.Kfz. 251/2

Das ab 1940 gebaute Sd.Kfz. 251/2 diente zum Transport eines schweren Granatwerfers (sGrW) mitsamt seiner sechsköpfigen Bedienung. Der 8-cm-Granatwerfer 34 konnte vom Fahrzeug aus abgefeuert werden, wurde aber im Normalfall abgelastet eingesetzt. Zu diesem Zweck wurde außen an der Motorfrontplatte des SPW die Bodenplatte des Grantwerfers mitgeführt. Um mehr Platz für Munition zu schaffen, wurden die Sitzbänke im Mannschaftsraum teilweise entfernt. Auf diese Weise war das Sd.Kfz. 251/2 in der Lage, insgesamt 66 Schuss 8-cm-Munition mitzuführen. Der Granatwerfer 34 erzielte mit einem 3,5 kg schweren Geschoss eine Höchstschussweite von 2400 m. Die weitere Bewaffnung bestand aus einem MG 34 oder 42 mit 2010 Patronen. Wie alle mittleren SPW verfügte auch diese Version über ein Funksprechgerät »f« mit einer 2 m hohen Stabantenne. Sd.Kfz. 251/2 wurden zwar im Laufe des Krieges häufig durch ähnliche Fahrzeuge auf der Basis des leichten SPW ersetzt, standen aber bis Kriegsende im Einsatz.

Typ	mittlerer Schützenpanzerwagen
Gefechtsgewicht	8640 kg
Länge	5800 mm
Breite	2100 mm
Höhe	1750 mm (ohne MG-Schild)
Motor	Maybach HL 42 TURKM, 6-Zylinder-Benzinmotor
Hubraum	4170 ccm
Leistung kW/PS	73,6/100
Leistungsgewicht	11,6 PS/t
Höchstgeschwindigkeit	52,5 km/h (Straße)
Kraftstoffvorrat	160 l
Fahrbereich	320 km (Straße), 180 km(Gelände)
Besatzung	2 + 6
Bewaffnung	1 x 7,92-mm-MG 34 oder MG 42, 1 x 8-cm-Granatwerfer 34
Kampfsatz	2100 x 7,92 mm, 66 x 8 cm
Panzerung	6 – 14,5 mm
Furttiefe	0,5 m

▲ *Sd.Kfz. 251/2 einer unbekannten Einheit, Ostfront, Winter 1943/44. (Vincent Bourguignon)*

Mittlerer Funkpanzerwagen Sd.Kfz. 251/3

Der mittlere Funkpanzerwagen trat in nicht weniger als neun Ausführungen auf, die sich allein durch ihre Ausrüstung mit unterschiedlichen Funkgeräten unterschieden. Je nach Funkausstattung diente das Sd.Kfz. 251/3 als gepanzerte Funkstelle zur Aufrechterhaltung der Verbindung zum Divisions- oder Regimentsgefechtsstand, als Führungsfahrzeug für Kommandeure (insbesondere von Panzer- und Panzergrenadiereinheiten), als Bataillonsführerwagen oder als SPW für Fliegerleitoffiziere und wurde auch für allgemeine Verbindungsaufgaben eingesetzt. Dementsprechend wurde der mittlere Funkpanzerwagen den Nachrichtenabteilungen der Verbände zugeteilt und ersetzte die mit Funk ausgerüsteten Panzerspähwagen der ersten Kriegsjahre.

▲ *Ein mittlerer Funkpanzerwagen Sd.Kfz. 251/3 einer frühen Version mit Rahmenantenne. (BA)*

Typ	mittlerer Funkpanzerwagen
Gefechtsgewicht	8500 kg
Länge	5800 mm
Breite	2100 mm
Höhe	1750 mm (ohne MG-Schild oder Antenne)
Motor	Maybach HL 42 TURKM, 6-Zylinder-Benzinmotor
Hubraum	4170 ccm
Leistung kW/PS	73,6/100
Leistungsgewicht	11,8 PS/t
Höchstgeschwindigkeit	52,5 km/h (Straße)
Kraftstoffvorrat	160 l
Fahrbereich	320 km (Straße), 180 km(Gelände)
Besatzung	2+5
Bewaffnung	1 oder 2 x 7,92-mm-MG 34 oder MG 42
Kampfsatz	2100 x 7,92 mm
Panzerung	6 – 14,5 mm
Furttiefe	0,5 m

Ab 1942 wurde die Rahmenantenne oft durch eine unauffälligere Sternantenne ersetzt. Die Bewaffnung bestand aus ein bis zwei MG 34 oder MG 42 mit 2100 Schuss Munition wie bei der Grundversion. Wagen dieses Typs wurden ab 1940 gebaut und blieben bis 1945 auf allen Kriegsschauplätzen im Einsatz.

▲ *Sd.Kfz. 251/3 Ausf. B der 21. Panzer-Division, Libyen 1941. (Vincent Bourguignon)*

Mittlerer Pioniergerätewagen Sd.Kfz. 251/5 und 251/7

Diese beiden Modelle des mittleren SPW waren spezielle Versionen für die Panzerpioniere. Um im Innenraum mehr Platz für Pionierausrüstung wie Werkzeuge, Minen oder Sprengmittel zu schaffen, fiel eine der beiden in Längsrichtung montierten Sitzbänke der Grundversion fort. Die Version Sd.Kfz. 251/5 besaß zudem eine umfangreiche Funkausstattung und wurde vor allem von Zugführern verwendet. Das Modell Sd.Kfz. 251/7 verfügte seitlich des Panzeraufbaus über Gestelle zur Aufnahme von Teilen einer Sturmbrücke und führte zu der üblichen MG-Bewaffnung zusätzlich eine 7,92-mm-Panzerbüchse 39 und 40 Schuss Munition mit. Pioniergerätewagen entstanden auf der Basis sämtlicher Ausführungen des Sd.Kfz. 251. Sie zeigen anschaulich, wie wohldurchdacht die Ausstattung der Panzer- und Panzergrenadierdivisionen ursprünglich war, um jede Division zu einer Einheit zu machen, die in der Lage war selbstständig zu handeln, ohne Unterstützung von außen anfordern zu müssen. Ein Konzept, das erheblich zu den Anfangserfolgen der Wehrmacht beitrug.

Typ	Mittlerer Pioniergerätewagen
Daten für Sd.Kfz. 251 /7 Ausf. D	
Hersteller:	Endmontage bei Weserhütte, Schichau und anderen
Gefechtsgewicht	8850 kg
Länge	5980 mm
Breite	2100 mm (ohne Brückenteile)
Höhe	1750 mm (ohne MG-Schild)
Motor	Maybach HL 42 TURKM, 6-Zylinder-Benzinmotor
Hubraum	4170 ccm
Leistung kW/PS	73,6/100
Leistungsgewicht	11,3 PS/t
Höchstgeschwindigkeit	52,5 km/h (Straße)
Kraftstoffvorrat	160 l
Fahrbereich	320 km (Straße), 180 km(Gelände))
Besatzung	2+5
Bewaffnung	2 x 7,92-mm-MG 34 oder MG 42, 1 x 7,92-mm-PzB 39
Panzerung	6 – 15 mm
Furttiefe	0,5 m

▲ *Sd.Kfz. 251/7 der SS-Pz.Div. »Wiking«. Im Hintergrund ein PzKpfw. V Ausf. A »Panther«.*

▲ *US-Soldaten inspizieren Sd.Kfz.251/7 Ausf. D der 2. SS-Panzerdivision »Das Reich«. Im Hintergrund ein zerstörter PzKpfw. V Ausf. A »Panther«, La Chapelle-en-Jouger, Normandie, Frankreich 26.Juli.1944. (NARA)*

Mittlerer Kommandopanzerwagen Sd.Kfz. 251/6

Das Sd.Kfz 251/6 war eine Befehls- und Führungsversion des mittleren SPW für höhere Kommandeure, so nutzte z.B. General Guderian während des Frankreichfeldzuges ein solches Fahrzeug. Das Sd.Kfz. 251/6 verfügten über eine umfangreiche Ausstattung mit Kartenbrettern, Ver- und Entschlüsselungsvorrichtungen sowie eine leistungsfähige Funkanlage (FuG 11 und FuG Tr 100mw), für die sich auf dem Aufbau eine große Rahmenantenne befand, die im Laufe des Krieges oft durch eine Sternantenne ersetzt wurde. Der oben offene Mannschaftsraum konnte bei Bedarf mit einem zeltartigen Witterungsschutz abgedeckt werden. Als Bewaffnung verfügte das Sd.Kfz. 251/6 nur über ein MG mit 1100 Schuss Munition. Kommandopanzerwagen dieser Bauart wurden vor allem von Armee- und Heeresgruppenbefehlshabern sowie Divisionskommandeuren eingesetzt und wurden daher nicht im großen Umfang produziert. Zudem erlaubt die sich verschlechternde Kriegslage bald nicht mehr den Bau derart aufwändiger Fahrzeuge, weswegen die Produktion 1943 endete.

Typ	mittlerer Kommandopanzerwagen
Hersteller	Endmontage bei Weserhütte, Schichau und anderen
Gefechtsgewicht	8800 kg
Länge	5800 mm
Breite	2100 mm
Höhe	2700 mm (mit Rahmenantenne)
Motor	Maybach HL 42 TURKM, 6-Zylinder-Benzinmotor
Hubraum	4170 ccm
Leistung kW/PS	73,6/100
Leistungsgewicht	11,4 PS/t
Höchstgeschwindigkeit	52,5 km/h (Straße)
Kraftstoffvorrat	160 l
Fahrbereich	320 km (Straße), 180 km(Gelände)
Besatzung	2 + 6
Bewaffnung	1 x 7,92-mm-MG 34
Panzerung	6 – 14,5 mm
Furttiefe	0,5 m

▲ *Sd.Kfz. 250/6 Ausf. A, Ostfront, 24.Oktober 1941. (nac.gov.pl)*

▲ *Ein mittlerer Kommandopanzerwagen Sd.Kfz. 251/6 Ausf. B. Man beachte den Zeltplanenaufbau über dem Kampfraum. (DWA)*

Mittlerer Schützenpanzerwagen (7,5 cm StuK 37) Sd.Kfz. 251/9

Das Sd.Kfz. 251/9 (von der Truppe auch »Stummel« genannt) war eine der vielen Notlösungen und Improvisationen, zu der die Wehrmacht im Laufe des Krieges gezwungen war. Da die eigentlich zur Feuerunterstützung der Panzergrenadiereinheiten vorgesehenen Panzer oder Sturmgeschütze oft einfach nicht verfügbar waren, erhielten diese Verbände mit dem Sd.Kfz. 251/9 ein eigenes Fahrzeug für diesen Zweck. Ende März 1942 erging an Büssing–NAG der Auftrag zur Entwicklung einer Version des SPW mit 7,5-cm-StuK 37 L/24. Erste Prototypen wurden im Juni 1942 an der Ostfront getestet, kurz darauf begann die Serienproduktion. Die kurzrohrige StuK niedriger Mündungsgeschwindigkeit, für die bis zu 52 Schuss Munition mitgeführt wurden, war in die Fahrerfront des SPW eingelassen und verfügte nur über einen Schwenkbereich von 12° zu jeder Seite. Der Höhenrichtbereich betrug -10° bis +12°. Neben Spreng- und Nebelgranaten standen auch Hohlladungsgeschosse zur Panzerbekämpfung zur Verfügung. Spätere Fahrzeuge besaßen erhöhte Seitenwände des Panzeraufbaus zum Schutz der Besatzung. Insgesamt wurden 1141 dieser Fahrzeuge gefertigt, am 1. März 1945 befanden sich noch 582 davon im Bestand.

Typ	mittlerer Schützenpanzerwagen
Hersteller	Endmontage bei Weserhütte, Schichau und andere
Gefechtsgewicht	8800 kg
Länge	5980 mm
Breite	2100 mm
Höhe	2070 mm
Motor	Maybach HL 42 TRKM, 6-Zylinder-Benzinmotor
Hubraum	4170 ccm
Leistung kW/PS	73,6/100
Leistungsgewicht	11,4 PS/t
Höchstgeschwindigkeit	52,5 km/h (Straße)
Kraftstoffvorrat	160 l
Fahrbereich	320 km (Straße), 180 km(Gelände)
Besatzung	3
Bewaffnung	1 x 75-mm-StuK 37, 1 x 7,92-mm-MG 34 oder MG 42
Kampfsatz	52 x 7,5 cm, 2100 x 7,92 mm
Panzerung	6 – 15 mm
Furttiefe	0,5 m

▲ *Rohrreinigung bei einem Sd.Kfz. 251/9 Ausf. B. (NARA)*

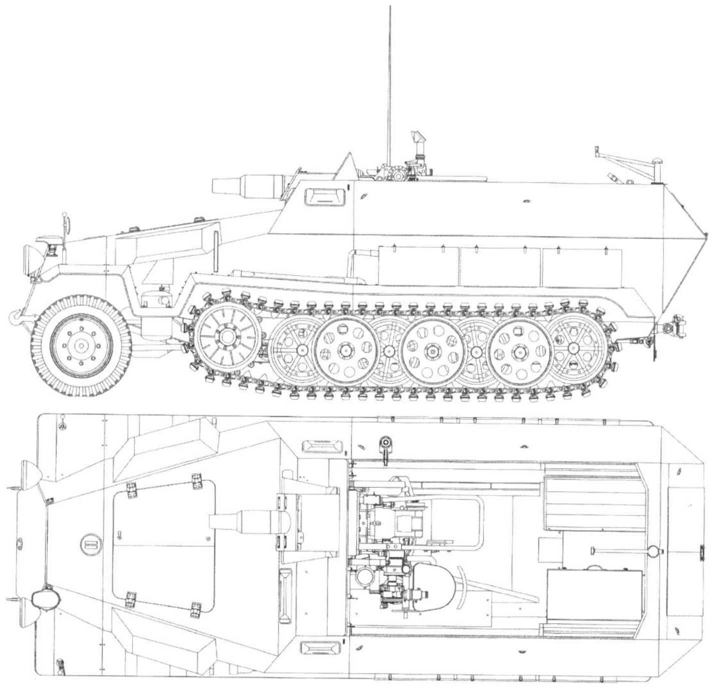

▲ *Zwei-Seiten-Ansicht eines Sd.Kfz. 251/9 Ausf. D.*

◀ *Ostfront 1943: Ein Sd.Kfz. 251/9 Ausf. C an der Spitze einer Kolonne von Wehrmachtsfahrzeugen. (NARA)*

Mittlerer Schützenpanzerwagen (3,7 cm Pak 36) Sd.Kfz. 251/10

Das Sd.Kfz. 251/10 war der erste mit einer Kanone ausgerüstete SPW und kam ab 1940 zur Truppe. Bei diesem Fahrzeug war schlicht eine 3,7-cm-Pak 36 an Stelle des vorderen MG aufmontiert worden. Zwar hatte man die Räder und Lafettenschwänze des Geschützes entfernt, der 5 mm starke Schutzschild aber blieb erhalten. Später wurde ein niedrigerer und breiterer Schild verwendet, der über die gesamte Breite des Fahrzeugs reichte. Zum Teil war von diesem Schild aber auch nur der linke Teil montiert, um dem Richtschützen beim Blick durch das Zielfernrohr Schutz zu gewähren. Das Sd.Kfz. 251/10 war als Kompanieführerwagen gedacht und sollte für die anderen SPW des Zuges Feuerunterstützung leisten. Zwar ließ die Wirksamkeit der Pak 36 gegen gepanzerte Ziele nach 1940 rasch nach, gegen MG-Nester, leicht gepanzerte Ziele oder Feldbefestigungen war sie jedoch noch immer sehr brauchbar. Der Munitionsvorrat der Pak 36 betrug 162 Granaten. Neben einem MG 34 oder 42 (2010 Schuss) führte der SPW zusätzlich noch eine Panzerbüchse 39 (Kaliber 7,92 mm) und 40 Schuss Munition mit. Die Produktion des Sd.Kfz. 251/10 endete 1943, doch Wagen dieses Typs waren noch bis Kriegsende im Einsatz.

▲ *Sd.Kfz. 251/10 Ausf. A, Schützen-Regiment 113, 1. Pz.Div., Ostfront 1941. (NARA)*

Typ	mittlerer Schützenpanzerwagen
Hersteller	Endmontage bei Weserhütte, Schichau und andere
Gefechtsgewicht	8500 kg
Länge	5800 mm
Breite	2100 mm
Höhe	1750 mm (ohne Pak)
Motor	Maybach HL 42 TURKM, 6-Zylinder-Benzinmotor
Hubraum	4170 ccm
Leistung kW/PS	73,6/100
Leistungsgewicht	11,8 PS/t
Höchstgeschwindigkeit	52,5 km/h (Straße)
Kraftstoffvorrat	160 l
Fahrbereich	320 km (Straße), 180 km(Gelände)
Besatzung	2 + 4
Bewaffnung	1 x 3,7-cm-Pak 36 L/45, 1 x 7,92-mm-MG 34 oder MG 42, 1 x 7,92-mm-PzB 39
Panzerung	6 – 14,5 mm
Furttiefe	0,5 m

▲ *Sd.Kfz. 251/10 einer unbekannten Einheit, Nordabschnitt der Ostfront, Anfang 1943.(Vincent Bourguignon)*

Mittlerer Flammpanzerwagen Sd.Kfz. 251/16

Die Bewaffnung des Sd.Kfz. 251/16 bestand aus ein bis zwei 7,92-mm-MG 34 oder MG 42 sowie zwei 14-mm-Flammrohren, die seitlich hinter Panzerschilden an der Oberkante des Aufbaues angebracht waren. Die Flammrohre waren von Hand um bis zu 90° zur Seite und +40° in der Höhe schwenkbar. Teilweise kamen zunächst anstelle der 14-mm-Rohre aber auch 7-mm-Flammenwerfer zum Einbau. Ein im Mannschaftsraum vorhandener Vorrat von 700 l Flammöl ermöglichte insgesamt etwa 80 Flammstöße mit einer Reichweite von bis zu 35 m. Zusätzlich wurde im SPW ein tragbarer Flammenwerfer mit einem Flammrohr von 7 mm Durchmesser mitgeführt, der eine Reichweite von bis zu 10 Meter besaß und abgesessen eingesetzt werden konnte. Die Panzerpioniereinheiten zugeteilten Flammpanzerwagen sollten vor allem gegen Infanterie in gut ausgebauten Stellungen und Bunkern zum Einsatz kommen.

Typ	mittlerer Flammpanzerwagen
Hersteller	Endmontage bei Weserhütte, Schichau und andere
Gefechtsgewicht	8620 kg
Länge	5800 mm
Breite	2100 mm
Höhe	2010 mm (mit Flammrohren)
Motor	Maybach HL 42 TURKM, 6-Zylinder-Benzinmotor
Hubraum	4170 ccm
Leistung kW/PS	73,6/100
Leistungsgewicht	11,6 PS/t
Höchstgeschwindigkeit	52,5 km/h (Straße)
Kraftstoffvorrat	160 l
Fahrbereich	320 km (Straße), 180 km(Gelände)
Besatzung	3 - 5
Bewaffnung	1 bis 2 x 7,92-mm-MG 34 oder MG 42, 2 x 14-mm-Flammrohre, 1 x 7-mm-Flammrohr
Kampfsatz	2100 x 7,92 mm, 700 l Flammöl
Panzerung	6 – 14,5 mm
Furttiefe	0,5 m

▲ *Mittlerer Flammpanzerwagen Sd.Kfz. 251/16 Ausf. A. (Vincent Bourguignon)*

▲ *Ein Sd.Kfz. 251/16 Ausf. D im Einsatz an der Ostfront im August/September 1944. (NARA)*

Mittlerer Schützenpanzerwagen (2 cm-Flak 38) Sd.Kfz. 251/17

Das Sd.Kfz. 251/17 war eine Flugabwehrversion des mittleren SPW, die in insgesamt vier Ausführungen auftrat. Bei den ersten, 1942 erschienenen Fahrzeugen setzte man die Flak 38 schlicht in den offenen Kampfraum des SPW. Allerdings führte die enge Öffnung des Panzeraufbaus dazu, dass das Seitenrichtfeld stark eingeschränkt war. So ging man bei der sogenannten Luftwaffenausführung dazu über, den hinteren Panzeraufbau zu verbreitern und mit abklappbaren Seitenteilen zu versehen. Zwar konnte die Flak nun um 360° geschwenkt werden, der Schutz für die Bedienung der Waffe war jedoch dürftig. Eine weitere Ausführung besaß statt des hinteren Panzeraufbaus eine ungepanzerte Plattform mit abklappbaren Gitterwänden und bot noch weniger Schutz. Da alle drei Ausführungen nicht zufriedenstellend waren, wurde ab September 1944 in geringen Stückzahlen eine neue Variante auf dem Fahrgestell der Ausf. D gebaut, bei der die 2-cm-Flak auf einer Schwebelafette lagerte, damit konnte der maximale Schwenk- und Höhenrichtbereich der Waffe ausgenutzt werden, während die Bedienung sich innerhalb des Kampfraumes befand.

Typ	mittlerer Schützenpanzerwagen
Hersteller	Endmontage bei Weserhütte, Schichau und anderen
Gefechtsgewicht	8900 kg
Länge	5800 mm
Breite	2100 mm
Höhe	2250 mm
Motor	Maybach HL 42 TRKM, 6-Zylinder-Benzinmotor
Hubraum	4170 ccm
Leistung kW/PS	73,6/100
Leistungsgewicht	11,4 PS/t
Höchstgeschwindigkeit	52,5 km/h (Straße)
Kraftstoffvorrat	160 l
Fahrbereich	320 km (Straße), 180 km(Gelände))
Besatzung	5-7
Bewaffnung	1 x 2-cm-Flak 38 mit 600 Schuss, 1 x MG 34 oder MG 42
Panzerung	6 – 14,5 mm
Furttiefe	0,5 m

▲ *Die sogenannte »Luftwaffenausführung« des Sd.Kfz. 251/17 mit erweitertem Panzerkastenoberteil, dessen seitliche Wände abklappbar waren.(DWA)*

▲ *Dieses beschädigte Sd.Kfz. 251/17 Ausf. D mit Schwebelafette wurde 1945 von US-Truppen erbeutet. (NARA)*

Schützenpanzerwagen Sd.Kfz. 251/20 (»Uhu«)

Aufgrund der alliierten Luftüberlegenheit waren Bewegungen gepanzerter Wehrmachtsverbände bei Tage 1944 kaum noch möglich. Daher entschied man sich auf deutscher Seite dazu, Infrarot (IR) für Nachtfahr- und Nachtzielgeräte zu nutzen. Bis Ende 1944 entstanden so die IR-Systeme »Puma« für den PzKpfw. V »Panther« und »Falke« für den SPW Sd.Kfz. 251. Diese Geräte bestanden jeweils aus einem kleinen IR-Scheinwerfer und einem Zielgerät mit Bildwandler. Da die Reichweite der beiden Systeme jedoch zu gering war, sollte ein »Uhu« genanntes Fahrzeug (Sd.Kfz. 251/20 mit 60-cm-Infrarotscheinwerfer Beob. Ger. 12/51) das nächtliche Gefechtsfeld ausleuchten. Dabei wurde ein 60-cm-Flakscheinwerfer (mit Kohlebogenlampe und Infrarotfilter) sowie ein Zielgerät mit Bildwandler im Mannschaftsraum eines mittleren SPW montiert. Der Scheinwerfer war um 360° drehbar gelagert. Zusätzlich fand im SPW auch noch das zum Betrieb des Beob. Ger. 12/51 notwendige Stromaggregat seinen Platz. Die maximale Reichweite des IR-Scheinwerfers lag bei 1500 m. Nur eine Handvoll dieser Fahrzeuge kam vor Kriegsende noch zum Einsatz, diese sollen aber im Verbund mit entsprechend ausgerüsteten »Panthern« erstaunliche Erfolge erzielt haben.

Typ	mittlerer Schützenpanzerwagen
Hersteller:	Endmontage bei Weserhütte, Schichau und anderen
Gefechtsgewicht	8500 kg
Länge	5980 mm
Breite	1750 mm (ohne Scheinwerfer)
Höhe	2100 mm
Motor	Maybach HL 42 TRKM, 6-Zylinder-Benzinmotor
Hubraum	4170 ccm
Leistung kW/PS	73,6/100
Leistungsgewicht	11,8 PS/t
Höchstgeschwindigkeit	52,5 km/h (Straße)
Kraftstoffvorrat	160 l
Fahrbereich	320 km (Straße), 180 km(Gelände)
Besatzung	3 - 4
Bewaffnung	keine
Panzerung	6 – 15 mm
Furttiefe	0,5 m

▲ *Das IR-Ziel-Gerät »Falke« auf einem SPW Sd.Kfz. 251. (NARA)*

▲ *Neben dem großen IR-Scheinwerfer im Mannschaftsraum verfügte auch der Fahrer des Sd.Kfz. 251/20 über einen kleinen IR-Scheinwerfer und ein Bildwandelgerät. (US Army)*

Fliegerabwehr-Schützenpanzerwagen Sd.Kfz. 251/21

Um die Abwehrmöglichkeit gegen Luftangriffe zu verbessern, suchte das Heereswaffenamt nach Möglichkeiten, eine mehrrohrige Waffe auf dem Fahrgestell des Sd.Kfz. 251 unterzubringen. Der 2-cm-Flakvierling 38 schied jedoch aus, da er zu groß und schwer war, außerdem schien es nicht möglich, eine ausreichende Munitionsmenge mitzuführen. Die Lösung bot sich schließlich in Form der Flugzeugbordwaffen MG 151/15 oder MG 151/20 im Kaliber 15 bzw. 20 mm, die in einer von Hand schwenkbaren Drillingslafette montiert wurden. Die Seitenwände des Panzeraufbaus wurden erhöht und die Lafette von einem Schild geschützt, der von der Seite beinahe wie ein Turm aussah. Da die Munition des MG 151 weit weniger Raum einnahm als die der Flak 38, konnten nun 2000 Schuss mitgeführt werden. Obschon das Fahrzeug außer einem handgehaltenen, optischen Entfernungsmesser über keine sonstigen Richtmittel verfügte, war es aufgrund der hohen Kadenz durchaus wirkungsvoll. Von August 1944 bis Kriegsende wurden 387 Exemplare hergestellt.

Typ	Fliegerabwehr-Schützenpanzerwagen
Hersteller:	Endmontage bei Weserhütte, Schichau und anderen
Gefechtsgewicht	8620 kg
Länge	5980 mm
Breite	2100 mm
Höhe	2100 mm
Motor	Maybach HL 42 TRKM, 6-Zylinder-Benzinmotor
Hubraum	4170 ccm
Leistung kW/PS	73,6/100
Leistungsgewicht	11,6 PS/t
Höchstgeschwindigkeit	52,5 km/h (Straße)
Kraftstoffvorrat	160 l
Fahrbereich	320 km (Straße), 180 km(Gelände)
Besatzung	4-6
Bewaffnung	3 x 1,5-cm-MG 151/15 oder 2-cm-MG 151/20 mit 2000 Schuss
Panzerung	6 – 15 mm
Furttiefe	0,5 m

▲ *Das Sd.Kfz. 251/22 wurde ab August 1944 gebaut und war eine Notlösung, die jedoch aufgrund ihrer Feuerkraft überzeugen konnte. (DWA)*

▲ *Ein Sd.Kfz. 251/22 inmitten einer langen Reihe verlassener Kampfwagen der Wehrmacht. (fortepan)*

▲ *Der 15-mm-Drilling verfügte über kein komplexes Visier oder gar einen mechanischen Vorhalterechner, sondern wurde nur von Hand gerichtet. (DWA)*

Mittlerer Schützenpanzerwagen (7,5 cm Pak 40) Sd.Kfz. 251/22

Die Notwendigkeit die schwere, von ihren Mannschaften kaum zu bewegende 7,5-cm-Pak 40 mobil zu machen führte dazu, dass nicht nur auf der Grundlage des Sd.Kfz. 234, sondern auch auf der des Sd.Kfz. 251 eine Panzerjäger-Selbstfahrlafette geschaffen wurde. Wie beim Sd.Kfz. 234/4 wurde einfach die gesamte Oberlafette der Pak mitsamt Schild auf einen Pivot im Mannschaftsraum gesetzt. Dazu mussten nur kleine Veränderungen am Schild vorgenommen sowie Räder und Lafettenschwänze der Pak abmontiert werden. Hitler selbst verlangte Ende November 1944, dass die Auslieferung der so bewaffneten mittleren SPW an die Truppe die höchste Dringlichkeit erhalten solle. Nach dem Zulauf von Musterfahrzeugen sollten derartige Umrüstungen von den Einheiten auch selbst vorgenommen werden. Bei sämtlichen neu produzierten Pak 40 sollte von vornherein die zum Einbau in das Sd.Kfz. 251 notwendigen Aussparungen am Schild vorgenommen werden. Obwohl nur eine Notlösung, waren die Fahrzeuge recht wirkungsvoll. Allerdings war das Fahrgestell durch die schwere Pak überlastet.

Typ	Panzerjäger Selbstfahrlafette
Hersteller:	Endmontage bei Weserhütte, Schichau und anderen
Gefechtsgewicht	9900 kg
Länge	5980 mm
Breite	2100 mm
Höhe	1750 mm (ohne Pak)
Motor	Maybach HL 42 TRKM, 6-Zylinder-Benzinmotor
Hubraum	4170 ccm
Leistung kW/PS	73,6/100
Leistungsgewicht	10,1 PS/t
Höchstgeschwindigkeit	50 km/h (Straße)
Kraftstoffvorrat	160 l
Fahrbereich	320 km (Straße), 180 km(Gelände)
Besatzung	4
Bewaffnung	1 x 7,5-cm-Pak 40 L/46, 1 x 7,92-mm-MG 42
Kampfsatz	k.A
Panzerung	6 – 15 mm
Furttiefe	0,5 m

▲ ◀ *Ein Sd.Kfz. 251/22 Ausf. D im Jahre 1945 auf einem Beutesammelplatz der US Army. Neben dem Sd.Kfz. 251 steht ein Jagdpanzer 38(t).(NARA)*

Prototyp HKp 606

Bereits 1939 begannen bei Borgward (vormals Hansa-Lloyd-Goliath), DEMAG und Hanomag die Arbeiten an einem Nachfolgemodell für die 1-t- und 3-t-Zugkraftwagen sowie die darauf basierenden SPW Sd.Kfz. 250 und 251. Die Versuchsfahrzeuge KHp 602 (DEMAG) und HKp 603 (Hanomag) waren im Grunde modifizierte Sd.Kfz. 251 mit einem neuen Maybach HL 45 Z Motor, neuem Getriebe und einer veränderten Bugpartie, die jedoch nicht in Serie gingen. Ebenso erging es 1941-42 auch dem Prototypen HKp 605 von DEMAG. Den Abschluss der Entwicklung bildete 1942 das Modell HKp 606, das ebenfalls bei DEMAG gebaut wurde und sämtliche anderen SPW ablösen sollte. Zu den Eigenschaften des neuen SPW sollte ein vereinfachter Panzeraufbau, ein stärkerer Maybach HL 50 Motor mit 180 PS und ein Maybach OLVAR Vorwählgetriebe zählen. Allerdings wurde die Entwicklung des HKp 606 abgebrochen und Vorbereitungen zu einer Serienfertigung gestoppt, da Heereswaffenamt und Guderian der Ansicht waren, dass dadurch zu viel Zeit verloren würde. Stattdessen forcierte man neue, vereinfachte Ausführungen der leichten und mittleren SPW, deren Panzeraufbauten Merkmale des für den HKp 606 Prototypen entworfenen Aufbaus aufwiesen.

Typ	mittlerer Schützenpanzerwagen
Hersteller:	DEMAG
Gefechtsgewicht	7000 kg
Länge	4850 mm
Breite	1980 mm
Höhe	1850 mm (Oberkante Wanne)
Motor	Maybach HL 50, 6-Zylinder-Benzinmotor
Hubraum	5000 ccm
Leistung kW/PS	132/180
Leistungsgewicht	25,7 PS/t
Höchstgeschwindigkeit	70 km/h (Straße)
Kraftstoffvorrat	k.A
Fahrbereich	k.A
Besatzung	2 + 8
Bewaffnung	geplant 2 x 7,92-mm-MG 42
Kampfsatz	k.A
Panzerung	6- 14,5 mm
Furttiefe	k.A

▲ *Prototyp des HKp 606. (DWA)*

Mittlerer Schützenpanzerwagen S307 (f)

SOMUA baute ab 1933 für die französischen Streitkräfte 2543 Halbkettenzugkraftwagen des Modells MCG 5. Diese Fahrzeuge besaßen ein Laufwerk des Typs Kégresse-Hinstin mit verstärkten, endlosen Gummiketten und Blattfederung. Zugkraftwagen (ZgKw) dieses Typs wurden von den französischen Streitkräften mit unterschiedlichen Spezialaufbauten versehen und in einer Vielzahl von Rollen eingesetzt, vor allem jedoch als Artillerieschlepper und Transportfahrzeuge. Im Sommer 1940 fiel der Wehrmacht ein Großteil dieser ZgKw in die Hände. Nach einer Überholung durch das Herstellerwerk wurden diese ihren vorherigen Rollen entsprechend bei den deutschen Truppen eingesetzt. Ihre Bezeichnung lautete Zgkw S307 (f).

1943-44 schuf das Baukommando Becker in Zusammenarbeit mit der französischen Industrie eine Anzahl unterschiedlicher gepanzerter Fahrzeuge auf Basis des SOMUA MCG-Fahrgestells. Dazu wurden die ursprünglichen Aufbauten durch Panzeraufbauten ersetzt, die in ihrer Form an den mittleren SPW Sd.Kfz. 251 erinnerten. Auf diese Art entstand 1943 zunächst eine unbekannte Zahl an Schützen- und Pionier-Panzerwagen. 48 gepanzerte Munitions-Zugkraftwagen, 36 »leichte Reihenwerfer« in zwei leicht unterschiedlichen Aufbauvarianten und eine kleine Anzahl an Fahrzeugen mit dem 15-cm-Panzerwerfer 42 kamen hinzu. Die bekanntesten Umbauten dieser Art sind sicher die 1944 entstandenen Panzerjäger auf Basis des MCG Fahrgestells, die unter der Bezeichnung »7,5-cm-Pak40 (Sf) auf mittlerem SPW S307(f)« liefen. Die Pak war dabei in einen hinten und oben offenen Kampfraum im Heck des Fahrzeugs gesetzt worden und besaß nur einen begrenzten Schwenkbereich. Von diesem improvisierten Panzerjäger für die »Schnelle Brigade West« wurden insgesamt 72 Stück gebaut. Ähnlich wie bei den SPW U304 (f) bewährten sich auch diese Umbauten nicht. Ständige Ausfälle des Antriebs und der Elektrik sowie die – aufgrund der Kriegslage – mangelhafte Qualität der Panzerung minderten den Kampfwert erheblich.

▲ Obwohl das Fahrgestell des SPW S307 (f) durch die 7,5-cm-Pak überlastet war, ermöglichte es diese Lösung doch, die schwere Pak relativ mobil zu machen.(Vincent Bourguignon)

Typ	mittlerer Schützenpanzerwagen
Hersteller:	SOMUA, Baukommando Becker
Zulässiges Gesamtgewicht	7300 kg (Daten für 7,5-cm-Pak 40 auf S 307 (f)
Länge	k.A
Breite	k.A.
Höhe	k.A
Motor	SOMUA, 4-Zylinder-Benzinmotor
Hubraum	4712 ccm
Leistung kW/PS	44/60
Leistungsgewicht	8,2 PS/t
Höchstgeschwindigkeit	36 km/h (Straße)
Kraftstoffvorrat	80 l
Fahrbereich	170 km (Straße)
Besatzung	4
Bewaffnung	1 x 7,5-cm-Pak 40 L/46
Kampfsatz	k.A
Panzerung	max. 10 mm
Furttiefe	k.A

▲ Ein im Sommer 1944 in der Normandie von US-Truppen erbeuteter SPW S 307 (f) mit 7,5-cm-Pak. (NARA)

▲ Zerstörter »leichter Reihenwerfer« auf Basis des S307(f), Normandie Sommer 1944. (NARA)

Mittlerer Schützenpanzerwagen S303 (f)

Der SOMUA Typ MCL war eine schwerere und leistungsfähigere Version des Modells MCG und diente der französischen Armee vor allem als ZgKw für schwere Geschütze und als Bergefahrzeug. Von 1933 bis 1940 baute SOMUA insgesamt 796 Wagen dieses Typs. Von der Wehrmacht erbeutete Exemplare wurden überholt und wiederum als Zugmittel für Geschütze verwendet. Ihre Bezeichnung lautete dabei ZgKw 303 (f).

1943 entstanden auf der Grundlage dieser Fahrzeuge eine kleine Anzahl mittlerer SPW sowie sechs Raketenwerfer (8-cm-Vielfachwerfer auf SPW S303 (f)). Diese Wagen trugen auf dem Heckteil einen 8-cm-Raketenwerfer für 48 Geschosse, der um 360° schwenkbar war und bis zu +45° abgehoben werden konnte. Werfer und Raketen waren Nachbauten der bekannten sowjetischen »Stalin-Orgel« bzw. »Katjusha«. Die Höchstschussweite der Raketen betrug 5300 m. Vom »schweren Reihenwerfer« auf Basis des ZgKw 303 (f) wurden ab 1943 16 Exemplare gefertigt. Diese Fahrzeuge besaßen im hinteren Teil des Aufbaus eine drehbare Plattform, auf der in zwei Reihen insgesamt 20 Granatwerfer montiert waren. Diese Werfer französischen Ursprungs (Modell Brandt 278 (f), Kaliber 81,4 mm) konnten einzeln oder in Salven abgefeuert werden. Die maximale Rohrerhöhung betrug 90°. Der »leichte Reihenwerfer« auf dem Fahrgestell des mSPW S307 (f) war ganz ähnlich aufgebaut, besaß jedoch nur 16 Granatwerfer. Wie auch die anderen gepanzerten Umbauten auf der Grundlage französischer Halbkettenfahrzeuge kamen diese Wagen nur bei in Frankreich stationierten Einheiten, vor allem der »Schnellen Brigade West« (später Teil der 21. Panzer-Division) zum Einsatz. Bewährt haben sich auch diese Improvisationen nicht.

Typ	mittlerer Schützenpanzerwagen
Hersteller:	SOMUA, Baukommando Becker
Gefechtsgewicht	6850 kg (Daten für 8-cm-Vielfachwerfer auf SPW S303 (f)
Länge	k.A
Breite	k.A.
Höhe	k.A
Motor	SOMUA, Typ 23 4-Zylinder-Benzinmotor
Hubraum	6232 ccm
Leistung kW/PS	59/80
Leistungsgewicht	11,6 PS/t
Höchstgeschwindigkeit	34 km/h (Straße)
Kraftstoffvorrat	120 l
Fahrbereich	100 km (Straße)
Besatzung	4
Bewaffnung	1 x 48-fach-8-cm-Raketenwerfer
Panzerung	max. 10 mm
Furttiefe	k.A

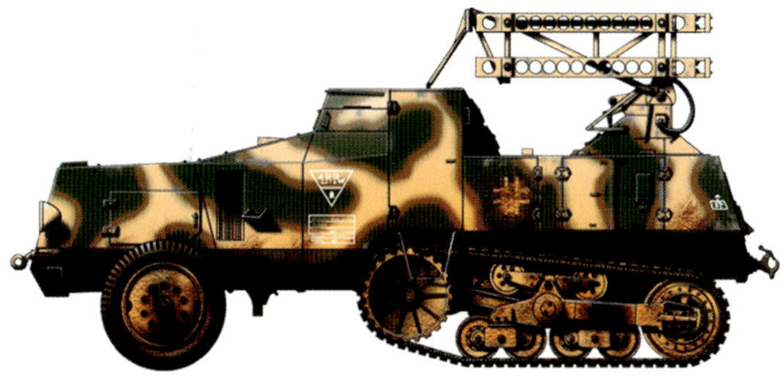

▲ 8-cm-Vielfachwerfer auf SPW S303 (f). (Vincent Bourguignon)

▲ Schwerer Reihenwerfer auf SPW 303 (f). (Vincent Bourguignon)

▶ 30.Mai 1944, Nordfrankreich, Atlantikküste, Riva, bella: Vorführung des Prototyps des 8-cm-Vielfachwerfers. (BA)

Gepanzerte Zugkraftwagen und Gleisketten-Lkw

Gepanzerter Zugkraftwagen 8 t Sd.Kfz.7

Der 8-t-Zugkraftwagen (Sd.Kfz.7) wurde ab 1934 von Kraus-Maffei in München entwickelt und diente der Wehrmacht vor allem als Zugfahrzeug für 8,8-cm-Flak und 15-cm-Feldhaubitzen. Nach einigen Veränderungen an Fahrwerk und Motor wurde ab 1937 die Abschlussversion (KM m 11) produziert, von der bis 1945 über 12.000 Exemplare der Truppe zuliefen. Krauss-Maffei selbst baute 6120 Sd.Kfz. 7, der Rest entstand bei den Firmen Daimler-Benz, Büssing-NAG, Saurer und Borgward in Lizenz. 1938 und 1939 entstand eine kleine Anzahl von teilgepanzerten 8-t-Zugkraftwagen für den Schlepp von 8,8-cm-Flak, die vor allem im Erdkampf eingesetzt werden sollten. Neben Heeresflugabwehreinheiten wurden auch Panzerjägerabteilungen mit diesen Fahrzeugen ausgerüstet. Die Panzerung beschränkte sich dabei auf den vorderen Motorraum, bzw. Kühlerbereich und den Fahrer-, bzw. Mannschaftsraum.
1944 wurden einige Sd.Kfz. 7 zu mobilen Feuerleitständen für V-2 Raketen umgerüstet (Sd.Kfz. 7/9). Diese Wagen dienten aber nicht nur als Kontrollstelle für den Raketenstart, sondern zogen auch die notwendigen Abschussplattformen. Zum Schutz der Mannschaft vor den beim Raketenstart austretenden Abgasen besaßen diese Fahrzeuge im Heckbereich einen gepanzerten Aufbau.

Typ	Gepanzerter Zugkraftwagen
Hersteller	Krauss-Maffei, Daimler-Benz, Büssing-NAG, Sauerer, Borgward
Gefechtsgewicht	11 550 kg
Länge	6850 mm
Breite	2400 mm
Höhe	2660 mm
Motor	Maybach HL 62 TUK, 6-Zylinder-Benzinmotor
Hubraum	6191 ccm
Leistung kw/PS	103/140
Leistungsgewicht	12,1 PS/t
Höchstgeschwindigkeit	50 km/h (Straße)
Kraftstoffvorrat	213 l, später 203 l
Fahrbereich	250 km (Straße), 135 km (Gelände)
Besatzung	12
Bewaffnung	keine
Panzerung	max. 8 mm
Furttiefe	0,65 m

▲ *In kleinen Stückzahlen wurden 1939/40 8-t-ZgKw mit einer leichten Panzerung versehen und zum Schlepp der 8,8-cm-Flak eingesetzt. (DWA)*

Panzer-Selbstfahrlafette 7,5 cm auf Fahrgestell m.Zgkw. 5 t

Bereits 1934 begann Rheinmetall in Zusammenarbeit mit Büssing-NAG eine gepanzerte Selbstfahrlafette auf der Grundlage eines Halbkettenfahrgestells zu entwickeln. Aus dieser Zusammenarbeit entstanden in den darauffolgenden Jahren drei Prototypenreihen von Halbketten-Selbstfahrlafetten, die alle mit einer 7,5-cm-Kanone L/40,8 in einem um 360° schwenkbaren, oben offenen Drehturm ausgerüstet waren. Diese Waffe erreichte eine Mündungsgeschwindigkeit von 685 m/sek und suchte zu jener Zeit im Panzerbau ihresgleichen. Eine MG-Bewaffnung war offenbar nicht vorgesehen. Des Weiteren basierten alle drei Versionen auf modifizierten Fahrgestellen des 5-t-Zugkraftwagens (Sd.Kfz. 6) von Büssing-NAG. Im Gegensatz zum Sd.Kfz. 6 war der Motor aber nicht vorn, sondern im Heck eingebaut.

Die Wagen der ersten und der zweiten Prototyp-Version (Fahrgestell BN 10 H) unterschieden sich nur geringfügig. Beide besaßen eine schmale, langgestreckte Wanne, deren Seiten gegen die Hauptschussrichtung schräggestellt waren. Allerdings gab es Unterschiede beim Laufwerk (das der ersten Ausführung war um eine Laufrolle kürzer), dem Turm und der Kanone. Dieser war bei der zweiten Ausführung etwas flacher und besaß eine andere Blende, während die Hauptwaffe nun über eine Mündungsbremse verfügte. Beide Fahrzeuge wogen rund 6000 kg und waren 60 km/h schnell. Ihre Panzerung betrug 8 – 20 mm. Insgesamt wurden von beiden Versionen zusammen drei Wagen gebaut; zu einer Serienherstellung kam es nicht.

Die dritte Version der Halbketten-Selbstfahrlafette (Fahrgestell HKp 902) war im Frontbereich wesentlich breiter und die Wannenseiten waren nicht mehr schräggestellt. Ein durchgehendes Schutzblech bedeckte Vorderräder und Kettenlaufwerk. Obwohl auch dieser Prototyp nur 6 – 20 mm stark gepanzert war, lag sein Gewicht mit 11.000 kg wesentlich höher. Ein 150 PS Maybach HL 45 Motor sorgte für eine Höchstgeschwindigkeit von 50 km/h. Zwei dieser Fahrzeuge wurden 1941/42 in Nordafrika eingesetzt, wobei eines abgeschossen und erbeutet wurde. Der Verbleib des anderen ist unbekannt. Ein weiteres wurde 1941 zu einer 5-cm-Flak-Selbstfahrlafette umgebaut und ein viertes tauchte kurz vor Kriegsende als Feuerleitpanzerwagen für V 2 Raketen auf. Eine Serienfertigung fand auch hier nicht statt.

Auf der Grundlage eines modifizierten Fahrgestells des 3-t-Zugkraftwagens (HL kl 3 (H))baute Hansa-Lloyd-Goliath 1936 als Einzelstück einen im Erscheinungsbild sehr ähnlichen Prototyp einer Selbstfahrlafette, der mit einer 3,7-cm-Pak L/70 in einem Drehturm und zwei MG 34 bewaffnet war.

Typ	Panzerabwehr-Selbstfahrlafette
Hersteller	Rheinmetall, Büssing-NAG
Gefechtsgewicht	6000 kg
Länge	k.A
Breite	k.A
Höhe	k.A
Motor	Maybach NL 38, 6-Zylinder-Benzinmotor
Hubraum	3791 ccm
Leistung kW/PS	73,6/100
Leistungsgewicht	16,7 PS/t
Höchstgeschwindigkeit	60 km/h (Straße)
Kraftstoffvorrat	k.A
Fahrbereich	k.A
Besatzung	4
Bewaffnung	1 x 7,5-cm-Kanone L/40,8
Kampfsatz	k.A
Panzerung	8 - 20 mm
Furttiefe	0,6 m

Daten für Panzer-Selbstfahrlafette II 7,5 cm auf Fahrgestell m.Zgkw. 5 t

▲ *Prototyp der Panzer-Selbstfahrlafette II 7,5 cm auf Fahrgestell m.Zgkw. 5 (Vincent Bourguignon)*

▲ *Feuerleitpanzerwagen auf Fahrgestell Hkp 902, Peenemünde, Heerversuchsanstalt, Raketenversuchsgelände, 1944. (BA)*

2-cm-Flak auf Fahrgestell Zugkraftwagen 1 t Sd.Kfz.10/4

Der 1-t-Zugkraftwagen auf dem Fahrgestell D 7 (Sd.Kfz. 10) wurde bei DEMAG entwickelt und diente vor allem als Zugmittel für leichte Geschütze. DEMAG, Adler, Büssing-NAG, Saurer, Phänomen, MIAG und MNH bauten zwischen 1937 und 1945 rund 25.000 Fahrgestelle des Typs D 7, von denen gut 7500 für die Fahrzeugreihe Sd.Kfz. 250/252/253 bestimmt waren. Die Version Sd.Kfz. 10/4 war das erste Flugabwehrfahrzeug des Heeres und wurde ab Mitte 1939 in Serie produziert. Auf der Ladefläche des ZgKw war eine 2-cm-Flak 30 ohne Schutzschild montiert, die einen Schwenkbereich von 360° besaß. Die seitlichen Gitterwände am hinteren Aufbau waren abklappbar, um die Bewegungsfreiheit der Mannschaft zu erhöhen. An ihren Seiten waren acht Kästen für je zwei 20-Schussmagazine befestigt, insgesamt wurden 280 Schuss mitgeführt. Zusätzliche Munition und Ausrüstung fanden ihren Platz in einem einachsigen Anhänger.

Nach den Erfahrungen des Frankreichfeldzuges wurden die 2-cm-Geschütze mit Schilden ausgestattet. Hatte zunächst die Truppe improvisierte Panzerungen vor dem Kühler und der Fahrerfront angebracht, so geschah dies später auch direkt ab Werk. Ab 1941 wurde die 2-cm-Flak 30 zunehmend durch das Modell 38 ersetzt, das eine höhere Kadenz besaß. Fahrzeuge dieser Art trugen die Bezeichnung Sd.Kfz. 10/5. Fla-Selbstfahrlafetten beider Ausführungen kamen sowohl bei Flugabwehreinheiten des Heeres als auch der Luftwaffe den ganzen Krieg hindurch zum Einsatz und bewährten sich bestens. Dies galt nicht nur in Flugabwehrrolle, sondern auch für ihren Einsatz im Erdkampf.

▲ *Sd.Kfz. 10/4 werksmäßig mit einer leichten Panzerung der Fahrerkabine und des Motors versehen. (Vincent Bourguignon)*

Typ	Gepanzerter Zugkraftwagen
Hersteller	DEMAG und zahlreiche weitere Firmen
Gefechtsgewicht	5500 kg
Länge	4750 mm
Breite	1930 mm
Höhe	2000 mm
Motor	Maybach HL 42 TRKM, 6-Zylinder-Benzinmotor
Hubraum	4199 ccm
Leistung kW/PS	73,6/100
Leistungsgewicht	18,2 PS/t
Höchstgeschwindigkeit	65 km/h (Straße)
Kraftstoffvorrat	110 l
Fahrbereich	280 km (Straße), 150 km (Gelände)
Besatzung	7 - 8
Bewaffnung	1 x 2-cm-Flak 30 oder 38 L/65
Kampfsatz	280 x 2 cm
Panzerung	max. 8 mm
Furttiefe	0,7 m

▲ *Die ungepanzerte Version des Sd.Kfz. 10/4 mit 2-cm-Flak 30. (DWA)*

▶ *Ein Sd.Kfz. 10/4 der Luftwaffe im Einsatz gegen Erdziele. Ostfront, November/Dezember 1943. (BA)*

5-cm-Pak auf Fahrgestell Zugkraftwagen 1 t Sd.Kfz.10

Hauptaufgabe des Sd.Kfz. 10 war der Schlepp leichter Geschütze wie der 3,7-cm-Pak 36 oder der 5-cm-Pak 38. Um die Waffen beweglicher zu machen und um sie rascher zum Einsatz bringen zu können, schuf die Truppe nicht selten in Eigenregie improvisierte Panzerjäger, beiden denen die Pak auf die Ladefläche des ZgKw montiert wurde. Häufig wurde dabei einfach die komplette Pak mitsamt Lafettenschwänzen und Rädern aufgesetzt. Bei einigen Fahrzeugen wurde diese Umrüstung aber auch werksseitig durchgeführt. So erhielten 1941 Einheiten der Waffen SS eine Anzahl von Panzerjäger-Selbstfahrlafetten auf Basis des Sd.Kfz. 10 mit der 5-cm-Pak 38 L/60. Die Waffe war dabei ohne Räder oder Lafettenschwänze drehbar auf einem Pivot auf der Ladefläche montiert. Motorhaube und Fahrerfront wurden leicht gepanzert. Die Pak 38 war für 1941 eine durchaus ernstzunehmende Waffe. Mit der Panzergranate 39 durchschlug sie auf 500 m Entfernung 78 mm Panzerstahl. Gegen die an der Ostfront auftretenden T-34 und KW-1 war aber auch dieses Geschütz nur noch bedingt wirkungsvoll.

Typ	Gepanzerter Zugkraftwagen
Hersteller	DEMAG und zahlreiche weitere Firmen
Gefechtsgewicht	5500 kg
Länge	4750 mm
Breite	1840 mm
Höhe	k.A
Motor	Maybach HL 42 TRKM, 6-Zylinder-Benzinmotor
Hubraum	4199 ccm
Leistung kW/PS	73,6/100
Leistungsgewicht	18,2 PS/t
Höchstgeschwindigkeit	65 km/h (Straße)
Kraftstoffvorrat	110 l
Fahrbereich	280 km (Straße), 150 km (Gelände)
Besatzung	6
Bewaffnung	1 x 5-cm-Pak 38 L/60
Kampfsatz	k.A
Panzerung	max. 8 mm
Furttiefe	0,7 m

▲ *Die 5-cm-Pak (Sf) auf ZgKw 1 t wurde nur in sehr geringen Stückzahlen gebaut. (Vincent Bourguignon)*

7,62-cm-Pak 36 (r) auf 5 t Zugkraftwagen »Diana« Sd.Kfz.6/3

Anfang 1942 baute die Altmärkische Kettenfabrik (Alkett) auf Basis des 5-t-Zugkraftwagens von Büssing-NAG neun Panzerjäger-Selbstfahrlafetten in zwei leicht unterschiedlichen Ausführungen. Dabei wurde auf die Ladefläche des Sd.Kfz. 6 ein hoher, oben offener Panzeraufbau mit geraden Seiten gesetzt. Motor- und Fahrerraum hingegen blieben ungepanzert. Der Panzeraufbau besaß beidseitig große Zugangstüren und konnte bei Bedarf durch eine auf drei Spriegeln ruhende Plane abgedeckt werden. Die Bewaffnung des Fahrzeugs bestand aus einer 7,62-cm-Pak sowjetischen Ursprungs. In den ersten Monaten des Russlandfeldzuges waren zahlreiche russische Feldgeschütze des Typs M 1936, Kaliber 7,62 cm, erbeutet worden. Die Wehrmacht stellte diese leistungsfähigen Waffen ohne (oder nur mit geringen) Veränderungen als 7,62-cm-FK 296(r) bzw. 7,62-cm-Pak 36(r) in ihre Dienste. Alle neun Fahrzeuge wurden 1942 bei der Panzerjägerabteilung 605 in Nordafrika eingesetzt. Obwohl die Feuerkraft der Pak sämtlichen Panzern auf diesem Kriegsschauplatz gewachsen war, konnten die »Diana« genannten Selbstfahrlafetten aufgrund ihrer ungeschickten Formgebung und der mangelnden Panzerung nicht überzeugen.

Typ	Panzerabwehr-Selbstfahrlafette
Hersteller	Büssing-NAG, Alkett
Gefechtsgewicht	11.2000 kg
Länge	6330 mm
Breite	2260 mm
Höhe	2980 mm
Motor	Maybach HL 54 TURKM, 6-Zylinder-Benzinmotor
Hubraum	5420 ccm
Leistung kW/PS	73,6/115
Leistungsgewicht	10,3 PS/t
Höchstgeschwindigkeit	50 km/h (Straße)
Kraftstoffvorrat	190 l
Fahrbereich	300 km (Straße), 115 km (Gelände)
Besatzung	6
Bewaffnung	1 x 7,62-cm-Pak 36 (r) L/51
Kampfsatz	k.A
Panzerung	max. 10 mm
Furttiefe	0,6 m

▲ *Eine von britischen Truppen in Libyen erbeutete »Diana«.(IWM)*

2-cm-Flakvierling (Sf) auf Zugkraftwagen 8 t Sd.Kfz. 7/1

Neben seiner Hauptaufgabe als Zugkraftwagen diente das Sd.Kfz. 8 auch als Basis für Flugabwehr-Selbstfahrlafetten. Das erste Modell dieser Art war das mit einem 2-cm-Flakvierling 38 ausgerüstete Sd.Kfz. 7/1. Diese zunächst gänzlich ungepanzerten Fahrzeuge hatten eine Besatzung von sechs Mann.

Die Lafette der Flak war auf der modifizierten Ladefläche des ZgKw aufgesetzt und von Hand um 360° schwenkbar. Der Höhenrichtbereich des Vierlings betrug –10° bis +100°, seine theoretische Feuergeschwindigkeit lag bei 1800 Schuss pro Minute. Neben 600 Schuss Bereitschaftsmunition wurden weitere 1800 Granaten und zusätzliche Ausrüstung auf einem einachsigen Anhänger (Sd.Anh. 56) transportiert. Im Laufe des Krieges erhielt zunächst die Flak einen Schutzschild, später wurden auch Kühler und Fahrerraum mit einer leichten Panzerung versehen, um die Verluste an Personal zu verringern. Neben der Flugabwehr wurde das Sd.Kfz. 7/1 auch zum Beschuss von Bodenzielen eingesetzt.

▲ *Dieses Sd.Kfz. 7/1 wurde von den US-Streitkräften erbeutet. (NARA)*

Typ	Flugabwehr-Selbstfahrlafette
Hersteller	Krauss-Maffei, Daimler-Benz, Büssing-NAG, Sauerer, Borgward
Gefechtsgewicht	11.540 kg
Länge	6850 mm
Breite	2440 mm
Höhe	3200 mm
Motor	Maybach HL 62 TUK, 6-Zylinder-Benzinmotor
Hubraum	6191 ccm
Leistung kw/PS	103/140
Leistungsgewicht	12,1 PS/t
Höchstgeschwindigkeit	50 km/h (Straße)
Kraftstoffvorrat	213 l, später 203 l
Fahrbereich	250 km (Straße), 135 km (Gelände)
Besatzung	8
Bewaffnung	1 x 2-cm-Flakvierling 38 L/65
Kampfsatz	2400 x 2 cm
Panzerung	max. 8 mm
Furttiefe	0,65 m

▲ *Sd.Kfz. 7/1 der Panzergrenadier-Division »Großdeutschland«, Ostfront 1943. (Vincent Bourguignon)*

3,7-cm-Flak (Sf) auf Zugkraftwagen 8 t Sd.Kfz. 7/2

Neben dem 2-cm-Flakvierling kam auch die 3,7-cm-Flak auf dem 8-t-ZgKw zum Einsatz. Abhängig davon, welche Version der 3,7-cm-Flak zum Einbau kam, lautete die offizielle Bezeichnung »3,7 cm Flak 36/37/43(Sf) auf Zugkraftwagen 8t«. Die Flak 36 und 37 besaßen eine Kadenz von 140 bis 160 Schuss pro Minute, während die Flak 43 es auf 230 bis 250 Schuss brachte. Unabhängig davon, welche Waffe zum Einbau kam, betrug der Schwenkbereich 360°. Der Höhenrichtbereich der Flak 36 und 37 lag bei –8° bis +85°, die Flak 43 erreichte-7,5° bis +90°. Neben einem Fahrer bestand die Besatzung aus fünf Kanonieren und einem Kommandanten. Im Fahrzeug selbst befanden sich 120 Schuss Flak-Munition, weitere 432 Granaten und Ausrüstung wurden auf einem einachsigen Anhänger (Sd.Anh. 57) mitgeführt. Von 1942 bis Anfang 1945 entstanden rund 1000 Fahrzeuge dieser Art. Die ersten Sd.Kfz. 7/2 waren noch gänzlich ohne Panzerschutz, ab 1943 wurde jedoch ein Schild für das Geschütz und eine leichte Panzerung für Fahrerkabine sowie Kühler eingeführt. Wie beim Sd.Kfz. 7/1 saßen die Kanoniere während des Marsches an der Rückwand der Fahrerkabine. Die verlängerte Seiten- und Dachpanzerung verlieh ihnen dabei einen gewissen Schutz.

Typ	Flugabwehr-Selbstfahrlafette
Hersteller	Krauss-Maffei, Daimler-Benz, Büssing-NAG, Sauerer, Borgward
Gefechtsgewicht	11 050 kg
Länge	6850 mm
Breite	2440 mm
Höhe	3200 mm
Motor	Maybach HL 62 TUK, 6-Zylinder-Benzinmotor
Hubraum	6191 ccm
Leistung kw/PS	103/140
Leistungsgewicht	12,7 PS/t
Höchstgeschwindigkeit	50 km/h (Straße)
Kraftstoffvorrat	213 l, später 203 l
Fahrbereich	250 km (Straße), 135 km (Gelände)
Besatzung	8
Bewaffnung	1 x 3,7-cm-Flak 36/37/43 L/98
Kampfsatz	552 x 3,7 cm
Panzerung	max. 8 mm
Furttiefe	0,65 m

▲ Dieser Zugkraftwagen 8 t Sd.Kfz. 7/2 ist mit einer 3,7-cm-Flak 43 ausgerüstet und Beute der US Army. (NARA)

▲ Italien, Frühjahr 1944: Ein von US-Jagdbombern zerstörtes Sd.Kfz. 7/2 mit 3,7-cm-Flak 36. (NARA)

8,8-cm-Flak 18 (Sf) auf ZgKw 12 t Sd.Kfz. 8

Der von Daimler-Benz entwickelte 12-t-Zugkraftwagen (Sd. Kfz. 8) wurde ab 1934 in Serie produziert und diente der Wehrmacht vor allem als Zugmittel für schwere Geschütze. Insgesamt verließen bis 1944 rund 4000 Sd.Kfz. 12 in verschiedenen Baureihen die Werkshallen. Auf Anordnung des Waffenamtes wurden in den Jahren 1939 und 1940 insgesamt 25 Selbstfahrlafetten auf der Basis des Sd.Kfz. 8 (Fahrgestelltyp DB 9) geschaffen. Diese Fahrzeuge waren mit einer 8,8-cm-Flak 18 auf der Ladefläche ausgestattet, die einen großen Schutzschild besaß. Das Seitenrichtrichtfeld betrug 151° zu jeder Seite, der Höhenrichtwinkel lag bei -3° bis +15° - eine Verwendung als Flak war also nicht vorgesehen, die 8,8-cm-Flak sollte vor allem gegen Panzer und Feldbefestigungen eingesetzt werden. Motorraum und Fahrerkabine waren leicht gepanzert (max. 14, 5 mm), die Geschützmannschaft wurde jedoch nur vom Flak-Schild geschützt. Panzerjäger-Selbstfahrlafetten dieses Typs kamen im Polen- und Frankreichfeldzug bei der Panzerjäger-Abteilung 8 zum Einsatz. Im Sommer 1940 wurde die Einheit auch noch in Russland verwendet. Die letzten drei Exemplare der 3. Kompanie der Panzerjäger Abteilung 559 (Sfl) (so umbenannt im April 1942) gingen erst im März 1943 verloren.

Obwohl diese Selbstfahrlafetten dank der 8,8-cm-Flak über eine hohe Feuerkraft verfügten, wirkten sich vor allem die Größe und der hohe Aufzug aus nachteilig aus, der es schwer machte, die Fahrzeuge zu verbergen.

Typ	Panzerjäger-Selbstfahrlafette
Hersteller	Daimler-Benz, Umbau durch Krupp
Gefechtsgewicht	20.000 kg
Länge	7350 mm
Breite	2500 mm
Höhe	2800 mm
Motor	Maybach HL 85 TURKM, 12-Zylinder-Benzinmotor
Hubraum	8520 ccm
Leistung kw/PS	136/185
Leistungsgewicht	9,25 PS/t
Höchstgeschwindigkeit	50 km/h (Straße)
Kraftstoffvorrat	250 l
Fahrbereich	250 km (Straße), 100 km (Gelände)
Besatzung	9
Bewaffnung	1 x 8,8-cm-Flak 18 L/56
Kampfsatz	k.A.
Panzerung	6 – 14,5 mm
Furttiefe	0,63 m

▲ SdKfz 8 mit 8,8-cm-Flak 18, Polen, September 1939. (NARA)

▲ Sd.Kfz. 8 mit 8,8-cm-Flak 18 (Sf) in Frankreich 1940. (DWA)

8,8-cm-Flak 37 (Sf.) auf s.Zgkw. 18t

Im Zuge der Motorisierung der Wehrmacht entwickelte das HWA die Idee für insgesamt sechs unterschiedliche Zugkraftwagen (Zgkw.), die jedoch einheitliche konstruktive Merkmale besitzen sollten. Die einzelnen Typen waren nach ihrer Anhängelast in unterschiedliche Gruppen eingeteilt. Hauptzweck der Fahrzeuge sollte das Ziehen von Artilleriegeschützen sein. Aufträge für Entwurf und Produktion gingen an verschiedene deutsche Hersteller. Allen Modellen gemeinsam war das relativ lange Gleiskettenlaufwerk mit großen Laufrädern in der typischen Schachtelanordnung und vorn liegendem Antriebsrad. Die luftbereiften Vorderräder waren ohne Antrieb oder Bremse und dienten einzig der Lenkung, allerdings griff ab einem bestimmten Lenkwinkel auch eine Kettensteuerung. Alle Zugkraftwagen haben sich im Krieg gut bewährt, waren aber technisch zu aufwändige Friedenskonstruktionen mit einer viel zu großen Modellvielfalt, die den Erfordernissen einer rücksichtslosen Massenproduktion unter schwierigsten Bedingungen nicht gerecht werden konnten. Dies zeigte sich dann auch deutlich in den Nachfolgeentwicklungen der Kriegszeit, Wehrmachtsschlepper und Raupenschlepper Ost, die viel primitiver, aber auch kostengünstiger waren. Das größte und schwerste Modell, das Sd.Kfz.9 (schwerer Zugkraftwagen 18 t), kam meist als Abschleppfahrzeug für Panzer zum Einsatz und wurde in 2691 Exemplaren gebaut. Als jedoch schwere Typen wie »Tiger« und »Panther« zu bergen waren, brauchte es bis zu drei Sd.Kfz.9, um diese Fahrzeuge bewegen zu können, sodass spezielle Bergepanzer diese Aufgabe übernehmen mussten.

Das Reichsluftfahrtministerium forderte 1942 den Bau von 112 Selbstfahrlafetten für die 8,8-cm-Flak 37 auf Basis des Sd.Kfz. 9. Die Firma Weserhütte in Bad Oeynhausen stellte daraufhin Ende Oktober 1942 einen ersten Prototyp vor, der die Bezeichnung »8,8cm Flak 37 (Sf.) auf s.Zgkw. 18t« erhielt. Motor und Fahrerkabine waren durch 14,5 mm starke Panzerbleche geschützt. Die Flak war auf der Ladefläche installiert. Die Bedienungsmannschaft der Flak war bis auf den Geschützschild ohne Schutz. Die aus einem Drahtgeflecht bestehenden Seiten der Ladefläche waren abklappbar, um den Bewegungsraum für die Mannschaft zu vergrößern. Aufgrund der hohen Rückstoßkräfte der 8,8-cm-Flak mussten beim Feuern zur Stabilisierung auf jeder Seite zwei Stützen ausgefahren werden. Am Heck der Ladefläche fanden 40 Schuss in gepanzerten Kästen Platz. Das auf 25 t angestiegene Gewicht machte stärkere Federstäbe für das Fahrwerk notwendig.

Zwischen Juli und September 1943 wurden schließlich nur zwölf Serienfahrzeuge ausgeliefert, die sämtlich bei der Heeres-Flak-Abt. 304 als Teil der 26. Pz.Div. in Italien zum Einsatz kamen.

Typ	Flak-Selbstfahrlafette
Hersteller	Famo, Umbau durch Weserhütte
Gefechtsgewicht	25.000 kg
Länge	9320 mm
Breite	2650 mm
Höhe	3670 mm
Motor	Maybach HL 108 TUKRM, 12-Zylinder-Benzinmotor
Hubraum	10.830 ccm
Leistung kw/PS	184/250
Leistungsgewicht	10 PS/t
Höchstgeschwindigkeit	50 km/h (Straße)
Kraftstoffvorrat	290 l
Fahrbereich	240 km (Straße), 100 km (Gelände)
Besatzung	11
Bewaffnung	1 x 8,8 cm Flak 37 L/56
Kampfsatz	40 x 8,8 cm
Panzerung	8 mm - 14,5 mm
Furttiefe	0,8 m

◀ *Die 8,8-cm-Flak 37 (Sf.) auf s.Zgkw. 18T wurde nur in zwölf Exemplaren gefertigt.*

▲ *Ein früher s.Zgkw. Sd.Kfz. 9. Man beachte die Größe des Fahrzeugs im Vergleich zur Mannschaft. (DWA)*

▲ *Ein Sd.Kfz. 9 mit einem PzKpfw. III im Schlepp. Ostfront 1941. (BA)*

Leichter Wehrmachtsschlepper (leWS)

Im Mai 1942 begann bei Adler (Frankurt/Main) die Entwicklung eines vereinfachten leichten Zugkraftwagens, der das 1-t-Modell von DEMAG ablösen sollte. Der Produktionsbeginn war auf Anfang 1943 festgelegt, doch der sogenannte leichte Wehrmachtsschlepper kam nie über das Versuchsstadium hinaus. Nur drei sich leicht unterscheidende Prototypen wurden gefertigt. Die ersten beiden Fahrzeuge waren mit einem 95 PS Maybach HL 30 Motor ausgerüstet, der dritte Wagen verfügte über einen 100 PS Maybach HL 42. Die Fahrzeuge besaßen ungeschmierte Gleisketten sowie ein vereinfachtes Laufwerk, das mit zähem Schlamm und Frost besser zurechtkam als das Schachtellaufwerk der üblichen Zugkraftwagen. Fahrerhaus und Motorraum waren gepanzert, da die Wagen auch als Selbstfahrlafetten eingesetzt werden sollten. Aus diesem Grund waren auf der ebenen Ladefläche auch Haltepunkte für die Montage von verschiedenen Waffen vorgesehen.

Typ	gepanzerter Zugkraftwagen
Hersteller	Adler
Gefechtsgewicht	6900 kg
Länge	5200 mm
Breite	2120 mm
Höhe	2000 mm
Motor	Maybach HL 30, 6-Zylinder-Benzinmotor
Hubraum	k.A
Leistung kw/PS	70/95
Leistungsgewicht	13,8 PS/t
Höchstgeschwindigkeit	23 km/h (Straße)
Kraftstoffvorrat	k.A
Fahrbereich	k.A
Besatzung	2
Bewaffnung	keine
Panzerung	6 - 15 mm
Furttiefe	k.A

▲ ▶ *Prototyp des leichten Wehrmachtsschleppers. (DWA)*

15-cm-Panzerwerfer 42 (Sf) Sd.Kfz.4/1

Aufgrund der katastrophalen Wegeverhältnisse an der Ostfront drohten die Lkw der Wehrmacht ihrer Rolle als Transport- und Nachschubfahrzeuge nicht mehr gerecht werden zu können. Abhilfe versprach man sich durch die Schaffung einfacher Halbkettenfahrzeuge. Mit Hilfe der Montage von Gleiskettenlaufwerken anstelle der Hinterräder normaler 3-t- oder 4,5-t-Lkw verschiedener Hersteller versuchte die Wehrmacht, diesen Fahrzeugen eine bessere Geländegängigkeit zu verschaffen. Die auf diese Art entstandenen Gleisketten-Lkw wurden, unabhängig vom Hersteller, als »Maultier« bekannt. Zwischen 1942 und 1945 entstanden rund 22.000 Wagen dieser Art.

Opel schuf auf Basis des 3-t-Maultiers aus eigenem Hause 1943 eine leicht gepanzerte Selbstfahrlafette für den Panzerwerfer 42. Dieser Raketenwerfer mit 10 Rohren war dabei um 360° schwenkbar auf dem rückwärtigen Aufbau montiert. Die 15-cm-Raketen des Werfers besaßen eine Reichweite von bis zu 6700 m und wogen 34,7 kg. 20 Schuss wurden im Fahrzeug selbst mitgeführt. Einheiten der Waffen SS verwendeten auf der gleichen Basis teilweise auch einen 8-cm-Raketenwerfer mit 24 Abschussschienen, wie er auch auf dem mittleren SPW S303(f) zum Einbau kam. Zum Eigenschutz war auf der Fahrerkabine häufig ein 7,92-mm-MG 42 montiert. Opel produzierte von April 1943 bis März 1944 300 Sd.Kfz. 4/1, zusätzlich entstanden 289 Munitionskraftwagen Sd.Kfz.4 zur Unterstützung der Panzerwerfer. Von diesen Munitionsfahrzeugen wurden später 19 Stück zu Sd.Kfz. 4/1 umgerüstet. Insgesamt wurden drei Lose des Sd.Kfz. 4 und 4/1 gebaut, die sich durch Änderungen am Aufbau und am Laufwerk unterschieden.

Typ	Raketenwerfer-Selbstfahrlafette
Hersteller	Opel
Gefechtsgewicht	8500 kg
Länge	6000 mm
Breite	2200 mm
Höhe	3050 mm
Motor	Opel, 6-Zylinder-Benzinmotor
Hubraum	3600 ccm
Leistung kw/PS	55/75
Leistungsgewicht	8,8 PS/t
Höchstgeschwindigkeit	40 km/h (Straße)
Kraftstoffvorrat	k.A.
Fahrbereich	130 km (Straße), 80 km(Gelände)
Besatzung	4
Bewaffnung	1 x 15-cm-Panzerwerfer 42, 1 x 7,92-mm-MG 34 oder MG 42
Kampfsatz	30 x 15 cm, k.A. zu 7,92 mm
Panzerung	6 - 10 mm
Furttiefe	0,44 m

▲ *Ein Panzerwerfer wird vom Inneren des Sd.Kfz. 4/1 her beladen. Im Fahrzeug wurden 20 Raketen mitgeführt.(NARA)*

▲ *Sd.Kfz. 4/1 einer unbekannten Einheit, Ostfront, Anfang 1945. (Vincent Bourguignon)*

◀ *Dieser recht mitgenomme Panzerwerfer 42 wurde bei Kriegsende von US-Truppen erbeutet und untersucht. (NARA)*

Schwerer Wehrmachtsschlepper (sWS) (gep. Ausf.)

Der schwere Wehrmachtsschlepper (sWS) war als stark vereinfachter, massenproduktionstauglicher und kostengünstiger Nachfolger für die 3-t- und 5-t-Zugkraftwagen Sd.Kfz. 11 und Sd.Kfz. 6 gedacht. Das Heereswaffenamt hatte bereits im Mai 1942 einen entsprechenden Entwicklungsauftrag erteilt, allerdings bauten Büssing-NAG und Tatra von Dezember 1943 bis März 1945 nur 825 (andere Quellen sprechen von rund 1000) dieser Fahrzeuge. Der sWS verfügte über breite, ungeschmierte Ketten und war in der Lage, eine Zuladung von 4000 kg zu transportieren oder 8000 kg zu ziehen. Die Mehrzahl der Wagen war ungepanzert, doch ab Mitte 1944 entstand eine Reihe von sWS, die über einen leicht gepanzerten Motor- und Kabinenbereich verfügten und primär zur Versorgung von Fronteinheiten gedacht waren. Auf dieser Basis wurde auch eine Selbstfahrlafette mit 3,7-cm-Flak 43 geschaffen, die 120 Schuss Munition mitführte. Die Flak verfügte zwar über einen Schutzschild, die Mannschaft war jedoch weitgehend ungeschützt. Auf dem Marsch saßen die Kanoniere mit dem Rücken zur Fahrtrich-

Typ	gepanzerter Zugkraftwagen
Hersteller	Büssing-NAG, Tatra
Gefechtsgewicht	13 500 kg
Länge	6675 mm
Breite	2500 mm
Höhe	2830 mm
Motor	Maybach HL 42 TRKM, 6-Zylinder-Benzinmotor
Hubraum	4170 ccm
Leistung kw/PS	73,6/100
Leistungsgewicht	7,4 PS/t
Höchstgeschwindigkeit	29 km/h (Straße)
Kraftstoffvorrat	240 l
Fahrbereich	300 km (Straße), 150 km(Gelände)
Besatzung	2
Bewaffnung	siehe Varianten
Panzerung	6 - 15 mm
Furttiefe	1 m

▲ *3,7-cm-Flak 43 auf sWS. Obwohl die Flak 43 einen großen Schild besitzt, ist die Geschützmannschaft noch immer weitgehend dem gegnerischen Feuer ausgesetzt.*

▲ *Die unbewaffnete gepanzerte Version des sWS war zur Versorgung von Fronteinheiten vorgesehen. (NARA)*

tung auf einer Bank, die an das Hinterteil des gepanzerten Fahrerhauses anschloss. Dabei wurden sie zum Teil von der nach hinten verlängerten Seitenpanzerung geschützt. Außerdem gab es, wohl als Eigenumbau der Truppe Fahrzeuge, die auf der Ladefläche mit einer 2-cm-Flak 38 Vierlingslafette bestückt waren. Eine weitere Variante des sWS besaß einen dem Sd.Kfz. 4/1 ähnlichen Panzeraufbau und war wie dieses mit einem 15-cm-Panzerwerfer ausgestattet. Neben den im Werfer befindlichen zehn Raketen wurden im Fahrzeug 26 weitere Geschosse mitgeführt. Nach dem Krieg baute Tatra in der Tschechoslowakei den sWS unter der Bezeichnung T-809 bis in die 1950er Jahre hinein weiter.

Glossar/Abkürzungen

Ausf.	Ausführung
FH	Feldhaubitze
Flak	Flugabwehrkanone
FuG	Funkgerät
gel.	geländegängig
gep.	gepanzert
HK	Halbketten
IG	Infanteriegeschütz
KwK	Kampfwagenkanone
L/XX	L steht für die Länge des Geschützrohres in Vielfachen des Kalibers, d.h eine 7,5 cm KwK L/48 besitzt ein 360 cm langes Rohr. Ein langes Rohr resultiert in der Regel in einer höheren Mündungsgeschwindigkeit und damit höherer Durchschlagsfähigkeit eines Geschosses.
leFH	leichte Feldhaubitze
leIG	leichtes Infanteriegeschütz
leWS	leichter Wehrmachtsschlepper
MG	Maschinengewehr
MPi	Maschinenpistole
Pak	Panzerabwehrkanone
PiPzWg	Pionierpanzerwagen
PzBefWg.	Panzerbefehlswagen
PzFuWg	Panzerfunkwagen
PzKpfw	Panzerkampfwagen
PzSpWg	Panzerspähwagen
PzWg	Panzerwagen
Sd.Anh.	Sonder-Anhänger
Sd.Kfz.	Sonder-Kraftfahrzeug
Sf	Selbstfahrlafette
sFH	schwere Feldhaubitze
sGrw	schwerer Granatwerfer
sIG	schweres Infanteriegeschütz
SPW	Schützenpanzerwagen
StuG	Sturmgeschütz
StuK	Sturmkanone
sWS	schwerer Wehrmachtsschlepper
(t)	Beutefahrzeuge der Wehrmacht erhielten diese Zusatzbezeichnung entsprechend des Anfangsbuchstabens ihres Herkunftslandes, d.h. (t) stand für »tschechisch« oder (f) für »französisch«.
VK	Vollketten, Versuchsfahrzeugen mit Vollkettenfahrgestell wurde entsprechend ihres geplanten Gewichts eine Bezeichnung wie VK 45 zugeordnet.
ZgKw	Zugkraftwagen

WEITERE INTERESSANTE BÜCHER ZUM THEMA

Nach Nationen geordnet, werden die wichtigsten, bekanntesten, folgenreichsten und spektakulärsten Panzerentwicklungen präsentiert. Von Deutschland über China bis nach Argentinien finden sich Kampffahrzeug-Legenden von gestern bis heute.
224 Seiten, 450 Abbildungen,
Format 240 x 305 mm
ISBN 978-3-613-04134-9
€ 14,95 / € (A) 15,40

Dieses einzigartige Standardwerk zeigt die Vielfalt aller bei der Reichswehr und der Wehrmacht eingesetzten Militärfahrzeuge. Es gibt keine umfassendere Dokumentation über die Motorisierung der deutschen Streitkräfte bis 1945.
448 Seiten, 1103 Abbildungen,
Format 230 x 265 mm
ISBN 978-3-613-04011-3
€ 39,90 / € (A) 41,10

Hans-Reinhard Meißner erläutert umfassend, welche Rolle die deutschen Streitkräfte in Hitlers Krieg spielten und stellt die Vorgeschichte, Organisationsstrukturen, Befehlshaber und den Einsatz auf verschiedenen Kriegsschauplätzen vor.
256 Seiten, 263 Abbildungen,
Format 230 x 265 mm
ISBN 978-3-613-03807-3
€ 29,90 / € (A) 30,80

Gabriele Faggioni nimmt sich in diesem Buch den militärischen Planungen an, die bei der Wehrmacht und ihren Verbündeten ab 1939 entstanden waren, mitunter sogar kurz vor der Ausführung standen, dann aber doch nicht realisiert wurden.
208 Seiten, 269 Abbildungen,
Format 230 x 265 mm
ISBN 978-3-613-04012-0
€ 29,90 / € (A) 30,80

Stand November 2019
Änderungen in Preis und Lieferfähigkeit vorbehalten.

Überall, wo es Bücher gibt, oder unter
WWW.MOTORBUCH-VERSAND.DE
Service-Hotline: 0711 / 78 99 21 51

Motor buch Verlag